U0230484

《大数据与数据科学专著系列》编委会

“十四五”时期国家重点出版物出版专项规划项目

大数据与数据科学专著系列 3

动力学刻画的数据科学理论和方法

陈洛南　刘　锐　马欢飞　史际帆　著

科 学 出 版 社
龍 門 書 局
北 京

内 容 简 介

本书旨在建立和推动“动力学刻画的数据科学”理论和应用研究. 全书共六章, 内容包括: 复杂动力系统理论基础、高维数据的临界预警理论及方法、短时间序列的预测理论及方法、动力学因果检测理论及方法、基于动力学的势能景观构建理论及方法、混沌反馈学习理论及深度学习方法等. 全书交叉融合了数学理论、统计学方法、人工智能、计算系统生物学方法等知识, 做到数学理论与实际应用并重, 动力学算法与统计学方法互补, 内容图文并茂、清晰易读、由浅入深, 并在第 2 章至第 6 章末尾配有相关前沿领域的展望与讨论, 读者可以通过阅读本书了解所涉及研究方向的发展趋势.

本书可作为高年级本科生、研究生的教学用书, 也可作为对数据科学和深度学习感兴趣的研究人员、教师、工程师等读者的参考书. 书中提供了大量理论、算法与应用示例, 可供科研人员参考和借鉴.

图书在版编目(CIP)数据

动力学刻画的数据科学理论和方法 / 陈洛南等著. -- 北京: 龙门书局, 2024. 10. -- (大数据与数据科学专著系列). -- ISBN 978-7-5088-6449-5

Ⅰ. TP274

中国国家版本馆 CIP 数据核字第 2024B80L08 号

责任编辑: 李静科 李 萍 / 责任校对: 彭珍珍
责任印制: 赵 博 / 封面设计: 无极书装

科 学 出 版 社
龍 門 書 局 出版
北京东黄城根北街 16 号
邮政编码: 100717
http://www.sciencep.com
北京市金木堂数码科技有限公司印刷
科学出版社发行 各地新华书店经销
*
2024 年 10 月第 一 版 开本: 720 × 1000 1/16
2025 年 1 月第二次印刷 印张: 15 3/4
字数: 315 000
定价: 128.00 元
(如有印装质量问题, 我社负责调换)

《大数据与数据科学专著系列》序

随着以互联网、大数据、人工智能等为代表的新一代信息技术的发展, 人类社会已进入了大数据时代. 谈论大数据是时代话题、拥有大数据是时代特征、解读大数据是时代任务、应用大数据是时代机遇. 作为一个时代、一项技术、一个挑战、一种文化, 大数据正在走进并深刻影响我们的生活.

信息技术革命与经济社会活动的交融自然产生了大数据. 大数据是社会经济、现实世界、管理决策的片断记录, 蕴含着碎片化信息. 随着分析技术与计算技术的突破, 解读这些碎片化信息成为可能, 这是大数据成为一项新的高新技术、一类新的科研范式、一种新的决策方式乃至一种文化的原由.

大数据具有大价值. 大数据的价值主要体现在: 提供社会科学的方法论, 实现基于数据的决策, 助推管理范式革命; 形成科学研究的新范式, 支持基于数据的科学发现, 减少对精确模型与假设的依赖, 使得过去不能解决的问题变得可能解决; 形成高新科技的新领域, 推动互联网、云计算、人工智能等行业的深化发展, 形成大数据产业; 成为社会进步的新引擎, 深刻改变人类的思维、生产和生活方式, 推动社会变革和进步. 大数据正在且必将引领未来生活新变化、孕育社会发展新思路、开辟国家治理新途径、重塑国际战略新格局.

大数据的价值必须运用全新的科学思维和解译技术来实现. 实现大数据价值的技术称为大数据技术, 而支撑大数据技术的科学基础、理论方法、应用实践被称为数据科学. 数据从采集、汇聚、传输、存储、加工、分析到应用形成了一条完整的数据链, 伴随这一数据链的是从数据到信息、从信息到知识、从知识到决策这样的一个数据价值增值过程 (称为数据价值链). 大数据技术即是实现数据链及其数据价值增值过程的技术, 而数据科学即是有关数据价值链实现的基础理论与方法学. 它们运用分析、建模、计算和学习杂糅的方法研究从数据到信息、从信息到知识、从知识到决策的转换, 并实现对现实世界的认知与操控.

数据科学的最基本出发点是将数据作为信息空间中的元素来认识, 而人类社会、物理世界与信息空间 (或称数据空间、虚拟空间) 被认为是当今社会构成的三元世界. 这些三元世界彼此间的关联与交互决定了社会发展的技术特征. 例如, 感知人类社会和物理世界的基本方式是数字化, 联结人类社会与物理世界的基本方式是网络化, 信息空间作用于物理世界与人类社会的方式是智能化. 数字化、网络化和智能化是新一轮科技革命的突出特征, 其新近发展正是新一代信息技术的核心所在.

数字化的新近发展是数据化, 即大数据技术的广泛普及与运用; 网络化的新近发展是信息物理融合系统, 即人–机–物广泛互联互通的技术化; 智能化的新近发展是新一代人工智能, 即运用信息空间 (数据空间) 的办法实现对现实世界的类人操控. 在这样的信息技术革命化时代, 基于数据认知物理世界、基于数据扩展人的认知、基于数据来管理与决策已成为一种基本的认识论与科学方法论. 所有这些呼唤 “让数据变得有用” 成为一种科学理论和技术体系. 由此, 数据科学呼之而出便是自然不过的事了.

然而, 数据科学到底是什么? 它对于科学技术发展、社会进步有什么特别的意义? 它有没有独特的内涵与研究方法论? 它与数学、统计学、计算机科学、人工智能等学科有着怎样的关联与区别? 它的发展规律、发展趋势又是什么? 澄清和科学认识这些问题非常重要, 特别是对于准确把握数据科学发展方向、促进以数据为基础的科学技术与数字经济发展、高质量培养数据科学人才等都有着极为重要而现实的意义.

本丛书编撰的目的是对上述系列问题提供一个 “多学科认知” 视角的解答. 换言之, 本丛书的定位是: 邀请不同学科的专家学者, 以专著的形式, 发表对数据科学概念、方法、原理的多学科阐释, 以推动数据科学学科体系的形成, 并更好服务于当代数字经济与社会发展. 这种阐释可以是跨学科、宏观的, 也可以是聚焦在某一科学领域、某一科学方向上对数据科学进展的深入阐述. 然而, 无论是哪一类选题, 我们希望所出版的著作都能突出体现从传统学科方法论到数据科学方法论的跃升, 体现数据科学新思想、新观念、新理论、新方法所带来的新价值, 体现科学的统一性和数据科学的综合交叉性.

本丛书的读者对象主要是数学、统计学、计算机科学、人工智能、管理科学等学科领域的大数据、人工智能、数据科学研究者以及信息产业从业者, 也可以是科研和教育主管部门、企事业研发部门、信息产业与数字经济行业的决策者.

徐宗本

2022 年 1 月

前　言

数据科学和人工智能已经成为塑造我们社会和生活的关键驱动力. 随着大数据的爆发和人工智能技术的快速发展, 我们面临着许多复杂问题的海量数据, 需要建立刻画这些数据本质的理论方法, 从系统和动态的视角来理解和分析数据的动态变化与趋势, 由此解读这些复杂系统的各种动态行为并揭示它们的非线性规律.

本书旨在建立和推动 "动力学刻画的数据科学" 理论和应用研究. 动力学刻画的数据科学是一个涉及数据时间依赖性和变化趋势的重要领域和新概念, 主要是基于动力学的普适理论, 由观测数据刻画复杂系统的动态规律, 建立动态数据表征的理论和方法并应用于复杂系统的深度解读, 如应用于解决金融市场临界过程、细胞分化过程、传染病暴发、疾病发生发展过程、极端气象、股票价格涨落、地震发生的预测、预警、因果、人工智能算法等问题. 与统计学刻画的数据科学 (如总体特征、参数估计和假设检验) 不同, 动力学刻画的数据科学提供了从动力学视角来捕捉数据随时间的演化及其非线性动力学特征, 并利用动力学时空规律和人工智能技术来预测、模拟和解释数据的动态行为与系统的非线性现象, 进一步实现时间序列的精准预测、稳态失稳的临界预警、复杂系统中变量间的因果分析、深度学习的混沌学习、类脑学习的分析及全局优化等目标.

本书第 1 章介绍复杂动力系统理论基础, 包括动力系统稳定性与分岔理论、嵌入理论与状态空间重构方法、动力学刻画的基本概念和原理; 第 2 章主要内容是高维数据的临界预警理论及方法, 包括各种临界现象的动力学刻画、变量的临界协同波动的准则、动态网络标志物理论、网络流熵的预警方法; 第 3 章介绍短时间序列的预测理论及方法, 包括空间-时间信息转换方程、高维短时序列的单步预测方法、高维短时序列的多步预测方法; 第 4 章是动力学因果检测理论及方法, 包括 Granger 因果方法、传递熵方法、交叉映射方法、动力学因果的反向映射或反向重构方法、嵌入熵方法; 第 5 章介绍基于动力学的势能景观构建理论及方法、单细胞数据的势能景观的构建; 第 6 章是混沌反馈学习理论及深度学习通用算法. 这些内容都是基于动力学理论而建立的数据科学理论和人工智能 (深度学习) 方法. 需要强调的是, 动力学刻画的数据科学和统计学的数据科学之间并没有明确的界限, 它们相互交叉和融合并互补. 根据具体的问题和数据特征, 可以综合应用动力学刻画的方法和统计学刻画的方法, 以更好地、系统性地理解和分析动态高维数据, 由此解读相应的复杂非线性现象.

本书的目标读者包括数据科学家、研究人员、工程师和对数据分析和人工智能应用感兴趣的任何人, 无论对初学者还是有一定经验的专业人士, 本书都将提供深入的理论知识和丰富的应用实例. 在本书中, 我们将提供大量的理论及方法和实际应用, 展示如何建立和应用动力学刻画的数据科学方法和深度学习技术, 并应用于解决不同领域的数据分析问题. 我们希望本书能够为读者提供深入了解动力学刻画的数据科学所需的基础知识和实用方法, 鼓励通过实践和探索来进一步拓展和应用这些概念, 从而在数据科学的旅程中取得更多的成果.

最后, 本书在写作过程中得到了 Chenlab 等老师和同学的支持与帮助, 包括刘小平、曾涛、冷思阳、陈培、陈川、郝小虎、李琳、唐诗婕、李培峦、李美仪、牛原玲、姜钟琳、葛静、唐慧、赵娟、高洁、卢丽娜、郭伟峰、于祥田、王平洋、方兆元、王璐、张城铭、靳琪琪、张传超等博士，特别是陶鹏博士对第 6 章的原稿准备, 对于他们的贡献, 在这里一并致谢. 感谢本书内容的合作者, 包括东京大学合原一幸教授、北京大学李铁军教授、复旦大学林伟教授等, 他们的专业知识对于本书的完成起到了重要作用, 也感谢徐宗本院士和欧阳颀院士等对本书工作的指导和支持. 特别感谢我们的家人、朋友和同事, 他们在本书的写作过程中给予的鼓励和支持, 使我们能够顺利完成本书.

作　者

2024 年春

目　录

第 1 章　复杂动力系统理论基础

1.1　微分方程与动力系统

动力学刻画的数据科学是一个涉及数据时间依赖性和变化趋势的重要领域和新概念. 它的主要内涵是基于动力学的普适理论, 建立由观测数据来刻画复杂系统动态规律的理论和方法, 从动态和系统层面揭示复杂系统演化规律和复杂行为. 动力学刻画的数据科学的内容包括建立动态数据表征的理论和方法, 并应用于解决复杂非线性动态系统的预测、预警、因果、深度学习通用算法等问题, 如金融市场临界、细胞分化过程、疾病发生发展过程、传染病暴发、极端天气、股票价格涨落、地震发生、全局优化等重要问题. 特别是通过研究和发展动力学刻画的数据科学, 我们不仅可以为大数据科学及人工智能提供新的工具和思路, 而且能更好地理解和解释复杂系统的动态非线性现象及因果关联, 预测和控制系统的演化趋势, 建立深度学习的新算法等. 而这样的理论和方法的重要基础就是动力系统或微分方程理论. 微分方程理论为我们提供了描述复杂系统的方法和分析数据动态行为的框架, 从而揭示数据背后的潜在动力系统机制和动态规律.

微积分是人类科学史上在 17 世纪取得的重大进展, 并奠定了当代数学研究的基础, 也是动力系统和“动力学刻画的数据科学”研究的基础. 微分方程是定量研究物理、化学、天文、生物等系统动态演化问题必不可少的建模和分析工具之一. 它主要包括常微分方程和偏微分方程两大类[1,2].

1.1.1　函数连续性与可导性

定义 1.1　设 $f:[a,b]\to\mathbb{R}$. 我们称函数 f 在一点 $x_0\in(a,b)$ **连续**, 如果

$$\lim_{x\to x_0} f(x)=f(x_0).$$

即对于任意给定的 $\varepsilon>0$, 存在 $\delta>0$, 使得 $|f(x)-f(x_0)|<\varepsilon$ 对 $|x-x_0|<\delta$ 中的任意点 x 成立.

同理可以定义函数的**单边连续性**:

定义 1.2　(1) 如果对于任意给定的 $\varepsilon>0$, 存在 $\delta>0$, 使得 $|f(x)-f(x_0)|<\varepsilon$ 对 $0<x-x_0<\delta$ 中的任意点 x 成立, 则称函数 f 在点 x_0 处**右连续**, 即

$$\lim_{x\to x_0^+} f(x)=f(x_0);$$

(2) 如果对于任意给定的 $\varepsilon > 0$, 存在 $\delta > 0$, 使得 $|f(x) - f(x_0)| < \varepsilon$ 对 $-\delta < x - x_0 < 0$ 中的任意点 x 成立, 则称函数 f 在点 x_0 处**左连续**, 即

$$\lim_{x \to x_0^-} f(x) = f(x_0).$$

记区间 I 代表 $[a,b], (a,b), (a,b]$ 或 $[a,b)$, 其中 a, b 可以为有限实数或 ∞, 则可以定义函数在区间的连续性.

定义 1.3　如果函数 f 在区间 I 的每一点处都连续, 则称 f 在 I 上连续, 或 f 是 I 上的**连续函数**, 并用 $C(I)$ 记 I 上连续函数的全体.

定义 1.4　设函数 f 在点 x 及其邻域有定义, 如果极限

$$\lim_{h \to 0} \frac{f(x+h) - f(x)}{h}$$

存在且有限, 则称这个极限值为 f 在 x 的**导数**, 记为 $f'(x)$, 并称函数 f 在 x 可导.

同理可以定义函数的**单边导数**:

定义 1.5　(1) 设函数 f 在点 x 及右邻域有定义, 如果右极限

$$\lim_{h \to 0^+} \frac{f(x+h) - f(x)}{h}$$

存在且有限, 则称这个极限值为 f 在 x 的右导数, 记为 $f'_+(x)$, 并称函数 f 在 x **右可导**;

(2) 设函数 f 在点 x 及左邻域有定义, 如果左极限

$$\lim_{h \to 0^-} \frac{f(x+h) - f(x)}{h}$$

存在且有限, 则称这个极限值为 f 在 x 的左导数, 记为 $f'_-(x)$, 并称函数 f 在 x **左可导**.

定义 1.6　如果函数 f 在开区间 (a,b) 上点点可导, 则称 f 在区间 (a,b) 上可导; 如果 f 在开区间 (a,b) 上可导且在点 a 右可导, 在点 b 左可导, 则称 f 在闭区间 $[a,b]$ 上可导.

类似可以定义函数 f 在区间 $(a,b]$ 和 $[a,b)$ 上的可导性.

如果函数 f 在区间 I 上可导, 并且具有导函数 $f'(x)$, 那么 $f'(x)$ 如果在 I 上仍然可导, 则记为 $f''(x)$, 并称为 f 的**二阶导函数**. 以此类推, 可以定义 f 的**高阶导函数** $f^{(n)}(x)$. 一般用 $C^n(I)$ 记区间 I 上具有 n 阶导函数且 n 阶导函数连续的全体函数集合.

对于高维函数, 也有同样的连续性和可导性. 这里我们将对常用的隐映射定理进行描述. 记多元向量方程 $\boldsymbol{F}(\boldsymbol{x},\boldsymbol{y})=\mathbf{0}$, 其中 $\boldsymbol{x}\in\mathbb{R}^n,\boldsymbol{y}\in\mathbb{R}^m$, 映射 $\boldsymbol{F}=(F_1,F_2,\cdots,F_m)^{\mathrm{T}}:D\to\mathbb{R}^m$ 定义在开集 $D\subset\mathbb{R}^{n+m}$ 上. 记雅可比 (Jacobi) 矩阵

$$\boldsymbol{JF}=\begin{pmatrix}\dfrac{\partial F_1}{\partial x_1} & \cdots & \dfrac{\partial F_1}{\partial x_n} & \dfrac{\partial F_1}{\partial y_1} & \cdots & \dfrac{\partial F_1}{\partial y_m}\\ \vdots & & \vdots & \vdots & & \vdots\\ \dfrac{\partial F_m}{\partial x_1} & \cdots & \dfrac{\partial F_m}{\partial x_n} & \dfrac{\partial F_m}{\partial y_1} & \cdots & \dfrac{\partial F_m}{\partial y_m}\end{pmatrix},$$

并做分块 $\boldsymbol{JF}=(J_x\boldsymbol{F},J_y\boldsymbol{F})$, 其中

$$J_x\boldsymbol{F}=\begin{pmatrix}\dfrac{\partial F_1}{\partial x_1} & \cdots & \dfrac{\partial F_1}{\partial x_n}\\ \vdots & & \vdots\\ \dfrac{\partial F_m}{\partial x_1} & \cdots & \dfrac{\partial F_m}{\partial x_n}\end{pmatrix},\quad J_y\boldsymbol{F}=\begin{pmatrix}\dfrac{\partial F_1}{\partial y_1} & \cdots & \dfrac{\partial F_1}{\partial y_m}\\ \vdots & & \vdots\\ \dfrac{\partial F_m}{\partial y_1} & \cdots & \dfrac{\partial F_m}{\partial y_m}\end{pmatrix}.$$

定理 1.1(隐映射定理)　如果映射 $\boldsymbol{F}:D\to\mathbb{R}^m$ 满足下列条件:

(a) $\boldsymbol{F}\in C^1(D)$;

(b) 存在一点 $(\boldsymbol{x}_0,\boldsymbol{y}_0)\in D$ 满足 $\boldsymbol{F}(\boldsymbol{x}_0,\boldsymbol{y}_0)=\mathbf{0}$;

(c) 行列式 $|J_y\boldsymbol{F}(\boldsymbol{x}_0,\boldsymbol{y}_0)|\neq 0$,

则存在 $(\boldsymbol{x}_0,\boldsymbol{y}_0)$ 的一个邻域 $U\times V$, 其中存在唯一满足如下条件的连续函数 $\boldsymbol{f}:U\to V$:

(1) $\boldsymbol{y}_0=\boldsymbol{f}(\boldsymbol{x}_0)$;

(2) 对任意 $\boldsymbol{x}\in U$, 有 $\boldsymbol{F}(\boldsymbol{x},\boldsymbol{f}(\boldsymbol{x}))=\mathbf{0}$;

(3) $\boldsymbol{f}\in C^1(U)$ 且 $J\boldsymbol{f}(\boldsymbol{x})=-(J_y\boldsymbol{F}(\boldsymbol{x},\boldsymbol{y}))^{-1}J_x\boldsymbol{F}(\boldsymbol{x},\boldsymbol{y})$, 其中 $\boldsymbol{y}=\boldsymbol{f}(\boldsymbol{x})$.

1.1.2　常微分方程

一般来说, 含一元未知函数和其导数或微分的方程, 称为常微分方程.

定义 1.7　给定自变量 x, 因变量 $y=y(x)$, 以及其各阶导数 $y'=y'(x),y''=y''(x),\cdots,y^{(n)}=y^{(n)}(x)$, 联系它们之间关系的方程

$$F(x,y,y',y'',\cdots,y^{(n)})=0 \tag{1.1}$$

称为**常微分方程**. 其中导数出现的最高阶数 n 叫做常微分方程的**阶**.

显然, 微分方程是指含有未知函数及其导数的关系式, 解微分方程就是找出自变量到因变量的未知函数. 若 (1.1) 式中函数 F 对未知函数 y 及其各阶导数 $y',y'',\cdots,y^{(n)}$ 的全体而言是一次的, 则称它为**线性**常微分方程; 否则, 称它为**非**

线性常微分方程. 若 F 中不含有显式自变量 x, 则称 (1.1) 式为**自治**的常微分方程或自治系统; 否则, 称它为**非自治**的常微分方程或非自治系统. 各阶导数也可表示为 $y'=\dfrac{\mathrm{d}y}{\mathrm{d}x},\cdots,y^{(n)}=\dfrac{\mathrm{d}^n y}{\mathrm{d}x^n}$.

定义 1.8　设函数 $y=\varphi(x)$ 在区间 I 上连续且有 n 阶导数, 如果满足恒等式

$$F(x,\varphi(x),\varphi'(x),\cdots,\varphi^{(n)}(x))=0,\quad x\in I,$$

则称 $y=\varphi(x)$ 为常微分方程 (1.1) 在区间 I 上的**一个解**.

如果 (1.1) 式另一个解 $y=\psi(x),x\in J$, 满足 $I\subset J$ 并且 $\psi(x)=\varphi(x),x\in I$, 那么我们称 $\psi(x)$ 为 $\varphi(x)$ 的一个**扩张**. 一个解通过扩张所能达到的最大区域, 称为它的**最大存在区间**. 含有独立的任意常数的解, 称为常微分方程的**通解**; 不含任意常数的解, 称为**特解**.

n 阶常微分方程

$$\frac{\mathrm{d}^n y}{\mathrm{d}x^n}=F\left(x,y,\frac{\mathrm{d}y}{\mathrm{d}x},\cdots,\frac{\mathrm{d}^{n-1}y}{\mathrm{d}x^{n-1}}\right)\tag{1.2}$$

可以通过换元等价于标准方程组形式

$$\frac{\mathrm{d}\boldsymbol{y}}{\mathrm{d}x}=\boldsymbol{f}(x,\boldsymbol{y}),\tag{1.3}$$

其中 $x\in\mathbb{R},\boldsymbol{y}=(y_1,y_2,\cdots,y_n)^{\mathrm{T}}\in\mathbb{R}^n$, $\boldsymbol{f}=(f_1(x,\boldsymbol{y}),f_2(x,\boldsymbol{y}),\cdots,f_n(x,\boldsymbol{y}))^{\mathrm{T}}:\mathbb{R}^{n+1}\to\mathbb{R}^n$, $f_i(x,\boldsymbol{y}):\mathbb{R}^{n+1}\to\mathbb{R}$ 为变量 $(x,\boldsymbol{y})$ 在某个区域 $D\subset\mathbb{R}^{n+1}$ 内的连续函数. 设初值点 $(x_0,\boldsymbol{y}_0)\in D$, 则对附加初值条件

$$\boldsymbol{y}(x_0)=\boldsymbol{y}_0\tag{1.4}$$

求解常微分方程 (1.3) 的问题, 我们称为**初值问题** (或 **Cauchy 问题**). 若给定区域 D 边界上的两个点 $(x_1,\boldsymbol{y}_1)$ 和 $(x_2,\boldsymbol{y}_2)$, 则对附加条件

$$\boldsymbol{y}(x_1)=\boldsymbol{y}_1,\quad \boldsymbol{y}(x_2)=\boldsymbol{y}_2\tag{1.5}$$

在区域 D 求解常微分方程 (1.3) 的问题, 我们称为**边值问题**.

关于常微分方程初值问题解的局部存在性, 有以下定理:

定理 1.2 (Peano 存在性定理)　设函数 $\boldsymbol{f}(x,\boldsymbol{y})$ 在矩形区域 $R=[x_0-a,x_0+a]\times[\boldsymbol{y}_0-b,\boldsymbol{y}_0+b]$ 内连续, 则初值问题 (1.3)—(1.4) 在区间 $|x-x_0|\leqslant h$ 上至少存在一个解 $\boldsymbol{y}=\boldsymbol{y}(x)$, 其中常数

$$h=\min\left\{a,\frac{b}{M}\right\},\quad M>\max_{(x,\boldsymbol{y})\in R}|\boldsymbol{f}(x,\boldsymbol{y})|.$$

这里 $|x|$ 是变量 x 的绝对值运算.

定理 1.3 (Picard 存在唯一性定理) 如果函数 $\boldsymbol{f}(x,\boldsymbol{y})$ 在矩形区域 R 内连续且对 $\boldsymbol{y}$ 满足利普希茨条件

$$|\boldsymbol{f}(x,\boldsymbol{y})-\boldsymbol{f}(x,\boldsymbol{z})|\leqslant L|\boldsymbol{y}-\boldsymbol{z}|,$$

则初值问题 (1.3)—(1.4) 在区间 $|x-x_0|\leqslant h$ 上的解存在且唯一, 其中 L 为利普希茨常数, R 和 h 定义同上.

此外, 对于含参变量的微分方程, 我们还有以下的解对参数 $\boldsymbol{\lambda}$ 的连续依赖性定理.

定理 1.4 (解对参数的连续依赖性定理) 设包含参数 $\boldsymbol{\lambda}$ 的微分方程的初值问题为

$$\frac{\mathrm{d}\boldsymbol{y}}{\mathrm{d}x}=\boldsymbol{f}(x,\boldsymbol{y},\boldsymbol{\lambda}),\quad \boldsymbol{y}(0)=\boldsymbol{0},$$

其中向量函数 $\boldsymbol{f}(x,\boldsymbol{y},\boldsymbol{\lambda})$ 在区域

$$R:|x|\leqslant a,|\boldsymbol{y}|\leqslant b,|\boldsymbol{\lambda}-\boldsymbol{\lambda_0}|\leqslant c$$

上连续且对 $\boldsymbol{y}$ 满足利普希茨条件

$$|\boldsymbol{f}(x,\boldsymbol{y}_1,\boldsymbol{\lambda})-\boldsymbol{f}(x,\boldsymbol{y}_2,\boldsymbol{\lambda})|\leqslant L|\boldsymbol{y}_1-\boldsymbol{y}_2|,$$

其中 $L>0$, 那么, 初值问题的解 $\boldsymbol{y}=\boldsymbol{\varphi}(x,\boldsymbol{\lambda})$ 在区域

$$D:|x|\leqslant h,|\boldsymbol{\lambda}-\boldsymbol{\lambda}_0|\leqslant c$$

上是连续的. h 的定义同上.

下面列举了一些常微分方程的例子:

例 1.1 物体的自由落体运动方程

$$y''(t)=-g,$$

其中 g 为重力加速度. 该方程为二阶线性自治常微分方程, 通解为

$$y(t)=-\frac{1}{2}gt^2+C_1t+C_2,$$

其中 C_1,C_2 为独立的任意常数.

例 1.2　一阶非齐次线性方程初值问题

$$\frac{\mathrm{d}y}{\mathrm{d}x}+p(x)y=q(x), \quad y(x_0)=y_0,$$

其中 $p(x),q(x)$ 在区间 $I=(a,b)$ 上连续, $x_0\in I$. 方程的通解为

$$y=y_0e^{-\int_{x_0}^{x}p(t)\,\mathrm{d}t}+\int_{x_0}^{x}q(s)e^{-\int_{s}^{x}p(t)\,\mathrm{d}t}\,\mathrm{d}s.$$

例 1.3　捕食者-被捕食者模型 (Lotka-Volterra 模型)

$$\begin{cases}\dfrac{\mathrm{d}x}{\mathrm{d}t}=x(\alpha-\beta y),\\ \dfrac{\mathrm{d}y}{\mathrm{d}t}=-y(\gamma-\delta x),\end{cases}$$

其中 x 为被捕食者, y 为捕食者, $\alpha,\beta,\gamma,\delta>0$ 为常数. 该方程为二元一阶非线性微分方程.

1.1.3　偏微分方程

一般来说, 含多元未知函数和其偏导数或偏微分的方程, 称为偏微分方程. 记变量

$$\boldsymbol{x}=(x_1,x_2,\cdots,x_n)^{\mathrm{T}}\in\Omega\subseteq\mathbb{R}^n,$$

函数

$$u(\boldsymbol{x}):\mathbb{R}^n\to\mathbb{R},$$

常数

$$\boldsymbol{\alpha}=(\alpha_1,\alpha_2,\cdots,\alpha_n), \quad |\boldsymbol{\alpha}|=\sum_{i=1}^{n}\alpha_i,$$

则导数可记为

$$\nabla^{\boldsymbol{\alpha}}u(\boldsymbol{x})=\partial_{x_1}^{\alpha_1}\partial_{x_2}^{\alpha_2}\cdots\partial_{x_n}^{\alpha_n}u(\boldsymbol{x}), \quad \nabla^k u(\boldsymbol{x})=\{\nabla^{\boldsymbol{\alpha}}u(\boldsymbol{x})\mid|\boldsymbol{\alpha}|=k\}.$$

当 $k=1$ 时,

$$\nabla u(\boldsymbol{x})=(\partial_{x_1}u(\boldsymbol{x}),\cdots,\partial_{x_n}u(\boldsymbol{x}))$$

为梯度向量; 当 $k=2$ 时,

$$\nabla^2 u(\boldsymbol{x})=(\partial_{x_i}\partial_{x_j}u(\boldsymbol{x}))_{n\times n}$$

为 Hesse 矩阵. Laplace 算符为

$$\Delta u(\boldsymbol{x}) = \sum_{i=1}^{n} \partial^2_{x_i x_i} u(\boldsymbol{x}).$$

定义 1.9 下列形式的方程

$$F\left[\nabla^k u(\boldsymbol{x}), \nabla^{k-1} u(\boldsymbol{x}), \cdots, \nabla u(\boldsymbol{x}), u(\boldsymbol{x}), \boldsymbol{x}\right] = 0, \quad \boldsymbol{x} \in \Omega \tag{1.6}$$

称为k **阶偏微分方程**, 其中

$$F : \mathbb{R}^{n^k} \times \mathbb{R}^{n^{k-1}} \times \cdots \times \mathbb{R}^n \times \mathbb{R} \times \Omega \mapsto \mathbb{R}$$

是一个给定函数, $u : \Omega \to \mathbb{R}$ 是未知函数, 而 F 中出现的未知函数的最高偏导数的阶数称为偏微分方程的**阶**.

如果 k 阶连续可微函数 $u \in C^k(\Omega)$ 满足 (1.6) 式和一些相应的边界条件, 则称 $u(\boldsymbol{x})$ 为相应偏微分方程的**古典解**.

定义 1.10 (1) 若方程 (1.6) 可以写成

$$\sum_{|\boldsymbol{\alpha}| \leqslant k} a_{\boldsymbol{\alpha}}(\boldsymbol{x}) \nabla^{\boldsymbol{\alpha}} u(\boldsymbol{x}) = f(\boldsymbol{x})$$

的形式, 其中 $a_{\boldsymbol{\alpha}}(\boldsymbol{x}), f(\boldsymbol{x})$ 为给定的函数, 则称 (1.6) 式为**线性偏微分方程**. 当 $f \equiv 0$ 时, (1.6) 式称为**齐次线性偏微分方程**.

(2) 若方程 (1.6) 可以写成

$$\sum_{|\boldsymbol{\alpha}| = k} a_{\boldsymbol{\alpha}}(\boldsymbol{x}) \nabla^{\boldsymbol{\alpha}} u(\boldsymbol{x}) = f(\nabla^{k-1} u(\boldsymbol{x}), \nabla^{k-2} u(\boldsymbol{x}), \cdots, \nabla u(\boldsymbol{x}), \boldsymbol{x})$$

的形式, 其中 $a_{\boldsymbol{\alpha}}, f$ 是给定的函数, 则称 (1.6) 式为**半线性偏微分方程**.

(3) 若方程 (1.6) 可以写成

$$\begin{aligned}
&\sum_{|\boldsymbol{\alpha}| = k} a_{\boldsymbol{\alpha}}(\nabla^{k-1} u, \nabla^{k-2} u, \cdots, \nabla u, \boldsymbol{x}) \nabla^{\boldsymbol{\alpha}} u \\
= \ & f(\nabla^{k-1} u(\boldsymbol{x}), \nabla^{k-2} u(\boldsymbol{x}), \cdots, \nabla u(\boldsymbol{x}), \boldsymbol{x})
\end{aligned}$$

的形式, 其中 $a_{\boldsymbol{\alpha}}, f$ 是给定的函数, 则称 (1.6) 式为**拟线性偏微分方程**.

定义 1.11 如果一个偏微分方程在一定初边值条件 (定解条件) 下满足条件:

(1) (存在性) 它的解存在;

(2) (唯一性) 它的解唯一;

(3) (稳定性) 它的解连续依赖于初边值条件和方程中的参数,

则我们称这个定解问题是**适定的**.

不同于常微分方程的利普希茨条件, 偏微分方程并没有普适地保证定解问题适定性的定理. 研究者对于偏微分方程解适定性的讨论往往都是针对特殊方程在特定边界条件下分类进行的.

下面我们将举一些常见的偏微分方程 (组) 的例子:

例 1.4(线性偏微分方程)

(1) Laplace 方程 (椭圆型方程)

$$\Delta u(\boldsymbol{x}) = 0.$$

(2) Helmholtz 特征值方程

$$-\Delta u(\boldsymbol{x}) = \lambda u,$$

其中 λ 为常数.

(3) 输运方程

$$\partial_t u(\boldsymbol{x}, t) + \sum_{i=1}^{n} b_i \partial_{x_i} u = 0,$$

其中 b_i $(i = 1, 2, \cdots, n)$ 为常数.

(4) 热扩散方程 (抛物型方程)

$$\partial_t u(\boldsymbol{x}, t) - a^2 \Delta u = 0,$$

其中 $a > 0$ 为常数.

(5) 波动方程 (双曲型方程)

$$\partial_{tt}^2 u(\boldsymbol{x}, t) - a^2 \Delta u = 0,$$

其中 $a > 0$ 为常数.

(6) Kolmogorov 后向方程

$$\partial_t u(\boldsymbol{x}, t) = \sum_{i=1}^{n} b_i(\boldsymbol{x}) \partial_{x_i} u + \sum_{i,j=1}^{n} a_{ij}(\boldsymbol{x}) \partial_{x_i x_j}^2 u,$$

其中 $b_i(\boldsymbol{x}), a_{ij}(\boldsymbol{x})$ $(i, j = 1, 2, \cdots, n)$ 为已知函数.

(7) Fokker-Planck 方程

$$\partial_t u(\boldsymbol{x}, t) = -\sum_{i=1}^{n} \partial_{x_i} (b_i(\boldsymbol{x}) u) + \sum_{i,j=1}^{n} \partial_{x_i x_j}^2 (a_{ij}(\boldsymbol{x}) u),$$

其中 $b_i(\boldsymbol{x}), a_{ij}(\boldsymbol{x})\ (i,j=1,2,\cdots,n)$ 为已知函数.

(8) 带源项 (生灭过程) 的 Fokker-Planck 方程

$$\partial_t u(\boldsymbol{x},t) = -\nabla\cdot(\boldsymbol{b}(\boldsymbol{x})u(\boldsymbol{x},t)) + \epsilon\Delta u(\boldsymbol{x},t) + R(\boldsymbol{x})u(\boldsymbol{x},t),$$

其中 $\boldsymbol{b}(\boldsymbol{x}) = (b_1(\boldsymbol{x}), b_2(\boldsymbol{x}),\cdots,b_n(\boldsymbol{x}))^{\mathrm{T}}, R(\boldsymbol{x})$ 为已知函数, $\epsilon>0$ 为常数.

(9) 横梁方程

$$\partial_t u(x,t) + \partial_{xxxx}^4 u(x,t) = 0.$$

(10) Maxwell 方程组

$$\begin{cases} \partial_t \boldsymbol{E} = \nabla\times\boldsymbol{B}, \\ \partial_t \boldsymbol{B} = -\nabla\times\boldsymbol{E}, \\ \nabla\cdot\boldsymbol{E} = \nabla\cdot\boldsymbol{B} = 0. \end{cases}$$

例 1.5(非线性偏微分方程)

(1) 非线性 Poisson 方程

$$-\Delta u(\boldsymbol{x}) = f(u),$$

其中 f 为已知的关于 u 的非线性函数, 例如 $f(u)=u^3-u$.

(2) 反应-扩散方程

$$\partial_t u(\boldsymbol{x},t) - a^2\Delta u = f(u),$$

其中 $a>0$ 为常数, f 为已知的关于 u 的非线性函数.

(3) Burgers 方程

$$\partial_t u(x,t) + u\partial_x u = 0.$$

(4) Hamilton-Jacobi 方程

$$\partial_t u(\boldsymbol{x},t) + H(\nabla u,\boldsymbol{x}) = 0,$$

其中 H 为已知函数.

(5) 守恒律方程

$$\partial_t u(\boldsymbol{x},t) + \nabla\cdot\boldsymbol{F}(u) = 0,$$

其中 $\boldsymbol{F}$ 为已知向量函数.

(6) Korteweg-de Vries (KdV) 方程

$$\partial_t u(x,t) + u\partial_x u + \partial_{xxx}^3 u = 0.$$

(7) 不可压缩无粘性流体的 Euler 方程组

$$\begin{cases} \partial_t \boldsymbol{u} + \boldsymbol{u} \cdot \nabla \boldsymbol{u} = -\nabla p, \\ \nabla \cdot \boldsymbol{u} = 0, \end{cases}$$

其中 $\boldsymbol{u}$ 和 p 分别为流体的速度和压力.

(8) 不可压缩粘性流体的 Navier-Stokes 方程组

$$\begin{cases} \partial_t \boldsymbol{u} + \boldsymbol{u} \cdot \nabla \boldsymbol{u} - \mu \Delta \boldsymbol{u} = -\nabla p, \\ \nabla \cdot \boldsymbol{u} = 0, \end{cases}$$

其中 $\boldsymbol{u}$ 和 p 分别为流体的速度和压力, μ 为粘性系数.

1.2 动力系统稳定性与分岔理论

很多微分方程的解并不具有解析的形式, 不借助于具体求解而仅仅通过微分方程本身特点去推断解的性质, 是微分方程定性理论的主要研究方向.

由于与物理系统的种种联系, 在本节中, 我们主要考虑随时间演化的自治微分方程系统 (又称**动力系统**)

$$\frac{\mathrm{d}\boldsymbol{x}}{\mathrm{d}t} = \boldsymbol{v}(\boldsymbol{x}), \tag{1.7}$$

其中 $\boldsymbol{x} = (x_1, x_2, \cdots, x_n)^{\mathrm{T}} \in \mathbb{R}^n$ 描述了质点在 n 维空间中运动的位置坐标, $\boldsymbol{v}(\boldsymbol{x}) = (v_1(\boldsymbol{x}), v_2(\boldsymbol{x}), \cdots, v_n(\boldsymbol{x}))^{\mathrm{T}} : \mathbb{R}^n \to \mathbb{R}^n$ 为满足方程解存在唯一性条件的速度函数, $\boldsymbol{x}$ 对时间 t 的导数又经常记为 $\dot{\boldsymbol{x}}$. 我们称 $(t, \boldsymbol{x})$ 为**增广相空间**, $\boldsymbol{x}$ 的取值空间为**相空间**. 速度函数 $\boldsymbol{v}$ 在相空间的每个点给出了一个向量方向, 因此可以称为相空间中的一个**速度场**或**向量场**. 质点的运动轨迹, 也就是微分方程 (1.7) 的解 $\boldsymbol{x}(t)$ 给出了相空间中的一条**轨线**. 微分方程定性理论的主要任务为: 利用向量场, 获取轨线族的拓扑性质以及拓扑结构图或**相图**.

1.2.1 动力系统的一般性质

若 t_0 时刻从 $\boldsymbol{x}_0$ 出发的解为定常解 $\boldsymbol{x}(t) \equiv \boldsymbol{x}_0$, 即 $\boldsymbol{x}_0$ 为速度场零点, 满足 $\boldsymbol{v}(\boldsymbol{x}_0) = 0$, 则称 $\boldsymbol{x}_0$ 为方程 (1.7) 的一个**平衡点** (或**奇点**、**不动点**) . 若 t_0 时刻从 $\boldsymbol{x}_0$ 出发的解 $\boldsymbol{x}(t) = \boldsymbol{\varphi}(t; t_0, \boldsymbol{x}_0)$ 为非定常周期运动, 即存在 $T > 0$ 使得

$$\boldsymbol{\varphi}(t + T; t_0, \boldsymbol{x}_0) \equiv \boldsymbol{\varphi}(t; t_0, \boldsymbol{x}_0),$$

则称该轨线为相空间中的一条**闭轨**. 特别地, 对于满足解的存在唯一性条件的平面自治系统

$$\begin{cases} \dot{x}_1 = P(x_1, x_2), \\ \dot{x}_2 = Q(x_1, x_2), \end{cases} \tag{1.8}$$

如果 Γ 是该系统的一条闭轨线, 在 Γ 充分小的一个邻域中, 除 Γ 外, 其他轨线都不是闭轨线, 并且这些轨线当 $t \to +\infty$ 或 $t \to -\infty$ 时都趋于 Γ, 则闭轨线 Γ 是孤立的, 称为**极限环**.

动力系统具有以下基本性质:

(1) 解曲线在增广相空间的时间平移不变性. 即若 $\boldsymbol{x} = \boldsymbol{\varphi}(t)$ 是系统 (1.7) 的一个解, 则对于任意常数 C, $\boldsymbol{x} = \boldsymbol{\varphi}(t + C)$ 也是 (1.7) 式的解.

(2) 相空间中每一点存在唯一轨线经过.

(3) 从 $\boldsymbol{x}_0$ 出发的解 $\boldsymbol{x}(t) = \boldsymbol{\varphi}(t; t_0, \boldsymbol{x}_0)$ 作为 $\mathbb{R}^n$ 上的变换 $\boldsymbol{\varphi}_t : \boldsymbol{x}_0 \mapsto \boldsymbol{x}(t)$ 满足群性质: ① $\boldsymbol{\varphi}_0$ 为恒同变换; ② $\boldsymbol{\varphi}_s \circ \boldsymbol{\varphi}_t = \boldsymbol{\varphi}_{s+t}$; ③ $\boldsymbol{\varphi}_t(\boldsymbol{x}_0)$ 对 $(t, \boldsymbol{x}_0)$ 连续.

根据上述性质 (3), 我们可以把任意初始时间 t_0 平移到 0 时刻, 因此经常只考虑 0 时刻出发的轨线并简记 $\boldsymbol{\varphi}(t; t_0, \boldsymbol{x}_0)$ 为 $\boldsymbol{\varphi}(t; \boldsymbol{x}_0)$ 或简记为 $\boldsymbol{\varphi}_t(\boldsymbol{x}_0)$, 变换 $\boldsymbol{\varphi}_t$ 也称为**“流”映射**, 即将初值 $\boldsymbol{x}_0$ 映射为 t 时刻后的值.

1.2.2 动力系统解的稳定性

考虑如图 1.1 所示的单摆, 其运动规律可由如下方程描述:

$$\frac{\mathrm{d}^2\phi}{\mathrm{d}t^2} + b\frac{\mathrm{d}\phi}{\mathrm{d}t} + \frac{g}{l}\sin\phi = 0, \tag{1.9}$$

其中, ϕ 为单摆与垂直方向的夹角, b 为阻尼系数, l 为轻质硬连杆长度, g 为重力加速度. 若作变换 $x = \phi, y = \dfrac{\mathrm{d}\phi}{\mathrm{d}t}$, 则上述运动方程可以转换为如下平面自治动力系统:

$$\begin{cases} \dfrac{\mathrm{d}x}{\mathrm{d}t} = y, \\ \dfrac{\mathrm{d}y}{\mathrm{d}t} = -\dfrac{g}{l}\sin x - by. \end{cases} \tag{1.10}$$

显然, $(0,0)$ 和 $(\pi,0)$ 是该系统的两个平衡点, 对应单摆垂直向下和单摆垂直向上两种状态. 这两种平衡点对应的物理意义是, 将单摆静止摆放于该状态则单摆将持续保持该状态不变, 但是实际摆放单摆的时候, 微小的误差是难免的, 所以我们需要考虑这两个位置经过微小扰动 $\varepsilon > 0$ 后单摆的变化. 对于 $(0,0)$ 点, 我们可

以看到, 如果从初值 $(\varepsilon, 0)$ 出发, 由于阻尼的作用, 系统轨线会趋向并停留在 $(0,0)$ 状态, 而从初值 $(\pi-\varepsilon, 0)$ 出发, 系统轨线会远离 $(\pi, 0)$, 并最终停留在 $(0,0)$ 状态. 因此, 我们可以引入如下稳定性的概念.

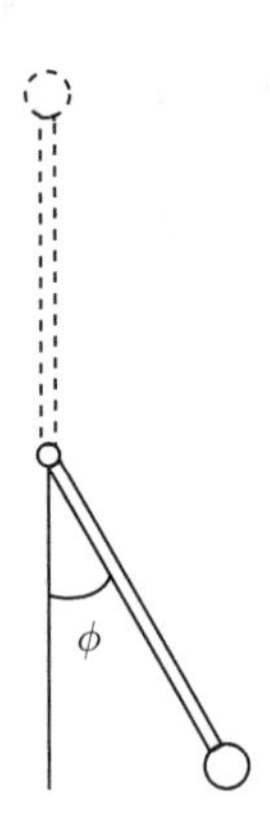

图 1.1 单摆示意图. 轻质硬连杆长度为 l, 与垂直夹角为 ϕ. 虚线所示为 $\phi=\pi$ 时的单摆位置

设系统 (1.7) 满足解的存在唯一性, 其解 $\boldsymbol{x}(t)=\boldsymbol{x}(t;t_0,\boldsymbol{x}_0)$ 的存在区间为 $\mathcal{I}=(-\infty,+\infty)$ 且 $\boldsymbol{v}(\mathbf{0})\equiv\mathbf{0}$, 即零点是系统的一个平衡点, 我们依次给出李雅普诺夫 (Lyapunov) 意义下零解稳定性的若干概念.

定义 1.12 如果对于任意的 $\varepsilon>0$ 以及给定的 t_0, 存在正数 $\delta=\delta(\varepsilon,t_0)$, 使得当 $\|\boldsymbol{x}_0\|<\delta$ 时, 系统 (1.7) 的解 $\boldsymbol{x}(t)=\boldsymbol{x}(t;t_0,\boldsymbol{x}_0)$ 在区间 $t_0\leqslant t<+\infty$ 中成立不等式:

$$\|\boldsymbol{x}(t;t_0,\boldsymbol{x}_0)\|<\varepsilon,$$

则称系统 (1.7) 的零解是**稳定的**.

定义 1.13 如果存在 $\varepsilon_0>0$ 和 $t_0\in\mathcal{I}$, 对于任意的正数 δ, 存在 $\boldsymbol{x}_0$ 满足 $\|\boldsymbol{x}_0\|<\delta$ 以及时刻 $t_1\geqslant t_0$, 使得系统 (1.7) 的解 $\boldsymbol{x}(t)=\boldsymbol{x}(t;t_0,\boldsymbol{x}_0)$ 满足

$$\|\boldsymbol{x}(t_1;t_0,\boldsymbol{x}_0)\|\geqslant\varepsilon_0,$$

则称系统 (1.7) 的零解是**不稳定的**.

定义 1.14 设 $\mathcal{B}$ 是 $\mathbb{R}^n$ 中包括原点的一个开区域, 对于所有的 $\boldsymbol{x}_0\in\mathcal{B}$, 任意的 $\varepsilon>0$ 和 $t_0\in\mathcal{I}$, 存在时刻 $T=T(\varepsilon,t_0,\boldsymbol{x}_0)$, 使得当 $t>t_0+T$ 时, 系统 (1.7) 的解 $\boldsymbol{x}(t)=\boldsymbol{x}(t;t_0,\boldsymbol{x}_0)$ 满足

$$\|\boldsymbol{x}(t;t_0,\boldsymbol{x}_0)\|<\varepsilon,$$

则称系统 (1.7) 的零解是**吸引的**, 称开区域 $\mathcal{B}$ 为零解的**吸引域**.

定义 1.15 如果系统 (1.7) 的零解既是稳定的, 又是吸引的, 则称系统 (1.7) 的零解是**渐近稳定的**; 特别地, 如果渐近稳定的零解的吸引域 $\mathcal{B}=\mathbb{R}^n$, 则称系统 (1.7) 的零解是**全局渐近稳定的**.

上述的稳定性定义是针对系统的零解进行的, 但这种稳定性定义可以对系统的任意解 (包括非零平衡点、周期解等) 进行定义. 事实上, 若 $\boldsymbol{\psi}(t)=\boldsymbol{\psi}(t;t_0,\boldsymbol{\psi}_0)$ 是系统 (1.7) 的任意一个解, 为了考察它的稳定性, 即初值 $\boldsymbol{\psi}_0$ 经过扰动后得到的其他解 $\boldsymbol{x}(t;t_0,\boldsymbol{x}_0)$ 和它的接近程度, 作变换 $\boldsymbol{y}(t)=\boldsymbol{x}(t)-\boldsymbol{\psi}(t)$, 则有

$$\frac{\mathrm{d}\boldsymbol{y}}{\mathrm{d}t}=\boldsymbol{v}(\boldsymbol{y}+\boldsymbol{\psi})-\boldsymbol{v}(\boldsymbol{\psi}), \tag{1.11}$$

显然 $\boldsymbol{y}=\boldsymbol{0}$ 是系统 (1.11) 的零解, 即研究系统 (1.7) 的任意解 $\boldsymbol{\psi}(t)$ 的稳定性都可等价地转化为研究系统 (1.11) 零解的稳定性问题.

对于李雅普诺夫意义下解的稳定性, 我们可以依然借助单摆系统 (1.10) 来进行直观的认识.

(1) 当阻尼系数 $b=0$ 时, 系统 (1.10) 退化为无阻尼的单摆系统, 则对于任意给定的 $\varepsilon>0$, 都可以找到一个充分小的扰动 δ, 使得当初值 $x_0^2+y_0^2<\delta$ 时, 单摆会在 $(0,0)$ 附近做周期振荡, 且保持 $(x(t))^2+(y(t))^2<\varepsilon, \forall t>t_0$, 由于没有阻尼这种振荡将永远进行下去, 此时 $(0,0)$ 点是稳定的, 但不是吸引的.

(2) 对于平衡点 $(\pi,0)$, 显然是不稳定的, 不再具体展开.

(3) 对于零解的吸引性, 更直观的描述是对于所有的 $\boldsymbol{x}_0\in\mathcal{B}$, 均有 $\lim\limits_{t\to+\infty}\boldsymbol{x}(t;t_0,\boldsymbol{x}_0)=\boldsymbol{0}$, 即从吸引域 $\mathcal{B}$ 中出发的轨线趋于 $\boldsymbol{0}$. 具体到系统 (1.10) , 当阻尼系数 $b>0$ 时, 只要 $|x_0|<\pi$, 则从初值 $(x_0,0)$ 出发的轨线最后都将趋于 $(0,0)$, 因此 $(0,0)$ 是吸引的.

这里要注意的是, 上述定义中稳定和吸引是两个独立的概念, 从无阻尼单摆运动的零解稳定性可以看到稳定并不意味着吸引, 反过来, 也可以构造吸引但不稳定的例子来说明吸引并不意味着稳定.

对于一些特别的系统, 除稳定性的定义之外, 我们有一些分析方法可以根据系统的特性直接对解的稳定性进行分析. 对于平面自治系统 (1.8), 其不动点的稳定性分析可以给出详细而完整的讨论[3], 在此不再赘述. 对于高维系统, 我们考虑简单的线性自治系统

$$\frac{\mathrm{d}\boldsymbol{x}}{\mathrm{d}t}=\boldsymbol{A}\boldsymbol{x}, \tag{1.12}$$

其中 $\boldsymbol{A}\in\mathbb{R}^{n\times n}$ 为常系数矩阵, 显然零解 $\boldsymbol{x}=\boldsymbol{0}$ 是一个不动点, 则我们有如下稳定性判定方法:

定理 1.5　如果 $\boldsymbol{A}$ 的所有特征值均具有负实部, 则 (1.12) 的零解是渐近稳定的; 若 $\boldsymbol{A}$ 存在正实部的特征值, 则 (1.12) 的零解是不稳定的.

证明　系统 (1.12) 的通解可以表示为

$$\boldsymbol{x}(t) = \boldsymbol{x}(t; t_0, \boldsymbol{x}_0) = e^{\boldsymbol{A}(t-t_0)}\boldsymbol{x}_0. \tag{1.13}$$

进一步地, 由线性代数的理论可知, 存在非奇异矩阵 $\boldsymbol{Q}$ 使得 $\boldsymbol{A} = \boldsymbol{Q}\boldsymbol{J}\boldsymbol{Q}^{-1}$, 其中 $\boldsymbol{J}$ 为 $\boldsymbol{A}$ 的 Jordan 标准型,

$$\boldsymbol{J} = \begin{pmatrix} \boldsymbol{J}_1 & 0 & \cdots & 0 \\ 0 & \boldsymbol{J}_2 & \cdots & 0 \\ \vdots & \vdots & & \vdots \\ 0 & 0 & \cdots & \boldsymbol{J}_r \end{pmatrix},$$

$\boldsymbol{J}_k$ 为对应于特征值 λ_k 的 Jordan 块

$$\boldsymbol{J}_k = \begin{pmatrix} \lambda_k & 1 & \cdots & 0 & 0 \\ 0 & \lambda_k & \cdots & 0 & 0 \\ \vdots & \vdots & & \vdots & \vdots \\ 0 & 0 & \cdots & \lambda_k & 1 \\ 0 & 0 & \cdots & 0 & \lambda_k \end{pmatrix},$$

从而 $e^{\boldsymbol{A}(t-t_0)} = \boldsymbol{Q}e^{\boldsymbol{J}(t-t_0)}\boldsymbol{Q}^{-1}$, 其中

$$e^{\boldsymbol{J}(t-t_0)} = \begin{pmatrix} e^{\boldsymbol{J}_1(t-t_0)} & 0 & \cdots & 0 \\ 0 & e^{\boldsymbol{J}_2(t-t_0)} & \cdots & 0 \\ \vdots & \vdots & & \vdots \\ 0 & 0 & \cdots & e^{\boldsymbol{J}_r(t-t_0)} \end{pmatrix},$$

当所有特征值均具有负实部, 即 $\mathrm{Re}\{\lambda_k\} < 0, k = 1, 2, \cdots, r$ 时, 有 $\lim\limits_{t\to+\infty} \|e^{\boldsymbol{J}(t-t_0)}\| \to \mathbf{0}$, 由于

$$\|\boldsymbol{x}(t)\| \leqslant \|\boldsymbol{Q}\|\|e^{\boldsymbol{J}(t-t_0)}\|\|\boldsymbol{Q}^{-1}\|\|\boldsymbol{x}_0\|,$$

我们有 $\lim\limits_{t\to+\infty} \|\boldsymbol{x}(t)\| \to \mathbf{0}$, 即零解是渐近稳定的.

而当 $\boldsymbol{A}$ 有正实部的特征值, 即存在一个特征值 λ_k, 且 $\mathrm{Re}\{\lambda_k\} > 0$ 时, $e^{\boldsymbol{J}_k(t-t_0)}$ 当 $t \to +\infty$ 时无界, 即在零点的任意邻域内, 都可以选到 $\boldsymbol{x}_0$, 使得 $\boldsymbol{x}(t; t_0, \boldsymbol{x}_0)$ 无界, 从而零解是不稳定的. □

上述结论中, $\boldsymbol{A}$ 的所有特征值实部均小于零事实上既是零解渐近稳定的充分条件也是必要条件. 此外, 当 $\boldsymbol{A}$ 的所有特征值具有非正实部, 且具有零实部时, 需要根据零实部特征值对应 Jordan 块的阶数进行讨论, 在此不做展开, 详细讨论可参考 [3,4].

而对于一般的非线性系统 (1.7), 在一定条件下我们可以在不动点附近做线性展开后进行讨论. 为方便起见, 我们讨论零点的稳定性, 即设 $\boldsymbol{v}(\mathbf{0})=\mathbf{0}$, 并称以下矩阵为系统在零点处的**雅可比矩阵**

$$D\boldsymbol{v}=\begin{pmatrix} \dfrac{\partial v_1}{\partial x_1}(\mathbf{0}) & \cdots & \dfrac{\partial v_1}{\partial x_n}(\mathbf{0}) \\ \vdots & & \vdots \\ \dfrac{\partial v_n}{\partial x_1}(\mathbf{0}) & \cdots & \dfrac{\partial v_n}{\partial x_n}(\mathbf{0}) \end{pmatrix}. \tag{1.14}$$

根据 Taylor 展开理论, 非线性自治系统 (1.7) 在零点充分小的邻域中可以写成

$$\frac{\mathrm{d}\boldsymbol{x}}{\mathrm{d}t}=(D\boldsymbol{v})\boldsymbol{x}+\boldsymbol{g}(\boldsymbol{x}), \tag{1.15}$$

其中 $\boldsymbol{g}(\mathbf{0})=\mathbf{0}$ 且 $\|\boldsymbol{g}(\boldsymbol{x})\|=o(\|\boldsymbol{x}\|)$, 由此, 称线性自治系统

$$\frac{\mathrm{d}\boldsymbol{x}}{\mathrm{d}t}=(D\boldsymbol{v})\boldsymbol{x} \tag{1.16}$$

为原系统的一次近似系统, 并且我们有如下结论:

定理 1.6 (Hartman-Grobman 定理) 对于系统 (1.15) 及其一次近似系统 (1.16),

(1) 如果系统 (1.16) 的零解在李雅普诺夫意义下是渐近稳定的, 那么系统 (1.15) 的零解在李雅普诺夫意义下也是渐近稳定的;

(2) 如果实矩阵 $D\boldsymbol{v}$ 所有的特征值中至少有一个实部是大于零的, 那么系统 (1.15) 的零解在李雅普诺夫意义下是不稳定的.

上述通过非线性系统的局部线性近似来判定系统不动点的稳定性只能在不动点的一个充分小邻域内进行, 且遇到特征根零实部时分析将比较复杂. 下面我们从一个例子出发来介绍一种在研究稳定性问题中更常用的、更行之有效的方法——**李雅普诺夫直接方法**或**李雅普诺夫函数法**.

我们还是回到单摆方程 (1.9) 及其对应的平面自治系统 (1.10). 对于单摆而言, 系统的总机械能由动能和势能构成, 即系统的机械能可以表示为

$$V(x,y)=\frac{1}{2}m(ly)^2+mgl(1-\cos x),$$

且系统机械能随着时间的变化可以通过其时间导数来表示

$$\dot{V}(x,y)=\frac{\partial V}{\partial x}\dot{x}+\frac{\partial V}{\partial y}\dot{y}=-mbl^2y^2\leqslant 0,$$

非正的导数表明系统总的机械能随时间是不增的, 且当单摆非静止 ($y\neq 0$) 时系统机械能是严格减少的, 因此该式对应于清晰的物理意义: 带阻尼的单摆系统总机械能将不断耗散, 最终停留在能量的最低点即系统的零点, 即系统零点是渐近稳定的. 这个例子启发我们, 对于非线性的自治系统, 如果能找到一个类似于系统能量函数的特殊函数, 就可以通过考察该函数沿着系统轨道的变化情况来讨论解的稳定性, 这类方法即李雅普诺夫直接方法. 为此, 我们设自治系统零点为不动点, 且向量场在包含零点的区域中是连续的, 则可以给出如下定义:

定义 1.16 设函数 $V(\boldsymbol{x})=V(x_1,x_2,\cdots,x_n):\mathcal{D}\to\mathbb{R}$, 其中 $\mathcal{D}$ 为 $\mathbb{R}^n$ 中包含原点的一个邻域, 函数 $V(\boldsymbol{x})$ 在 $\mathcal{D}$ 中连续可微, 且 $V(\mathbf{0})=0$.

(1) 若对于所有的 $\boldsymbol{x}\in\mathcal{D}$ 都有 $V(\boldsymbol{x})\geqslant 0(\leqslant 0)$, 则称 $V(\boldsymbol{x})$ 是**常正函数** (**常负函数**);

(2) 若对于除原点外所有 $\boldsymbol{x}\in\mathcal{D}$ 都有 $V(\boldsymbol{x})>0(<0)$, 则称 $V(\boldsymbol{x})$ 是**定正函数** (**定负函数**);

(3) 若在 $\mathcal{D}$ 中原点的任意一个邻域内, 函数 $V(\boldsymbol{x})$ 既可以取到正值也可以取到负值, 则称 $V(\boldsymbol{x})$ 是**变号函数**.

当考虑 $V(\boldsymbol{x})$ 沿着自治系统 (1.7) 的一条轨道 $\boldsymbol{x}(t;t_0,\boldsymbol{x}_0)$ 随时间变化的情况时, 可以根据复合函数的链式求导得到

$$\dot{V}(\boldsymbol{x})=\sum_{i=1}^{n}\frac{\partial V}{\partial x_i}\dot{x}_i=\sum_{i=1}^{n}\frac{\partial V}{\partial x_i}v_i(\boldsymbol{x}),\tag{1.17}$$

称该导数为函数 $V(\boldsymbol{x})$ 按系统 (1.7) 对时间的**全导数**.

我们考虑一个定正函数 $V(\boldsymbol{x})$, 通过简单的数学推导可以看出 $V(\boldsymbol{x})=C$ (C 为充分小任意正数) 是包围原点的一族封闭曲面, 且当 C 减小时该曲面族向原点收缩, 如图 1.2 所示. 另一方面, 全导数事实上还可以写为如下内积形式:

$$\dot{V}(\boldsymbol{x})=\langle \mathrm{grad}\, V,\boldsymbol{v}(\boldsymbol{x})\rangle,$$

其中梯度 grad V 表示曲面 $V(\boldsymbol{x})=C$ 的外法向, 而 $\boldsymbol{v}(\boldsymbol{x})$ 为轨线沿时间增加方向的切向. 因此, 如果全导数是定负的, 即曲面外法向与轨线切向的夹角始终是钝角, 则轨线随时间增加穿过曲面族向更小的封闭曲面跑去, 最终趋于原点, 而这就意味着系统的零解是渐近稳定的. 类似的分析方法可以讨论全导数是常负和定正时的情况.

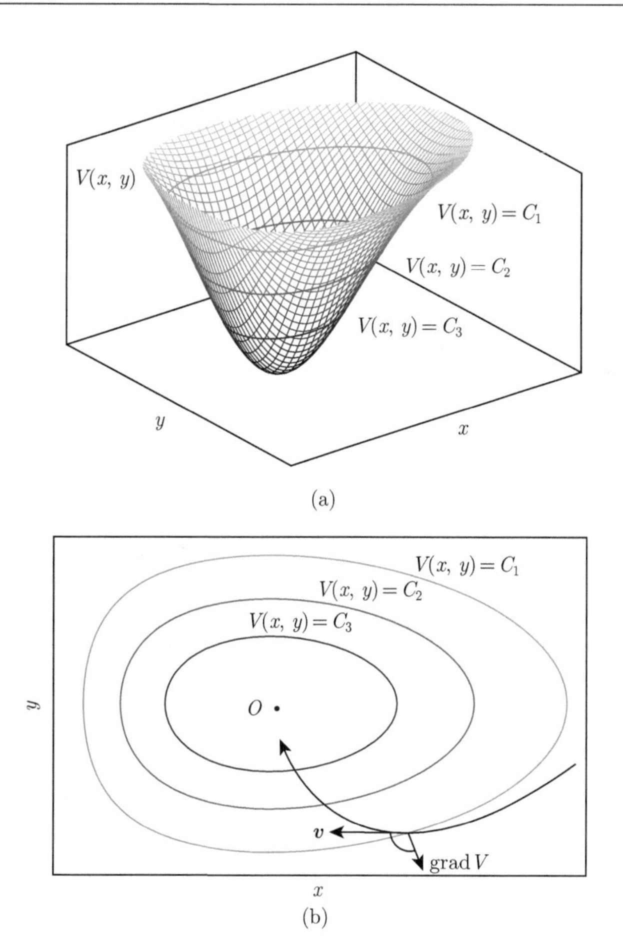

图 1.2 李雅普诺夫直接方法示意图. (a) V 函数与等高线 $C_1 > C_2 > C_3$ 示意图; (b) 等高线在 x-y 平面投影及轨线切线方向 $\boldsymbol{v}$ 与等高线外法向 grad V 夹角示意图

根据上述几何意义, 我们可以进一步给出严格证明并得到以下李雅普诺夫直接方法关于稳定性的若干判定定理.

定理 1.7(零解稳定性的判定定理) 考虑自治系统 (1.7) 及其零解,

(1) 若存在一个定正函数 $V(\boldsymbol{x})$, 使得 V 按系统 (1.7) 对时间 t 的全导数 (1.17) 是常负 (定负) 函数, 那么系统 (1.7) 的零解在李雅普诺夫意义下是稳定 (渐近稳定) 的;

(2) 若存在一个函数 $V(\boldsymbol{x})$, 满足 $V(\boldsymbol{x})$ 在原点 O 的任意一个邻域内总能取到正值, $V(\mathbf{0}) = 0$, 并且 V 按系统 (1.7) 对时间 t 的全导数 (1.17) 是定正函数, 那么系统 (1.7) 的零解在李雅普诺夫意义下是不稳定的.

1.2.3 拓扑共轭、结构稳定与分岔理论

在 1.2.2 节的解的稳定性定义中, 我们考虑的是系统某个解 (如不动点、极限环等) 在经过小扰动后轨线的变化情况. 这一节我们考虑当系统参数经过扰动后, 系统整体向量场拓扑结构的变化情况, 即结构稳定性. 为理解这一想法, 我们考虑如下特殊的平面系统:

$$\begin{cases} \dot{x} = \mu - x^2, \\ \dot{y} = -y, \end{cases} \tag{1.18}$$

显然当 $\mu > 0$ 时, 系统有两个不动点分别为 $(\sqrt{\mu}, 0)$ 和 $(-\sqrt{\mu}, 0)$; 当 $\mu = 0$ 时系统只有一个不动点 $(0,0)$; 而当 $\mu < 0$ 时, 系统没有不动点. 进一步我们可以刻画出三种情况下系统的向量场, 如图 1.3(a) 所示. 因此, 我们可以说当系统参数 μ 非零并且对 μ 的扰动并不改变其正负时, 系统的向量场的拓扑结构是不发生本质改变的; 但当对系统参数 μ 的扰动改变其正负时, 系统的向量场拓扑结构发生了本质的改变, 其中 $\mu = 0$ 是系统向量场发生突变的点.

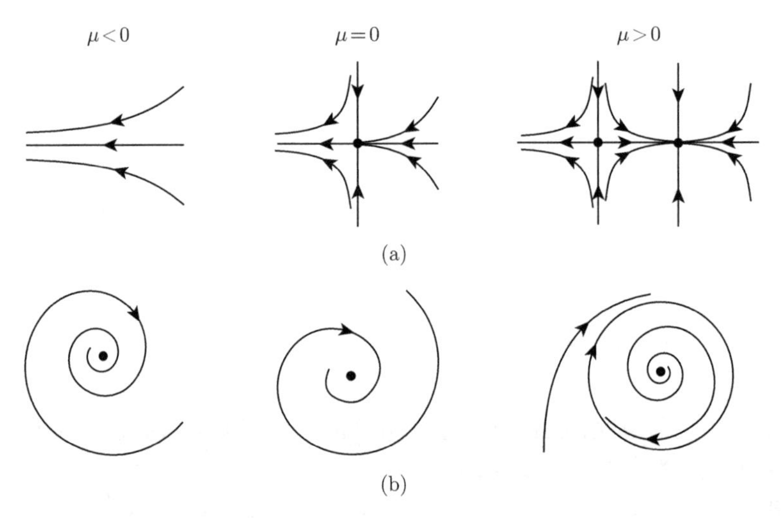

图 1.3 向量场与轨线随参数的变化. (a) 系统 (1.18); (b) 系统 (1.19)

为了严格描述动力系统向量场的拓扑结构“本质改变”, 我们需要用到拓扑共轭的概念.

定义 1.17 (同胚 (homeomorphism)) 设 X, Y 是两个拓扑空间, 映射 $h: X \to Y$ 称为 X, Y 之间的拓扑**同胚映射**, 如果 h 是双射, 且 h 和 h^{-1} 连续.

定义 1.18 (拓扑共轭 (topological conjugate)) 设 (X, φ_t) 和 (Y, ψ_t) 是两个动力系统, 其中 X, Y 是相空间, φ_t, ψ_t 是流. 如果存在同胚映射 $h: X \to Y$, 使得

$h(\varphi_t(\boldsymbol{x})) = \psi_t(h(\boldsymbol{x})), \forall \boldsymbol{x} \in X$, 则称这两个动力系统是**拓扑共轭**的.

事实上, 两个动力系统如果是拓扑共轭的, 那么本质上这两个系统是等价的. 定义 1.18 中两者间关系 $h(\varphi_t(\boldsymbol{x})) = \psi_t(h(\boldsymbol{x}))$ 可由图 1.4 表示, 任给 $\boldsymbol{x} \in X$, 拓扑共轭意味着从 $\boldsymbol{x}$ 出发经过 X 空间上动力系统 φ_t 可以映射为 t 时刻后的状态 $\boldsymbol{x}(t) = \varphi_t(\boldsymbol{x})$, 该状态与 $\boldsymbol{x}$ 首先经过同胚映射 h 得到在 Y 空间的像 $h(\boldsymbol{x})$, 再经过 Y 空间动力系统 ψ_t 映射为 t 时刻后的状态 $\boldsymbol{y}(t) = \psi_t(h(\boldsymbol{x}))$, 最后再次通过 h^{-1} 映射回 X 空间得到的状态一致, 即 $\varphi_t(\boldsymbol{x}) = h^{-1}(\psi_t(h(\boldsymbol{x})))$. 不难看出, 在这种等价关系下, 如果两个动力系统是拓扑共轭的, 则同胚映射把 φ_t 的不动点和周期点都映射成 ψ_t 的不动点和周期点, 且稳定性保持不变.

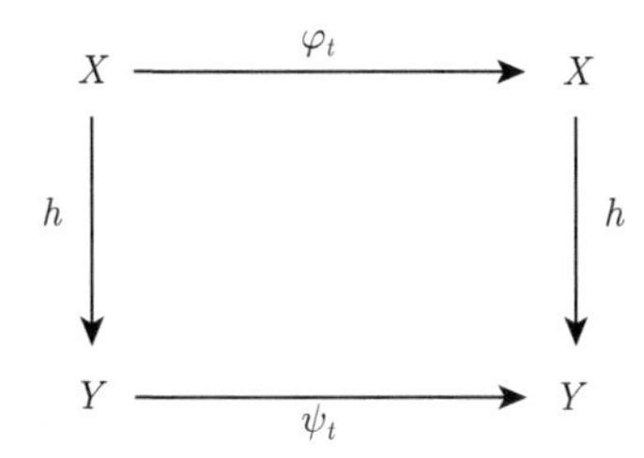

图 1.4 两个系统间拓扑共轭关系图

一般地, 我们考虑系统 $\dot{\boldsymbol{x}} = \boldsymbol{f}(\boldsymbol{x}, \mu)$, 当系统参数 μ 发生微小扰动 $\mu' = \mu \pm \varepsilon$ 后, 若新的动力系统与原动力系统是拓扑共轭的, 则称系统是**结构稳定**的, 即动力系统的拓扑性质没有发生本质改变; 反之, 若系统在 μ^* 处任意的小扰动都会导致新的系统与原系统不是拓扑共轭, 则称系统是**结构不稳定**的. 当系统参数 μ 发生连续变化跨过某个临界点 μ^* 时系统向量场发生本质改变, 我们称系统随着参数 μ 的变化发生了分岔 (bifurcation), 而临界点 μ^* 称为**分岔点**. 事实上, 系统 (1.18) 在 $\mu^* = 0$ 处不稳定的鞍点和稳定的结点合二为一, 发生的分岔称为鞍结点分岔 (saddle-node bifurcation).

下面我们进一步介绍一类典型的与动力系统周期解密切相关的分岔: 霍普夫分岔 (Hopf bifurcation). 为此我们考虑如下的平面自治系统:

$$\begin{cases} \dot{x} = \mu x - \omega y + Kx(x^2 + y^2), \\ \dot{y} = \omega x + \mu y + Ky(x^2 + y^2), \end{cases} \tag{1.19}$$

其中 ω, μ, K 为三个实参数, 显然 $(0,0)$ 点是系统的一个不动点, 为看清系统不动点稳定性以及是否有周期轨, 作极坐标变换 $x = r\cos\theta,\quad y = r\sin\theta$, 则在极坐标下系统可化为

$$\begin{cases} \dot{r} = \mu r + K r^3, \\ \dot{\theta} = \omega, \end{cases} \tag{1.20}$$

因此参数 ω 事实上是轨线绕原点旋转的角速度, 而 μ 和 K 的取值则决定了系统不动点和周期轨的性质.

我们首先考虑 $K<0, \omega \neq 0$ 的情况. 当 $\mu \neq 0$ 时, 方程 (1.20) 的通解可以表示为

$$\begin{cases} r(t) = \sqrt{\dfrac{\mu}{-K(1-c_1 e^{-2\mu t})}}, \\ \theta(t) = \omega t + c_2, \end{cases}$$

当 $\mu>0$ 时, $r=r_1\equiv 0$ 和 $r=r_2\equiv\sqrt{-\dfrac{\mu}{K}}$ 是系统的两个特解, 其中 r_1 对应于平面系统的零点, r_2 对应的是平面系统的一个周期解, 它所对应的闭轨线 Γ_μ 是以零点为圆心、以 $\sqrt{-\dfrac{\mu}{K}}$ 为半径的圆. 并且根据上述通解形式容易看出若初值 $r(0)<\sqrt{-\dfrac{\mu}{K}}$, 则 $r(t)$ 将单调递增趋向于 $\sqrt{-\dfrac{\mu}{K}}$; 而若初值 $r(0)>\sqrt{-\dfrac{\mu}{K}}$, 则 $r(t)$ 将单调递减趋向于 $\sqrt{-\dfrac{\mu}{K}}$, 进一步考虑到 θ 的匀速变化, 可知轨线都是螺旋型趋向于闭轨线 Γ_μ 的, 即零点是不稳定的焦点, Γ_μ 为渐近稳定的极限环. 当 $\mu<0$ 时, 系统没有周期解, $r\equiv 0$ 对应于平面系统零解为一个不动点, 且由通解形式可知, 当 $r(0)>0$ 时轨线均螺旋趋向于零点, 因此零点是渐近稳定的焦点.

当 $\mu=0$ 时可进一步得到方程 (1.20) 的通解

$$\begin{cases} r(t) = \dfrac{1}{\sqrt{-2Kt+c_1}}, \\ \theta(t) = \omega t + c_2, \end{cases}$$

此时系统没有周期解, $r\equiv 0$ 对应于平面系统的零解是一个不动点, 且由通解形式可知 $r(0)>0$ 时轨线均螺旋趋向于零点, 即零点是渐近稳定的焦点.

综合上述讨论, 平面系统的向量场可以大致刻画出如图 1.3(b) 的三种情况. 进一步地, 随着 μ 从小于零变化到等于零, 再连续变化到大于零, 系统轨线的变化过程可以用图 1.5 来表示, 即随着参数 μ 跨过分岔点 $\mu=0$, 系统的稳定不动点失稳并在附近产生一个稳定极限环的过程.

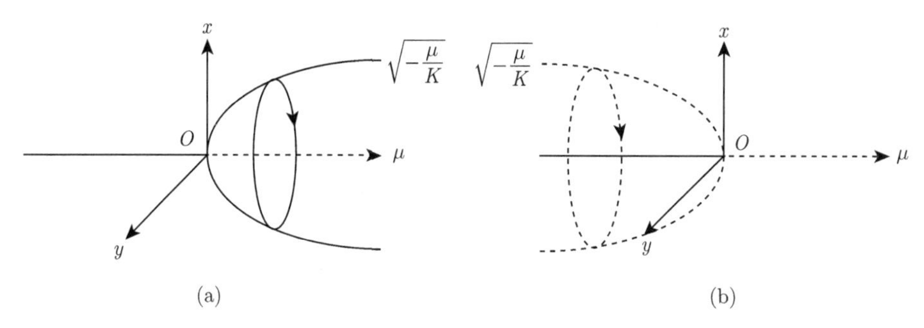

图 1.5 霍普夫分岔图, 用实线表示稳定态, 用虚线表示不稳定态.
(a) 超临界情况; (b) 亚临界情况

类似地, 我们也可以讨论 $K > 0$ 的情况, 此时不加分析地直接给出结论: 当 $\mu < 0$ 时系统零点为稳定的焦点, 零点附近有一个半径为 $\sqrt{-\dfrac{\mu}{K}}$ 的不稳定的周期轨; 当 $\mu = 0$ 时周期轨收缩到零点, 零点变为不稳定的焦点; 当 $\mu > 0$ 时没有周期轨, 零点为不稳定的焦点, 分岔过程如图 1.5 所示.

这两种分岔分别对应的是超临界 (supercritical) 和亚临界 (subcritical) 的 Andronov-Hopf 分岔, 一般也简称为**霍普夫** (Hopf) **分岔**, 图 1.5 称为刻画分岔过程的**分岔图**.

仔细观察可以发现, 上述鞍结点分岔和霍普夫分岔都是由系统中一个参数连续变化跨过临界点时发生的结构性改变, 这种分岔也归类为**余维为 1** (codimension-one) 的分岔, 相对应地, 如果系统的稳定性结构性改变是由两个参数的连续变化引起的, 一般来说此时分岔条件有两个, 则这类分岔称为**余维为 2** (codimension-two) 的分岔, 以下我们结合一个简单的例子来介绍一类典型的余维为 2 的分岔.

我们考虑如下系统:

$$\begin{cases} \dot{x} = \beta_1 + \beta_2 x - \sigma x^3, \\ \dot{y} = -y, \end{cases} \tag{1.21}$$

当 $\sigma = 1$ 时显然系统的不动点由方程 $\beta_1 + \beta_2 x - x^3 = 0$ 的根来决定, 经过类似于对系统 (1.18) 鞍结点分岔的分析方法, 我们可以描绘出如图 1.6 的分岔图, 图中曲线 $T_{1,2} = \{(\beta_1, \beta_2) : 27\beta_1^2 = 4\beta_2^3\}$ 将 β_1-β_2 参数平面分为两个部分, 在由曲线 T_1 和 T_2 确定的楔形阴影区域 A 中, 系统有三个不动点, 包括两个稳定的结点和一个不稳定的鞍点, 而在区域 A 外的区域 B 中, 系统只有一个稳定的不动点, 在临界曲线 T_1 和 T_2 上鞍点和相对应的一侧结点发生了鞍结点分岔, 而在参数平面的零点则发生了三个不动点合为一个不动点的分岔, 这类分岔称为尖点分岔 (Cusp 分岔), 是一类典型的余维为 2 的分岔.

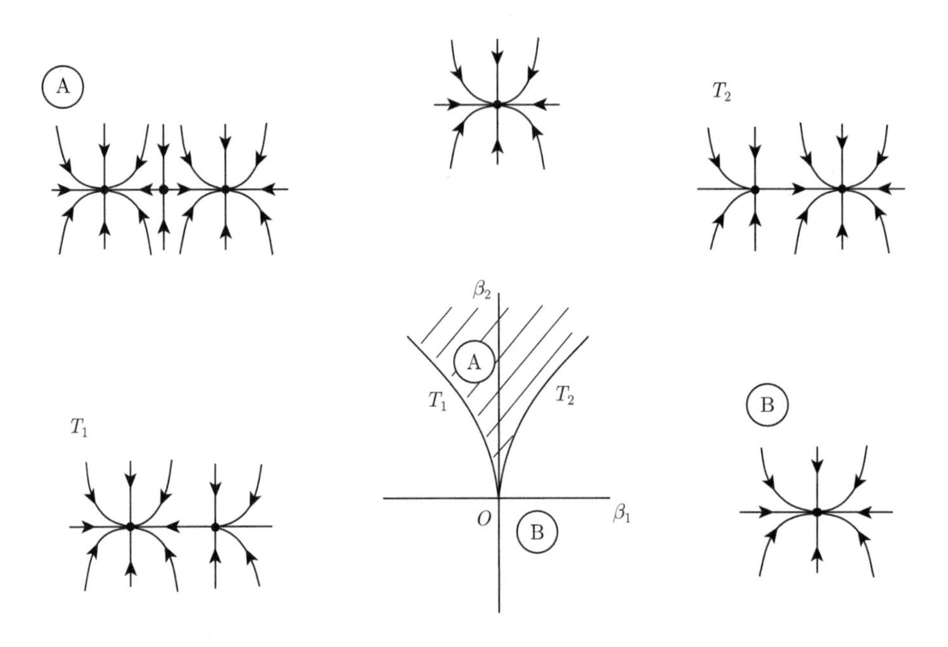

图 1.6　Cusp 分岔图

综上, 对于微分方程系统 (differential equations system) 或动力系统 (1.7) , 我们介绍了两类最为常见的也最为典型的余维为 1 的分岔[5]——鞍结点分岔和霍普夫分岔, 同时介绍了一类余维为 2 的分岔——Cusp 分岔. 特别地, (1.18) 式、(1.19) 式和(1.21) 式分别刻画了三类分岔在临界点附近向量场的本质变化. 当更一般系统在不动点附近的局部动力学和上述系统拓扑共轭时, 也称系统发生了相应的分岔. 因此(1.18) 式、(1.19) 式和 (1.21) 式称为相应分岔所对应的**标准型或正规型** (normal form). 很多实际工程问题, 如电力系统的动力学问题, 可以由微分代数方程来描述. 对于微分代数方程系统 (differential algebraic equations system), 除了微分方程系统典型的余维为 1 的分岔以外, 还有代数方程奇异诱导的余维为 1 的分岔 (singularity induced codim-1 bifurcation)[6]. 进一步, 许多由数字控制 (digital control) 的动力系统可以由微分差分代数方程来描述. 对于微分差分代数方程系统 (differential difference algebraic equations system), 还有瞬时采样诱导的余维为 1 的分岔 (sampling-instant induced codim-1 bifurcation)[5].

1.3 混沌动力系统简介

在研究复杂动力系统的动力学行为时, 我们往往关心当时间充分大之后系统所表现出的动力学行为, 即渐近态或极限态, 而不是从任意初值出发瞬时的动力学行为, 即暂态. 为此, 我们需要引入极限集与吸引子的概念. 除了前面章节给出的容易想到的极限态如不动点、周期轨等动力学行为, 非线性的复杂动力系统也经常表现出更复杂的一类极限态, 即奇异吸引子 (或混沌吸引子), 这类系统也称为混沌系统. 本节我们就来介绍混沌动力系统相关的基础内容.

1.3.1 极限集与吸引子

定义 1.19 (ω-极限集) 考虑动力系统 $\dot{\boldsymbol{x}}=\boldsymbol{v}(\boldsymbol{x})$ 的一条轨道 $\phi(t;\boldsymbol{x}_0)$ 或解, 如果存在一个子列 $\phi(t_n;\boldsymbol{x}_0), n=1,2,\cdots$ 且 $t_n\to\infty$, 使得 $\phi(t_n;\boldsymbol{x}_0)$ 收敛到点 $\boldsymbol{z}$, 则称点 $\boldsymbol{z}$ 为轨道 $\phi(t;\boldsymbol{x}_0)$ 的一个 ω-极限点. 所有从 $\boldsymbol{x}_0$ 出发得到的 ω-极限点组成的集合称为**ω-极限集**, 记为 $\omega(\boldsymbol{x}_0)$.

定义 1.20 (不变集) 考虑动力系统 $\dot{\boldsymbol{x}}=\boldsymbol{v}(\boldsymbol{x})$ 定义的流 $\phi_t(\boldsymbol{x})$ 或 $\phi(t;\boldsymbol{x})$, 一个集合 S 称为该动力系统的一个**正向不变集**, 若对于该集合内任意点 $\boldsymbol{x}_0\in S$, 都有 $\phi_t(\boldsymbol{x}_0)\in S$ 对任意 $t\geqslant 0$ 成立. 若该性质对于 $t\leqslant 0$ 成立, 则称为**负向不变集**. 如果 S 既是正向不变集又是负向不变集, 则称 S 为**不变集**.

显然, 不变集的意义在于从不变集中出发的轨线将一直在不变集中. 如果一个正向不变集是有界闭集, 则 ω-极限集一定是非空的.

定义 1.21 (吸引集) 对于一个动力系统 $\dot{\boldsymbol{x}}=\boldsymbol{v}(\boldsymbol{x})$ 及其定义的流 $\phi_t(\boldsymbol{x})$, 一个不变集 A 称为是**吸引**的, 如果有一个 A 的邻域 U 是正向不变集, 并且从 U 中出发的轨线都趋于 A, 即 $A=\bigcap_{t\geqslant 0}\phi_t(U)$, 称 U 为一个**捕获域**.

定义 1.22 (吸引子) 一个吸引集 A 如果是不可分解的, 即不存在真子集本身是吸引集 (如果 $A'\subseteq A$ 是吸引集, 则 $A'=A$) , 则称 A 为一个**吸引子** (attractor).

根据定义, 前面章节中给出的动力系统的渐近稳定的不动点、渐近稳定的周期轨都是吸引子. 但事实上非线性的复杂动力系统有更复杂的吸引子形态, 为此下面给出一个经典的既不是不动点也不是周期轨或准周期轨的吸引子.

考虑如下三维常微分方程给出的自治动力系统:

$$\begin{cases}\dot{x}=-\sigma x+\sigma y,\\ \dot{y}=\rho x-y-xz,\\ \dot{z}=xy-\beta z.\end{cases}\tag{1.22}$$

当参数给定为 $\sigma=10,\rho=28,\beta=8/3$ 时, 可以发现对于随机给定的初值, 经过充分长的时间后, 系统将收敛到如图 1.7(a)(b) 所示的吸引子上, 这时系统的轨线呈现出既不是不动点也不是周期轨而是具有一定随机的特性, 如图 1.7(c) 所示. 事实上, 可以严格证明该系统的吸引子不是充分长的周期轨, 而由于是确定性的系统产生的轨线, 因此也不是随机的, 这类吸引子称为**奇异吸引子**. 系统 (1.22) 为纪念其发现者 Edward Lorenz 命名为 **Lorenz 系统**, 其吸引子被命名为 Lorenz 吸引子.

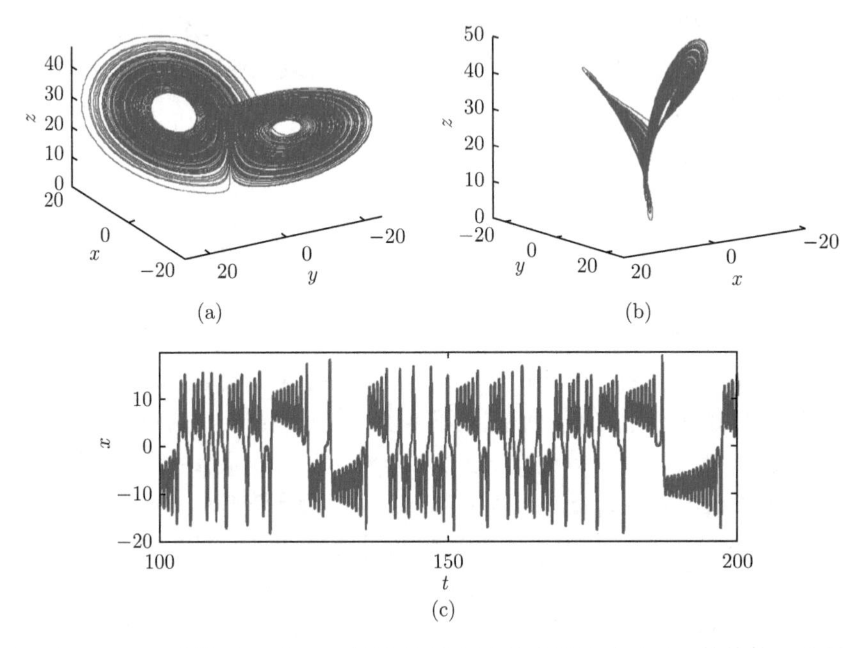

图 1.7 Lorenz 系统. (a), (b) 两个不同视角呈现的奇异吸引子. (c) 轨线的 x 分量

1.3.2 混沌吸引子及其衡量指标

为进一步研究奇异吸引子及其背后的混沌系统, 我们还需要引入一个重要的特性. 著名的“蝴蝶效应”表明, 对于一些系统而言, 初值上的微小扰动可以导致随着时间的推移动力学行为发生巨大差异, 即系统具有初值敏感性.

定义 1.23(初值敏感性) 对于动力系统 $\dot{\boldsymbol{x}} = \boldsymbol{v}(\boldsymbol{x})$ 及其定义的流 $\phi_t(\boldsymbol{x})$, 如果在 $\boldsymbol{x}_0$ 处存在一个正常数 $r > 0$, 对于任意 $\delta > 0$ 都能找到 $\boldsymbol{y}_0$ 满足 $\|\boldsymbol{y}_0 - \boldsymbol{x}_0\| < \delta$ 和一个时刻 $\tau > 0$ 使得

$$\|\phi_\tau(\boldsymbol{x}_0) - \phi_\tau(\boldsymbol{y}_0)\| \geqslant r,$$

则称系统在初值 $\boldsymbol{x}_0$ 处具有**初值敏感性**.

上述初值敏感性是定义在一个点上, 类似地可以在一个集合上定义初值敏感性, 特别地, 如果一个吸引子上任一点都成立初值敏感性, 则称该吸引子是**混沌吸**

引子或奇异吸引子.

上述初值敏感性是从数学上给出的概念, 对于一些特殊的系统可以直接通过数学方法验证, 但对于大量的一般系统而言, 这种初值敏感性很难从理论上进行验证. 为此, 为了便于计算和量化衡量初值敏感性, 我们可以引入李雅普诺夫指数 (Lyapunov exponents) 这一可计算量化指标. 对于动力系统 $\dot{\boldsymbol{x}} = \boldsymbol{v}(\boldsymbol{x})$ 及其两条轨道 $\phi(t;\boldsymbol{x}_0)$ 和 $\phi(t;\boldsymbol{y}_0)$, 用 $\delta Z(t) = \phi(t;\boldsymbol{x}_0) - \phi(t;\boldsymbol{y}_0)$ 来表示两条轨道的差距, 若这种差距存在如下指数扩张关系

$$||\delta Z(t)|| \approx e^{\lambda t}||\delta Z(0)||,$$

则称 λ 为**李雅普诺夫指数**. 需注意的是, 上述扩张关系一般特指在一个很小的邻域内成立, 所以严格的数学定义需要由如下极限关系给出:

$$\lambda = \lim_{t\to\infty} \lim_{|\delta Z(0)|\to 0} \frac{1}{t} \ln \frac{|\delta Z(t)|}{|\delta Z(0)|}.$$

特别地, 对于 n 维系统而言, 轨道不同方向上可以有不同的扩张速度, 即由于初值的选取不同, 至多可以获得 n 个李雅普诺夫指数, 而其中最大的一个称为**最大李雅普诺夫指数** (maximal Lyapunov exponent, MLE), 其真正决定了轨道差距的扩张速度, 所以一般李雅普诺夫指数也往往特指最大李雅普诺夫指数.

显然, 若某个系统在吸引子上的平均 MLE 是大于零的, 则该系统在吸引子上是初值敏感的, 微小的扰动都会导致指数扩张, 因此, 一般也认为大于零的 MLE 可以作为判定一个系统混沌的依据, 如 Lorenz 系统在上述典型参数组下的 MLE 约为 0.906.

对于一个 n 维系统的混沌吸引子而言, 其占据的空间往往并不充满整个 n 维空间, 如图 1.7(b) 视角所示, Lorenz 系统的混沌吸引子可以认为是两个二维“薄片”嵌入在三维空间中. 为严格给出这种混沌吸引子的维数, 我们需要用到分形维数来衡量.

定义 1.24 (计盒维数) *对于一个 n 维欧氏空间中的集合 S, 若最少需要用 $N(\varepsilon)$ 个边长为 ε 的 n 维立方体才能覆盖集合 S, 且如下极限存在*

$$D_{\text{box}}(S) = \lim_{\varepsilon\to 0} \frac{\log N(\varepsilon)}{\log(1/\varepsilon)},$$

*则称 $D_{\text{box}}(S)$ 为集合 S 的***计盒维数** (box-counting dimension).

定义 1.25(关联维数) 考虑 n 维欧氏空间中点集合 S 及其中的 N 个点, 令 g_ε 表示其中距离小于 ε 的点对个数, 若如下极限存在

$$D_{\text{corr}}(S) = \lim_{N\to\infty}\lim_{\varepsilon\to 0}\frac{\log(g_\varepsilon/N^2)}{\log\varepsilon},$$

则称 $D_{\text{corr}}(S)$ 为集合 S 的**关联维数** (correlation dimension).

上述计盒维数和关联维数都是来自于分形领域的概念, 用于衡量随着尺度变化复杂系统的细节变化规律, 由于混沌吸引子往往也具有分形的特征, 因此分形维数也作为混沌吸引子的一个重要指标, 如上述 Lorenz 吸引子的计盒维数约为 2.05 而关联维数约为 2.06 [7]. 在后续章节我们会发现系统的分形维数对于嵌入理论和状态空间重构方法是非常重要的一个指标. 除了初值敏感性和分形以外, 混沌动力学还具有不变测度或平稳分布和高拓扑熵等重要特征.

1.3.3 几类典型的混沌系统

下面我们介绍除 Lorenz 系统外几类典型的具有代表性的混沌系统.

例 1.6(Rössler 系统) Rössler 系统由如下方程给出:

$$\begin{cases} \dot{x} = -y - z, \\ \dot{y} = x + ay, \\ \dot{z} = b + z(x - c), \end{cases} \tag{1.23}$$

当参数设定为 $a = b = 0.1, c = 14$ 时, 系统具有混沌吸引子, 如图 1.8(a) 所示. 此时最大李雅普诺夫指数约为 0.072, 系统分形维数约为 2.005[8]. Rössler 系统方程 (1.23) 只有一个二阶项, 其他都是线性项, 因此也被视为最为简单的混沌系统方程. 与关于 z 轴具有对称性的 Lorenz 吸引子不同, Rössler 吸引子只有一个“卷”并不具有对称性. 这些特质都使 Rössler 系统成了 Lorenz 系统外一类典型的混沌系统.

例 1.7(蔡氏电路 (Chua's circuit)) 除了通过计算机对微分方程进行数值仿真从而观察到混沌系统的混沌吸引子之外, 通过简单的电路也可以搭建真实的混沌系统. 著名的蔡氏电路由华人科学家蔡少棠 (Leon O. Chua) 发明, 是通过简单的电阻、电容、电感等部件搭建的自激电路 (其中电阻为非线性电阻, 称为蔡氏二极管), 其电压变化呈现出非周期的振荡行为, 并可以进一步被证明具有混沌特性. 如果用变量 x, y, z 分别表示两个电容上的电压和电感上的电流强度, 则蔡氏电路可以用如下方程描述:

$$\begin{cases} \dot{x} = c_1(y - x - g(x)), \\ \dot{y} = c_2(x - y + z), \\ \dot{z} = -c_3 y, \end{cases} \tag{1.24}$$

其中 $g(x)$ 描述了非线性电阻的电子响应关系, 事实上可以用分段函数来表示:

$$g(x)=\begin{cases} m_1x+m_1-m_0, & x\leqslant -1,\\ m_0x, & -1\leqslant x\leqslant 1,\\ m_1x+m_0-m_1, & 1\leqslant x,\end{cases} \tag{1.25}$$

当参数设定为 $c_1=15.6, c_2=1, m_0=-8/7, m_1=-5/7, c_3=25.58$ 时, 系统的混沌吸引子如图 1.8(b) 所示.

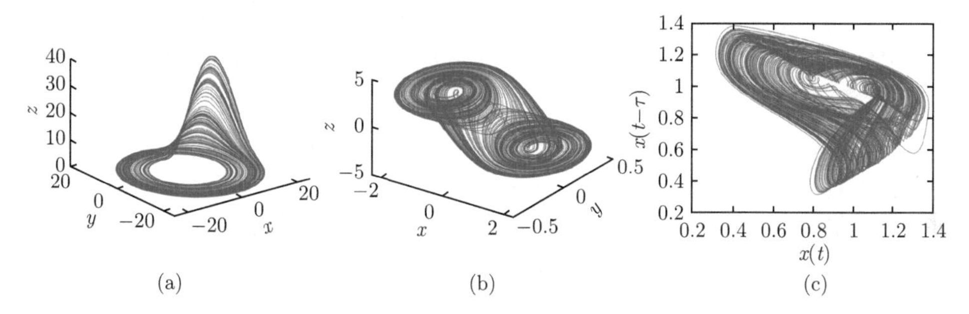

图 1.8 几类典型的混沌吸引子. (a) Rössler 系统; (b) 蔡氏电路; (c) MG 系统, 其中 $\tau=2$

例 1.8(Mackey-Glass 系统) 由于 Poincaré-Bendixson 定理说明混沌现象至少要三维自治系统才能出现, 所以前述的混沌系统都是三维自治系统. 但时滞的引入将使得常微分方程变为时滞微分方程, 从而变为无限维系统, 使得简单的方程可以产生复杂得多的动力学行为. Mackey-Glass 系统 (简称 MG 系统) 是一个单变量的系统, 其方程描述如下:

$$\dot{x}=\beta\frac{x_\tau}{1+x_\tau^n}-\gamma x, \tag{1.26}$$

该方程最初由 Mackey 和 Glass 提出用于描述血细胞数量的动力学行为[9], 其中 $x_\tau=x(t-\tau)$ 表示 τ 时间段之前变量 x 的值. 当参数设定为 $\beta=2,\gamma=1,\tau=2,n=10$ 时, 系统表现出混沌的动力学行为, 其混沌吸引子如图 1.8(c) 所示. MG 系统是由时滞导入带来单变量混沌现象的典型系统.

1.4 嵌入理论与状态空间重构

1.4.1 嵌入理论

对于一个复杂的系统而言, 要描述清楚整个系统的演进规律, 需要给系统的所有相关变量都建立方程来刻画其变化规律从而得到完整的整个系统的微分方程模型, 即“第一性原理”. 这往往需要大量深入的研究才能获得, 在很多情况下这是困难的甚至是无法实现的. 而另一方面, 更容易实现的一种方法是通过对系统的观察和测量获得一些观测量, 并根据这些观测值来推断系统的一些动力学性质. 因此如何从观测数据出发, 推演系统本身的一些规律, 是极为有意义的. 我们从一个简单的例子出发, 来理解如何建立观测量, 需要多少观测量, 以及什么是对原系统的重构.

例 1.9　假设我们现在考虑的一个系统具有 x, y, z 三个变量, 并且系统的动力学行为呈现周期振荡, 其三维空间中的周期轨如图 1.9(a) 所示. 由于系统的动力学行为由某个方程唯一确定, 因此周期轨上的每一个点都唯一确定系统某一时刻的状态及未来走向, 即轨线是不能自相交的. 如果我们现在能够对 x 分量进行观测并获得了一个观测值 $h_1(t)=x(t)$, 其时间序列 (又称时序列) 如图 1.9(b) 所示, 我们是否能够根据 t 时刻观测量的值来推断系统处于什么状态以及未来的走向? 事实上这是做不到的, 图 1.9(b) 给出了一条水平直线与时序列的交点, 说明在一个周期内的四个不同的时刻, 观测 $h(t)=x(t)$ 都具有相同的观测值, 因此无法根据当前值来推断系统动力学处于周期的哪一个时间段, 更不能判断系统变量 x 是处于上升段还是下降段. 同样的问题也出现在仅具有二维观测值的时候, 图 1.9(a) 给出了周期轨在 x-y, x-z, y-z 三个二维平面上的投影, 这三个投影都表现出了轨线的自相交, 在轨线自相交的点上同一组观测值对应着系统多种状态, 因此这种情况下两个独立的观测变量也不足以反映出系统的走向. 而图 1.9(c) 和 (d) 给出了两种三个独立观测变量的情况, 我们看到三个独立观测变量时, 在观测变量的相空间里, 系统的周期轨被完整地恢复出来, 不再具有自相交的特点, 即三维观测变量可以在 t 时刻唯一确定系统所处的状态, 从而“较好”地重构了系统的动力学行为.

上述示例揭示了一个朴素的道理: 越多的独立观测值能够越好地重构动力系统的动力学行为. 如何从理论上来刻画“好”的重构, 以及多少个独立观测值能够实现“好”的重构, 是嵌入理论想要刻画的问题. 用数学语言, 我们有以下嵌入定义和嵌入定理来刻画上述动力学重构的概念.

定义 1.26 (嵌入)　设 $\mathcal{M}$ 是一个微分流形, 若 F 是 $\mathcal{M}$ 到 $F(\mathcal{M})$ 的一个光滑的微分同胚, 则映射 F 称为**嵌入**.

定理 1.8 (Whitney 嵌入定理)　设 $\mathcal{M}$ 是 $\mathbb{R}^k$ 空间中一个 d 维的流形, 若 $m>2d$, 则任意的光滑映射 $F\in C^1(\mathcal{M},\mathbb{R}^m)$ 在普遍意义下构成嵌入.

$C^1(\mathcal{M},\mathbb{R}^m)$ 是从 $\mathcal{M}$ 到 $\mathbb{R}^m$ 的一阶可微分映射的集合. 这里的普遍意义下 (generic) 是指所有能够构成嵌入的光滑映射 F 组成的集合在 $C^1(\mathcal{M},\mathbb{R}^m)$ 中是开稠集. 开集的意义表明如果一个映射是嵌入, 则微小扰动后依然是嵌入, 而稠集的意义在于任意一个光滑映射都可能通过微小扰动变为一个嵌入. 上述例子里图

1.9(c) 和 (d) 中给出的两种观测函数, 都满足 $F:\mathcal{M}\to\mathbb{R}^3$ 的嵌入映射, 其中 $\mathcal{M}$ 为原系统的周期轨.

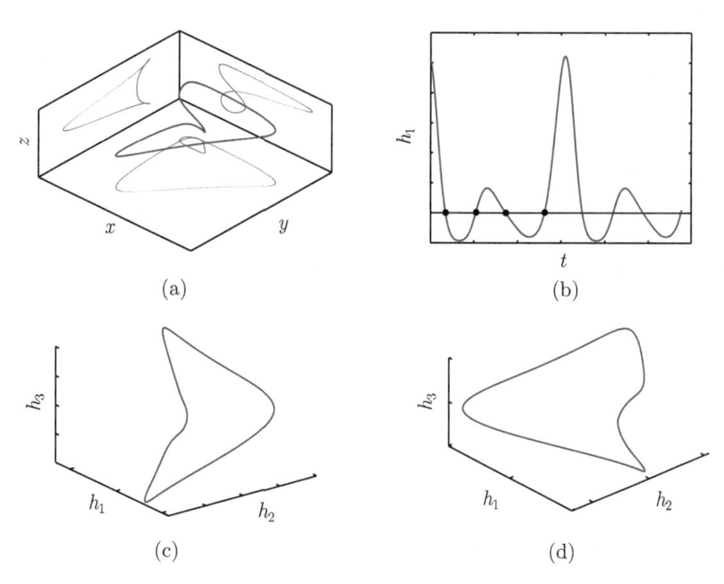

图 1.9 系统重构示意图. (a) 三维空间中周期轨及其在二维平面上的投影; (b) 一维观测时序列 $h_1=x$ 及其单值无法确定系统所处位置和走向; (c), (d) 两种三维观测 $h_1=x+y, h_2=x-y, h_3=z$ 和 $h_1=x+y+z, h_2=x-z, h_3=z$ 及其重构的周期轨

从嵌入的定义可以看到, 如果一个映射 $F:\mathcal{M}\to\mathbb{R}^m$ 是一个嵌入映射, 而若一个动力系统 $\phi_t(\boldsymbol{x})$ 的吸引子 $\mathcal{A}\subset\mathcal{M}$, 则嵌入映射事实上在原系统的相空间和观测空间的相空间之间建立了拓扑共轭, 如图 1.10 所示. 所以嵌入映射事实上保证了通过观测可以重构原系统的动力学行为, 在相空间得到的动力系统 $\psi_t(\boldsymbol{s})$ 由原动力系统 $\phi_t(\boldsymbol{x})$ 唯一确定. 具体到例 1.9 而言, 系统的吸引子是一个周期轨, 其所在流形的维数是 $d=1$, 因此对于 $m=3>2d$ 维的观测函数, 其映射 $F=(h_1,h_2,h_3)$ 在普遍意义下是一个嵌入映射, 即能够保持原吸引子的所有动力学性质, 从而“很好”或拓扑地重构了原周期轨.

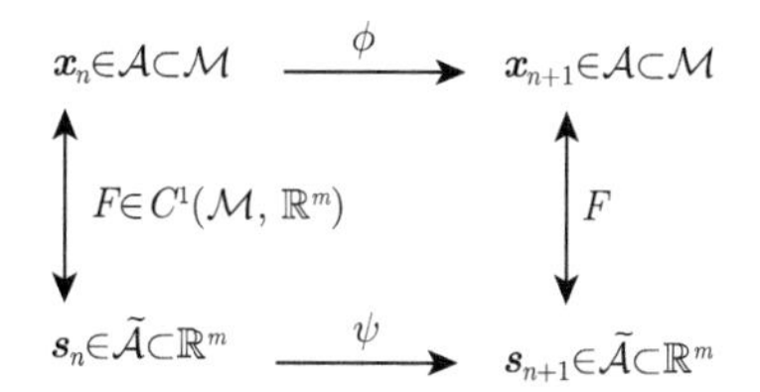

图 1.10 嵌入映射 $F:\mathcal{M}\to\mathbb{R}^m$ 及拓扑共轭示意图

Whitney 嵌入定理深刻揭示了观测数据对原始系统的重构能力, 经过长期的发展, 嵌入定理得到了更多更有意义的推广:

• **分形维的嵌入定理**. 对于一些复杂系统, 需要大量的变量来描述, 动力系统本身的相空间可以是非常高维的空间, 但其吸引子事实上具有很低的维数, 特别是混沌吸引子具有分形的特征和较低的分形维数. 因此原始嵌入定理的条件中流形的整数维数 d 可以放宽到吸引子的分形维数, 从而得到分形维的嵌入定理[10], 该定理表明, 若动力系统具有一个吸引子 $\mathcal{A}\subset\mathcal{M}$, 其中 $\mathcal{A}$ 的计盒维数为 D_{box}, 则只要 $m>2D_{\text{box}}$, m 个独立的观测函数在普遍意义下就构成从 $\mathcal{M}$ 到 $\mathbb{R}^m$ 的嵌入.

• **时滞嵌入定理**. 仅从一维观测量出发, 通过时滞的引入, 同样可以实现嵌入和重构. 对于一个动力系统及其流 $\phi_t(\boldsymbol{x})$, 定义 L 维时滞坐标映射 $F(h,\phi,\tau):\mathcal{M}\to\mathbb{R}^L$ 为

$$F(h,\phi,\tau)(\boldsymbol{x})=[h(\boldsymbol{x}),h(\phi_{-\tau}(\boldsymbol{x})),h(\phi_{-2\tau}(\boldsymbol{x})),\cdots,h(\phi_{-(L-1)\tau}(\boldsymbol{x}))], \tag{1.27}$$

其中 h 为一维观测函数, τ 为时滞间隔, Takens 嵌入定理[11] 表明, 当 $L>2d$ 时, $F(h,\phi,\tau)$ 在普遍意义下构成嵌入.

• **广义嵌入定理**. 最后, q 个独立的观测函数和时滞量 τ 事实上可以进行混合, 从而得到最一般的映射构造:

$$\begin{aligned}&F(H,\phi,\tau)(\boldsymbol{x})\\=&[h_1(\boldsymbol{x}),\cdots,h_1(\phi_{-\tau}^{n_1-1}(\boldsymbol{x})),\cdots,h_q(\boldsymbol{x}),h_q(\phi_{-\tau}(\boldsymbol{x})),\cdots,h_q(\phi_{-\tau}^{n_q-1}(\boldsymbol{x}))],\end{aligned} \tag{1.28}$$

其中 $H=[h_1,h_2,\cdots,h_q]$ 为 q 维观测函数, 则当 $n_1+n_2+\cdots+n_q>2d$ 时, $F(H,\phi,\tau)$ 在普遍意义下构成嵌入.

注 1.1 分形维的嵌入定理、Takens 嵌入定理和广义嵌入定理的严格数学表述还需要一些额外的条件, 如时滞和周期的关系等, 本书为简明介绍其本质思想, 并没有给出严格的定理条件、表述和证明. 嵌入理论的严格描述可以参考文献 [10]. 基于广义嵌入定理, 我们即使使用 $q(>2d)$ 个独立的没有时滞的观测函数也可以构成嵌入.

1.4.2 时滞嵌入的关键参数确定

上述嵌入定理中, 时滞嵌入理论在数据驱动的研究中尤为重要, 该理论从低维观测数据出发为系统的整体重构分析提供了一个强大的工具. 具体而言, 对于一个复杂系统 $\dot{\boldsymbol{x}}=\boldsymbol{f}(\boldsymbol{x})$, 若在其 d 维吸引子上有一维观测序列 $r_i=h(\boldsymbol{x}_i),i=1,2,\cdots,N$, 其中 r_i 为 $t=iT$ 时刻对系统状态变量 $\boldsymbol{x}_i$ 的一个观测值, 则可构造一个时滞向量

$$\boldsymbol{s}_i=[r_i,r_{i-\tau},\cdots,r_{i-(L-1)\tau}], \tag{1.29}$$

其中 $L > 2d$ 为重构向量的维数, τ 为时滞间隔. 时滞嵌入定理表明 $\boldsymbol{s}$ 是原系统状态 $\boldsymbol{x}$ 的一个嵌入, 且新的系统 $\boldsymbol{s}_{i+1} = \psi(\boldsymbol{s}_i)$ 与原系统 $\boldsymbol{x}_{i+1} = \phi_T(\boldsymbol{x}_i)$ 是拓扑共轭的, 其中 $\phi_T(\boldsymbol{x}(t)) = \boldsymbol{x}(t+T)$ 是由连续系统 $\dot{\boldsymbol{x}} = \boldsymbol{f}(\boldsymbol{x})$ 导出的流映射, 即一维观测序列可以重构原系统的动力学行为, 这是非线性系统的一个特点.

在上述时滞向量 (1.29) 构造中, 有两个关键的参数 L 和 τ 需要给出. 理论上来说, $L > 2d$ 给出了 L 的选择方法, 但实际应用中, 特别是仅有一维观测数据时, 我们是无法确定系统吸引子的分形维数 d 的. 另一方面, 在时滞嵌入定理的数学表述中, $\tau > 0$ 即可, 但是事实上当 τ 过小时会导致 r_i 和 $r_{i-\tau}$ 非常接近 (由动力系统的连续性决定) , 从而轨线在重构的相空间中全部挤压在对角线上 (如图 1.13(a) 所示) , 而当 τ 过大时会导致 r_i 和 $r_{i-\tau}$ 几乎独立, 从而重构吸引子的确定性特征变得不清晰 (如图 1.13(b) 所示) . 因此需要可行的方法来帮助我们仅从观测数据出发来选择合理的 L 和 τ .

事实上, $L * \tau$ 这个乘积本身是决定重构效果的一个最重要的参数, 即 L 和 τ 应该联动考虑, 但为了方便和清楚, 我们分别介绍 L 和 τ 的选择方法.

DMI 算法. 如前所述, 在选择时滞重构时一个好的时滞 τ 应保证 r_i 和 $r_{i+\tau}$ 尽量独立, 此时可以使用互信息 (mutual information, MI) 来衡量两者的独立性, 由于是考虑一个一维时间序列加上时滞之后的互信息, 因此也称为时滞互信息 (delayed mutual information, DMI). 对于一个时间序列 $r(t)$, 若对其值域进行等分后该指标可以表示为

$$I(r(t), r(t+\tau)) = \sum_{i,j} p_{ij}(\tau) \log\left(\frac{p_{ij}(\tau)}{p_i p_j}\right), \tag{1.30}$$

其中 p_i 表示 $r(t)$ 落在第 i 等分区间内的概率, 而 $p_{ij}(\tau)$ 表示 $r(t)$ 落在第 i 等分区间且 $r(t+\tau)$ 落在第 j 等分区间内的联合概率, 一般建议在给出递增候选的 τ 后, 使用 DMI 曲线上首个极小值作为重构所需的时滞.

FNN 算法. 在选择重构维数 L 时, 回顾图 1.9 所示的系统重构示意图, 我们发现选择重构维数的一个基本出发点是要求在重构的相空间中轨线不能自相交, 但由于我们的观测数据往往都是离散采样的, 无法确定重构的轨线是否存在完全重合的点, 因此, 伪最近邻 (false nearest neighbor, FNN) 检测算法给出了一种可行的做法. 对于一个动力系统在 m 维重构的相空间里没有自相交的轨线而言, 在吸引子上若有两个点充分近即 $\|\boldsymbol{s}_i - \boldsymbol{s}_j\|$ 充分小, 则由系统向量场的连续性可知必有 $\|\boldsymbol{s}_{i+1} - \boldsymbol{s}_{j+1}\|$ 也充分小, 如图 1.11(a) 所示; 而这一特性在轨线发生自相交时则不成立, 如图 1.11(b) 所示. 因此, 我们可以在给出 m 维时滞重构后在相空间中统计每一个点和其最近邻点在下一时刻距离变化的情况, 若下一时刻距离没有显著变大则这一对点称为最近邻点对, 而若下一时刻距离显著变大了则这一对

点称为**伪最近邻点对**, 并提示此处可能发生轨线自相交. 这样, 我们可以获得 m 维重构空间中伪最近邻点对的个数和比例, 然后再考虑 $m+1$ 维时滞重构后伪最近邻点对的个数和比例, 不断增加时滞重构维数直至伪最近邻点对数量不再下降, 此时我们获得的重构维数 $\tilde{m}$ 可以作为重构维数 L 的最优选择. FNN 算法可以总结如下:

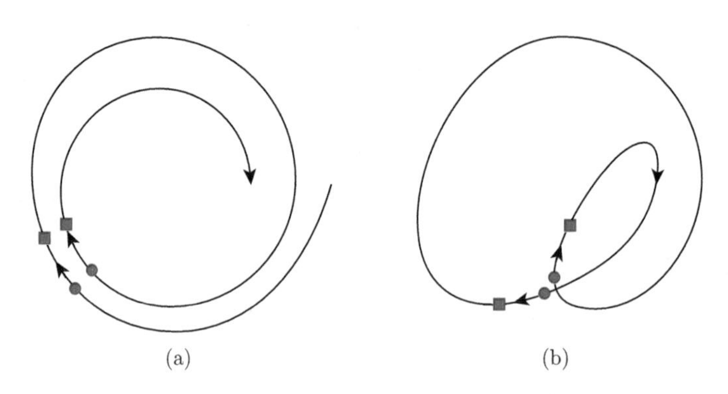

图 1.11 最近邻与伪最近邻示意图

算法 1.1(FNN) 对于给定的时间序列 $r_i, i=1,2,\cdots,N$,

- 给定重构维数 m 和时滞 τ, 构造 m 维时滞向量 $\boldsymbol{s}_i=[r_i, r_{i-\tau},\cdots,r_{i-(m-1)\tau}]$;
- 对于每一个 m 维向量 $\boldsymbol{s}_i$ 寻找其最近邻 $\boldsymbol{s}_j$, 并计算

$$R_i=\frac{\|\boldsymbol{s}_{i+1}-\boldsymbol{s}_{j+1}\|}{\|\boldsymbol{s}_i-\boldsymbol{s}_j\|};$$

- 若 $R_i>\rho$, 其中 ρ 为固定的阈值, 则伪最近邻计数 N_{FNN} 加 1;
- 伪最近邻比例 $P_m=N_{\text{FNN}}/(N-m+1)$.

重构维数 m 增加 1, 重复上述过程直至伪最近邻比例 P_m 不再显著下降, 此时的重构维数为最优维数 $\tilde{m}$.

最后, 我们以 Lorenz 吸引子的嵌入与重构及其参数选择的过程来结束本节. 假设时间序列数据由系统 (1.22) 产生, 采样间隔 $\delta t=0.01$, 采样数据长度 $N=10000$. 我们首先使用 DMI 算法对该数据进行计算以获得最佳的时滞间隔, 图 1.12(a) 给出了对于 $y(t)$ 分量使用 DMI 算法后得到的结果, 其中首个极小点为 $\tau=15$. 然后我们使用 FNN 算法来确定最佳的嵌入维数, 在 FNN 算法中使用了刚才确定的最佳时滞, 图 1.12(b) 给出了对于 $y(t)$ 分量使用 FNN 算法后的结果, 显然此处最佳嵌入维数为 $L=3$.

在给定时滞嵌入的关键参数 τ 和 L 后, 我们给出若干种重构的 Lorenz 吸引子, 如图 1.13 所示. 其中 (a) 和 (b) 使用了一维观测值 $y(t)$ 但并没有使用最佳时

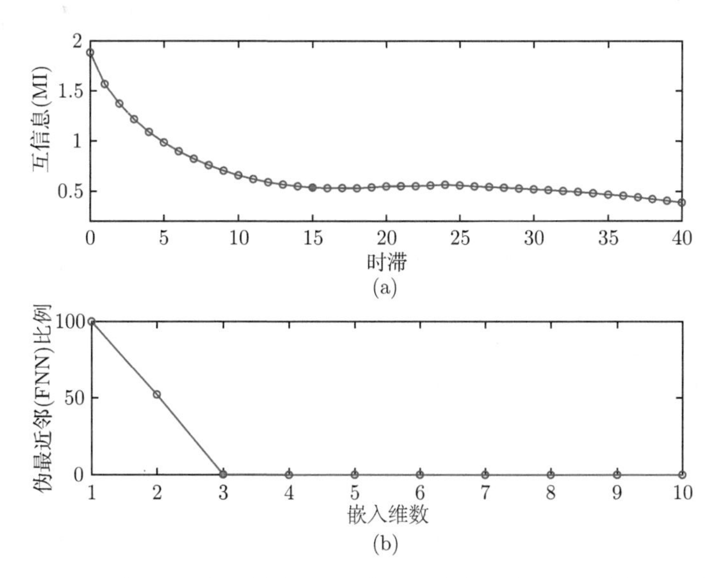

图 1.12 对 Lorenz 系统的 y 分量观测序列计算获取重构参数. (a) 使用 DMI 算法计算最佳时滞, 根据图中结果建议选择曲线首个极小点 $\tau = 15$ 作为时滞重构的时滞大小; (b) 使用 FNN 算法计算最佳嵌入维数, 根据图中结果建议使用 $L = 3$ 作为嵌入维数. 以上结果基于 [12] 的算法包

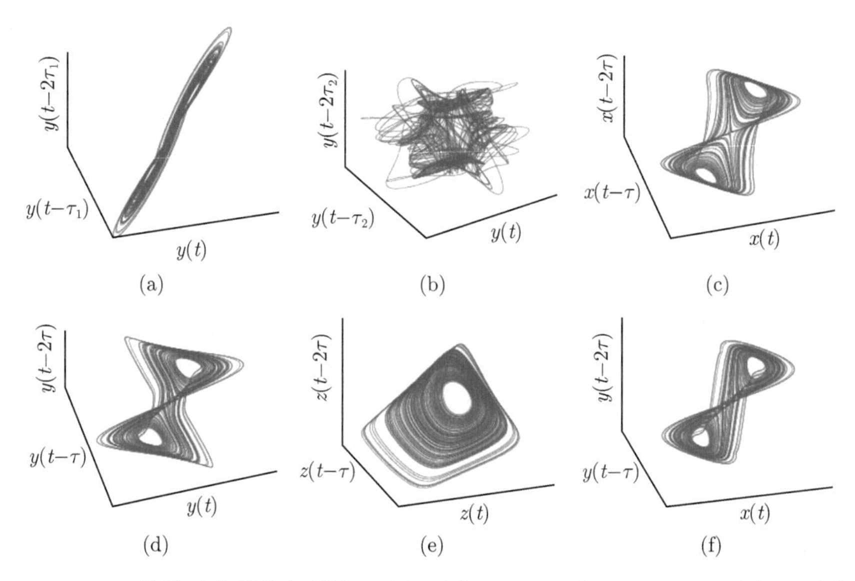

图 1.13 Lorenz 吸引子的嵌入与重构. (a), (b) $\tau_1 = 1$ 和 $\tau_2 = 100$ 时由 $y(t)$ 构造的时滞重构吸引子; (c), (d), (e) $\tau = 15$ 时分别由 $x(t), y(t)$ 和 $z(t)$ 构造的时滞重构吸引子; (f) 由 $[x(t), y(t-\tau), y(t-2\tau)]$ 给出的广义嵌入重构吸引子

滞 $\tau = 15$, 而是分别使用了较小的 $\tau_1 = 1$ 和较大的 $\tau_2 = 100$, 显然太小的时滞导致重构的吸引子集中在了三维空间的主对角线上, 而太大的时滞导致时滞分量之间相关性丢失从而无法反映出吸引子的拓扑特性. 图中 (c) 和 (d) 使用了一维观测值 $x(t)$ 和 $y(t)$ 及其时滞坐标; (f) 使用了 $y(t)$ 的时滞坐标和 $x(t)$ 观测值的混合坐标, 很明显这三种方式都重构出了 Lorenz 吸引子的双卷拓扑结构, 且均保持了正的李雅普诺夫指数. (e) 中使用了一维观测值 $z(t)$ 及其时滞坐标重构出来的吸引子只有一个卷, 显然没有保持原来吸引子的拓扑结构, 事实上这是由于 Lorenz 吸引子关于 x 和 y 具有对称性, 所以仅通过 $z(t)$ 重构出来的吸引子会把两个对称的卷重叠在一个卷中, 这也从另一个角度对"普遍意义下构成嵌入"以及普遍之外的失效特例进行了一次直观的展示.

1.5 映射与离散系统

动力系统本质上是描述一个系统随时间演变规律的方法, 对于系统随时间连续变化的过程, 往往可以用常微分方程来描述其演进的规律, 这正是前面几节所讨论的情况. 而在另一些情况下, 系统的演进是通过迭代的方式进行的, 由于在这种设定下系统状态是在离散时刻所观察到的状态, 其演进规律可以用差分方程来描述, 这一类系统也称为离散动力系统. 在本节中我们将给出离散系统的相关讨论, 可以看到离散系统与连续系统有着本质的区别, 同时也有着紧密的联系.

1.5.1 映射、迭代与稳定性

对于离散系统, 设 $\boldsymbol{x}_k \in \mathbb{R}^n$ 为系统状态向量, 下标 k 表示时间或者迭代次数, 系统的演进规律可以用差分方程 $\boldsymbol{x}_{k+1} = \boldsymbol{f}(\boldsymbol{x}_k)$ 来表示, 其中 $\boldsymbol{f} : \mathbb{R}^n \to \mathbb{R}^n$ 是系统迭代的函数, 也称为迭代映射. 显然, 如果引入复合函数的记号 $\boldsymbol{f}^k(\boldsymbol{x}) = \boldsymbol{f}(\boldsymbol{f}^{k-1}(\boldsymbol{x}))$, 则我们有 $\boldsymbol{x}_{k+1} = \boldsymbol{f}(\boldsymbol{x}_k) = \boldsymbol{f}^2(\boldsymbol{x}_{k-1}) = \cdots = \boldsymbol{f}^{k+1}(\boldsymbol{x}_0)$, 其中, $\boldsymbol{x}_0$ 为系统的初始状态.

与连续系统相对应地, 离散系统也可以定义相应的不动点与周期点的概念:

定义 1.27 设有如下离散系统

$$\boldsymbol{x}_{k+1} = \boldsymbol{f}(\boldsymbol{x}_k), \tag{1.31}$$

其中 $\boldsymbol{x}_k \in \mathbb{R}^n$ 为系统状态变量, $\boldsymbol{f} : \mathbb{R}^n \to \mathbb{R}^n$ 为迭代映射函数. 如果存在 $\boldsymbol{x}^* \in \mathbb{R}^n$ 满足 $\boldsymbol{f}(\boldsymbol{x}^*) = \boldsymbol{x}^*$, 则称 $\boldsymbol{x}^*$ 为该系统的一个**不动点**; 如果存在 $\boldsymbol{x}' \in \mathbb{R}^n$ 满足 $\boldsymbol{f}^p(\boldsymbol{x}') = \boldsymbol{x}'$ 且对于所有 $0 < j < p$ 均有 $\boldsymbol{f}^j(\boldsymbol{x}') \neq \boldsymbol{x}'$, 则称 $\boldsymbol{x}'$ 为该系统的**一个周期点** p, 称 $\mathcal{O}^+_{\boldsymbol{f}}(\boldsymbol{x}') = \{\boldsymbol{f}^j(\boldsymbol{x}') : 0 \leqslant j < p\}$ 为**周期** p **轨道**.

容易看到上述定义中的周期 p 轨道上的每一个点都是一个周期点 p, 且每一

个周期点 p 都可以看成 $\boldsymbol{f}^p$ 映射下的一个不动点, 因此后续讨论我们都集中在不动点, 周期轨可以类似地进行.

与连续系统的不动点稳定性相类似, 我们也可以引入离散系统不动点的稳定性定义.

定义 1.28 对于系统 $\boldsymbol{x}_{k+1}=\boldsymbol{f}(\boldsymbol{x}_k)$ 的一个不动点 $\boldsymbol{x}^*$, 若对于任意的 $\varepsilon>0$, 存在一个 $\delta>0$ 使得满足 $\|\boldsymbol{x}_0-\boldsymbol{x}^*\|<\delta$ 的初值 $\boldsymbol{x}_0$ 均有 $\|\boldsymbol{f}^k(\boldsymbol{x}_0)-\boldsymbol{f}^k(\boldsymbol{x}^*)\|<\varepsilon$ 对于所有 $k\geqslant 0$ 成立, 则称不动点 $\boldsymbol{x}^*$ 是**稳定**的. 若进一步有 $\lim\limits_{j\to\infty}\|\boldsymbol{f}^j(\boldsymbol{x}_0)-\boldsymbol{f}^j(\boldsymbol{x}^*)\|=0$, 则称不动点 $\boldsymbol{x}^*$ 是吸引的或**汇点** (sink).

定义 1.29 对于系统 $\boldsymbol{x}_{k+1}=\boldsymbol{f}(\boldsymbol{x}_k)$ 的一个不动点 $\boldsymbol{x}^*$, 若存在一个 $\varepsilon>0$, 对于任意的 $\delta>0$ 都存在一个点 $\boldsymbol{x}_\delta$ 满足 $\|\boldsymbol{x}_\delta-\boldsymbol{x}^*\|<\delta$ 且存在 $k\geqslant 0$ 使得 $\|\boldsymbol{f}^k(\boldsymbol{x}_\delta)-\boldsymbol{f}^k(\boldsymbol{x}^*)\|\geqslant\varepsilon$, 则称不动点 $\boldsymbol{x}^*$ 是**不稳定**的.

若不动点 $\boldsymbol{x}^*$ 存在一个 δ 邻域 $N_\delta(\boldsymbol{x}^*)=\{\boldsymbol{y}\,|\,\|\boldsymbol{y}-\boldsymbol{x}^*\|\leqslant\delta\}$, 使得该邻域中除不动点 $\boldsymbol{x}^*$ 外任意点 $\boldsymbol{y}\in N_\delta(\boldsymbol{x}^*), \boldsymbol{y}\neq\boldsymbol{x}^*$, 都存在一个 k 使得 $\|\boldsymbol{f}^k(\boldsymbol{y})-\boldsymbol{f}^k(\boldsymbol{x}^*)\|\geqslant\delta$, 则称该不动点 $\boldsymbol{x}^*$ 是**排斥**的或**源点** (source).

在前述章节中, 我们给出了微分方程描述的连续系统不动点的稳定性与系统系数矩阵特征根之间的关系, 在离散系统中, 不动点的稳定性也与迭代映射有着类似的关系, 对于线性系统我们有如下结论:

定理 1.9 设系统映射为线性的, 即 $\boldsymbol{x}_{k+1}=\boldsymbol{A}\boldsymbol{x}_k$, 其中 $\boldsymbol{A}$ 为 $n\times n$ 方阵, 其零点 $\boldsymbol{x}=\boldsymbol{0}$ 为不动点, 则

(1) 若 $\boldsymbol{A}$ 的特征根的绝对值均小于 1, 则零点是汇点;

(2) 若 $\boldsymbol{A}$ 的特征根的绝对值均大于 1, 则零点是源点.

而对于非线性系统, 我们可以同样通过引入 $\boldsymbol{x}$ 处的如下雅可比矩阵来进行局部线性化:

$$D\boldsymbol{f}(\boldsymbol{x})=\begin{pmatrix}\dfrac{\partial f_1}{\partial x_1}(\boldsymbol{x}) & \cdots & \dfrac{\partial f_1}{\partial x_n}(\boldsymbol{x})\\ \vdots & & \vdots\\ \dfrac{\partial f_n}{\partial x_1}(\boldsymbol{x}) & \cdots & \dfrac{\partial f_n}{\partial x_n}(\boldsymbol{x})\end{pmatrix}, \tag{1.32}$$

则有如下结论:

定理 1.10 设 $\boldsymbol{x}^*$ 为系统 $\boldsymbol{x}_{k+1}=\boldsymbol{f}(\boldsymbol{x}_k)$ 的一个不动点, $D\boldsymbol{f}(\boldsymbol{x}^*)$ 为该不动点处的雅可比矩阵, 则

(1) 若 $D\boldsymbol{f}(\boldsymbol{x}^*)$ 的特征根的绝对值均小于 1, 则该不动点为一个汇点;

(2) 若 $D\boldsymbol{f}(\boldsymbol{x}^*)$ 的特征根的绝对值均大于 1, 则该不动点为一个源点.

上述定理的证明都是比较直观的, 在此不再展开. 需要指出的是, 若线性映射矩阵或者非线性映射雅可比矩阵的特征根绝对值既有小于 1 的, 又有大于 1 的,

或者有等于 1 的, 则情况会比较复杂, 需要进行深入讨论, 可以参考更专业的书籍资料, 在此不再赘述.

1.5.2 Logistic 映射与倍周期分岔

与连续系统相类似, 在离散系统中如果随着某个参数连续变化跨过某个临界值时系统的稳定性发生了结构性改变, 则称系统随着该参数的变化发生分岔, 该临界值称为分岔点. 在本小节中我们将结合著名的 Logistic 映射来考虑一个具体的分岔过程.

我们考虑一维映射族 $f_r(x) = rx(1-x)$ 及其相关联的离散系统 $x_{k+1} = f_r(x_k)$, 该系统描述了生物种群数量的变化规律, 因此也称为**虫口模型**, 映射 f_r 称为 **Logistic 映射**. 通过简单的计算我们可以知道, 当 $r \neq 0$ 时系统有两个不动点 $x_0^* = 0$ 和 $x_1^* = \dfrac{r-1}{r}$, 其稳定性如下:

• 当参数 $0 < r < 1$ 时, 零点 x_0^* 是该系统唯一的非负不动点, 且其导数绝对值 $|f'(x_0^*)| = r$ 小于 1, 由前述稳定性理论知此时零点是吸引的汇点, 另一个不动点 x_1^* 小于零, 且其导数绝对值 $|f'(x_1^*)| = |2-r|$ 大于 1, 因此是排斥的源点.

• 当参数 $1 < r < 3$ 时, 两个不动点 x_0^* 和 x_1^* 均在区间 $[0,1]$ 内, 此时 $|f'(x_0^*)| = r$, 其绝对值大于 1, 因此零点是排斥的源点, 而 $|f'(x_1^*)| = |2-r|$, 其绝对值小于 1, 因此 x_1^* 是吸引的汇点.

• 当参数 $r > 3$ 时, 系统的两个不动点 x_0^* 和 x_1^* 依然都在区间 $[0,1]$ 内, 但其导数绝对值均大于 1, 因此两个不动点均为排斥的源点. 此时进一步计算复合映射系统 $x_{k+1} = f_r^2(x_k) = f_r(f_r(x_k))$ 的不动点, 则除 x_0^*, x_1^* 这两个继承自 $x = f_r(x)$ 的不动点外还有一对新的不动点

$$x_{\pm}^* = \frac{r+1 \pm \sqrt{(r-3)(r+1)}}{2r},$$

由前述周期轨定义知这两个点构成 Logistic 映射的周期 2 轨道, 根据链式法则对复合映射求导后可知 $(f^2)'(x_{\pm}^*) = f'(x_+^*)f'(x_-^*)$, 则通过进一步计算可知, 当 $3 < r < 1+\sqrt{6}$ 时该周期 2 轨道是吸引的.

上述三种情况, 我们可以通过图 1.14 来总结. 这里可以看到当参数 r 连续变化跨过临界值 1 时, x_0^* 和 x_1^* 的稳定性发生了交换, 这类两个不动点稳定性发生交换的分岔称为**跨临界分岔** (transcritical bifurcation). 进一步地, 当参数 r 连续变化从小到大跨过临界值 3 时, 不动点 x_1^* 从吸引变为排斥的同时, 在其附近产生了一对吸引的周期 2 轨道 $x_{\pm}^*$, 这种分岔过程称为**倍周期分岔** (period-doubling bifurcation).

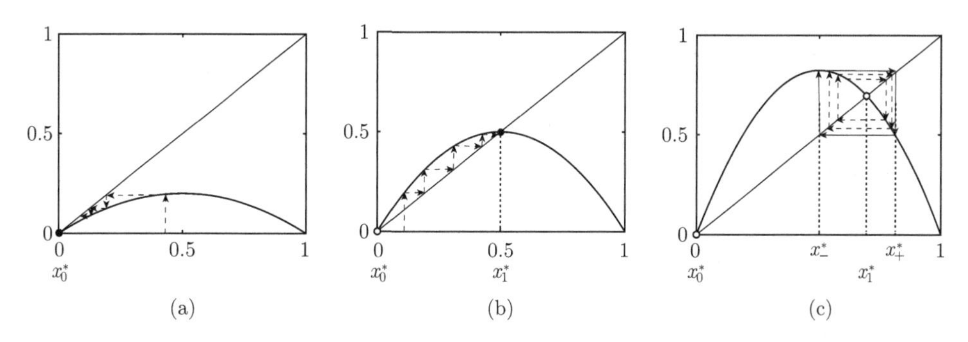

图 1.14 Logistic 映射在不同参数条件下不动点与稳定性示意图. (a) $r = 0.8$; (b) $r = 2$; (c) $r = 3.3$

事实上, 随着 r 的进一步变大, 在 r 跨过 $1+\sqrt{6}$ 时, 周期 2 轨道也失去稳定性即从吸引变为排斥, 同时在附近产生一个吸引的周期 4 轨道, 这样的分岔过程可以进一步通过数值的方式展现出来, 如图 1.15 所示. 由于系统不动点、周期轨的吸引与排斥性, 当我们多次从不同初值出发, 略过初期一定长度的暂态数据后, 得到的轨道都是具有吸引性的轨道, 而图 1.15 正是通过这种方式给出了随着 r 的变化, 系统具有吸引的轨道的变化过程, 从中我们可以看到随着 r 增加, 系统的具有吸引性的轨道从周期 1 变为周期 2, 再从周期 2 变为周期 4、周期 8 等, 系统经历了一系列的倍周期分岔. 严格的倍周期分岔的定义与充分条件, 可以参考更专业的资料[13], 在此不再展开. 我们更关心的是, 在图 1.15 中当 r 达到 4 时, 轨道充满了整个 $[0,1]$ 区间, 此时是否和连续系统有类似的混沌吸引子概念? 下一小节我们给出离散系统混沌性质的相关讨论.

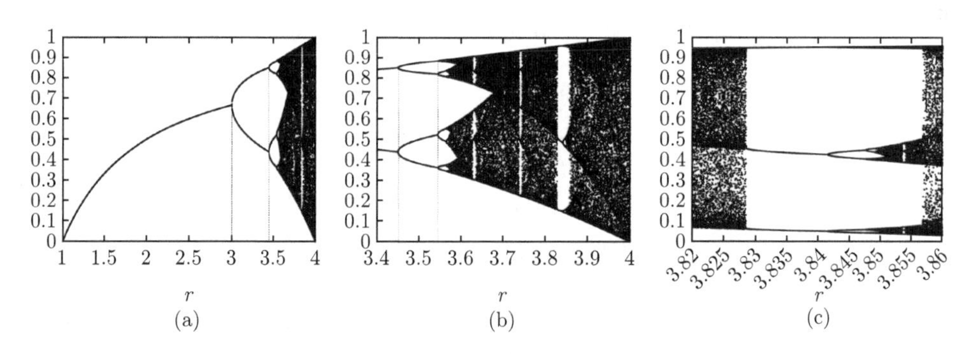

图 1.15 Logistic 映射的倍周期分岔图

1.5.3 混沌定义

在前面关于连续系统的章节中, 我们引入了 ω-极限集、不变集、吸引子、初值敏感性等概念, 这些概念稍作微调 (连续系统中的时间 t 对应为离散系统中的迭代次数 k) 即可对应到离散系统中来, 类似地, 若离散系统 (1.31) 存在一个吸引

子 $\mathcal{A}$, 并且 $\boldsymbol{f}$ 限制在 $\mathcal{A}$ 上是初值敏感的, 则称 $\mathcal{A}$ 为一个混沌吸引子.

这里需要指出的是, 上述混沌吸引子的定义是一种直观明了的方式, 事实上对混沌现象的精确刻画本身是一个复杂的过程, 历史上有着不同意义下混沌概念的数学刻画, 下面介绍若干著名的混沌理论.

混沌的一个广为接受的严格数学定义由 Devaney 给出[14], 其定义如下:

定义 1.30 (Devaney)　*设 V 为一个集合, $f: V \to V$ 为定义在该集合上的一个映射, 若 f 满足*

(1) f 在 V 上具有初值敏感性;

(2) f 是拓扑传递的, 即对于任意的 $U, W \subset V$ 均存在 $k \geqslant 0$ 使得 $f^k(U) \cap W \neq \varnothing$;

(3) 周期轨在 V 中是稠密的,

则称映射 f 在 V 上是混沌的.

这里的混沌定义是针对一个集合给出的 (或者一个系统限制在一个不变集之后). 需要指出的是, 在后续研究中发现, 这里的三个条件中初值敏感性可以由另外两个条件推导出来, 因此是冗余的[15].

而另一个著名的关于混沌的数学刻画则是由华人数学家李天岩 (Tien-Yien Li) 和美国数学家 Yorke 提出的 Li-Yorke 意义下的混沌[16], 其理论表述如下:

定理 1.11 (Li-Yorke)　*考虑一维离散系统 $x_{k+1} = f(x_k)$, 其中 $f: J \to J$ 连续, J 为一个区间. 设存在一个点 $a \in J$ 及其迭代值 $b = f(a), c = f(b), d = f(c)$ 满足 $d \leqslant a < b < c$ (或者 $d \geqslant a > b > c$), 则*

(1) 对于每一个 $k = 1, 2, \cdots$, 都有一个周期 k 轨道在 J 中.

(2) 存在一个不可数集 $S \subset J$, 满足以下条件:

- *对于所有的 $p, q \in S$, $p \neq q$, 有*

$$\lim_{n\to\infty} \sup |f^n(p) - f^n(q)| > 0 \quad \text{且} \quad \lim_{n\to\infty} \inf |f^n(p) - f^n(q)| = 0;$$

- *对于所有的 $p \in S$ 和周期点 $q \in J$, 有 $\lim\limits_{n\to\infty} \sup |f^n(p) - f^n(q)| > 0$.*

上述定理的第一个结论表明, 如果一个系统有周期 3 轨道, 则对于任意的正整数 k, 都存在周期 k 轨道, 第二个结论则意味着 J 中存在一个不可数子集, 其中的点不是周期也不是渐近周期的. 因此这一理论也以"周期 3 意味着混沌"著称.

在 Li-Yorke 的一维混沌理论基础上, Marotto 将该理论进一步推广到 n 维离散动力系统中[17], 该理论表述如下:

定义 1.31 (返回排斥子)　*设系统 (1.31) 的映射函数 $\boldsymbol{f}: V \to V$ 在集合 V 上可微, $\boldsymbol{x}^* \in V$ 为一个不动点, 若存在 $s > 1, r > 0$ 使得*

$$\|\boldsymbol{f}(\boldsymbol{x}) - \boldsymbol{f}(\boldsymbol{y})\| > s\|\boldsymbol{x} - \boldsymbol{y}\|, \quad \forall \boldsymbol{x}, \boldsymbol{y} \in \mathcal{B}_r(\boldsymbol{x}^*),$$

其中 $\mathcal{B}_r(\boldsymbol{x}^*)$ 是以 $\boldsymbol{x}^*$ 为球心、r 为半径的 n 维闭球, 则称 $\boldsymbol{x}^* \in \mathbb{R}^n$ 为扩张不动点 (expanding fixed point).

进一步地, 若存在 $\boldsymbol{x}_0 \in \mathcal{B}_r(\boldsymbol{x}^*), \boldsymbol{x}_0 \neq \boldsymbol{x}^*$, 使得 $\boldsymbol{f}^m(\boldsymbol{x}_0) = \boldsymbol{x}^*$ 且 $|D\boldsymbol{f}^m(\boldsymbol{x}_0)| \neq 0$ 对于某个 $m > 0$ 成立, 其中 $|D\boldsymbol{f}^m(\boldsymbol{x}_0)|$ 表示雅可比矩阵的行列式, 则称 $\boldsymbol{x}^*$ 为返回排斥子 (snap-back repeller).

定理 1.12(Marotto) 若系统 (1.31) 有一个返回排斥子, 则该系统在 Li-Yorke 意义下是混沌的, 即

(1) 存在一个正整数 N, 使得对于每一个 $k \geqslant N$, 都存在一个周期 k 轨道.

(2) 存在一个不可数集合 $S \subset V$, S 不包含周期轨, 且满足

- $\boldsymbol{f}(S) \subset S$;
- 对于任意的 $\boldsymbol{p}, \boldsymbol{q} \in S, \boldsymbol{p} \neq \boldsymbol{q}$, 有 $\lim\limits_{n\to\infty} \sup \|\boldsymbol{f}^n(\boldsymbol{p}) - \boldsymbol{f}^n(\boldsymbol{q})\| > 0$;
- 对于所有的 $\boldsymbol{p} \in S$ 和任意的周期点 $\boldsymbol{q} \in V$, 有 $\lim\limits_{n\to\infty} \sup \|\boldsymbol{f}^n(\boldsymbol{p}) - \boldsymbol{f}^n(\boldsymbol{q})\| > 0$.

(3) 存在一个不可数子集 $S_0 \subset S$ 使得对于任意的 $\boldsymbol{p}, \boldsymbol{q} \in S_0$, 有

$$\lim_{n\to\infty} \inf \|\boldsymbol{f}^n(\boldsymbol{p}) - \boldsymbol{f}^n(\boldsymbol{q})\| = 0.$$

综上, 就严格数学意义上来说混沌有着不同的定义, 本书中对连续系统和离散系统的混沌吸引子的概念参照了动力系统经典教材 [13] 的定义, 希望给出一种最通俗易懂的理解方式.

1.5.4 庞加莱映射

在上一小节中, 我们介绍了几个经典的混沌定义与理论, 可以看到这些定义都是针对离散动力系统进行的, 历史上对混沌现象的讨论很多也都是从映射和离散系统的角度进行的. 同时我们在本节的介绍中也可以看到, 离散系统与连续系统之间就混沌而言有着很多相类似的地方, 事实上这种联系是有其理论依据的, 特别地, 在一定意义下连续系统是可以转换为离散系统来进行考虑的. 本小节中我们就来介绍将离散系统与连续系统统一联系起来的一类工具.

我们考虑一个 n 维连续动力系统的轨道和相空间中某一个 $n-1$ 维的超平面, 如图 1.16 所示, 如果该超平面与该系统的轨道满足横截 (transversal) 条件, 即从该超平面出发的轨道将穿过该超平面而不是平行于该超平面, 则称该超平面是**庞加莱截面** (Poincaré section). 考虑系统轨道与该截面的交点, 从一个交点 A 出发经过系统演进再次从同一个方向首次穿越该截面可以获得一个交点 B, 可以看到, 给定系统和庞加莱截面后, B 是由 A 唯一确定的, 因此这种确定性可以通过映射 $B = g(A)$ 来表示, 而该映射 g 即称为**庞加莱映射** (Poincaré map). 该映射可以继续迭代, 从一个交点映射到下一个交点从而构成了一个离散系统 $x_{k+1} = g(x_k)$, 显然该离散系统是定义在 $n-1$ 维空间上的, 而原 n 维连续系统的很多性质可以

通过该 $n-1$ 维离散系统反映出来, 一个直观的例子是连续系统轨道的周期轨, 通过庞加莱映射对应得到离散系统轨道的不动点, 且该不动点的稳定性与原系统周期轨的稳定性一致.

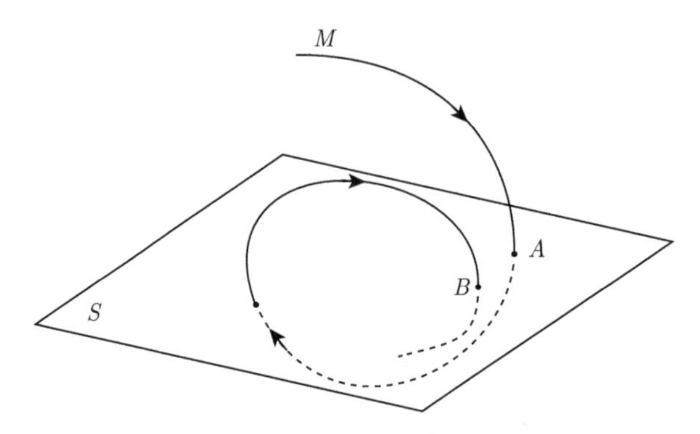

图 1.16　庞加莱截面与庞加莱映射示意图, n 维连续系统的轨道 M 相继向下穿越 $n-1$ 维超平面 S 及其交点 A 和 B, 其中 S 为庞加莱截面, 定义映射 $B=g(A)$ 为庞加莱映射

庞加莱映射是法国数学家和物理学家庞加莱在研究天体运动的 N 体问题时引入的. 广义的庞加莱截面不限于低一维的超平面, 可以是更复杂的低维子空间. 本质上由庞加莱映射获得的离散动力系统是原高维连续系统在低维相空间中的投影, 由于保持了原系统的很多动力学性质, 因此其提供了高维连续系统和低维离散系统之间的一种联系. 这里需要指出的是, 庞加莱截面的选取并没有统一的可行的方法, 因此并没有统一的方法来确保庞加莱映射的构造.

我们以一个例子来结束本节的讨论.

例 1.10(Duffing 方程)　考虑一个粒子在一个双势阱中有阻尼和外力作用下运动的方程

$$\begin{cases} \dot{x}=v, \\ \dot{v}=x-x^3-\gamma v+d\cos(\omega t), \end{cases} \tag{1.33}$$

其中 x 为位置, v 为速度, γ 为阻尼系数, d 为外力强度, ω 为周期外力频率. 该系统是二维非自治系统, 如果进一步将时间 t 看作一个状态变量且满足 $\dot{t}=1$ 时则可以理解为三维自治系统, 此时可以考虑一类特殊的二维截面, 即考察施加周期外力后系统的状态, 为此可以考虑时刻 $t=2\pi/\omega, 4\pi/\omega, 6\pi/\omega, \cdots$ 的系统状态, 相应的庞加莱映射为 $(x_{k+1}, v_{k+1})^{\mathrm{T}}=g\left((x_k, v_k)^{\mathrm{T}}\right)$, 其中 $x_k=x(2k\pi/\omega), v_k=v(2k\pi/\omega), k=1,2,3,\cdots$. 在参数设定为 $r=0.1, d=0.338, \omega=1.4$ 时, 系统动力学呈现周期轨, 则经过该庞加莱映射后得到的是相应的四周期轨, 如图 1.17(a) 和 (b) 所示; 而在特定参数条件 $r=0.1, d=0.35, \omega=1.4$ 时, 系统轨道呈现混沌的特征, 经过相应的庞加莱映射后得到的离散轨道也呈现混沌分形的特征, 如图 1.17(c) 和 (d) 所示. 显然该庞加莱映射将连续系统的周期轨和混沌吸引子映射为相应离散系统的周期轨和混沌吸引子, 从而在连续系统和离散系统之间架起了联系的桥梁.

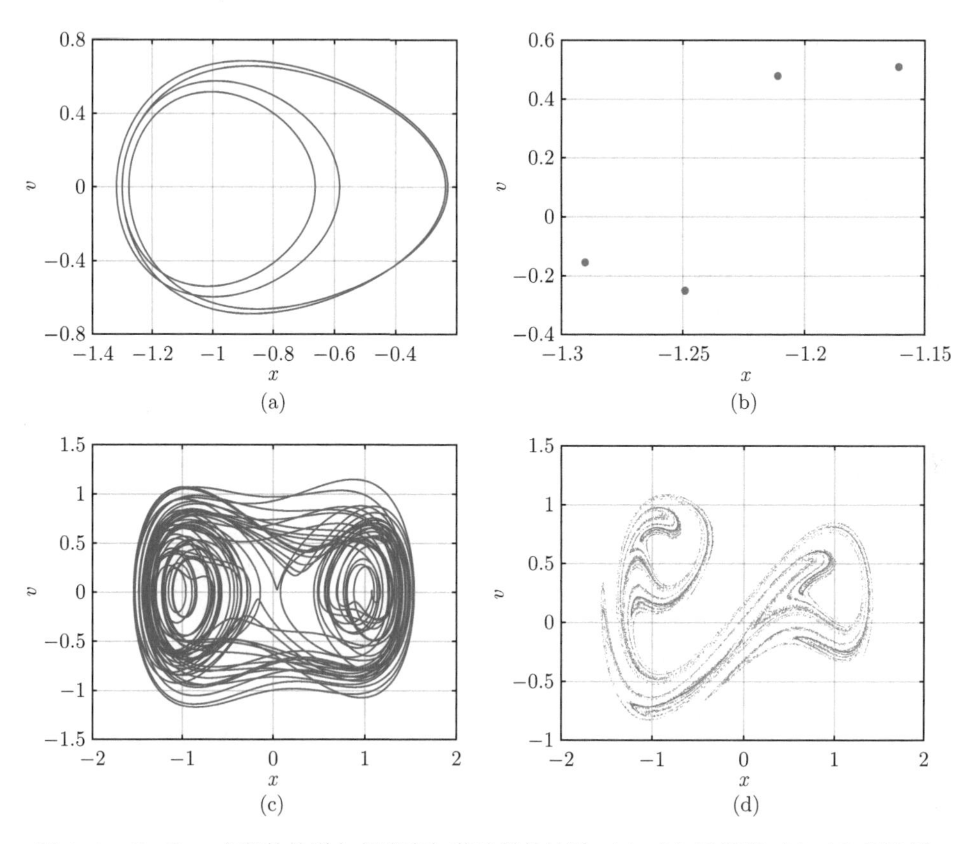

图 1.17 Duffing 方程的轨道与相应庞加莱映射的轨道. (a), (b) 周期解; (c), (d) 混沌解

1.6 Wiener 过程与随机微分方程

常微分方程给出的动力系统可以在确定性模型层面准确地描述观测物体的运动, 然而真实世界中往往充斥着各种各样内蕴噪声或外在未观测变量带来的影响. 这一节, 我们将介绍考虑简单高斯噪声的常微分方程, 也就是常说的随机微分方程.

1.6.1 Wiener 过程

Wiener 过程是物理学中布朗运动的一种严格数学表示, 也是之后定义随机微分方程的基础. 这一小节, 我们将介绍 Wiener 过程的定义和性质.

定义 1.32 一个随机过程 $\{X_t\}_{t\geqslant 0}$ 称为**高斯过程**, 如果它的任意有限维分布 $(X_{t_1}, X_{t_2}, \cdots, X_{t_n})$ 是高斯分布.

记高斯过程的一阶矩函数为 $m(t) \triangleq \mathbb{E}X_t$, 二阶中心矩函数为 $K(s,t) \triangleq \mathbb{E}(X_s - m(s))(X_t - m(t))$, 则高斯过程有特征函数

$$\mathbb{E}e^{i(\xi,X)} = e^{i(\xi,m) - \frac{1}{2}(\xi,\mathcal{K}\xi)}, \quad \xi \in L_t^2,$$

其中 $(\xi,m) = \int_0^t \xi(t)m(t)\,\mathrm{d}t$, $\mathcal{K}\xi(t) = \int_0^t K(t,s)\xi(s)\,\mathrm{d}s$, L_t^2 为 $[0,t]$ 上的平方可积函数空间. 易知 $\mathcal{K}$ 为内积空间 L_t^2 上的非负算子.

定义 1.33　一维空间的随机过程 W_t 称为 **Wiener 过程** (布朗运动), 如果同时满足下列三个条件:

(1) W_t 是高斯过程;

(2) 均值 $m(t) = 0$ 且协方差 $K(s,t) = s \wedge t = \min(s,t)$;

(3) 映射 $t \mapsto W_t$ 在概率 1 意义下连续.

如果 $\boldsymbol{W}_t = (W_t^1, W_t^2, \cdots, W_t^n)^{\mathrm{T}}$ 的每个分量为独立的一维 Wiener 过程, 则称 $\boldsymbol{W}_t$ 为 n 维空间的 Wiener 过程.

一维 Wiener 过程具有以下性质.

(1) 独立增量性: 对于任意 $t_0 < t_1 < \cdots < t_{n-1} < t_n$, 随机变量 $W_{t_0}, W_{t_1} - W_{t_0}, \cdots, W_{t_n} - W_{t_{n-1}}$ 相互独立.

(2) 平稳增量性: 对于任意 $s, t > 0$, $W_{s+t} - W_s \sim \mathcal{N}(0,t)$, 其中 $\mathcal{N}(0,t)$ 表示均值为 0、方差为 t 的高斯分布 (正态分布).

(3) 时齐性: 对任意 $s > 0$, $\bar{W}_t = W_{t+s} - W_s, t \geqslant 0$ 也是 Wiener 过程.

(4) 对称性: $\bar{W}_t = -W_t, t \geqslant 0$ 也是 Wiener 过程.

(5) 尺度不变性: 对任意常数 $c > 0$, $\bar{W}_t = \sqrt{c}W_{t/c}, t \geqslant 0$ 也是 Wiener 过程.

(6) 时间倒逆性: 随机过程 $X_t = tW_{1/t}, X_0 = 0, t \geqslant 0$ 也是 Wiener 过程.

(7) 二阶变差有限性: 对 $[0,t]$ 区间任意划分 $\Delta = \bigcup_k [t_k, t_{k+1}]$, Wiener 过程一条轨道 ω 的二阶变差定义为

$$Q_t^{\Delta}(\omega) = \sum_k |W_{t_{k+1}}(\omega) - W_{t_k}(\omega)|^2,$$

并在最大划分尺度 $|\Delta| \to 0$ 时, 其在 L_ω^2 空间满足 L^2 收敛

$$\mathbb{E}(Q_t^{\Delta} - t)^2 \to 0,$$

或形式上写作 $\mathrm{d}W_t^2 = \mathrm{d}t$.

(8) 全变差无界性: 对 $[0,t]$ 区间 Wiener 过程的一条轨道 ω, 其全变差定义为

$$V_{[0,t]}(\omega) = \sup_{\Delta} \sum_k |W_{t_{k+1}}(\omega) - W_{t_k}(\omega)|,$$

其中 $\Delta = \bigcup_k [t_k, t_{k+1}]$ 为 $[0,t]$ 区间的一个划分. 在最大划分尺度 $|\Delta| \to 0$ 时, $V_{[0,t]}(\omega)$ 无界.

(9) Hölder 连续性: 定义

$$\Omega_\alpha = \left\{ f \in C[0,1] \left| \sup_{0 \leqslant s,t \leqslant 1} \frac{|f(t)-f(s)|}{|t-s|^\alpha} < \infty \right. \right\}$$

为满足 α 阶 Hölder 连续性的函数集合, 其中指标 $0 \leqslant \alpha < 1$. 则当 $0 \leqslant \alpha < 1/2$ 时, $\mathbb{P}(W_t \in \Omega_\alpha) = 1$; 当 $\alpha \geqslant 1/2$ 时, $\mathbb{P}(W_t \in \Omega_\alpha) = 0$.

(10) 强大数定律: $\lim\limits_{t\to\infty} W_t/t = 0$ 以概率 1 收敛.

(11) 扩散性: 概率分布 $p(x,t) = \mathbb{P}(W_t = x | W_0 = 0)$ 满足扩散方程

$$\begin{cases} \dfrac{\partial p(x,t)}{\partial t} = D \dfrac{\partial^2 p(x,t)}{\partial x^2}, \quad x \in \mathbb{R}, \quad t \geqslant 0, \\ p(x,t)|_{t=0} = \delta(x), \end{cases}$$

其中扩散系数 $D = 1/2$.

1.6.2 Itô 积分和随机微分方程

1. Itô 积分

首先我们关注一个随机积分的例子 $\displaystyle\int_0^T f(t,\omega)\,\mathrm{d}W_t$. 由于 Wiener 过程 W_t 在 $[0,t]$ 区间全变差无界, 也就不是有界变差函数, 所以在 Riemann-Stieltjes 积分意义下不存在唯一积分值. 例如当假设 $f(t,\omega) = W_t$ 时, 在 $[0,T]$ 区间划分 $\Delta = \bigcup_k [t_k, t_{k+1}]$ 下,

(1) 使用左端点进行积分:

$$I_N^L = \sum_k f_{t_k} \cdot (W_{t_{k+1}} - W_{t_k}) = \sum_k W_{t_k}(W_{t_{k+1}} - W_{t_k});$$

(2) 使用右端点进行积分:

$$I_N^R = \sum_k f_{t_{k+1}} \cdot (W_{t_{k+1}} - W_{t_k}) = \sum_k W_{t_{k+1}}(W_{t_{k+1}} - W_{t_k});$$

(3) 使用中点进行积分:

$$I_N^M = \sum_k f_{t_{k+\frac{1}{2}}} \cdot (W_{t_{k+1}} - W_{t_k}) = \sum_k W_{t_{k+\frac{1}{2}}}(W_{t_{k+1}} - W_{t_k}).$$

根据 Wiener 过程的性质, 可以通过计算得知三种积分方式具有不同期望值 $\mathbb{E}(I_N^L) = 0, \mathbb{E}(I_N^R) = T, \mathbb{E}(I_N^M) = T/2$.

使用划分左端点进行函数取值并令最大划分尺度 $|\Delta| \to 0$ 时定义的积分称为 Itô 积分. 对于一般可测函数的 Itô 积分 $\int_0^T f(t,\omega)\,\mathrm{d}W_t$, 可以通过简单函数逼近的方式进行严格定义, 详细参见 [18]. 本书使用的随机积分及对应的随机微分, 除特殊说明外都是 Itô 意义下的.

Itô 积分具有以下性质 (a, b, c 为常数):

(1) $\int_a^b f\,\mathrm{d}W_t = \int_a^c f\,\mathrm{d}W_t + \int_c^b f\,\mathrm{d}W_t$;

(2) $\int_a^b (f+cg)\,\mathrm{d}W_t = \int_a^b f\,\mathrm{d}W_t + c\int_a^b g\,\mathrm{d}W_t$;

(3) $\mathbb{E}\left(\int_a^b f\,\mathrm{d}W_t\right) = 0$;

(4) $\mathbb{E}\left(\int_a^b f\,\mathrm{d}W_t \cdot \int_a^b g\,\mathrm{d}W_t\right) = \mathbb{E}\left(\int_a^b fg\,\mathrm{d}t\right)$.

2. 随机微分方程

有了 Itô 积分后, 我们可以定义随机过程 X_t 的随机积分方程

$$X_t = X_0 + \int_0^t b(X_s, s)\,\mathrm{d}s + \int_0^t \sigma(X_s, s)\,\mathrm{d}W_s, \tag{1.34}$$

在数学形式上也可以写为随机微分方程

$$\mathrm{d}X_t = b(X_t, t)\,\mathrm{d}t + \sigma(X_t, t)\,\mathrm{d}W_t, \quad X_t|_{t=0} = X_0. \tag{1.35}$$

在物理文献中, (1.35) 式也经常被写为

$$\dot{X}_t = b(X_t, t) + \sigma(X_t, t)\dot{W}_t, \quad X_t|_{t=0} = X_0, \tag{1.36}$$

其中 $\dot{W}_t$ 又称为高斯白噪声, 具有性质 $\mathbb{E}(\dot{W}_t) = 0, \mathbb{E}(\dot{W}_s\dot{W}_t) = \delta(t-s)$, 这里需要注意 W_t 的轨道在严格数学意义下并不可微. 同理, 可以定义高维随机微分方程

$$\mathrm{d}\boldsymbol{X}_t = \boldsymbol{b}(\boldsymbol{X}_t, t)\,\mathrm{d}t + \boldsymbol{\sigma}(\boldsymbol{X}_t, t)\cdot\mathrm{d}\boldsymbol{W}_t, \quad \boldsymbol{X}_t|_{t=0} = \boldsymbol{X}_0, \tag{1.37}$$

其中 $\boldsymbol{X}_t \in \mathbb{R}^n, \boldsymbol{W}_t \in \mathbb{R}^m$, 函数 $\boldsymbol{b}: \mathbb{R}^n \times \mathbb{R} \to \mathbb{R}^n, \boldsymbol{\sigma}: \mathbb{R}^n \times \mathbb{R} \to \mathbb{R}^{n\times m}$.

定理 1.13 (一维 Itô 公式)　*如果 X_t 满足随机微分方程 (1.35), $Y_t = f(X_t)$, 其中 f 为二次可微函数, 则 Y_t 满足随机微分方程*

$$\mathrm{d}Y_t = \left(b(X_t,t)f'(X_t) + \frac{1}{2}\sigma^2(X_t,t)f''(X_t)\right)\mathrm{d}t + \sigma(X_t,t)f'(X_t)\,\mathrm{d}W_t. \tag{1.38}$$

定理 1.14(高维 Itô 公式) 如果 $\boldsymbol{X}_t$ 满足随机微分方程 (1.37), $Y_t = f(\boldsymbol{X}_t)$, 其中 f 为二次可微函数, 则 Y_t 满足随机微分方程

$$\mathrm{d}Y_t = \left(\boldsymbol{b}\cdot\nabla f + \frac{1}{2}\boldsymbol{\sigma}\boldsymbol{\sigma}^{\mathrm{T}} : \nabla^2 f\right)\mathrm{d}t + \nabla f\cdot\boldsymbol{\sigma}(\boldsymbol{X}_t, t)\cdot\mathrm{d}\boldsymbol{W}_t, \tag{1.39}$$

其中对矩阵 $A=(a_{ij}), B=(b_{ij})$ 的运算为 $A:B \triangleq \sum_{ij} a_{ij}b_{ij}$.

Itô 公式提供了随机微分方程运算的基本规则, 形式运算时也可以简化为

$$\mathrm{d}t^2 = 0,\quad \mathrm{d}t\,\mathrm{d}W_t^i = \mathrm{d}W_t^i\,\mathrm{d}t = \mathrm{d}W_t^i\,\mathrm{d}W_t^j = 0\ (i\neq j),\quad (\mathrm{d}W_t^i)^2 = \mathrm{d}t. \tag{1.40}$$

定理 1.15 (随机微分方程解的存在唯一性) 对于随机微分方程的初值问题 (1.37), 若函数 $\boldsymbol{b},\boldsymbol{\sigma}$ 对定义域内的变量 $\boldsymbol{x},\boldsymbol{y},t$ 在 Frobenius 范数下满足全局利普希茨条件

$$|\boldsymbol{b}(\boldsymbol{x},t)-\boldsymbol{b}(\boldsymbol{y},t)| + |\boldsymbol{\sigma}(\boldsymbol{x},t)-\boldsymbol{\sigma}(\boldsymbol{y},t)| \leqslant K|\boldsymbol{x}-\boldsymbol{y}|$$

和线性增长性条件

$$|\boldsymbol{b}(\boldsymbol{x},t)|^2 + |\boldsymbol{\sigma}(\boldsymbol{x},t)|^2 \leqslant K(1+|\boldsymbol{x}|^2),$$

其中 $|\cdot|$ 为 Frobenius 范数, $K>0$ 为常数, 则在相应可测空间中存在唯一解 $\boldsymbol{X}_t$.

存在唯一性定理中 "可测函数" 的详细描述及定理证明参见 [18,19].

下面我们将举一些随机积分及随机微分方程的例子:

例 1.11 Itô 意义下随机积分 $\int_0^t W_s\,\mathrm{d}W_s = W_t^2/2 - t/2$.

例 1.12 Itô 意义下的分部积分公式 $\int_0^t s\,\mathrm{d}W_s = tW_t - \int_0^t W_s\,\mathrm{d}s$.

例 1.13(Ornstein-Uhlenbeck (OU) 过程) 线性随机微分方程

$$\mathrm{d}X_t = -\gamma X_t\,\mathrm{d}t + \sigma\,\mathrm{d}W_t \tag{1.41}$$

又称为 OU 过程, 其中常数 γ 代表摩擦系数, 常数 σ 代表噪声幅度. OU 过程具有显式解

$$X_t = e^{-\gamma t}X_0 + \sigma\int_0^t e^{-\gamma(t-s)}\,\mathrm{d}W_s.$$

当初值 X_0 服从高斯分布时, X_t 为高斯过程, 且具有极限行为 $X_\infty \sim \mathcal{N}(0,\sigma^2/(2\gamma))$.

例 1.14(几何布朗运动)

$$\mathrm{d}S_t = \mu S_t\,\mathrm{d}t + \sigma S_t\,\mathrm{d}W_t,$$

其中 S_t 在金融学中代表资产价格, $\mu > 0$ 代表利率, $\sigma > 0$ 代表预想变动率. 几何布朗运动具有显式解

$$S_t = S_0 \exp\left\{\left(\mu - \frac{\sigma^2}{2}\right)t + \sigma W_t\right\},$$

并且经常用在金融定价模型中.

例 1.15 (Langevin 方程)　Langevin 方程

$$\begin{cases} \mathrm{d}\boldsymbol{X}_t = \boldsymbol{V}_t\,\mathrm{d}t, \\ m\,\mathrm{d}\boldsymbol{V}_t = \big(-\gamma \boldsymbol{V}_t - \nabla U(\boldsymbol{X}_t)\big)\,\mathrm{d}t + \sqrt{2\sigma}\,\mathrm{d}\boldsymbol{W}_t \end{cases} \tag{1.42}$$

描述了一个三维粒子的位置 $\boldsymbol{X}_t \in \mathbb{R}^3$ 和速度 $\boldsymbol{V}_t \in \mathbb{R}^3$ 在摩擦系数 $\gamma > 0$, 势阱 $U(\boldsymbol{x})$ 和高斯随机噪声 $\boldsymbol{W}_t$ 下, 服从牛顿第二定律的运动方程.

例 1.16 (布朗动力学)　当摩擦系数 γ 足够大时, Langevin 方程 (1.42) 中的粒子在平衡点附近振荡, 取 $\mathrm{d}\boldsymbol{V}_t = 0$, 则有布朗动力学 (Smoluchowski 近似)

$$\mathrm{d}\boldsymbol{X}_t = -\frac{1}{\gamma}\nabla U(\boldsymbol{X}_t)\,\mathrm{d}t + \sqrt{\frac{2k_BT}{\gamma}}\,\mathrm{d}\boldsymbol{W}_t, \tag{1.43}$$

其中使用了涨落耗散定理 $\sigma = k_BT\gamma$, k_B 为 Boltzmann 常数, T 为热力学温度.

3. 随机微分方程的数值解

这一小节, 我们将介绍随机微分方程

$$\mathrm{d}X_t = b(X_t)\,\mathrm{d}t + \sigma(X_t)\,\mathrm{d}W_t \tag{1.44}$$

的数值计算格式.

首先假设时间离散网格为 $\bigcup_n [t_n, t_{n+1}]$, 记步长 $\delta t_n = t_{n+1} - t_n$, 则根据 Itô 公式

$$\mathrm{d}f(X_t) = (\mathcal{L}_1 f)(X_t)\,\mathrm{d}t + (\mathcal{L}_2 f)(X_t)\,\mathrm{d}W_t,$$

其中

$$(\mathcal{L}_1 f)(x) = b(x)f'(x) + \frac{1}{2}\sigma^2(x)f''(x), \quad (\mathcal{L}_2 f)(x) = \sigma(x)f'(x), \tag{1.45}$$

我们对 X_t 从 t_n 到 t_{n+1} 积分有

$$X_{t_{n+1}} = X_{t_n} + \int_{t_n}^{t_{n+1}} b(X_s)\,\mathrm{d}s + \int_{t_n}^{t_{n+1}} \sigma(X_s)\,\mathrm{d}W_s$$

$$
\begin{aligned}
&= X_{t_n} + b(X_{t_n})\delta t_n + \sigma(X_{t_n})(W_{t_{n+1}} - W_{t_n}) && (1.46)\\
&+ \int_{t_n}^{t_{n+1}} \mathrm{d}W_s \int_{t_n}^{s} (\mathcal{L}_2\sigma)(X_\tau)\,\mathrm{d}W_\tau && (1.47)\\
&+ \int_{t_n}^{t_{n+1}} \mathrm{d}W_s \int_{t_n}^{s} (\mathcal{L}_1\sigma)(X_\tau)\,\mathrm{d}\tau + \int_{t_n}^{t_{n+1}} \mathrm{d}s \int_{t_n}^{s} (\mathcal{L}_2 b)(X_\tau)\,\mathrm{d}W_\tau && (1.48)\\
&+ \int_{t_n}^{t_{n+1}} \mathrm{d}s \int_{t_n}^{s} (\mathcal{L}_1 b)(X_\tau)\,\mathrm{d}\tau. && (1.49)
\end{aligned}
$$

上式可以继续对 $(\mathcal{L}_i b)(X_\tau), (\mathcal{L}_i\sigma)(X_\tau)$ 在 t_n 进行展开, 这个展开称为 **Itô-Taylor 展开**. 截取不同的 Itô-Taylor 展开项, 可以得到不同的数值格式, 例如:

(1) Euler-Maruyama 格式:

$$X_{t_{n+1}} = X_{t_n} + b(X_{t_n})\delta t_n + \sigma(X_{t_n})\delta W_{t_n}, \tag{1.50}$$

其中 δW_{t_n} 为满足高斯分布 $\mathcal{N}(0, \delta t_n)$ 的随机数;

(2) Milstein 格式:

$$X_{t_{n+1}} = X_{t_n} + b(X_{t_n})\delta t_n + \sigma(X_{t_n})\delta W_{t_n} + \frac{1}{2}(\sigma\sigma')(X_{t_n})[(\delta W_{t_n})^2 - \delta t_n]; \tag{1.51}$$

(3) Runge-Kutta 格式:

$$
\begin{aligned}
\hat{X}_{t_n} &= X_{t_n} + b(X_{t_n})\delta t_n + \sigma(X_{t_n})\sqrt{\delta t_n},\\
X_{t_{n+1}} &= X_{t_n} + b(X_{t_n})\delta t_n\\
&\quad + \sigma(X_{t_n})\delta W_{t_n} + \frac{1}{2\sqrt{\delta t_n}}[\sigma(\hat{X}_{t_n}) - \sigma(X_{t_n})][(\delta W_{t_n})^2 - \delta t_n];
\end{aligned} \tag{1.52}
$$

(4) 高阶格式:

$$
\begin{aligned}
X_{t_{n+1}} &= X_{t_n} + b(X_{t_n})\delta t_n + \sigma(X_{t_n})\delta W_{t_n} + \frac{1}{2}(\sigma\sigma')(X_{t_n})[(\delta W_{t_n})^2 - \delta t_n]\\
&\quad + \sigma b'\delta Z_{t_n} + \frac{1}{2}\left(bb' + \frac{1}{2}\sigma^2 b''\right)\delta t_n^2\\
&\quad + \left(b\sigma' + \frac{1}{2}\sigma^2\sigma''\right)(\delta W_{t_n}\delta t_n - \delta Z_{t_n})\\
&\quad + \frac{1}{2}\sigma[\sigma\sigma'' + (\sigma')^2]\left[\frac{1}{3}(\delta W_{t_n})^2 - \delta t_n\right]\delta W_{t_n},
\end{aligned} \tag{1.53}
$$

其中 $\delta Z_{t_n} = \int_{t_n}^{t_{n+1}}\int_{t_n}^{s} \mathrm{d}W_\tau\,\mathrm{d}s$. 根据 Itô 分部积分公式及 Wiener 过程的性质, 可以得知 δZ_{t_n} 是高斯随机变量且满足 $\mathbb{E}(\delta Z_{t_n}) = 0, \mathbb{E}((\delta Z_{t_n})^2) = \delta t_n^3/3$, $\mathbb{E}(\delta Z_{t_n}\delta W_{t_n}) = \delta t_n^2/2$.

对于 $[0,T]$ 区间固定离散步长 $|\Delta|$ 的随机微分方程数值解 X_t^Δ, 如果存在独立于步长的常数 C 和 $\alpha > 0$ 使得

$$\max_{0\leqslant t\leqslant T} \mathbb{E}|X_t^\Delta - X_t|^2 \leqslant C|\Delta|^{2\alpha}$$

成立, 则我们称数值解 X_t^Δ 以阶数 α **强收敛**到真解 X_t; 如果对任意有界光滑函数 f 存在独立于步长的常数 C_f 和 $\beta > 0$ 使得

$$\max_{0\leqslant t\leqslant T} |\mathbb{E}f(X_t^\Delta) - \mathbb{E}f(X_t)| \leqslant C_f|\Delta|^\beta$$

成立, 则我们称数值解 X_t^Δ 以阶数 β **弱收敛**于真解 X_t. 可以证明, 上述 Euler-Maruyama 格式、Milstein 格式、Runge-Kutta 格式和高阶格式的强收敛阶数 α 分别是 $1/2, 1, 1$ 和 2; 弱收敛阶数 β 分别是 $1, 1, 1$ 和 2 [20].

4. Fokker-Planck 方程

对于随机微分方程

$$\mathrm{d}\boldsymbol{X}_t = \boldsymbol{b}(\boldsymbol{X}_t, t)\,\mathrm{d}t + \boldsymbol{\sigma}(\boldsymbol{X}_t, t)\cdot \mathrm{d}\boldsymbol{W}_t,$$

我们想要计算转移概率

$$p(\boldsymbol{x}, t|\boldsymbol{y}, s)\,\mathrm{d}\boldsymbol{x} = \mathbb{P}(\boldsymbol{X}_t \in [\boldsymbol{x}, \boldsymbol{x} + \mathrm{d}\boldsymbol{x})|\boldsymbol{X}_s = \boldsymbol{y}) \tag{1.54}$$

满足的方程, 其中 $t \geqslant s$.

首先, 根据 Itô 公式 (1.39), 我们将时间从 s 到 t 积分, 并对所有满足 $\boldsymbol{X}_s = \boldsymbol{y}$ 的轨道取期望得到

$$\mathbb{E}^{\boldsymbol{y},s} f(\boldsymbol{X}_t) - f(\boldsymbol{y}) = \mathbb{E}^{\boldsymbol{y},s}\int_s^t (\mathcal{L}f)(\boldsymbol{X}_\tau, \tau)\,\mathrm{d}\tau, \tag{1.55}$$

其中算子 $\mathcal{L}$ 为

$$(\mathcal{L}f)(\boldsymbol{x}, t) = \boldsymbol{b}(\boldsymbol{x}, t)\cdot\nabla f(\boldsymbol{x}) + \frac{1}{2}\sum_{i,j} a_{ij}(\boldsymbol{x}, t)\partial_{ij}^2 f(\boldsymbol{x}), \tag{1.56}$$

a_{ij} 为扩散矩阵 $\boldsymbol{A}(\boldsymbol{x}, t) = \boldsymbol{\sigma}(\boldsymbol{x}, t)\boldsymbol{\sigma}(\boldsymbol{x}, t)^{\mathrm{T}}$ 的对应位置元素.

然后, (1.55) 式可以显式写为

$$\int_{\mathbb{R}^d} f(\boldsymbol{x})p(\boldsymbol{x},t|\boldsymbol{y},s)\,\mathrm{d}\boldsymbol{x} - f(\boldsymbol{y}) = \int_s^t \int_{\mathbb{R}^d} (\mathcal{L}f)(\boldsymbol{x},\tau)p(\boldsymbol{x},\tau|\boldsymbol{y},s)\,\mathrm{d}\boldsymbol{x}\,\mathrm{d}\tau, \tag{1.57}$$

根据分部积分公式及弱解的定义, 我们可以得到 $p(\boldsymbol{x},t|\boldsymbol{y},s)$ 满足的方程

$$\frac{\partial p(\boldsymbol{x},t|\boldsymbol{y},s)}{\partial t} = (\mathcal{L}^* p)(\boldsymbol{x},t|\boldsymbol{y},s) \tag{1.58}$$

和初值条件 $p(\boldsymbol{x},t|\boldsymbol{y},s)|_{t=s} = \delta(\boldsymbol{x}-\boldsymbol{y})$, 其中算子 $\mathcal{L}^*$ 满足

$$(\mathcal{L}^* f)(\boldsymbol{x},t) = -\nabla_{\boldsymbol{x}} \cdot (\boldsymbol{b}(\boldsymbol{x},t)f(\boldsymbol{x})) + \frac{1}{2}\nabla_{\boldsymbol{x}}^2 : (\boldsymbol{A}(\boldsymbol{x},t)f(\boldsymbol{x})), \tag{1.59}$$

而 $\nabla_{\boldsymbol{x}}^2 : (\boldsymbol{A}f) = \sum_{ij} \partial_{ij}^2 (a_{ij} f)$. 算子 $\mathcal{L}$ 和 $\mathcal{L}^*$ 在 L^2 空间互为对偶算子.

(1.58) 式称为 **Fokker-Planck 方程**, 或 **Kolmogorov 前向方程**. 如果初值 $\boldsymbol{X}_s$ 为满足分布 $\rho_0(\boldsymbol{x})$ 的随机变量, 可以证明 $\boldsymbol{X}_t$ 的分布 $\rho(\boldsymbol{x},t) = \int_{\mathbb{R}^d} p(\boldsymbol{x},t|\boldsymbol{y},s) \rho_0(\boldsymbol{y})\,\mathrm{d}\boldsymbol{y}$ 也满足 Fokker-Planck 方程 (1.58).

有时, Fokker-Planck 方程也写为输运方程形式

$$\partial_t p(\boldsymbol{x},t) + \nabla_{\boldsymbol{x}} \cdot \boldsymbol{j}(\boldsymbol{x},t) = 0, \tag{1.60}$$

其中

$$\boldsymbol{j}(\boldsymbol{x},t) = \boldsymbol{b}(\boldsymbol{x},t)p(\boldsymbol{x},t) - \frac{1}{2}\nabla_{\boldsymbol{x}}(\boldsymbol{A}p(\boldsymbol{x},t)) \tag{1.61}$$

表示粒子分布改变而形成的概率流.

对于 Fokker-Planck 方程, 常用的边值条件有

(1) 吸收边界条件:

$$p(\boldsymbol{x},t) = 0, \quad \forall \boldsymbol{x} \in \partial U,$$

即在区域 U 的边界所有粒子被吸收.

(2) 反射边界条件:

$$\boldsymbol{n} \cdot \boldsymbol{j}(\boldsymbol{x},t) = 0, \quad \forall \boldsymbol{x} \in \partial U,$$

即所有的粒子在区域 U 的边界被反射.

下面我们列举几个常见系统概率分布演化的 Fokker-Planck 方程:

例 1.17(Wiener 过程 / 布朗运动) 随机微分方程

$$\mathrm{d}\boldsymbol{X}_t = \mathrm{d}\boldsymbol{W}_t, \quad \boldsymbol{X}_0 = 0,$$

相应的 Fokker-Planck 方程为

$$\partial_t p(\boldsymbol{x}, t) = \frac{1}{2}\Delta p(\boldsymbol{x}, t), \quad p(\boldsymbol{x}, 0) = \delta(\boldsymbol{x}),$$

也就是标准的热扩散方程.

例 1.18(布朗动力学) 随机微分方程

$$\mathrm{d}\boldsymbol{X}_t = -\frac{1}{\gamma}\nabla U(\boldsymbol{X}_t)\,\mathrm{d}t + \sqrt{\frac{2k_B T}{\gamma}}\,\mathrm{d}\boldsymbol{W}_t,$$

相应的 Fokker-Planck 方程为

$$\partial_t p - \nabla \cdot \left(\frac{1}{\gamma}\nabla U(\boldsymbol{x})p\right) = D\Delta p,$$

其中 $D = k_B T/\gamma$ 为扩散系数. 此方程在物理学中也称为 Smoluchowski 方程.

例 1.19(Langevin 动力学) 随机微分方程见(1.42) 式, $m = 1$ 时相应概率分布 $p(\boldsymbol{x}, \boldsymbol{v}, t)$ 的 Fokker-Planck 方程为

$$\partial_t p + \boldsymbol{v} \cdot \nabla_{\boldsymbol{x}} p - \nabla_{\boldsymbol{v}} \cdot \Big(\big(\gamma \boldsymbol{v} + \nabla U(\boldsymbol{x})\big)p\Big) = \sigma \Delta_{\boldsymbol{v}} p.$$

第 2 章　高维数据的临界预警理论及方法

2.1　自然界的临界现象

2.1.1　各个领域的临界现象

在众多的自然科学和社会科学领域中都观察到了复杂动力系统从一个状态转向另一个状态, 即发生状态临界改变现象: 当系统处于某些特定条件下, 微小的变化或扰动就可以引发系统状态的巨大变化 (相变), 如地震、生态环境恶化等. 它们常常伴随着非线性动力学, 也就是说, 系统的响应与扰动的大小不成比例, 不是线性而是呈现出非线性关系. 这些现象经常用来研究自然系统的性质和行为. 一般来说, 在这些复杂系统演化过程中都具有临界点 (tipping point) 或临界状态 (critical state), 在该临界点附近, 系统在短时间内从一种状态突然切换到另一种状态. 例如: 在地球系统中, 海洋环流或气候可能发生突变[21], 冰川纪骤然结束[21]; 在环境科学中, 出现了湖泊在短时间内从维持数千年的贫营养化状态转化为不利于动物生存的富营养化状态的现象[22], 也观察到牧场、鱼类种群或野生动物种群的灾难性变化[23,24]; 在金融领域, 观察到系统性市场崩溃[25]、经济衰退[26]和大型公司破产[27] 等. 在这些复杂动力系统中, 由于状态迁移是在短时间内完成的, 并使得系统从一个稳态失稳后进入另一个不可逆的稳态, 因此这样的现象也称为“灾变”(catastrophic shift)[28]. 从数学上来说, 上述的复杂系统大多是由多个相互作用的变量或子系统组成的, 往往拥有多个自由度. 这些系统的复杂性不仅来自于多个变量/子系统非线性动力学, 更重要的是来自于这些变量/子系统之间的相互作用或耦合的非线性动力学, 以及来源于相互作用模式的异质性和子系统中多时间尺度的动力学. 这种系统可以用多个子系统耦合的复杂网络框架进行建模. 在这种情况下, 一个局部子网络 (子系统) 中的变化可能导致整个网络系统的状态失稳而突变. 通过识别早期预警信号与制定治理和预防的策略来防备这种状态的突变不仅重要而且必要.

在生命科学和医学领域的研究中, 也发现生物系统的发展过程中普遍存在着系统状态的临界变化 (critical transition) 或临界点 (tipping point) 现象. 例如, 在细胞的分化[29]、细胞的命运决策[30]、组织急性损伤[31]、器官失能的急性发作[32]、机体抗药性的形成[33]、癌变、传染性疾病暴发等复杂生物过程中, 都发现了系统随着时间的变化从一个稳定状态进入另外一个稳定状态. 这些生物系统状态的临界变化可能是由外部环境改变 (如受到放射性照射) 所驱动, 或者内部生理机制变化 (如基因的突变) 所导致. 这样的系统状态变化通常具有两个特点 (如图 2.1 所示): ①系统至少具有两个稳定的平衡状态, 处于稳定状态时, 内外界的持续扰动会使系统缓慢变化; ②在两个稳定状态之间存在着一个短暂的临界状态, 处于该临界状态时的系统状态回复性很弱并且对扰动敏感, 容易被内外界的扰动驱使而迅速地失稳从而进入另一个稳定状态[28]. 在很多复杂疾病中, 这样的状态临界改变就反映了疾病的突然恶化: 机体快速地从相对正常状态进入疾病状态[34,35]. 由于这种状态的改变一旦完成往往不可逆, 系统很难从疾病状态再回复到相对正常状态. 如今严重威胁人类健康的复杂疾病, 包括 2 型糖尿病[36] 与其他代谢功能综合征[37]、癌变、肿瘤细胞发生远端转移[38,39]、抑郁症等疾病[40], 一旦形成后系统也多为稳定状态, 因此治愈难度大.

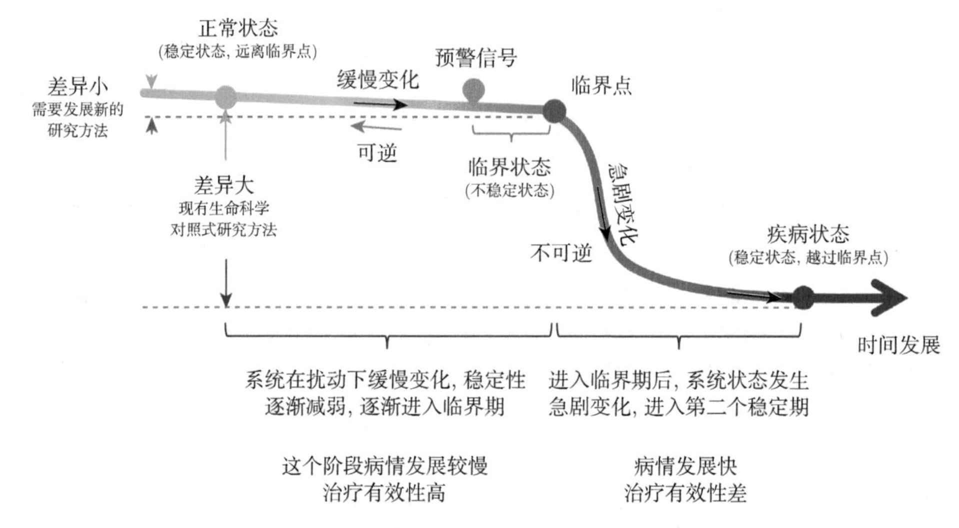

图 2.1 以疾病为代表的复杂生物系统发生状态临界变化的示意图. 很多复杂生物过程都存在着系统的状态发生临界变化这一现象, 即在生物过程中存在着一个临界点, 当系统的参数越过该临界点时, 系统的状态会在短时间内从一个稳定状态变化成为另一个稳定状态. 很多具有状态临界变化的复杂疾病发展过程可以粗略地划分为三个状态, 即正常状态、临界状态和疾病状态[35,41]. 其中正常状态和疾病状态是生物系统的两个稳定的状态, 临界状态是正常状态的极限. 在临界点到来前, 生物系统在外界扰动下缓慢变化, 稳定性逐渐减弱, 逐渐进入临界状态, 这个阶段病情发展相对较慢, 治疗有效性较高. 越过临界点后, 系统状态迅速发生改变, 这时病情发展较快, 治疗有效性差

从复杂系统和动力学的观点来看, 上述许多疾病状态的发展和恶性转化过程可以看作随机动力系统的时间动态演化过程[42,43]. 基于动力系统状态的波动性或涨落性检测来探寻临界状态或其临界特征, 不仅可定量地、科学地评估健康状态,

而且可实现临界状态的精准预测和复杂疾病的早期预警. 与定量地刻画稳定状态的传统理论相比, 如何刻画生命系统稳态的失稳、临界现象及其动力学涨落表现, 是一个基本的数学问题. 虽然这与动力系统的分岔理论紧密相关, 但生命体系动力学往往具有高维数、非线性、时空上的多尺度、受噪声干扰, 特别是其数学模型多为未知等困难. 如何用严格的数学语言定量表征临界状态及其数据特征是一个具有挑战性的数学问题, 尚无成形的理论及数学方法. 因此, 发展确定性/随机性动力系统理论, 建立全新的随机扰动下的系统结构不稳定性的定量化数学刻画或动力学刻画的数据科学, 并在此基础上形成健康临界状态定量表征的理论和方法体系, 不仅可支撑各交叉学科中的重大需求, 而且还将极大丰富数学研究的范围. 因此, 对于没有模型只有观测数据的复杂高维系统 (如生物系统), 我们是否可以定量检测或预警其临界状态或“未病”状态, 这就是本章的主要内容.

2.1.2 几种常见的临界现象

在多稳态系统 (multistable system) 中常常能看到上述的状态改变现象, 在这类系统中, 对于同一组参数来说, 多个稳定渐近状态共存. 动力系统状态的临界转变现象一般来说有如下几类 (图 2.2).

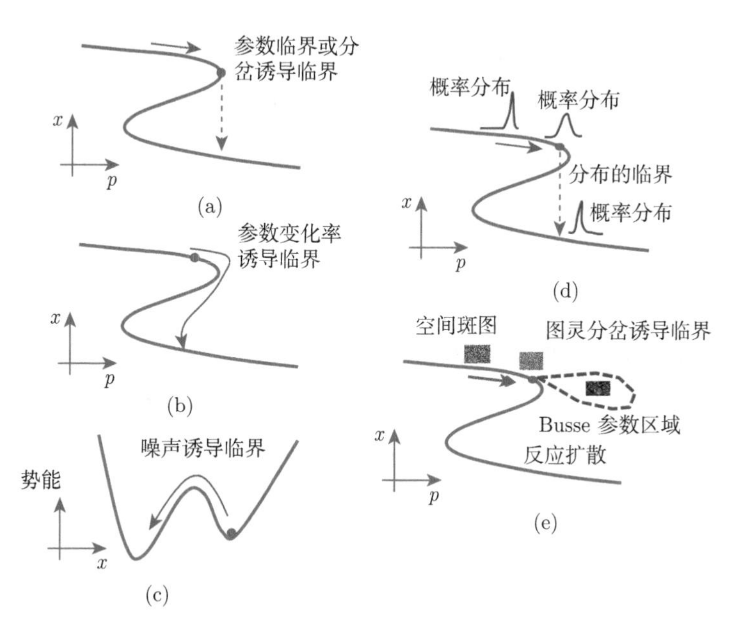

图 2.2 临界种类 (tipping types). (a) 参数临界或分岔诱导临界; (b) 参数变化率诱导临界; (c) 噪声诱导临界; (d) 分布的临界; (e) 图灵分岔诱导临界

分岔诱导临界 (bifurcation-induced tipping): 当某个参数缓慢变化并到达某个临界参数值 (critical parametric value) 或分岔参数值 (bifurcation parameter value) 时, 系统的分岔会发生, 从而导致状态的临界迁移. 这种临界现象发生时, 由于参数的变化是缓慢发生的, 因此可以跟踪系统的吸引子/稳定状态的变化. 例如, 如下的非自治动力系统

$$\frac{\mathrm{d}\boldsymbol{x}}{\mathrm{d}t} = f(\boldsymbol{x}, \boldsymbol{p}(t)), \tag{2.1}$$

其中 $\boldsymbol{x} \in \mathbb{R}^m$ 是状态变量, $\boldsymbol{p}(t) \in \mathbb{R}^s$ 是时变的参数, 时间变量 $t \in \mathbb{R}$, $f : \mathbb{R}^m \times \mathbb{R}^s \to \mathbb{R}^m$ 是光滑函数. 如果 $\boldsymbol{p}$ 是一个常向量, 我们把系统 (2.1) 称为具有参数 $\boldsymbol{p}$ 的参数化系统 (parametrized system), 其稳定解称为准静态吸引子 (quasi-static attractor). 如果 $\boldsymbol{p}(t)$ 缓慢变化并通过参数化系统的分岔点时, 平衡点 (equilibrium point) 失去稳定性, 系统就会由于改变该参数所导致的分岔而发生临界现象 (如图 2.2(a) 或图 2.3(a) 所示). 例如在第 1 章讨论的鞍结点分岔或霍普夫分岔就属于分岔诱导临界.

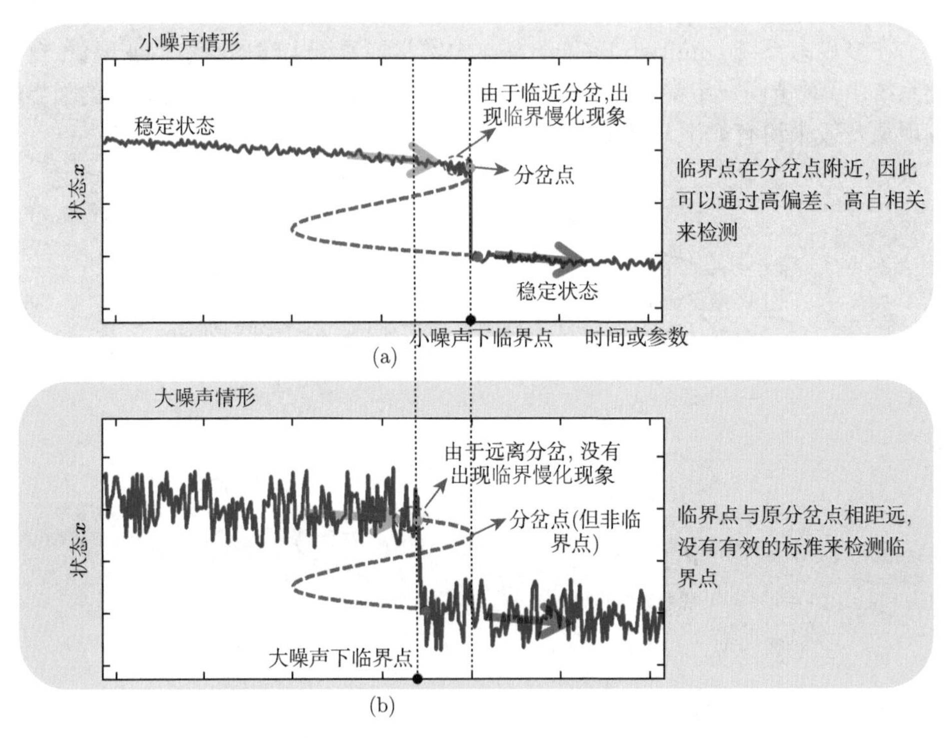

图 2.3　小噪声和大噪声的临界现象. (a) 小噪声时, 稳态失稳的分岔点就是临界点; (b) 当噪声强度变大时, 可能会使系统状态 (在到达确定性系统的分岔点之前) 提前越过稳定平衡点 (上方的蓝色实线) 的吸引子盆, 发生状态的迁移 (系统到达下方的蓝色实线的另一个稳定平衡点)

参数变化率诱导临界 (rate-induced tipping): 当参数的变化率开始变大, 并越过一个临界变化率 (critical rate) 时, 系统失去对其吸引子/稳定状态缓慢变化

的追踪而发生了临界转变, 这种临界现象的发生与分岔无关[44](如图 2.2(b)). 例如, 动力系统

$$\frac{\mathrm{d}\boldsymbol{x}}{\mathrm{d}t}=\boldsymbol{f}(\boldsymbol{x},P(rt)), \tag{2.2}$$

其中 $\boldsymbol{x}\in\mathbb{R}^m$ 是状态变量, C^1-光滑函数 $P:\mathbb{R}\to\mathbb{R}^s$ 代表了时变的外界输入, $r>0$ 是外界输入的变化率 (rate), $t\in\mathbb{R}$ 是时间变量, $\tau=rt$ 是外界输入 P 的时间间隔, $\boldsymbol{f}:\mathbb{R}^m\times\mathbb{R}^s\to\mathbb{R}^m$ 是光滑函数.

显然, 不论是调控 P 还是系统 (2.2) 的解都与变化率参数 r 有关. 当 r 趋近于 0 时, $P(rt)$ 随着 t 的增加慢慢变化. 当 $r=0$ 时, 非自治系统 (2.2) 退化成一个自治的参数化系统

$$\frac{\mathrm{d}\boldsymbol{x}}{\mathrm{d}t}=\boldsymbol{f}(\boldsymbol{x},p), \tag{2.3}$$

其中参数 $p=P(0)$. 当 r 改变时, 约定 $P(rt)=P(\tau)$ 有极限, 即

$$\lim_{\tau\to+\infty}P(\tau)=P^+,\quad \lim_{\tau\to-\infty}P(\tau)=P^-. \tag{2.4}$$

在外部输入 $P(\tau)$ 影响下, 考虑系统 (2.2) 的一个依赖于参数变化率 $r>0$ 的解 $\boldsymbol{x}^{[r]}$ 如何在不同 r 的影响下改变的.

注 2.1 当 $P(\tau)$ 符合 (2.4) 式时, $P(\tau)$ 称为是双渐近的 (bi-asymptotical), 并具有未来极限 P^+ 和过去极限 P^- [45].

当 $\tau\to\pm\infty$ 时, $\boldsymbol{f}(\boldsymbol{x},P(\tau))\to\boldsymbol{f}(\boldsymbol{x},P^{\pm})$, 即当 $\tau\to\pm\infty$ 时, 非自治系统 (2.2) 变成一个自治的未来极限系统

$$\frac{\mathrm{d}\boldsymbol{x}}{\mathrm{d}t}=\boldsymbol{f}(\boldsymbol{x},P^+), \tag{2.5}$$

或一个自治的过去极限系统

$$\frac{\mathrm{d}\boldsymbol{x}}{\mathrm{d}t}=\boldsymbol{f}(\boldsymbol{x},P^-). \tag{2.6}$$

当 τ 为有限值时, 通过作时间变换 $t=\dfrac{\tau}{r}$, 系统 (2.2) 仍为非自治系统

$$\frac{\mathrm{d}\boldsymbol{x}}{\mathrm{d}\tau}=\boldsymbol{F}(\boldsymbol{x},P(\tau)), \tag{2.7}$$

其中 $\boldsymbol{F}(\boldsymbol{x},P(\tau))=\dfrac{1}{r}\boldsymbol{f}(\boldsymbol{x},P(\tau))$. 我们做如下的约定:

- 记 $\boldsymbol{x}^{[r]}(\tau;\boldsymbol{x}_0,\tau_0)\in\mathbb{R}^m$ 为具有给定变化率 r 的非自治系统 (2.7) 的解, 该解在时间点 τ_0 时具有初始状态 $\boldsymbol{x}_0$. 下面在无歧义的情况下, 也把解简记为 $\boldsymbol{x}^{[r]}(\tau)$.

• 记 $\mathrm{trj}^{[r]}(\boldsymbol{x}_0,\tau_0)=\{\boldsymbol{x}^{[r]}(\tau;\boldsymbol{x}_0,\tau_0):\ \tau\geqslant\tau_0\}\subset\mathbb{R}^m$ 为从初始点 $(\boldsymbol{x}_0,\tau_0)$ 出发的轨道.

• 记 $\mathrm{path}_P=\overline{\{P(\tau):\ \tau\in\mathbb{R}\}}\subset\mathbb{R}^m$ 为基于外部输入 $P(\tau)$ 的参数路径, 其中 $\overline{S}$ 代表一个集合 S 的闭包.

• 记 $\mathrm{path}_{P,I}=\overline{\{P(\tau):\ \tau\in I\}}\subset\mathrm{path}_P$ 为给定外部输入 $P(\tau)$ 在给定时间间隔 $I\subset\mathbb{R}$ 上追踪到的参数路径, 显然 $\mathrm{path}_{P,\mathbb{R}}=\mathrm{path}_P$.

注 2.2 参数路径 path_P 和 $\mathrm{path}_{P,I}$ 与外部输入的变化率 r 无关.

定义 2.1 (稳定平衡点) 如果 $\boldsymbol{e}(p)$ 是自治系统 (2.3) 的一个平衡点, 且系统在该平衡点的雅可比矩阵 $D_x(f(\boldsymbol{e}(p),p))$ 的主特征值小于 0, 则称 $\boldsymbol{e}(p)$ 为一个稳定平衡点 (stable equilibrium point).

定义 2.2 (移动汇点) 如果 $\boldsymbol{e}(p)$ 是自治系统 (2.3) 的一个稳定平衡点, 其中参数 $p\in\mathrm{path}_{P,I}$, 则称非自治系统 (2.7) 的平衡点 $\boldsymbol{e}(P(\tau))$ 为一个在区间 I 上的移动汇点 (moving sink).

显然, 如果 $\boldsymbol{e}(P(\tau))$ 是非自治系统 (2.7) 在 $I_1=(\tau_0,+\infty)$ 上的移动汇点, 则 $\boldsymbol{e}^+=\boldsymbol{e}(P^+)$ 是未来极限系统 (2.5) 的稳定平衡点. 如果 $\boldsymbol{e}(P(\tau))$ 是非自治系统 (2.7) 在 $I_2=(-\infty,\tau_0)$ 上的移动汇点, 则 $\boldsymbol{e}^-=\boldsymbol{e}(P^-)$ 是过去极限系统 (2.6) 的稳定平衡点.

定义 2.3 (δ-追踪) 设 $\boldsymbol{e}(P(\tau))$ 是非自治系统 (2.7) 在某个区间 $I=(\tau_-,\tau_+)$ 上的移动汇点, 其中 $\tau_\pm$ 可以为 $\pm\infty$. 对任意的 $\delta>0$ 和 $r>0$, 如果系统的一个解 $\boldsymbol{x}^{[r]}(\tau)$ 对任意的 $\tau\in I$ 都有

$$||\boldsymbol{x}^{[r]}(\tau)-\boldsymbol{e}(P(\tau))||<\delta, \tag{2.8}$$

则称 $\boldsymbol{x}^{[r]}(\tau)$ 为 δ-追踪 $\boldsymbol{e}(P(\tau))$.

定义 2.4 (端点追踪) 设 $\boldsymbol{e}(P(\tau))$ 是非自治系统 (2.7) 在某个区间 $I=(\tau_-,+\infty)$ 上的移动汇点, 其中 τ_- 可以为 $-\infty$, $\lim\limits_{\tau\to+\infty}\boldsymbol{e}(P(\tau))=\boldsymbol{e}^+$. 如果系统的一个解 $\boldsymbol{x}^{[r]}(\tau)$ 在 I 上存在且满足

$$\lim_{\tau\to+\infty}\boldsymbol{x}^{[r]}(\tau)=\boldsymbol{e}^+, \tag{2.9}$$

则称 $\boldsymbol{x}^{[r]}(\tau)$ 为端点追踪 $\boldsymbol{e}(P(\tau))$.

注 2.3 与定义 2.4 类似, 可以定义的非自治系统在区间 $I=(-\infty,\tau_+)$ 上的端点追踪.

定义 2.5 (参数变化率诱导临界) 考虑一个带外部输入 $P(\tau)$ 的非自治系统 (2.7), 如果 $\boldsymbol{e}(P(\tau))$ 是其在区间 $I_1=(\tau_-,+\infty)$ 或 $I_2=(-\infty,\tau_+)$ 上的移动汇点, 且依赖于参数速率 r 的解 $\boldsymbol{x}^{[r]}(\tau)$ 满足:

(1) 当 $r<r_c$ 时, $\boldsymbol{x}^{[r]}(\tau)$ 端点追踪移动汇点 $\boldsymbol{e}(P(\tau))$;

(2) 当 $r > r_c$ 时, $\boldsymbol{x}^{[r]}(\tau)$ 失去对移动汇点 $\boldsymbol{e}(P(\tau))$ 的端点追踪,

则称 r_c 是系统 (2.7) 的临界参数变化率, 系统在该临界值处发生参数变化率诱导临界.

噪声诱导临界 (noise-induced tipping): 当一个动力系统受到较强随机波动 (噪声) 的扰动时, 随机波动导致系统越过一个稳定平衡点的吸引子盆 (attractor basin) 边界, 或波动导致系统偏离准静态吸引子的邻域 (如图 2.2(c)). 例如, 如下的随机动力系统

$$\begin{cases} \mathrm{d}\boldsymbol{x} = f(\boldsymbol{x}, p(t))\,\mathrm{d}t + g(\boldsymbol{x}, p(t))\,\mathrm{d}W_t, \\ \dfrac{\mathrm{d}p}{\mathrm{d}t} = h(t), \end{cases} \tag{2.10}$$

其中 W_t 代表布朗运动或有界随机游走 (如 $\mathrm{d}W_t$ 为有界随机噪声), $p = p(t)$ 是时变的参数, 正值函数 $g(\boldsymbol{x}, p)$ 控制了噪声强度. 当 $g(\boldsymbol{x}, p)$ 变大时, 可能会使系统 (在到达确定性系统的分岔点之前) 提前越过一个稳定平衡点的吸引子盆, 发生状态的迁移 (如图 2.2(c) 和图 2.3 所示).

分布的临界 (distribution tipping): 在高维系统中, 部分变量的动态统计指标发生变化, 如波动性和相关性显著升高, 导致系统的多维分布发生定性或显著的改变等 [46, 47].

图灵分岔诱导临界 (Turing bifurcation-induced tipping): 在均匀状态的空间不稳定性称为图灵不稳定性 (Turing instability) 或图灵分岔 (Turing bifurcation), 由计算机和人工智能之父艾伦 • 图灵在研究反应-扩散系统时发现并命名, 是空间斑图不稳定性的重要特征. 空间的图灵斑图形成被认为是许多复杂系统 (如生态系统) 的临界点[48](如图 2.2(e)), 它作为早期预警信号可以避免复杂的时空动力学系统的快速崩溃或规避灾难性临界转变.

我们从数学的角度描述了以上几种临界. 显然, 只要有数学模型, 我们就可以分析这些临界现象, 但对于许多复杂系统, 如生命系统、社会系统及金融系统等, 大多都没有精确的数学模型. 因此, 我们需要回答在没有具体数学模型而只有观察数据时, 是否可以实现临界状态的定量预警. 对于这个问题, 我们提出了动态网络标志物的理论和方法.

2.1.3 临界慢化

根据对自然现象中复杂动力系统的长时间观察, 研究者基于动力系统分岔理论提出了状态的 "**临界慢化**"(critical slowing down, CSD) 作为研究非线性动力系统状态临界变化的指标[48–50].

临界慢化是通过一维动力系统来进行描述的现象[51]. 在系统的状态受到扰动的情形下, 即考虑如下的一维动力系统:

$$\mathrm{d}x = f(x,p)\,\mathrm{d}t + \gamma\,\mathrm{d}W_t, \tag{2.11}$$

其中 x 是系统的状态, p 是系统的控制参数, $f(x,p)$ 是系统的确定性部分, 且 $f(x^*,p) = 0$ 对所有参数 p 成立 (即 x^* 是确定性系统的平衡点), γ 是噪声振幅, W_t 是 Wiener 过程或有界随机游走过程, 代表了外界对系统的随机驱动[51]. 当一个小扰动 ϵ 推动系统离开平衡点 x^* 时, 系统回到该平衡点的变化率大约等于 (2.11) 的线性化系统

$$\mathrm{d}\epsilon = \lambda(x^*,p)\epsilon\mathrm{d}t + \gamma\mathrm{d}W_t \tag{2.12}$$

在 x^* 处的主特征值[52]

$$f_x(x^*,p) = \lambda(x^*,p). \tag{2.13}$$

如果 x^* 是稳定的平衡点, 那么主特征值 $\lambda(x^*,p)$ 是负的. 这里, f_x 是在 (x^*,p) 时 f 对 x 的偏导数. 显然, 线性化系统 (2.12) 有如下的显示解[53]:

$$\epsilon_t = \epsilon_0 e^{\lambda(x^*,p)t} + \gamma\int_0^t e^{\lambda(x^*,p)(t-s)}\mathrm{d}W_s, \tag{2.14}$$

其中变量 s 在时间 0 到 t 之间积分, 显然当 $t=0$ 时, $\epsilon_t = \epsilon_0$. 因此, t 和 s 之间的 ϵ_t 自相关系数为 $\rho_\epsilon = e^{\lambda(x^*,p)|t-s|}$, 方差为 $\sigma_\epsilon^2 = \dfrac{\gamma^2(e^{2\lambda(x^*,p)t}-1)}{2\lambda(x^*,p)}$. 当时间 $t\to+\infty$ 时, 注意到主特征值 $\lambda(x^*,p)$ 是负值, 可以得到时滞为 1 的自相关系数 $\rho_\epsilon(1)$ 和方差 σ_ϵ^2 的近似表达[53], 分别为

$$\rho_\epsilon(1) = e^{\lambda(x^*,p)}, \tag{2.15}$$

$$\sigma_\epsilon^2 = -\frac{\gamma^2}{2\lambda(x^*,p)}. \tag{2.16}$$

显然, 当主特征值 $\lambda(x^*,p)$ 从负值趋向于 0 的时候, 即趋近于临界点, 自相关系数 $\rho_\epsilon(1)$ 和方差 σ_ϵ^2 都会显著增加. 这就是临界慢化现象的数学原理.

当所讨论的系统是参数受到扰动的情形, 即当系统 (2.11) 受随机性因素影响 (区别于上述的状态受到扰动的系统) 时, 可以通过假设系统 $\mathrm{d}x = f(x,p)$ 的参数 p 是均值为 p^* 且服从高斯分布的随机参数来对此近似描述. 如果对于参数 p^*, 存在平衡点 x^*, 即 $f(x^*,p^*)=0$, 那么系统在平衡点 x^* 附近受小扰动影响的演化可以通过如下的线性化系统来近似[54]:

$$\mathrm{d}x = f_x(x^*,p^*)(x-x^*)\mathrm{d}t + f_p(x^*,p^*)(p-p^*)\mathrm{d}t, \tag{2.17}$$

让 $\epsilon = x - x^*$, $z = p - p^*$, 其中 z 是一个具有均值为 0、标准差 (也称标准偏差) 为 γ 的高斯随机变量, 则系统 (2.17) 可以写为

$$\mathrm{d}\epsilon = \lambda(x^*,p^*)\epsilon\,\mathrm{d}t + f_p(x^*,p^*)\gamma\,\mathrm{d}W_t, \tag{2.18}$$

其中 $f_x(x^*,p^*)=\lambda(x^*,p^*)$ 是系统在参数 p^* 下的特征值, $f_p(x^*,p^*)$ 是 f 对随机参数 p 的偏导, W_t 为 Wiener 过程等. 在这种情形下, 随机扰动对系统状态的影响就取决于

$$f_p(x^*,p^*)=\left.\frac{\partial f}{\partial p}\right|_{(x^*,p^*)}, \tag{2.19}$$

该项也反映了系统对于参数 p 变化的敏感性. 和上面的讨论类似, 时滞为 1 的自相关系数 $\rho_\epsilon(1)$ 具有如 (2.15) 的形式. 方差 σ_ϵ^2 与 $f_p(x^*,p^*)$ 有关, 形式为

$$\sigma_\epsilon^2=-\frac{\gamma^2 f_p^2(x^*,p^*)}{2\lambda(x^*,p^*)}. \tag{2.20}$$

显然, 由于 $f_p(x^*,p^*)$ 可能发生变化, 则随着系统接近分岔时, 方差的变化会被参数的变化 $f_p(x^*,p^*)$ 所调控. 相比之下, 自相关仍然仅取决于主特征值 $\lambda(x^*,p^*)$.

基于上面的讨论可以看出, 随着时间的推移, 当系统趋近于临界点的时候 (例如上述讨论中当主特征值 λ 从负值趋向于 0 的时候), 存在一个临界状态, 处于该状态时系统对外界的扰动变得敏感, 系统偏离平衡点后再次回到平衡点的能力变得很弱, 且再次回到平衡点所需要的时间也变得很长[49,50]. 在这样的临界慢化现象出现以后, 系统状态的涨落幅度急剧升高, 其状态将在短时间内发生改变的趋势就变得明显. 特别是当 λ 从负到零再到正时, 其势能函数 $\phi(\epsilon)=-\lambda\epsilon^2/2$ 在 (x^*,p^*) 从极小变到鞍点再到极大, 致使原稳态失稳而发生状态转移.

2.1.4 生物医学中的临界现象和“未病”状态

近年来, 生命科学研究的快速发展产生了大量的生物医学分子及影像数据, 基于这些高通量数据, 国内外研究者针对各类复杂疾病和生物过程中的临界状态展开了研究. 在医学上, 观察到了人体和其他生物系统自发性和系统性的状态变化, 例如哮喘等突发性疾病的发作[55,56]. 进一步地, 研究者发现了: 癫痫发作前的临界状态, 并引入临界慢化现象作为预警癫痫发作的生物标志物[57]; 负面情绪的不断产生和淤积导致的重度抑郁症的心理状态临界变化现象[58]; 在应用激素类药物治疗前列腺癌的过程中肿瘤细胞产生获得性抗药性的临界现象, 并提出了间歇性激素治疗的供药策略[59,60]; 在高维流行病动力系统中存在的临界现象, 并指出在麻疹等季节性传染病传播过程中, 有可能通过临界慢化现象进行传染病暴发的监测[61].

然而, 在生物体中的各种生物过程都是由大量分子相互协作与调控所完成的, 要建立符合生物过程临界现象的数学描述必须考虑高维变量的情形. 另外, 根据现有生命科学的对照式研究方法 (例如生物标志物基因的差异表达), 两个稳定状态之间的差距很容易被发现并量化, 图 2.1 以疾病发展过程为例显示了“正常状

态”与“疾病状态”这两个稳定状态之间具有较大的状态差异, 可以用生物标志物的差异表达来区分. 然而, 系统的临界状态实际是第一个稳定状态的极限, 如图 2.1 中的“临界窗口期”, 处于该窗口期时, 或疾病“未病”状态, 系统的状态变量没有显著的变化, 所以基于现行的对照式研究的分子标志物不能有效地区分出临界状态. 为了探测系统临界状态的预警信号, 需要我们根据处于该状态的生物系统特征, 发展新的研究方法来探测与量化临界状态的预警信号.

随着相关学科的进步, 近年来快速发展的组学技术, 特别是高通量测序技术使得研究者可以在一个时间点处同时观测成千上万的分子变量 (基因、蛋白质、小分子代谢物等). 这样的高维数据不仅给研究者提供了一个复杂生物系统在采样时刻的全面描述, 更重要的是, 这样的高维信息中既包含了宝贵的动态累积信息[62], 如一个上万维基因表达的向量不仅全面展示了生物体瞬时的状态, 也包含了在过去一段时间内机体功能的动态调控与合成各类产物的情况, 从而反映了生物体在这段时间的生命状况. 然而, 生命科学研究中的各类高通量数据, 包括基因组学、蛋白质组学、代谢物组学和转录组学等常用数据都有如下的几个特点. 第一, 高维数, 已知的人类基因就有 2 万多个, 蛋白质 5 万多种, 以及数十万的代谢物与脂质小分子等. 第二, 噪声干扰, 由于受到测量误差和批次效应等影响, 组学数据包含噪声信息. 第三, 短时间序列和小样本, 生物数据 (特别是临床数据) 通常由于成本或数据采集限制, 仅能为研究者提供小样本信息. 特别地, 由于生物系统本身的非线性性和时变性等特性, 短时间序列比长时间序列能更准确地反映各种生物过程的动态变化. 第四, 动态网络特性, 参与生化反应过程的基因和蛋白质等分子都在系统内部彼此调控和影响, 这种分子关联关系会随着生物过程的发展而不断变化, 因此变量间的动态关联关系尤其重要. 如何有效利用这些数据的特点是建立数学生命科学理论和开发计算方法的挑战: 系统过高的维数和分子间庞杂的动态关联关系增加了构建模型的难度, 这需要研究者根据具体生物过程准确地挑选主要变量和主要参数; 普遍存在的噪声干扰不仅会使信号模糊, 而且增加了理论与算法验证的困难; 短时间序列和小样本问题使得在其他领域普遍使用的传统方法失效, 如过少的样本会在训练神经网络时遇到过拟合的问题. 因此, 只有针对生物数据的这些数据特点开发符合系统生物学规律的分析理论与计算方法, 从繁杂的数据中挖掘出有效的生物分子关联信息, 从而基于高维关联信息对关键生物分子的表达进行预测, 才能准确探测当生物系统处于临界状态时的预警信号. 显然, 为了达到这个目的, 需要应用动力系统分岔理论、统计学方法和人工神经网络技术、分子信号通路与基因调控网络等手段来进行研究.

综上所述, 基于细胞命运决策、信号传导和凋亡等基本生命过程的分子机制, 构建准确刻画生物系统临界状态的定性分析方法, 并进一步基于高通量生物分子数据发展能够挖掘系统状态临界变化预警信号的定量计算方法, 不仅是数学生命科学中的重要课题, 对促进数学、生命科学和计算科学的融合与发展具有重要的作用, 而且为分析诸如肿瘤细胞的增殖与远端转移、细胞分化与激活等非线性生物过程提供计算手段与数值验证方法, 为癌症和糖尿病等复杂疾病的预警及早期诊断提供量化依据.

2.2 动态网络标志物及临界预警

2.2.1 疾病发展过程的三个状态

随着现代社会环境变化或污染、人口的增加及生活节奏的不断加快, 人们的压力日渐增大, 许多人在压力下形成了不良的生活习惯. 在这种情况下, 患上各种复杂疾病 (癌症、糖尿病、心脑血管疾病等) 的人数增多, 例如患肺部恶性肿瘤和患糖尿病等疾病的人数不断上升. 在这些复杂疾病中, 有一部分疾病的病情发展相对平缓, 如慢性炎症, 这类疾病通常可以通过药物干涉和保健手段得到一定的控制; 但很多疾病却具有突然恶化的现象, 例如肝癌, 其病情恶化很快, 发病之前一般没有什么不适, 而一旦出现了症状去医院就诊, 往往患者已属于中晚期, 发病后生存时间也已不多. 这一类具有病情突然恶化现象的疾病都有一个很相似的特点, 即在病程变化中存在一个 "临界点" 或关键节点, 在该临界点到来之前, 病情不是特别的明显, 这往往使得患者忽视了病情, 耽误了治疗的最佳时机; 而在临界点之后, 病情就不是平缓地发展, 而是在很短的时间内从稳定期突然恶化而成为重病期. 正是这个原因, 对这类疾病的确诊常常不及时, 使得在重病期的治疗难度大、疗效差, 发病后生存时间短, 因此具有很大的危害性. 如何只基于观测数据及时地预警这类复杂疾病, 关键在于找到疾病恶化前的预警特征或信号, 预警 "临界点" 和突然恶化现象发生, 这已经成为生物理论和临床医学研究上的一个热点问题.

如图 2.1 所示, 一般来说, 第一个阶段 "正常状态" (normal state) 代表生物系统处于相对健康阶段. 第二个阶段 "前疾病状态" (pre-disease state) 是疾病恶化的 "临界点" 到达之前的一个临界状态. 在该阶段适当的治疗可以使疾病重新恢复到正常状态, 故可视为一个可逆 (reversible) 阶段. 但当疾病的进展一旦越过临界点迅速到达第三个阶段 "疾病状态" (disease state) 时, 治疗的难度非常大, 很难再使病情回到相对正常状态, 故称为非可逆 (irreversible) 阶段. 因此, 前疾病状态的期间是关键时间节点, 驱动前疾病状态的分子是关键因子, 它们的调控网络也是导致疾病快速恶化的关键网络. 前疾病状态也可称为 "未病" 状态. 显然, 在疾病发生发展中, 前疾病状态的早期预警和诊断尤为重要, 这是很多疾病患者病情得到有效控制的最后机会. 然而, 与疾病状态不同, 正常状态与前疾病状态并无明显不同, 现在的基于差异的标志物和方法 (对照式研究) 可能失效, 所以, 对很多复杂疾病来说, 早期预警或诊断前疾病状态是一个非常困难的问题, 现在还无有效的方法. 但日趋成熟的高通量生物大数据为全面了解生物过程及其异常机制提供了一个宝贵的契机. 我们可以更广泛地开展对复杂疾病的病理过程的研究, 特别是通过开发基于生物大数据的新理论和新方法, 识别复杂疾病病变过程的预警信号 (即关键时间节点或前疾病状态), 确定表征疾病发展的关键因子, 提取关键网络. 这不仅可以阐明复杂疾病发生发展的分子机理, 还将有助于抗击复杂疾病, 并为预防、诊断、治疗复杂疾病提供新方法和潜在药靶. 事实上, 不仅仅是复杂疾病过程, 在许多生物过程中, 如细胞分化、细胞增殖和疾病的进展等过程都涉及状态转化, 即系统状态的急剧改变或定性变化. 脂肪细胞分化就是这样一个过程. 一个多能干细胞在成为"前脂肪细胞"以前都保持着分化为多种细胞的潜力, 一旦成为前脂肪细胞后就进行急剧的克隆扩增及随后的终端分化, 从而产生成熟的脂肪细胞. 疾病进展过程也是如此, 系统逐渐从一个正常状态转化到前疾病状态, 然后病情进一步恶化, 急剧发展为疾病早期状态或疾病状态[41,63]. 一般来说, 当我们把疾病的发生发展看作一个动力系统演化时, 临界点就可以定义为分岔点, 这种急剧的变化从数学的观点来看可以描述为系统状态的分岔现象. 因此, 如何由小样本检测到关键节点 (临界状态) 及其关键因子在生物和医学领域具有非常重要的科学意义.

现代医学和生物学的研究成果表明, 在生物体的各个器官内, 是各个功能模块或生物分子的动态协同作用共同决定了器官的功能和状态, 因此, 我们可把复杂疾病的发展和恶性转化过程看作一个高维动力系统的时间演化动态过程, 把影响疾病的外在因素视为动力系统中的参数, 把参与疾病演化的分子浓度当作系统中的状态变量, 于是疾病的突然恶化现象就对应了系统状态的分岔现象 (图 2.4). 病程中的关键节点对应着动力系统中参数的分岔点或临界点, 特别是疾病恶性转化的前期可看作动力系统的临界状态. 要获得恶性转化的早期预警信号就成为如何界定"临界点"、如何探测和识别恶性转化早期的生物信号、如何确定复杂动态动力系统是否处于临界状态的问题. 疾病的发展可划分为以下三个状态 [35,41].

(1) 正常状态, 该状态描述了生物系统相对正常的阶段或病情较疾病期轻微的缓慢变化阶段, 包括疾病的潜伏阶段、癌变前的慢性炎症阶段或病情得到有效控制而处于相对健康的阶段, 这是一个较为稳定的状态, 具有很强的反弹性 (resilience) 或内稳性 (homeostasis).

(2) 前疾病状态, 当系统处于正常状态时, 如果持续受到外界刺激或内部某些因素的驱动, 那么系统就进入前疾病状态或"未病"状态, 该状态是疾病恶化的临界点到达之前的一个临界阶段 (实际上是正常状态的一个极限状态). 处于该阶段的系统状态对外界的扰动非常敏感, 反弹性弱或内稳性弱, 适当的治疗可以使疾病重新回到相对正常期, 但如果没有及时的治疗, 生物系统就很容易越过临界点到达疾病阶段.

(3) 疾病状态, 该状态代表生物系统已经越过临界点恶化进入了重病期, 如慢性炎症已经恶性转化成为癌症. 系统再次处于一个稳定状态. 一般来说, 当疾病到达这一阶段时, 治疗的难度非常大, 很难再使病情回到相对正常状态.

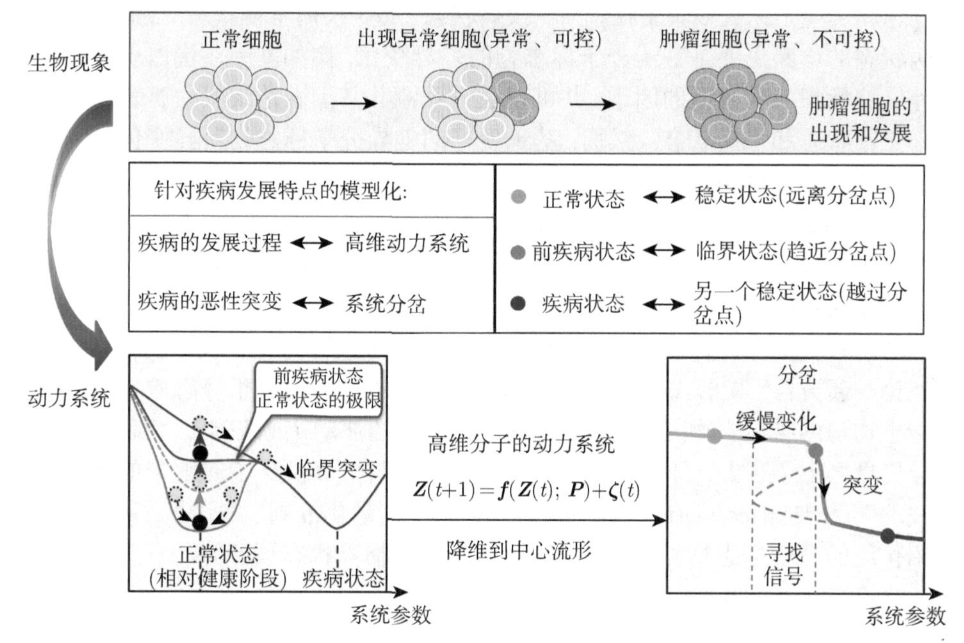

图 2.4 生物系统发生状态临界变化的示意图. 复杂生物的发展过程可以看作一个高维动力系统随时间演化的动态过程, 疾病在短时间内的恶性转化被看作该动力系统在某个临界参数值处发生的分岔行为. 于是, 正常状态就对应了系统远离分岔点的稳定状态, 前疾病状态对应着系统趋近于分岔点的临界状态, 疾病状态对应了系统发生分岔 (如鞍结点分岔) 以后进入的另一个稳定状态. 这样一来, 在临界点或分岔点前, 就可以在一个低维中心流形上分析系统发生分岔的动力学行为

正是由于很多复杂疾病发展和恶化的动态特性, 对前疾病状态的早期预警和诊断尤为重要, 这是很多患者病情得到有效控制的重要机会[64]. 然而, 对前疾病状态的预警有很多的困难. 第一方面的困难是, 前疾病状态对应着系统参数接近而未到达临界点的状态, 这个时候, 系统并没有发生相变, 因此与正常状态相比, 系统的状态并没有明显地改变. 所以, 要准确预警恶性转化前的临界状态是一个很困难的非线性问题. 第二方面的困难来自于复杂疾病或复杂生物系统的本身, 因为很多复杂疾病都是基因水平、转录物水平、蛋白质水平等的众多因素综合作用的结果, 因此, 尽管人们对这些复杂疾病的研究已经取得了一些进展, 但是至今还没有对复杂疾病构建起准确可靠的动态模型来刻画和研究恶性转化的现象. 第三方面的困难是来自数据的采集方面, 对生态系统、金融系统等的研究可以长时间、

高密度地采样, 但是这种数据采集方式对研究复杂疾病过程很难做到, 因为人们不会在身体感到真正不适之前频繁地去医院检查 (个体小样本). 正是基于这几方面的问题, 对复杂疾病恶性转化的早期预警或 "前疾病状态" 的诊断是一个只能基于小样本数据来实现的复杂非线性问题. 这样的问题十分难以解决, 因此以往的理论和实验工作大多集中在针对 "疾病状态" 或 "疾病早期状态" 的研究上. 对疾病状态的诊断主要是基于分子标志物的差异变化, 例如基因、蛋白质和代谢分子等能够标识疾病表型的因子, 并可以通过观测其基因表达或蛋白质表达差异等区分正常状态和疾病状态. 然而, 基于现行的差异分子标志物差异变化预测和诊断方法在预警前疾病状态时可能失效或无能为力, 这是由于前疾病状态仅仅是相对正常状态的一个极限阶段, 一般来说它们之间状态差异小, 在表达量差异等水平上很难区分出前疾病状态和正常状态. 因此, 需要从现行的静态对照式研究走向动态过程式研究.

动态网络标志物就是在这个背景下被开发出来预警前疾病状态或临界状态的新理论与新方法, 其形式与工作原理都显著不同于传统的基于静态差异信息的分子标志物与网络标志物, 而是建立在分子标志物的波动 (或涨落)、关联等的动态差异信息之上 (图 2.5), 即不同于状态的 "临界慢化" 现象, 而是变量的 "临界协同波动" (critical collective fluctuation, CCF) 的量化准则. 在这里, 我们先简要介绍传统的分子标志物与网络标志物, 然后建立临界状态预警的动态网络标志物 (dynamic network biomarker, DNB).

2.2.2 分子标志物

基因、核糖核酸 (ribonucleic acid, RNA)、蛋白质和代谢分子都是生物分子, 它们是基本实体, 在细胞中互相影响来实现不同的生物功能, 是 (2.1) 式中的状态变量 x. 随着高通量技术在分子水平的迅速发展, 产生了大量的基因组学、蛋白质组学、代谢组学数据, 被用于解决生物医药科学中有挑战性的问题, 并为疾病的研究提供了新的方法, 通过系统生物学的方式找出表型特性, 以达到做出先期诊断及发展针对性药物等目的. 分子标志物 (molecular biomarker) 是对生物稳态的量化的分子度量, 是可以定量表征疾病状态与正常状态差异的分子 (图 2.5), 即 (2.1) 式中 x 的一部分, 也可以作为治疗或药物靶点, 例如, PSA, kallikrein-3 被用作有效的分子标志物来常规地区分前列腺炎和癌症. 另一个关于分子标志物的例子是 ERBB2, 这是一种表皮生长因子, 研究者发现 ERBB2 的表达量与乳腺癌的侵袭性恶性表型有很强的联系, 因此被用作检测乳腺癌的分子标志物. 基于疾病状态与正常状态明显不同的分子特征, 分子标志物通常用来指出一种特殊疾病状态或表型, 这也是通过分子标志物对疾病状态进行诊断的基础. 通常来说, 发现新的分子标志物是基于其共同性质, 即分子标志物的表达要显示出疾病状态与正常状态间明显的差异, 这使得研究正常状态和疾病状态分子表达的分类方法与比较方法成为寻找新的分子标志物的一种重要的手段[65]. 通过这样的手段获得的分子标志物, 其表达应当能清楚地反映出某种复杂疾病在疾病状态的表型或病情的严重程度, 即分子标志物在疾病状态下的表达应当显著高于或低于其在正常状态下的表达. 另外, 根据临床应用的观点, 针对某种特殊疾病的分子标志物的数量应该尽可能少, 以方便观测和应用. 另一种重要特征是分子标志物具有高度的针对性, 即对每种复杂疾病有特定的反映其疾病状态的不同的分子标志物, 因为在疾病样本的筛选过程中保持高度特异性或低假阳性率是首要的目标.

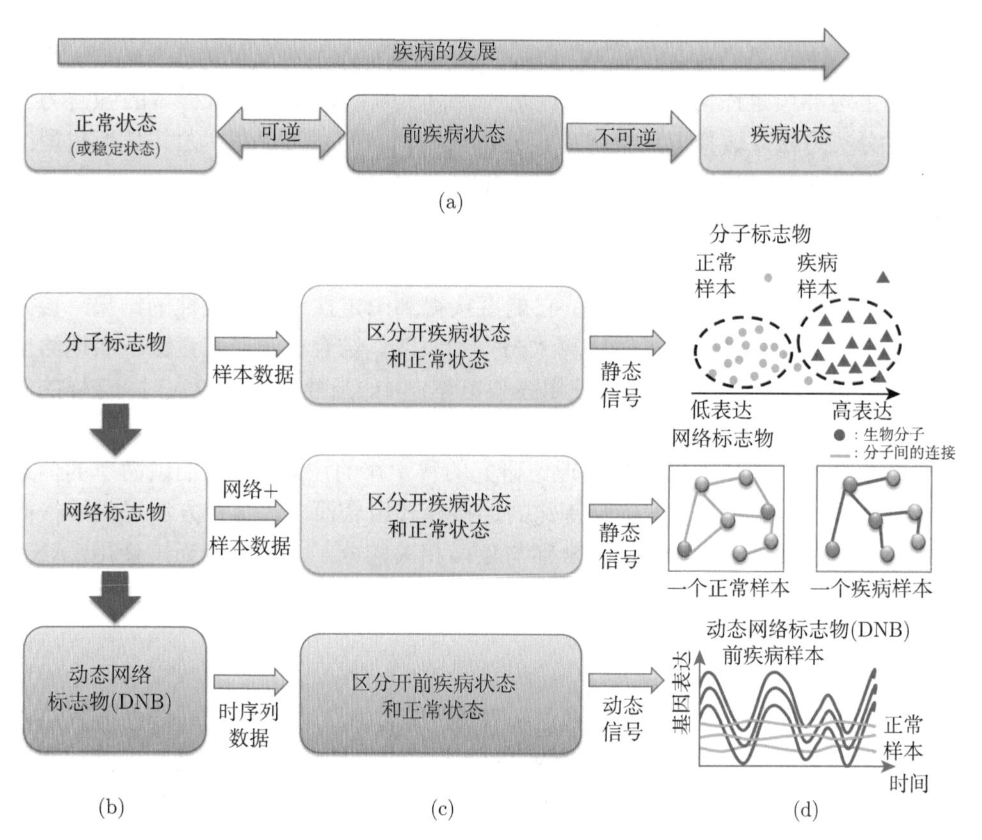

图 2.5 三种形式的生物标志物. (a) 复杂疾病发展的三个阶段分别经历了正常状态、前疾病状态和疾病状态. (b) 基于分子表达量的分子标志物, 基于网络中关系的网络标志物和基于网络中关系的动态特性的动态网络标志物是常见的三种生物标志物的形式. (c) 分子标志物和网络标志物能够探测静态差异信号 (静态对照研究方式), 该信号主要用于确定疾病状态. DNB 探测动态或协同波动的信号 (动态过程研究方式), 该信号可以确定疾病突变前的临界状态 (前疾病状态). (d) 展示了三种生物标志物各自的特征

由于生物标志物是疾病的特异性诊断和可靠预测的关键指标, 它们在临床上

帮助疗程的安排和病情的监控. 针对生物标志物, 每年都有大量的文章发表, 这些工作的目的是在实验和计算方面识别新的生物标志物, 讨论生物标志物的可靠性和有效性等. 识别分子标志物主要采用静态对照分析方式 (case/control study), 主要任务是找到若干可观测分子, 其表达能清楚地区分疾病样本和正常样本, 或者能够准确判断疾病样本和正常样本的界限. 我们在此列出几种寻找新的分子标志物的常用分类方法. 其中, ①多元逻辑回归分析法是一种识别重要候选分子标志物的经典方法, 该方法是通过逻辑回归去判定边界. 但是, 其判断结果高度依赖样本的分布, 即样本分布应当服从多维正态分布, 这限制了其进一步的临床应用. ②分类和回归树 (classification and regression tree, CART) 同样适用于检测分子标志物. CART 是一种由已知数据通过训练得到样本的分类的方法, 该方法不需要为判定边界假定任何特殊形式, 这是一种区分疾病样本和正常样本的强有力的非线性分类方法. 这种方法受限于构建回归树时计算的复杂性, 尤其是当树型结构中有大量的节点时计算复杂度较高. 另外, 由于 CART 主要基于局部性的算法, 例如贪婪算法, 在每一节点做一次局部最优决策, 这不能保证得到全局最优决策树与最好的分类. ③投票板块法使用起来非常简单, 通过分别对检测样本和对照样本的每一组临床数值取截断值, 它能直接得到确定性或非确定性的结果. 该方法由单独的分子通过混合逻辑运算"与"和"或"结合在一起来直截了当地给出样本的分类. 但是, 如果频繁地使用投票方案, 例如当抽样比例较大时, 这样的分类是不准确的. ④作为非线性建模工具, 人工神经网络 (artificial neural network, ANN) 同样吸引了从临床诊断到理论研究的科学家的注意力. 它们由简单的信息加工元素——人造神经元, 按照特殊的连接模式组合而成. 这种方法提供了按照分子重要性排序的手段, 并以此辨别与疾病相关的分子. 通过恰当地使用, ANN 能够用来处理庞大的数据集. 但是分类过程不是很直接并且计算的稳定性高度依赖于适当选择的数据学习方法. ⑤机器学习方法, 例如支持向量机 (support vector machine, SVM) 被广泛地应用于工程领域. 这是一种最近在生物医学应用中被广泛用来寻找分子标志物的方法, 通过在高维空间中用一些选定的非线性方程将疾病样本从正常样本中分离出来. SVM 的最大的瓶颈是参数调整, 这在训练过程中是至关重要的. ⑥遗传算法 (genetic algorithm, GA) 集合使用了随机搜索算法、优化算法等, 这也是一种寻找新的分子标志物的强有力的工具.

2.2.3 网络标志物

虽然分子是细胞结构的基本组成部分, 但是一种复杂疾病不是由单个生物分子的异常或者机能障碍引起, 而是由一组相关的生物分子或分子网络的相互作用引起的疾病. 所以一种复杂疾病不是单分子或单因素造成的疾病, 而是一个多分子或因素的系统或网络的疾病. 事实上, 大量研究表明, 基于传统生物学概念的单分子标志物对复杂疾病, 如肿瘤的检测、治疗并不适合. 美国癌症基因组地图 (the cancer genome atlas, TCGA) 数据库对约 1000 例乳腺癌的多组学数据分析表明, 在单分子级别, 只有 3 个基因的突变能在大于 5% 的患者中检测到. 因此, 开发全新概念的标志物, 对复杂疾病进行有效早期检测和个性化的分型治疗是亟待解决的问题. 疾病是细胞或组织对它们生存的微环境反应的结果, 这样的反应通常不受单个生物分子的影响, 而是受到许多信号通路和生物分子网络的复杂的相互作用影响. 在过去的几年中, 技术的迅速发展使我们可以获得在全基因组规模内的基因 (或蛋白质) 表达和其他多层次的高维数据, 也就是说, 在每个样本中, 有超过数千个的观测量, 包括单核苷酸多态性 (single nucleotide polymorphism, SNP) (基因组) 、基因表达 (转录组) 、质谱 (蛋白质组) 和在不同水平的小分子 (代谢组) 数据. 这种高通量数据的获得已经带动了很多综合性的研究, 包括通过描述复杂的现象来研究基本设计原则, 通过研究单个组件来理解生物分子系统的功能模块或网络, 如细胞、组织、器官, 甚至是整个机体. 因此, 为了更好地对某种疾病状况进行诊断, 研究人员提出了对相互作用的分子的组合进行研究, 或者对参与某个生物通路的分子群体进行研究, 以深入了解多个分子之间复杂的相互作用和信号传导途径. 从网络的角度来看, 一组相互作用的分子具有相似的行为, 即网络标志物 (network biomarker) 或模块标志物为研究者提供了一种定量并且较稳定的形式来表示和刻画生物表型或疾病的严重程度[66,67], 这与个体分子标志物形成对比 (图 2.5). 网络标志物启发了网络层次系统药物的发展.

不同于分子标志物或分子群标志物, 网络标志物是一群分子间的关系 (网络的边) 构成的标志物. 注意, 一群分子或节点不能对应于一个网络, 而一群分子间关系或一群边唯一地对应于一个网络. 网络标志物在 2008 年作为分子群或网络模块被提出来, 而 2016 年作为现在的网络标志物首次被提出来[66], 它拥有比单一或一群分子标志物更灵敏、更稳定的疾病识别效果. 虽然类似的概念如“子网络标志物”在 2007 年甚至更早的时候就提出来了, 但本质上仍然是一群分子标志物的概念. 网络标志物的概念是随着基因组高通量技术的发展和对分子表达谱的系统化和多维化的研究而建立起来的. 具体而言, 如微阵列和质谱分析等技术, 可以同时筛选整个人类基因组的 RNA 转录物或蛋白质. 在高通量数据迅速积累的基础上, 研究人员已经为很多疾病建立了蛋白质相互作用网络 (protein-protein interaction network, PPI 网络), 这样的调控网络在对疾病的双向调节方面和信号通路方面的研究发挥了核心作用, 从而在包括生物知识和拓扑结构的知识体系中, 提供了一种新的视角对疾病的样本进行准确和可靠的分类. 因此, 网络标志物的发展主要基于可用的分子网络及其信号通路. 例如, 通过把相关的蛋白质网络应用到心血管疾病中, 研究者[68] 确定了一些分子, 它们通过一组置信度高的相互作用的蛋白质组成了一个网络, 与之前不考虑生物单分子组成的网络分子间的相互作用相比, 这组蛋白质可以更准确地对两组患者进行划分. 事实上, 正是这组蛋白质相互作用子网络中的某些分子, 在特定条件下会被激活, 从而可以指明相应的疾病导致的功能失调的过程. 因此, 有一些关键的子网络, 它们跟某些疾病的蛋白质的相互作用引起的功能失调的途径有关, 这种子网络也称为网络标志物, 它能够以一种更准确的方式来区分疾病状态.

寻找可靠的网络标志物的任务依赖于高质量的分子间相互作用的信息, 同时特殊疾病及控制样本也依赖于可用的表达数据. 研究者提出一种活性模块的概念, 它们是 PPI 网络中由彼此连接的生物分子构成的子网络, 并且在特定的实验条件下, mRNA 表达 (或其他表达) 中的基因表现出显著的相关性变化, 整个模块出现"活性化", 因而能被用作生物标志物. 这样, 整个网络分解为主动模块, 不仅降低了网络的复杂性, 也有助于发现信号通路[69]. 基于一个开源软件 Cytoscape[70], 这种概念被开发成许多工具并广泛应用于研究蛋白质–蛋白质、蛋白质-DNA 和基因之间的相互作用中, 这对研究人类和模式生物的相互作用网络越来越有帮助. 根据这些工具, 研究者提出了一些有效的方法来检测分子相互作用网络的活动模块. 与高通量采样的优势相结合, 许多研究工作表明网络标志物是复杂疾病临床试验和临床检测的非常有应用价值的标志物. 事实上, 许多有效的网络标志物被用来检测复杂疾病, 如乳腺癌[71,72] 和胃癌[73]. 不同于传统的对生物分子表达聚类或分类的方法, 以网络为基础的分析可以识别没有差异表达的生物分子. 具体地说, 如果某些分子的差异表达较小, 通过传统的分子显著差异表达比较方法不会注意到该分子, 然而, 如果这些分子参与的一个重要模块或其调控关系发生显著差异变化或在疾病或异常阶段显示出独特的表型 (如活性化或结构高度异化等), 那么对这个子网络整体来说, 为了保持模块功能的完整性, 加入这些非差异表达分子是重要而且必要的. 在这个意义上, 发现低或非差异表达但是参与重要模块的生物分子对致病基因的发现是非常重要的, 因为疾病表型的改变不是被几个显著差异表达的分子所驱动, 而更可能是由整个组成功能模块或子网络的分子群体所共同调节而导致, 这是组成网络标志物的分子的集体行为的体现. 最近, 基于网络研究疾病的标志物受到越来越多的关注, 研究者发展了很多方法来研究信号通路、功能模块、调控网络及它们在诊断疾病状态时的作用. 例如, 上述基于活化子网络的识别就是一种通过现有的 PPI 网络寻找网络标志物的方法[69]. 这种活化的子网络, 是整个网络中某个彼此间密切联系的部分, 在疾病状态下, 该部分会显示出显著的功能和结构上的变化, 并指示疾病的发生. 这样以系统的方式对疾病样本进行分类更加稳定, 从而可以帮助研究者达到准确诊断疾病状态的目的.

最近对基因组测序的研究以及全基因组关联性的研究 (genome-wide association studies, GWAS) 已经大大扩充了对基因组序列和疾病之间关系的认知, 这使研究者能够整合基因序列数据, 以发现新的网络标志物或与疾病发生、发展相关的功能模块. 一个例子是研究 SNP 与疾病的关联. 这种研究趋势得到了迅速的发展, 受到了很多的关注, 这是因为它们开展了相关测试、建立信号通路和全基因组关联的基因导向分析这些方面的研究. 在多个 SNP 位点的水平下分析 GWAS, 使在一个信号通路中对许多突变点的累积效应进行检测成为可能, 这种方式将进一步确定疾病的易感性检测和生物标志物的筛选. 通过在多个 SNP 位点下的基因型进行相关性测试, 便于对其他 GWAS 扫描的结果进行比较分析, 研究者可以准确地评价由一组基因联合起来的网络标志物. 基于信号通路中的关联方式, 一些研究者确定了最显著的基因组和与疾病有关的信号通路, 这是在 GWAS 研究中提出使用通路信息的首批研究之一[74]. 这种基于通路的关联方式不仅拓宽了 GWAS 研究和在复杂疾病中的应用, 也提供了一种新的方式来寻找分子网络和可以标识疾病状态的细胞通路. 实际上, 利用 GWAS 和不同人群的表达数量性状位点 (expression quantitative trait loci, eQTL) 数据, 由孟德尔随机化可建立分子与表型的因果关系网络, 使用大规模基因组测序数据, 这种基于通路的分析也可以产生多种途径和算法来识别复杂疾病的网络标志物. 此外, 研究者提出了多种高效的算法识别癌症的突变信号通路, 以帮助检测出全基因组规模的调控网络中的突变区. 这种以信号通路为基础的深入分析能够有效地从高通量数据中找出与疾病相关的生物网络和功能模块.

2.2.4 离散时间的动力系统及其分岔

在生物医学研究中, 由于成本和客观条件的限制, 大都采用离散式采样, 如每隔几个小时/天/周进行一次采样. 这就要求我们应该针对离散时间的动力系统建模和进行理论分析. 值得注意的是, 由微分方程描述的大多数系统通常可以离散化 (例如使用 Euler 格式和庞加莱截面等方法). 因此, 在本节的理论分析中, 我们主要关注离散时间动力系统. 一般来说, 离散时间动力系统可以表示为如下的形式:

$$\boldsymbol{Z}(k+1) = \boldsymbol{f}(\boldsymbol{Z}(k)), \tag{2.21}$$

其中 $k \in \mathbb{Z}$ 代表离散的时间, $\boldsymbol{Z}(k) = (z_1(k), \cdots, z_n(k))$ 是一个在时刻 k 的 n 维的状态向量, 代表系统中的 n 个变量, $\boldsymbol{f}: \mathbb{R}^n \to \mathbb{R}^n$ 是该高维系统中的光滑非线性函数. 若该系统的**不动点** (fixed point) 为 $\boldsymbol{Z}^*$, 即满足 $\boldsymbol{Z}^* = \boldsymbol{f}(\boldsymbol{Z}^*)$, 记 $\boldsymbol{J} = \left.\dfrac{\partial \boldsymbol{f}(\boldsymbol{Z})}{\partial \boldsymbol{Z}}\right|_{\boldsymbol{Z}=\boldsymbol{Z}^*}$ 为系统在不动点 $\boldsymbol{Z}^*$ 处的雅可比矩阵. 记 $\{\lambda_1, \lambda_2, \cdots, \lambda_n\}$ 为 $\boldsymbol{J}$ 的特征值. 如果 $|\lambda_i| < 1, i = 1, 2, \cdots, n$, 则称不动点 $\boldsymbol{Z}^*$ 是稳定 (stable) 的. 通过简单的处理, 可以使 $|\lambda_1| \geqslant |\lambda_2| \geqslant \cdots \geqslant |\lambda_n|$. 这里模最大的特征值 λ_1 称为主特征值 (dominant eigenvalue), 当 λ_1 的虚部不为 0 时, 主特征值是一对共轭的复数 λ_1 和 λ_2.

记 C 为复数平面的单位圆, 并记 n_-, n_0, n_+ 分别为 $\lambda_i, i=1,2,\cdots,n$ 中在单位圆 C 内部、单位圆 C 上、单位圆 C 外部的特征值个数, 则有如下定义[75].

定义 2.6 如果 $n_0=0$, 则不动点 $\boldsymbol{Z}^*$ 是双曲型. 对于一个双曲不动点来说, 如果 $n_-n_+\neq 0$, 则称不动点 $\boldsymbol{Z}^*$ 为离散动力系统 (2.21) 的**鞍点** (saddle point) .

对如下的一个单参数离散时间动力系统:

$$\boldsymbol{Z}(k+1)=\boldsymbol{f}(\boldsymbol{Z}(k);p), \tag{2.22}$$

其中离散采样时间点 $k\in\mathbb{Z}$, $p\in\mathbb{R}$ 是一个参数. 如果存在临界参数值 $p=p_c$ 和双曲不动点 $\boldsymbol{Z}^*$, 使得 $\boldsymbol{Z}^*=\boldsymbol{f}(\boldsymbol{Z}^*;p_c)$, 当参数 $p=p_c$ 时, 如果主特征值的模为 1, 就会破坏不动点的双曲性, 这包含了如下的三种情形:

(1) 主特征值为实数且 $\lambda_1=1$;

(2) 主特征值为实数且 $\lambda_1=-1$;

(3) 主特征值为复数且 $\lambda_{1,2}=e^{\pm i\theta_0}, 0<\theta_0<\pi$.

这三种情况分别对应了如下的三种离散动力系统的余维为 1 的分岔:

定义 2.7 对应主特征值 $\lambda_1=1$ 的分岔称为系统 (2.22) 的 **fold 分岔** (fold bifurcation).

定义 2.8 对应主特征值 $\lambda_1=-1$ 的分岔称为系统 (2.22) 的**倍周期分岔** (period-doubling bifurcation) 或 flip 分岔 (flip bifurcation).

定义 2.9 对应主特征值 $\lambda_{1,2}=e^{\pm i\theta_0}, 0<\theta_0<\pi$ 的分岔称为系统 (2.22) 的 **Neimark-Sacker 分岔** (Neimark-Sacker bifurcation) .

对于这些分岔来说, 具有如下的正规型.

定理 2.1(fold 分岔的拓扑正规型) 对任意的一维单参数离散时间动力系统

$$z(k+1)=f(z(k);p), \quad k\in\mathbb{Z}, \quad z\in\mathbb{R}, \quad p\in\mathbb{R}, \tag{2.23}$$

其中 f 为光滑函数, 在 $p=0$ 处有其不动点 $z^*=0$, 且 $\lambda=f_z(0,0)=1$, 则当 $|p|$ 充分小时, 该系统 (2.23)在不动点附近局部拓扑等价于如下的正规型之一:

$$x(k+1)=q+x(k)+x(k)^2 \tag{2.24}$$

或

$$x(k+1)=q+x(k)-x(k)^2, \tag{2.25}$$

其中 $k\in\mathbb{Z}, x\in\mathbb{R}, q\in\mathbb{R}$.

对于一般的一维离散时间动力系统来说, 如果是在不为 0 的参数值 $p=p_c$ 处有任意不动点 $z=z^*$, 则通过合适的可逆坐标和参数变换就可以使系统变成上述定理中的系统 (2.23).

定理 2.2 (倍周期分岔的拓扑正规型) 对任意的一维单参数离散时间动力系统

$$z(k+1)=f(z(k);p),\quad k\in\mathbb{Z},\quad z\in\mathbb{R},\quad p\in\mathbb{R},\tag{2.26}$$

其中 f 为光滑函数, 在 $p=0$ 处有其不动点 $z^*=0$, 且 $\lambda=f_z(0,0)=-1$, 则当 $|p|$ 充分小时, 该系统 (2.26) 在不动点附近局部拓扑等价于如下的正规型之一:

$$x(k+1)=-(1+q)x(k)+x(k)^3\tag{2.27}$$

或

$$x(k+1)=-(1+q)x(k)-x(k)^3,\tag{2.28}$$

其中 $k\in\mathbb{Z},x\in\mathbb{R},q\in\mathbb{R}$.

定理 2.3 (Neimark-Sacker 分岔的正规型) 对任意的二维单参数离散时间动力系统

$$\boldsymbol{Z}(k+1)=\boldsymbol{f}(\boldsymbol{Z}(k);p),\quad k\in\mathbb{Z},\quad \boldsymbol{Z}\in\mathbb{R}^2,\quad p\in\mathbb{R},\tag{2.29}$$

其中 $\boldsymbol{f}$ 为光滑函数, 在 $|p|$ 充分小时有不动点 $\boldsymbol{Z}^*=(0,0)$, 且特征值为 $\lambda_{1,2}=r(p)e^{\pm i\varphi(p)}$, 其中, $r(0)=1,\varphi(0)=\theta_0,0<\theta_0<\pi$. 如果非退化条件成立:

(1) $r'(0)\neq 0$;

(2) 对于 $k=1,2,3,4$, $e^{ik\theta_0}\neq 1$,

则存在光滑的可逆坐标和参数变换, 使系统 (2.29) 在不动点附近与如下的正规型是局部共轭的:

$$w(k+1)=(1+q)e^{i\theta(q)}w(k)+c(q)w(k)|w(k)|^2+O(|w|^4),\quad k\in\mathbb{Z},\tag{2.30}$$

其中 $w=y_1+iy_2\in\mathbb{C}$, $(y_1,y_2)\in\mathbb{R}^2$, $q\in\mathbb{R}$, $c(q)$ 是关于参数 q 的函数.

注 2.4 上述 Neimark-Sacker 分岔的正规型, 也可以写为

$$\begin{aligned}&\begin{pmatrix}y_1(k+1)\\y_2(k+1)\end{pmatrix}\\=&\ (1+q)\begin{pmatrix}\cos\theta(q)&-\sin\theta(q)\\\sin\theta(q)&\cos\theta(q)\end{pmatrix}\begin{pmatrix}y_1(k)\\y_2(k)\end{pmatrix}\\&+(y_1(k)^2+y_2(k)^2)\begin{pmatrix}\cos\theta(q)&-\sin\theta(q)\\\sin\theta(q)&\cos\theta(q)\end{pmatrix}\begin{pmatrix}a(q)&-b(q)\\b(q)&a(q)\end{pmatrix}\begin{pmatrix}y_1(k)\\y_2(k)\end{pmatrix}\end{aligned}$$

$$+ O(||y||^4),$$

其中 $\theta(0) = \theta_0$, $a(0) = \mathrm{Re}(c(0)e^{-i\theta_0})$, $b(0) = \mathrm{Im}(c(0)e^{-i\theta_0})$.

许多具有数字控制的实际工程系统等可以由微分差分代数方程 (differential-difference-algebraic equations) 来描述, 对于这样的系统还有采样点或奇异点诱导的余维为 1 的分岔[5].

2.2.5 动态网络标志物与临界协同波动

分子标志物和网络标志物用于诊断疾病状态, 而不是用于检测疾病前的临界状态. 目前绝大多数方法所找到的生物标志物主要用来检测和诊断某一疾病是否发生及疾病发展的程度, 而这些生物标志物都不能在疾病发生的前期预警疾病, 即不能检测前疾病状态或 "未病" 状态.

实现对某一种复杂疾病的早期诊断, 探测疾病突然恶化发生前的预警信号, 并进而开展有针对性的治疗方案以预防疾病进一步的恶化, 这对很多复杂疾病具有至关重要的意义. 然而, 正如前面所述, 分子标志物和网络标志物等传统生物标记却做不到在疾病真正恶化前提供早期预警信号. 这是因为跟疾病状态的检测相比, 辨别疾病发生前的临界状态是一个更困难的任务, 因为机体的状态在转折点或疾病的突然恶化发生前几乎没有显著的变化. 换句话说, 由于前疾病状态是一个正常状态, 所以一个完全正常的状态和一个疾病前的临界状态之间在状态上并无明显区别, 这也正是分子标志物或静态网络标志物等方法无法做到早期预警临界状态的原因. 我们因此需要开发新的理论和方法.

复杂系统的动态发展是受外部或内部的参数驱动, 使得大量的变量彼此间发生动态关联与动态调控所形成的复杂过程. 因此, 量化复杂疾病需要针对其高维关联特征, 并建立全新的方法来捕捉这种临界状态. 从动力系统理论的观点来看, 一个生物系统或一种复杂的疾病的发生发展过程可以被描述为一个非线性动力系统, 或动态网络. 这样, 复杂疾病的发展过程可看作这个复杂动力系统沿着时间轴演化的过程, 其恶性转化是系统经过一个临界状态进入疾病状态的现象. 把影响疾病的外在因素视为动力系统中的参数, 把参与疾病演变的分子浓度等当作系统中的状态变量, 即由缓慢变化的稳定态 (健康状态), 经过临界状态后失稳并快速地进入另一稳态或混沌状态 (疾病状态). 然而, 尽管有数量众多的研究工作, 但是由于复杂疾病系统为复杂系统, 牵涉的生物分子等变量数量巨大, 并且变量间多为弱关联, 因此这些系统稀有精确的动力系统模型. 所幸的是, 最近的动力系统理论研究发现, 即使对一个很复杂的动力系统, 当系统接近其临界点时, 也存在着一些能够反映临界状态的普适性质. 这就为我们进行疾病恶性转化的早期预警提供了理论依据和方法. 另一方面, 高通量技术的发展使得一次性观测大量生物分子 (大数据) 成为现实, 这使得即使在疾病早期对患者的采样次数不多, 也能保证每个采样点都提供分子水平高维的高通量数据. 为了能够全面地表征疾病的发生发展进程并量化其临界状态, 要充分利用不同组学数据和临床数据等多模态大数据来探究复杂疾病在各个层面的发生发展机理, 进而对健康状态进行量化或者疾病预警. 基于这些条件和要求, 为了克服没有准确疾病模型这个困难, 最近我们提出了基于无模型、小样本和高通量数据的疾病预警理论和方法, 即**动态网络标志物** (DNB)[35,41]. 即使对于每个采样期只有少量的样品, 只需要每个样品有高通量数据或高维数据, DNB 就可以量化疾病恶性转变前的预警信号, 并因此可以识别疾病发生前的临界状态及重要因子和网络. 图 2.5 显示出了 DNB 的动力学特征, 并比较了 DNB 与传统的生物标志物的主要区别.

接下来我们介绍 DNB 方法的理论基础. 如前所述, 我们可把复杂疾病的发生发展过程看作一个生物分子动力系统的时间演化动态过程, 即 (2.22) 式. 因此, 考虑以下表示动态演化的高维离散时间动力系统:

$$\boldsymbol{Z}(k+1)=\boldsymbol{f}(\boldsymbol{Z}(k);\boldsymbol{P}), \tag{2.31}$$

其中 $k\in\mathbb{Z}$, $\boldsymbol{Z}(k)=(z_1(k),\cdots,z_n(k))\in\mathbb{R}^n$ 是一个在时刻 k 的 n 维的状态向量, 代表系统中的 n 个生物分子的表达值; $\boldsymbol{P}=(p_1,\cdots,p_s)\in\mathbb{R}^s$ 是一个参数向量, 代表了驱动高维生物分子系统缓慢变化的因素; $\boldsymbol{f}:\mathbb{R}^n\times\mathbb{R}^s\to\mathbb{R}^n$ 是该高维分子系统中的非线性光滑函数. 方程 (2.31) 的时间变量也可以简化表达为 $\boldsymbol{Z}_{k+1}=\boldsymbol{f}(\boldsymbol{Z}_k;\boldsymbol{P})$.

众所周知, 从一个稳态到另一个稳态前, 非线性系统要发生分岔, 在分岔发生之前或之后, 一般来说非线性系统的动力学通常非常复杂. 因此, 若要构造系统的状态方程通常就会涉及大量的变量和参数. 然而, 当系统在参数的驱动下接近临界点时, 就成为其动力学演化过程中的一个非常特殊的阶段, 在理论上可以证明系统将被约束到一维或二维流形空间 (即中心流形) [76–78]. 因此, 基于分岔理论和中心流形理论, 在临近分岔点时, 系统的动力学可以由一个低维 (余维为 1) 空间的形式来表示. 在这时, 系统有非常特殊的动力学和统计学特征, 所以我们称该分岔点为系统的临界状态. 因此, 我们可以在动力系统临近分岔点这个特殊阶段检测系统状态将要发生改变的信号, 这也是 DNB 的理论基础[41,63,79,80].

从下节的 DNB 必要条件讨论也可以看到, DNB 是基于动态性、网络性和高维数据, 作为一般性的预警标志物被提出的, 这也是一种新的概念和方法, 即作为可观测的分子生物标记的动态子网络, 它只出现在系统状态变化发生前的临界阶段. 特别是, 当系统处于临界点附近时, 存在一个 DNB, 它是一组满足以下三个条件 (或性质) 的生物分子群组:

(1) DNB 中每一对成员之间的相关性都变得很强, 如生物分子表达的皮尔逊

相关系数 (Pearson correlation coefficient, PCC) 的绝对值迅速增长;

(2) DNB 的每个成员表达的波动性都急剧变强, 如标准偏差 (standard deviation, SD) 急剧增加;

(3) DNB 某个成员和非 DNB 的其他分子之间的相关性变得很弱, 如皮尔逊相关系数的绝对值迅速下降.

事实上, DNB 是疾病系统或疾病网络中的一个可观测子网络或分子群, 该子网络由一些特殊的生物分子组成. 根据第一个条件, 当系统处于疾病即将发生的状态时, 它们的变化都是强相关的. 第三个条件意味着, DNB 中分子的行为几乎不受其他非 DNB 分子的影响, 尽管它们是在相同的系统或网络中. 换句话说, 当系统处于临界状态时, DNB 几乎是一个孤立的子网络或功能模块, 其所有成员在疾病发生前的临界状态以一种动态的、群体的方式产生显著的预警信号. 第二个条件意味着, 当系统逐渐接近临界点时, 这些 DNB 分子的表达会强烈地协同波动或涨落. 这个动力学性质也是导致在临界状态无法用传统的生物标志物或静态网络的生物标志物把“前疾病样本”区分出来的原因, 因为 DNB 分子表达的剧烈波动使得我们无法指出哪些分子属于高表达, 故而传统生物标志物无法在早期阶段探测到疾病发生前的信号. 在许多应用场景中, 只需使用前两个条件, 即“临界协同波动”的分子群的出现就意味着临界的到来[47]. 理论研究表明, 即使存在疾病的表型上的不同和个人差异, 这些条件也都是 DNB 的普适判断准则, 可以被用来探测各种疾病恶性突变前的预警信号. 此外, 这些性质在许多复杂的疾病, 以及许多具有状态突变现象的生物过程中也普遍存在. 特别需要强调的是, 状态的临界慢化 (critical slowing-down for state) 是描述这样的临界状态, 但是一般来说系统的状态不容易获得, 而在 DNB 理论中, 变量的临界协同波动 (critical collective fluctuation for variables) 可以基于观测变量的信息来量化这样的临界状态, 更易于实际应用.

为了使在疾病发生前的临界状态检测到可靠的和明确的信号, 我们通过组合以上三个或两个条件, 得到如下的一个复合指标:

$$I = \mathrm{SD}_{\mathrm{in}} \frac{\mathrm{PCC}_{\mathrm{in}}}{\mathrm{PCC}_{\mathrm{out}} + \epsilon} \tag{2.32}$$

或

$$I = \mathrm{SD}_{\mathrm{in}} \mathrm{PCC}_{\mathrm{in}}, \tag{2.33}$$

其中, $\mathrm{SD}_{\mathrm{in}}$ 表示 DNB 分子表达的平均标准偏差, $\mathrm{PCC}_{\mathrm{in}}$ 表示 DNB 分子表达的平均皮尔逊相关系数的绝对值, $\mathrm{PCC}_{\mathrm{out}}$ 是 DNB 分子表达与其他非 DNB 分子表达的平均皮尔逊相关系数的绝对值, ϵ 是一个正的小常数以避免分母出现 0.

因此, 基于以上 DNB 必要条件, 对于在某个状态或时间点的多个样本数据, 我们可以直接建立在该状态或时间点的组学数据的临界检测方法, 即基于变量的“临界协同波动”的方法.

算法 2.1 DNB 基础算法

(1) 第一个条件: 计算所有基因或蛋白质 (或分子) 的标准偏差 SD, 保留 SD 值显著大的分子群或集合, 记为 S 集合.

(2) 第二个条件: 计算 S 中分子间相关性 PCC, 保留 PCC(绝对值) 显著高的分子群或集合, 记为 P 集合, $P \subset S$.

(3) 第三个条件: 计算 P 中分子与 P 以外的分子间相关性 PCC, 保留 PCC(绝对值) 显著低的分子群或集合, 记为 O 集合, $O \subset P$.

(4) 临界值的 (2.32) 或 (2.33) 式: 由 O 的分子群作为 DNB 候选, 计算临界的 I 值, 与正常状态或前时间点相比, 如果该值显著高就意味着这些样本在临界状态, 这些分子 (集合 O) 就是 DNB 分子.

值得注意的是, 由于个体差异的广泛存在, 即使是对同一种疾病, 每个患者可能也不会有完全相同的动态网络标志物. 对于每个个体的 DNB 不一定是固定的一组生物分子群. 与传统的分子标志物和网络标志物相比, 对于临界预警, DNB 具有明显的优势. 第一, DNB 可用于检测疾病发生前的临界状态 (前疾病状态), 而不是疾病状态或疾病早期状态, 从而能够提供疾病恶化前的早期预警信号. 第二, 由于 DNB 方法是无模型 (model-free) 方法, 即对于有快速状态转换现象的复杂疾病, 即使其模型不清楚, DNB 的方法都适用, 因此潜在应用价值很大. 第三, 群体大样本而个体小样本的临床问题造成很多系统建模方法都无法使用, 但是 DNB 的应用是建立在小样本上的方法, 可以缓和该困难. 此外, 虽然 DNB 现在主要用于检测复杂疾病发生前的临界状态, 但在理论上, 它可以应用于任何生物过程来检测关键的临界状态, 例如, 细胞的分化过程和衰老过程等的临界状态和关键节点及关键分子网络. DNB 理论和方法也开辟了新的途径, 以分析、探索生物大数据信息, 了解复杂的生物学行为及机制.

DNB 不仅是探测临界信号的普适性指标, 也与生物系统临界阶段的主导或驱动网络非常相关. 实际上, 许多数据表明正是 DNB 分子组成的主导网络首先突破正常状态的极限, 先行进入到疾病状态, 进而影响其他分子、功能模块和信号通路并导致了整个系统的状态转移 (如由正常状态到疾病状态). 从这个层面说, 正是这个主导网络的动态行为驱动了系统从疾病前的临界状态越过临界点进入到疾病状态. 也就是说, 在许多系统中, 主导网络可以看作使原网络系统转入到疾病状态的驱动因素, 主导网络可能和很多致病分子和模块的突变具有紧密因果关系. 因此, 确定复杂疾病恶性突变的主导网络, 不仅可以探测系统在突变前的前疾病状态, 使早期预警成为可能, 也将有助于从网络和动态的层面进一步揭示疾病的潜在机制, 寻找复杂疾病的发病原因. 然而一般情况下, 如何通过高通量的数据, 准确地从复杂疾病所涉及的大量生物分子中找到主导网络并探测疾病发生前的临界时期是一个非常困难的问题; 此外, 在高通量数据处理中, 要想找到同时满足三个条件的 DNB, 也是计算量很大的工作. 因此, 如何基于个体化数据, 利用已知生物医学知识, 开发有效的、快速的计算方法找到复杂疾病的 DNB, 从而在疾病发生前就给出准确的预警, 并进一步阐明疾病突然恶化的机制, 为临床医学提供可靠的靶标, 仍然是一个需要进一步研究的问题.

一般来说, 动力系统的渐近状态或演化过程主要依赖于对状态空间的刻画. 但是生命系统的状态很难直接观测, 人体的健康状态只能依赖于当前生物医学体系下的实验手段和观测数据, 这些数据能够提供状态空间的信息. 提取临界状态的数据动态特征, 研究数据特征的可计算、可检验的方法来实现大数据下的复杂疾病的早期预警, 这不仅是极具应用前景的数据驱动数学问题, 而且是富有挑战性的前沿应用数学问题. 通过建立基于动力学的大数据挖掘理论, 开发基于人工智能的数据分析方法, 识别生物动态过程中临界现象发生的预警信号, 确定表征临界状态的关键因子, 基于状态 “临界慢化” 现象的变量 “临界协同波动” 的量化准则, 提取关键生物分子网络标记物或动态网络标志物. 这不仅可以阐明生物动态过程中状态转变现象的分子机理和量化健康临界状态, 还将有助于在临床医学或生物工程中抗击复杂疾病, 并为预防、诊断、治疗这些复杂疾病提供新方法和潜在药靶.

图 2.6(a), (b) 分别显示出在疾病的进展过程中的静态和动态信号, 这也显示了传统的生物标志物和 DNB 之间的差异. 图 2.6(a) 显示的曲线表示在病情发展中一个生物分子表达的平均值 (例如, 基因或蛋白质的表达), 是一个静态信号, 即生物分子在正常状态和疾病状态中表达应该是分别稳定在一个值附近 (持续低表达或持续高表达), 这样的信号能够识别疾病状态, 因此, 可以作为分子标志物或网络标志物. 但静态信号不能告诉我们疾病发生前的临界状态和正常状态之间的差异, 所以无法作早期诊断. 图 2.6(b) 显示出复杂疾病进展过程中一个生物分子的动力学行为. 在临界点附近, 表达值协同振荡的分子群产生出一个动态信号并可以被 DNB 探测到. 该信号可以辨别开正常状态和临界状态 (前疾病状态), 从而可以用于对疾病的恶化做出早期诊断. 图 2.6(a) 中的静态信号实际上是在每一个阶段的动态信号的平均值 (即图 2.6(b)). 近年的深入研究已经发现了各种复杂疾病的分子标志物, 这对复杂疾病的诊断、分类和治疗的快速发展起到了重要的推动作用. 与单个分子或分子群相比, 网络是刻画系统状态的更稳定形态. 所以在网络层面上建立系统的生物标志物, 也就是网络标志物, 可以更稳定、更准确地诊断出疾病状态. 进一步地, 如果考虑生物分子网络在临界点附近的动态行为, 那么生物标志物将以一种动态网络的方式呈现, 也就是 DNB. 通过分析与复杂疾病状

态恶性转化相关的动态网络标志物的动力学行为, 即从变量的波动到网络的波动, 将大大加深在分子和网络层次对复杂疾病恶性转化过程的认识, 从而不仅实现准确地探测疾病恶化的早期预警信号, 也帮助深入理解复杂疾病的发生和发展阶段的临床病理特性. DNB 理论的有效性已经被国内外学者在许多生物数据上的成功应用所证明[64,81,82], DNB 网络还为寻找新的疾病驱动因素提供了线索, 这也是未来的可研究方向.

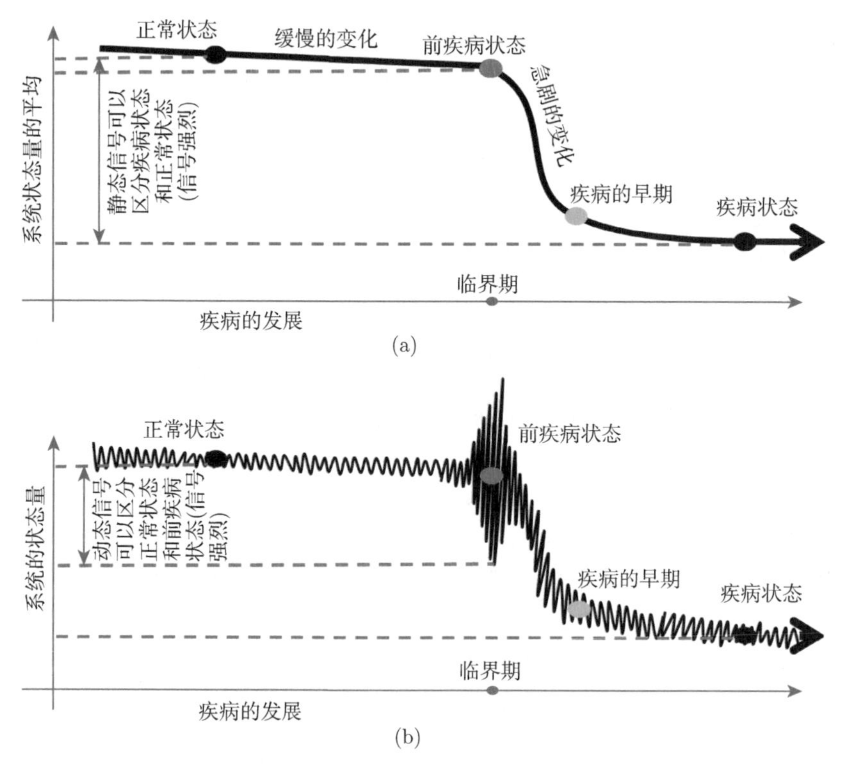

图 2.6 疾病发生发展过程中的静态信号和动态信号. (a) 生物分子 (基因或蛋白质) 的平均表达在疾病发生发展过程的静态信号, 在传统的分子标志物或网络标志物中使用. 静态的信号可以用来区分疾病发生发展中的正常状态和疾病状态, 但却不能有效地区分前疾病状态 (临界状态) 和正常状态. (b) 生物分子在疾病发展过程中的动态行为中存在着一些普适性质, 可以用来检测临界状态. DNB 就是前疾病状态下基于系统普适性质的动态信号, 该信号可以有效地指示出临界状态的到来. 注意 (a) 中的静态信号实际上是 (b) 中的动态信号在各个采样区间的平均表达

这里, 我们介绍一个应用 DNB 方法探测复杂生物过程临界状态的例子. 高通量小鼠微整列试验数据 GSE2565 (该数据可下载自 NCBI GEO 数据库 http://www.ncbi.nlm.nih.gov/geo) 描述了小鼠在光气暴露环境中肺部发生急性损伤的

生物过程. 其中, 实验组 (case group) 样本的基因表达数据采集于光气暴露的 CD-1 雄性小鼠肺组织, 而对照组 (control group) 样本的基因表达数据采集于暴露在空气中的 CD-1 雄性小鼠肺组织. 在实验中, 分别于暴露在光气/空气环境后的 0 h, 0.5 h, 1 h, 4 h, 8 h, 12 h, 24 h, 48 h 和 72 h, 收集小鼠的肺组织并进行基因转录组测序. 在每个采样点, 有 6 个实验样本和 6 个对照样本. 实验组小鼠在暴露于光气环境中 8 h 后支气管肺泡灌洗液 (bronchoalveolar lavage fluid, BALF) 中蛋白水平显著升高, 在暴露于光气环境中 12 h 后出现了肺水肿, 并有 50%—60% 发生死亡, 暴露在光气环境中 24 h 后, 观察到 60%—70% 已经死亡[31]. 上述表明了小鼠肺部急性损伤的临界点大约发生在光气诱导后 8 h 左右. 在 GSE6136 数据集中, 有 22690 个原始探针, 我们使用 GEO 注释将它们映射到相应的 NCBI Entrez 基因名, 并删除了没有相应 NCBI Entrez 基因名的探针. 对于有多个探针定位的基因, 采用其平均值作为基因表达值. 这样, 剩下 12871 个基因. 我们进行了以下计算:

(1) 从高通量基因数据中选择差异表达基因. 在 0 h 采样点, 实验组样本与对照组样本相同. 在每个采样点, 通过使用显著性水平为 0.05 的 Student t 检验, 实验组在 0 h, 0.5 h, 1 h, 4 h, 8 h, 12 h, 24 h, 48 h 和 72 h 有差异表达基因的数量为 $A=\{0,53,184,1325,1327,738,980,1263,915\}$. 基于所选差异表达分子的集合 A, 通过使用错误发现率 (false discovery rate, FDR)$(p_i(k_i)<(k_i/\text{controlsize}(i))\times 0.05)$ 进行纠偏, 并通过两倍变化 (two-fold change) 筛选, 分别获得 9 个采样时间点的 $B=\{0,29,72,195,269,163,173,188,176\}$ 个基因. 对于基因集 B, 每个组成成员不仅表现出实验组和对照组之间表达的显著差异, 而且具有表达的强烈波动.

(2) 对于上述步骤中选择的基因集 B, 在每个采样时间点通过皮尔逊相关系数 (PCC) 对分子进行聚类. 对于每个采样点, 获得 40 个聚类.

(3) 对每个聚类中的基因进行数据的归一化,即新的表达为 $\dfrac{g_{\text{case}}-\text{mean}(g_{\text{control}})}{\text{SD}(g_{\text{control}})}$. 在每个采样点, 对每个聚类的分子使用归一化后的表达计算聚类组成员的标准偏差 (SD)、聚类组成员之间的平均皮尔逊相关系数 (取绝对值 |PCC|)、聚类组成员与其他基因之间的平均 |PCC| 以及复合指标(2.32) 式. 同时符合动态网络标志物三个条件的第一个聚类出现在 8 h, 包含 220 个基因. 该基因组映射到蛋白-蛋白相互作用网络后的动态发展如图 2.7 所示.

从上面的分析可以看到, 实验组的 DNB 分子群及其信号首先出现在暴露于光气环境中的 8 h 后, 这与原实验观察一致.

在本小节的最后, 我们对 DNB 的特点总结如下. 传统生物标志物分别在生物学领域描述生物学特征和医学领域诊断疾病十分有用. 然而, 传统的生物标志物, 包括分子标志物和网络标志物主要目的是用来区分生物过程中的两个(多个) 不同的状态, 而非确定状态迁移前的临界点或“临界状态”(疾病过程中就是前疾病状态). 与此相反, DNB 是一个在系统状态迁移前用来检测临界状态的全新的概念和方法, 并且即使在很少的样本情况下也适用. DNB 方法也不同于状态的“临界慢化”现象的描述, 而是变量的“临界协同波动”的量化准则. 因此, DNB 在用于具有状态转变现象的复杂生物过程或疾病分析时具有明显的优势. 它也开辟了分析高通量生物数据的新途径. DNB 的主要特征归纳如下:

(1) 从方法层面来说, DNB 是基于动力学理论但不需要建立模型的方法, 在状态迁移前通过高通量数据 (小样本) 确定早期预警信号.

(2) 从网络层面来说, 通过 DNB 分子集合可以针对分子网络进行分层分析(图 2.8), 其中 DNB 核心基因是引导整个网络系统状态变化的主导网络, 是与“驱动”系统发生状态改变的因果网络 (causal network) 或者驱动网络 (driver network) 密切相关的. 此特征及其理论依据可以被用来寻找复杂的、动态的生物事件中的因果关系.

(3) 从动态角度来说, DNB 是以一种动力学的形式来检测疾病发展的前疾病或“未病”状态, 不同于静态的传统分子或网络标志物.

(4) 从适用面角度来说, 由于 DNB 的普适性, DNB 可以监控和预警个人健康的变化. 因此, DNB 理论及其量化方法为个性化医学开辟了新的研究途径.

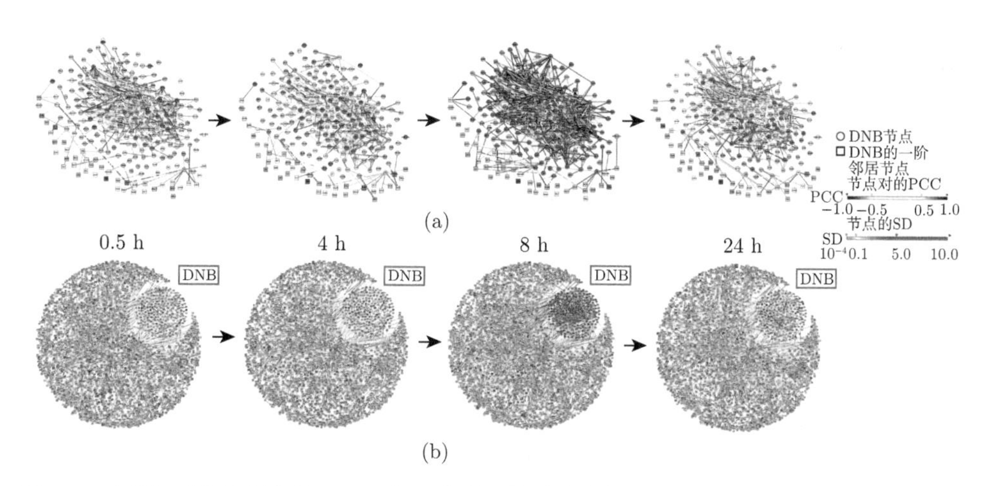

图 2.7 小鼠肺部急性损伤的 DNB 分子关联网络的动态发展. (a) 220 个 DNB 基因和 1167 条边分别在 0.5 h, 4 h, 8 h, 24 h 等时间点的关联网络. (b) 包含 DNB 分子的小鼠 PPI 网络 (3452 个基因和 9238 条边) 分别在 0.5 h, 4 h, 8 h, 24 h 等时间点的关联网络

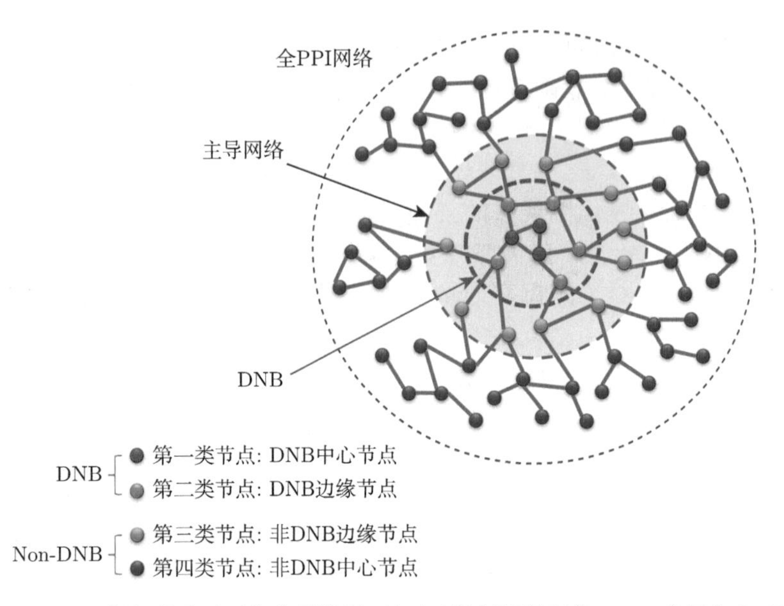

图 2.8　基于 DNB 框架的分子网络分层模型. 基于已经判断得到的 DNB 分子集合, 可以把一个分子网络分层为 DNB 核心基因 (DNB core gene)、DNB 边缘基因 (DNB boundary gene)、非 DNB 边缘基因 (non-DNB boundary gene) 和非 DNB 核心基因 (non-DNB core gene)

2.2.6　动态网络标志物及临界协同波动准则的必要条件推导

对于应用 DNB 方法的读者, 可以略过该小节的理论推导, 直接到下一小节. 我们假设以下条件适用于系统 (2.31).

(1) $\boldsymbol{Z}^* = (z_1^*, \cdots, z_n^*)$ 是系统(2.31) 的一个不动点;

(2) 存在一个分岔参数值或临界参数值 $\boldsymbol{P}_c$, 使得一个 (或一对) 雅可比矩阵 $\left.\dfrac{\partial \boldsymbol{f}(\boldsymbol{Z};\boldsymbol{P}_c)}{\partial \boldsymbol{Z}}\right|_{\boldsymbol{Z}=\boldsymbol{Z}^*}$ 的特征值的模为 1;

(3) 当参数 $\boldsymbol{P} \neq \boldsymbol{P}_c$ 时, 雅可比矩阵 $\left.\dfrac{\partial \boldsymbol{f}(\boldsymbol{Z};\boldsymbol{P})}{\partial \boldsymbol{Z}}\right|_{\boldsymbol{Z}=\boldsymbol{Z}^*}$ 的特征值的模不恒等于 1.

这三个假设与其他横截性条件意味着当参数 $\boldsymbol{P}$ 达到临界值 $\boldsymbol{P}_c$ 时, 系统在 $\boldsymbol{Z}^*$ 处经历相变或余维为 1 的分岔[83]. 假设系统具有一个稳定的不动点 $\boldsymbol{Z}^*$. 当系统 (2.31) 的参数 $\boldsymbol{P}$ 趋向于 $\boldsymbol{P}_c$ 时, 在不动点 $\boldsymbol{Z}^*$ 附近, 系统所有的特征值的模都在 $(0,1)$ 之内. DNB 理论和方法是在基于系统 (2.31) 的线性化以及它在 $\boldsymbol{Z}^*$ 附近的小噪声扰动的基础上建立的. 具体来说, 通过引入新的零均值变量 $\boldsymbol{Y}(k) = (y_1(k), \cdots, y_n(k))$ 和变换矩阵 $\boldsymbol{S}$, 即

$$\boldsymbol{Y}(k) = \boldsymbol{S}^{-1}(\boldsymbol{Z}(k) - \boldsymbol{Z}^*), \tag{2.34}$$

于是我们有线性化系统

$$\boldsymbol{Y}(k+1)=\boldsymbol{\Lambda}\boldsymbol{Y}(k)+\boldsymbol{\zeta}(k), \tag{2.35}$$

其中由 (2.34) 知 $\mathbb{E}(y_i(k))=0$, $\boldsymbol{\Lambda}(\boldsymbol{P})$ 是系统在不动点附近线性项系数矩阵 $\left.\dfrac{\partial \boldsymbol{f}(\boldsymbol{Z};\boldsymbol{P})}{\partial \boldsymbol{Z}}\right|_{\boldsymbol{Z}=\boldsymbol{Z}^*}$ 的对角化矩阵, 其中 $\boldsymbol{\zeta}(k)=(\zeta_1(k),\cdots,\zeta_n(k))$ 是均值为零的高斯小噪声. 记 $\kappa_{ii}>0$ 为 $\zeta_i(i=1,2,\cdots,n)$ 的方差, $\kappa_{ij}=\mathrm{Cov}(\zeta_i,\zeta_j)$ 为任意两个小噪声之间的协方差, 对角化矩阵 $\boldsymbol{\Lambda}(\boldsymbol{P})=\mathrm{diag}(\lambda_1(\boldsymbol{P}),\cdots,\lambda_n(\boldsymbol{P}))$ 且其中的 $|\lambda_i|$ 在 0 和 1 之间. 对于主特征值或最大模的特征值 (dominant eigenvalue, 该特征值表示系统在不动点 $\boldsymbol{Z}^*$ 周围的变化率) 来说, 根据矩阵的对角化过程有两种典型的情况, 即, ①主特征值是实数 (包括多个具有相同值的实特征值); ②主特征值是一对共轭的复数. 当主特征值的模接近 1 时, 系统会出现三类普适的分岔现象. 分别叙述如下.

1. 主特征根是实数的情况

我们首先说明实主特征值的情况. 不失一般性地, 它对应了具有实特征值的对角化矩阵 $\boldsymbol{\Lambda}(\boldsymbol{P})$ 的情况. 在这种情况下, 如果主特征值接近 1, 则临界点是鞍结点 (saddle-node) 或 fold 分岔, 而如果主特征值接近 -1, 则临界点是倍周期 (period-doubling) 分岔.

应注意的是, 在 $\boldsymbol{\Lambda}$ 的特征值中, 可能存在多个实的主特征值 (特征方程有重根的情况), 其推导类似于无重根情况[41]. 不失一般性地, 记主特征值为 λ_1. 当系统从稳态开始演化时, λ_1 是绝对值最接近 1 的特征值. 当参数 $\boldsymbol{P}\to\boldsymbol{P}_c$ 时, 主特征值 $|\lambda_1|$ 趋近于 1 (即, 在取绝对值意义下). 临界前的状态对应于 $|\lambda_1|<1$ 的时期, 而临界状态对应于 $|\lambda_1|\to 1$ 的时期. 自然地, $\boldsymbol{Y}$ 中的第一个变量 y_1 对应于 λ_1, 即 $(y_1,0,\cdots,0)$ 是特征值 λ_1 的特征向量.

因为 $\boldsymbol{\Lambda}$ 是一个对角化矩阵, 根据 (2.35) 式我们有协方差 (covariance, Cov)

$$\begin{aligned}
\mathrm{Cov}(y_i,y_j)&=\mathrm{Cov}(y_i(k+1),y_j(k+1))\\
&=\mathbb{E}(y_i(k+1)\,y_j(k+1))-\mathbb{E}(y_i(k+1))\mathbb{E}(y_j(k+1))\\
&=\mathbb{E}((\lambda_i y_i(k)+\zeta_i(k))\,(\lambda_j y_j(k)+\zeta_j(k)))\\
&=\lambda_i\lambda_j\mathbb{E}(y_i\,y_j)+\kappa_{ij}\\
&=\lambda_i\lambda_j\mathrm{Cov}(y_i,y_j)+\kappa_{ij},
\end{aligned}$$

其中对任意的 i 有 $\mathbb{E}(y_i)=0$, κ_{ij} 是两个小噪声之间的协方差.

于是有

$$\mathrm{Cov}(y_i,y_j)=\frac{\kappa_{ij}}{1-\lambda_i\lambda_j}. \tag{2.36}$$

当 $i = j$ 时, 协方差成为方差 (variance,Var), 于是有

$$\mathrm{Var}(y_i) = \frac{\kappa_{ii}}{1-\lambda_i^2}, \tag{2.37}$$

其中, $\kappa_{ii} > 0$ 是噪声 ζ_i 的方差. 注意到当参数 $\boldsymbol{P}$ 远离临界值 $\boldsymbol{P}_c$ 时, 系统具有稳定的不动点, 特征值满足 $0 \leqslant |\lambda_i| < 1$. 所以, 当 $\boldsymbol{P} \to \boldsymbol{P}_c$ 或主特征值 $\lambda_1 \to 1$ 时, $\mathrm{Var}(y_1) \to +\infty$.

对其他的特征值 λ_i $(i = 2, 3, \cdots, n)$ 来说, 当参数 $\boldsymbol{P} \to \boldsymbol{P}_c$ 时, 方差 $\mathrm{Var}(y_i)$ 趋近于一个有界的正常数.

当 $i \neq j$ 时, 皮尔逊相关系数具有如下形式:

$$\begin{aligned}\mathrm{PCC}(y_i, y_j) &= \frac{\mathrm{Cov}(y_i, y_j)}{\sqrt{\mathrm{Var}(y_i)\mathrm{Var}(y_j)}} \\ &= \frac{\kappa_{ij}}{\sqrt{\kappa_{ii}\kappa_{jj}}} \frac{\sqrt{(1-\lambda_i^2)(1-\lambda_j^2)}}{1-\lambda_i\lambda_j}.\end{aligned}$$

回到原空间, 注意到 $z_i(k) = s_{i1}y_1(k) + \cdots + s_{in}y_n(k) + z_i^*$, 方差为

$$\begin{aligned}\mathrm{Var}(z_i) &= s_{i1}^2\mathrm{Var}(y_1) + \sum_{k=2}^{n} s_{ik}^2 \mathrm{Var}(y_k) + \sum_{k,m=1,k\neq m}^{n} s_{ik}s_{im}\mathrm{Cov}(y_k, y_m) \\ &= s_{i1}^2 \frac{\kappa_{11}}{1-\lambda_1^2} + \sum_{k=2}^{n} s_{ik}^2 \frac{\kappa_{kk}}{1-\lambda_k^2} + \sum_{k,m=1,k\neq m}^{n} s_{ik}s_{im} \frac{\kappa_{km}}{1-\lambda_k\lambda_m}.\end{aligned}$$

当 $s_{i1} \neq 0$ 时, 由于第一项的影响, 因此 $\lim\limits_{|\lambda_1|\to 1} \mathrm{Var}(z_i) \to +\infty$.

而当 $s_{i1} = 0$ 时, $\lim\limits_{|\lambda_1|\to 1} \mathrm{Var}(z_i) \to V_i$, 其中 V_i 是一个正常数.

同样地分析, 对于协方差有

$$\begin{aligned}&\mathrm{Cov}(z_i, z_j) \\ =&\mathbb{E}((s_{i1}y_1 + \cdots + s_{in}y_n)(s_{j1}y_1 + \cdots + s_{jn}y_n)) \\ =& s_{i1}s_{j1}\mathrm{Var}(y_1) + \cdots + s_{in}s_{jn}\mathrm{Var}(y_n) + \sum_{k,m=1,k\neq m}^{n} s_{ik}s_{jm}\mathrm{Cov}(y_k, y_m) \\ =& s_{i1}s_{j1}\frac{\kappa_{11}}{1-\lambda_1^2} + \sum_{k=2}^{n} s_{ik}s_{jk}\frac{\kappa_{kk}}{1-\lambda_k^2} + \sum_{k,m=1,k\neq m}^{n} s_{ik}s_{jm}\frac{\kappa_{km}}{1-\lambda_k\lambda_m}.\end{aligned}$$

当 $s_{i1} \neq 0$ 且 $s_{j1} \neq 0$ 时, 由于第一项的影响, 因此 $\lim\limits_{|\lambda_1|\to 1} \mathrm{Cov}(z_i, z_j) \to +\infty$.

而当 $s_{i1} = 0$ 或 $s_{j1} = 0$ 时, $\lim\limits_{|\lambda_1|\to 1} \mathrm{Cov}(z_i, z_j) \to C_{ij}$, 其中 C_{ij} 是一个有界常数.

于是, 对于皮尔逊相关系数有

$$
\begin{aligned}
\mathrm{PCC}(z_i, z_j) &= \frac{\mathrm{Cov}(z_i, z_j)}{\sqrt{\mathrm{Var}(z_i)\mathrm{Var}(z_j)}} \\
&= \frac{s_{i1}s_{j1}\dfrac{\kappa_{11}}{1-\lambda_1^2} + \sum\limits_{k=2}^{n} s_{ik}s_{jk}\dfrac{\kappa_{kk}}{1-\lambda_k^2} + \sum\limits_{k,m=1,k\neq m}^{n} s_{ik}s_{jm}\dfrac{\kappa_{km}}{1-\lambda_k\lambda_m}}{\sqrt{\left(\dfrac{s_{i1}^2\kappa_{11}}{1-\lambda_1^2} + \sum\limits_{k=2}^{n}\dfrac{s_{ik}^2\kappa_{kk}}{1-\lambda_k^2} + \sum\limits_{k,m=1,k\neq m}^{n}\dfrac{s_{ik}s_{im}\kappa_{km}}{1-\lambda_k\lambda_m}\right)\left(\dfrac{s_{j1}^2\kappa_{11}}{1-\lambda_1^2} + \sum\limits_{k=2}^{n}\dfrac{s_{jk}^2\kappa_{kk}}{1-\lambda_k^2} + \sum\limits_{k,m=1,k\neq m}^{n}\dfrac{s_{jk}s_{jm}\kappa_{km}}{1-\lambda_k\lambda_m}\right)}}.
\end{aligned}
$$

当 $s_{i1} \neq 0$ 且 $s_{j1} \neq 0$ 时, $\lim\limits_{|\lambda_1|\to 1} \mathrm{PCC}(z_i, z_j) \to 1$.

当 $s_{i1} \neq 0$ 且 $s_{j1} = 0$ 时, $\lim\limits_{|\lambda_1|\to 1} \mathrm{PCC}(z_i, z_j) \to 0$.

而当 $s_{i1} = 0$ 且 $s_{j1} = 0$ 时, $\lim\limits_{|\lambda_1|\to 1} \mathrm{PCC}(z_i, z_j) \to P_{ij}$, 其中 P_{ij} 是一个常数.

因此, 在不动点附近, 在观测变量 $\boldsymbol{Z} = (z_1, \cdots, z_n)$ 中存在一组特殊的变量, 或把它们的集合称为**动态网络标志物 (DNB)**, 该组变量具有形式 $z_i(k) = s_{i1}y_1(k) + \cdots + s_{in}y_n(k)$. 也就是说, DNB 中的每一个变量都直接和 y_1 有关联. 因此, 对于实的主特征根情形, 可以证明有一个 DNB 变量群, 对于其中的变量在系统接近临界点时呈现出的统计性质, 包括皮尔逊相关系数 (PCC) 和标准偏差 (SD), 可总结如下:

性质 2.1 (DNB 的性质) 考虑 (2.31) 式的随机扰动线性化系统. 当参数 $\boldsymbol{P}$ 接近鞍结点分岔或倍周期分岔的临界值 $\boldsymbol{P}_c$ 时, 存在一个 DNB 变量群, 具有以下性质:

- 如果变量 z_i 和 z_j 都属于该 DNB, 则

$$|\mathrm{PCC}(z_i, z_j)| \to 1,$$

并且 $\mathrm{SD}(z_i) \to \infty$ 和 $\mathrm{SD}(z_j) \to \infty$;

- 如果变量 z_i 属于该 DNB, 但变量 z_j 不属于 DNB, 则

$$\mathrm{PCC}(z_i, z_j) \to 0,$$

并且 $\mathrm{SD}(z_i) \to \infty$, 而 $\mathrm{SD}(z_j)$ 趋向于一个有界正数;

- 如果变量 z_i 和 z_j 都不属于该 DNB, 则 $\mathrm{PCC}(z_i, z_j)$ 趋向于一个常数, 并且 $\mathrm{SD}(z_i)$ 和 $\mathrm{SD}(z_j)$ 都趋向于有界正常数.

该性质是预警多变量系统在小噪声扰动下发生状态改变的理论基础. 定理中的三个条件实际上是检测 DNB 的准则. 因此, 由于 DNB 的动力学性质, 当系统在参数的驱动下趋近于状态的临界点时, DNB 中的每个变量的值都会发生剧烈波动或整体的协同性波动, 并且其中每对变量的相关性都会急剧升高. 因此, 当符合以上三个性质的 DNB 出现时, 系统则处于状态将要发生改变的临界状态. 特别是, 鞍点分岔是一种典型的灾变性分岔 (catastrophic bifurcation), 与倍周期分岔 (非灾变分岔, non-catastrophic bifurcation) 相比, 其预测非常重要.

2. 主特征根是一对共轭复数的情况

如果主特征根是一对共轭的复数 $\lambda_1 = a + ib$ 和 $\lambda_2 = a - ib$, 其中 $a^2 + b^2 < 1,\ \ b \neq 0$, 其他特征值的模小于 $|\lambda_1|$. 当参数 $\boldsymbol{P}$ 接近临界值 $\boldsymbol{P}_c$ 时, $|\lambda_k| \to 1,\ \ i = 1, 2$, 即系统在临界点处发生 Neimark-Sacker 分岔. 该分岔是一个非灾变分岔, 我们将说明在这种情况下存在符合 DNB 性质的两个变量群.

假设 $(y_1, 0, 0, \cdots, 0)$ 和 $(0, y_2, 0, \cdots, 0)$ 分别是特征值 λ_1 和 λ_2 所对应的特征向量. 则我们有

$$\begin{pmatrix} y_1(k+1) \\ y_2(k+1) \end{pmatrix} = \begin{pmatrix} a & b \\ -b & a \end{pmatrix} \begin{pmatrix} y_1(k) \\ y_2(k) \end{pmatrix} + \begin{pmatrix} \zeta_1(k) \\ \zeta_2(k) \end{pmatrix},$$

其中 ζ_1 和 ζ_2 是零均值的白噪声, 分别具有方差 $\kappa_{11} > 0$ 和 $\kappa_{22} > 0$, 且有协方差 κ_{12}. 于是变量 y_1 和 y_2 的方差分别为

$$\begin{aligned} \mathrm{Var}(y_1) &= \mathrm{Var}(y_1(k+1)) = \mathbb{E}(y_1^2(k+1)) \\ &= \mathbb{E}[(ay_1(k) + by_2(k) + \zeta_1(k))^2] \\ &= a^2\mathrm{Var}(y_1) + b^2\mathrm{Var}(y_2) + 2ab\mathbb{E}(y_1y_2) + \kappa_{11}, \end{aligned}$$

$$\begin{aligned} \mathrm{Var}(y_2) &= \mathrm{Var}(y_2(k+1)) = \mathbb{E}(y_2^2(k+1)) \\ &= \mathbb{E}[(-by_1(k) + ay_2(k) + \zeta_1(k))^2] \\ &= b^2\mathrm{Var}(y_1) + a^2\mathrm{Var}(y_2) - 2ab\mathbb{E}(y_1y_2) + \kappa_{22}, \end{aligned}$$

并且

$$\begin{aligned} \mathbb{E}(y_1y_2) &= \mathbb{E}(y_1(k+1)y_2(k+1)) \\ &= \mathbb{E}((ay_1(k) + by_2(k) + \zeta_1(k))(-by_1(k) + ay_2(k) + \zeta_1(k))) \\ &= -ab\mathrm{Var}(y_1) + ab\mathrm{Var}(y_2) + (a^2 - b^2)\mathbb{E}(y_1y_2) + \kappa_{12}. \end{aligned}$$

由上面的三个等式, 有

$$\mathrm{Var}(y_1)=\frac{((1-a^2-b^2)(1-a^2)+2b^2)\kappa_{11}+2ab(1-a^2-b^2)\kappa_{12}+b^2(1+a^2+b^2)\kappa_{22}}{(1-a^2-b^2)((a-1)^2+b^2)((a+1)^2+b^2)}$$

$$=\frac{2b^2\kappa_{11}+b^2(1+a^2+b^2)\kappa_{22}}{(1-a^2-b^2)((a-1)^2+b^2)((a+1)^2+b^2)}+\frac{(1-a^2)\kappa_{11}+2ab\kappa_{12}}{((a-1)^2+b^2)((a+1)^2+b^2)},$$

$$\mathrm{Var}(y_2)=\frac{b^2(1+a^2+b^2)\kappa_{11}-2ab(1-a^2-b^2)\kappa_{12}+((1-a^2-b^2)(1-a^2)+2b^2)\kappa_{22}}{(1-a^2-b^2)((a-1)^2+b^2)((a+1)^2+b^2)}$$

$$=\frac{2b^2\kappa_{22}+b^2(1+a^2+b^2)\kappa_{11}}{(1-a^2-b^2)((a-1)^2+b^2)((a+1)^2+b^2)}+\frac{(1-a^2)\kappa_{22}-2ab\kappa_{12}}{((a-1)^2+b^2)((a+1)^2+b^2)},$$

$$\mathrm{Cov}(y_1,y_2)=\mathbb{E}(y_1y_2)=\frac{-ab\kappa_{11}+(1-a^2+b^2)\kappa_{12}+ab\kappa_{22}}{((a-1)^2+b^2)((a+1)^2+b^2)}.$$

显然, $\lim\limits_{a^2+b^2\to 1}\mathrm{Var}(y_1)=+\infty$ 且 $\lim\limits_{a^2+b^2\to 1}\mathrm{Var}(y_2)=+\infty$, 而 $\lim\limits_{a^2+b^2\to 1}\mathrm{Cov}(y_1,y_2)$ 保持有界.

对其他的 y_i $(i=3,4,\cdots)$, 由于它们所对应的是非主特征值 (即, 模小于 $|\lambda_1|$), 所以 $\mathrm{Var}(y_i)$ $(i=3,4,\cdots)$ 是有界的. 它们之间的相关性也不随着 $a^2+b^2\to 1$ 而变化. 因此, 变量 y_1 关联一个 DNB 变量集合, 变量 y_2 关联另一个 DNB 变量集合.

回到原空间, 根据变量替换 (2.34) 式, 即

$$z_i(k)=s_{i1}y_1(k)+s_{i2}y_2(k)+\cdots+s_{in}y_n(k)+z_i^*, \tag{2.38}$$

我们有

$$\mathrm{Var}(z_i)=s_{i1}^2\mathrm{Var}(y_1)+s_{i2}^2\mathrm{Var}(y_2)+\sum_{k=3}^{n}s_{ik}^2\mathrm{Var}(y_k)$$

$$+\sum_{k,m=1,k\neq m}^{n}s_{ik}s_{im}\mathrm{Cov}(y_k,y_m)$$

$$=\frac{s_{i1}^2[2b^2\kappa_{11}+b^2(1+a^2+b^2)\kappa_{22}]+s_{i2}^2[2b^2\kappa_{22}+b^2(1+a^2+b^2)\kappa_{11}]}{(1-a^2-b^2)((a-1)^2+b^2)((a+1)^2+b^2)}+K_i,$$

其中 $K_i=\sum\limits_{k=3}^{n}s_{ik}^2\mathrm{Var}(y_k)+\sum\limits_{k,m=1,k\neq m}^{n}s_{ik}s_{im}\mathrm{Cov}(y_k,y_m)$, 并且当 $a^2+b^2\to 1$ 时, K_i 是有界的, 并且第一项分式中的分子趋向于 $2b^2(s_{i1}^2+s_{i2}^2)(\kappa_{11}+\kappa_{22})$.

当系数 $s_{i1} \neq 0$ 或者 $s_{i2} \neq 0$ 时，$\lim\limits_{a^2+b^2\to 1} \mathrm{Var}(z_i) \to \infty$;

当系数 $s_{i1} = 0$ 且 $s_{i2} = 0$ 时，$\lim\limits_{a^2+b^2\to 1} \mathrm{Var}(z_i) \to K_i$, 其中 K_i 是有界正常数.

对于变量 z_i 和 z_j 之间的协方差, 有

$$
\begin{aligned}
&\mathrm{Cov}(z_i, z_j)\\
=&\mathbb{E}((s_{i1}y_1 + \cdots + s_{in}y_n)(s_{j1}y_1 + \cdots + s_{jn}y_n))\\
=&s_{i1}s_{j1}\mathrm{Var}(y_1) + s_{i2}s_{j2}\mathrm{Var}(y_2) + s_{i1}s_{j2}\mathrm{Cov}(y_1, y_2) + s_{i2}s_{j1}\mathrm{Cov}(y_1, y_2)\\
&+\sum_{k=3}^{n} s_{ik}s_{jk}\mathrm{Var}(y_k) + \sum_{k,m=2,k\neq m}^{n} s_{ik}s_{jm}\mathrm{Cov}(y_k, y_m)\\
=&s_{i1}s_{j1}\left[\frac{2b^2\kappa_{11} + b^2(1+a^2+b^2)\kappa_{22}}{(1-a^2-b^2)((a-1)^2+b^2)((a+1)^2+b^2)} + \frac{(1-a^2)\kappa_{11} + 2ab\kappa_{12}}{((a-1)^2+b^2)((a+1)^2+b^2)}\right]\\
&+s_{i2}s_{j2}\left[\frac{2b^2\kappa_{22} + b^2(1+a^2+b^2)\kappa_{11}}{(1-a^2-b^2)((a-1)^2+b^2)((a+1)^2+b^2)} + \frac{(1-a^2)\kappa_{22} - 2ab\kappa_{12}}{((a-1)^2+b^2)((a+1)^2+b^2)}\right]\\
&+(s_{i1}s_{j2} + s_{i2}s_{j1})\frac{-ab\kappa_{11} + (1-a^2+b^2)\kappa_{12} + ab\kappa_{22}}{((a-1)^2+b^2)((a+1)^2+b^2)}\\
&+\sum_{k=3}^{n} s_{ik}s_{jk}\mathrm{Var}(y_k) + \sum_{k,m=2,k\neq m}^{n} s_{ik}s_{jm}\mathrm{Cov}(y_k, y_m)\\
=&\left[\frac{\Delta}{(1-a^2-b^2)((a-1)^2+b^2)((a+1)^2+b^2)}\right] + C_{ij},
\end{aligned}
$$

其中 $\Delta = (s_{i1}s_{j1}\kappa_{11} + s_{i2}s_{j2}\kappa_{22})2b^2 + (s_{i1}s_{j1}\kappa_{22} + s_{i2}s_{j2}\kappa_{11})b^2(1+a^2+b^2)$. 当 $a^2+b^2 \to 1$ 时, C_{ij} 是有界的, 并且 $\Delta \to 2b^2(s_{i1}s_{j1} + s_{i2}s_{j2})(\kappa_{11} + \kappa_{22})$.

于是, 对于皮尔逊相关系数 (PCC), 有

$$
\begin{aligned}
\mathrm{PCC}(z_i, z_j) &= \frac{\mathrm{Cov}(z_i, z_j)}{\sqrt{\mathrm{Var}(z_i)\mathrm{Var}(z_j)}}\\
&=\frac{\left(\dfrac{2b^2(s_{i1}s_{j1} + s_{i2}s_{j2})(\kappa_{11} + \kappa_{22})}{(1-a^2-b^2)((a-1)^2+b^2)((a+1)^2+b^2)}\right) + C_{ij}}{\sqrt{\left(\dfrac{2b^2(s_{i1}^2 + s_{i2}^2)(\kappa_{11} + \kappa_{22})}{(1-a^2-b^2)((a-1)^2+b^2)((a+1)^2+b^2)} + K_i\right)\left(\dfrac{2b^2(s_{j1}^2 + s_{j2}^2)(\kappa_{11} + \kappa_{22})}{(1-a^2-b^2)((a-1)^2+b^2)((a+1)^2+b^2)} + K_j\right)}}.
\end{aligned}
$$

当系数 $s_{i1}=s_{i2}=s_{j1}=s_{j2}=0$ 时, $\lim\limits_{a^2+b^2\to 1}\mathrm{PCC}(z_i,z_j)\to P_{ij}$, 其中 P_{ij} 是一个常数.

当系数 $s_{i1}^2+s_{i2}^2\neq 0$ 且 $s_{j1}^2+s_{j2}^2=0$ 时, $\lim\limits_{a^2+b^2\to 1}\mathrm{PCC}(z_i,z_j)\to 0$.

当系数 $s_{i1}s_{j2}\neq 0$ 且 $s_{i2}^2+s_{j1}^2=0$ 时, $\lim\limits_{a^2+b^2\to 1}\mathrm{PCC}(z_i,z_j)\to 0$.

当系数 $s_{i1}^2+s_{i2}^2\neq 0$ 且 $s_{j1}^2+s_{j2}^2\neq 0$ 时,

$$\begin{aligned}
&\lim_{a^2+b^2\to 1}|\mathrm{PCC}(z_i,z_j)|=\lim_{a^2+b^2\to 1}\frac{|\mathrm{Cov}(z_i,z_j)|}{\sqrt{\mathrm{Var}(z_i)\mathrm{Var}(z_j)}}\\
=&\frac{|(s_{i1}s_{j1}\kappa_{11}+s_{i2}s_{j2}\kappa_{22})+(s_{i1}s_{j1}\kappa_{22}+s_{i2}s_{j2}\kappa_{11})|}{\sqrt{((s_{i1}^2\kappa_{11}+s_{i2}^2\kappa_{22})+(s_{i1}^2\kappa_{22}+s_{i2}^2\kappa_{11}))\left((s_{j1}^2\kappa_{11}+s_{j2}^2\kappa_{22})+(s_{j1}^2\kappa_{22}+s_{j2}^2\kappa_{11})\right)}}\\
=&\frac{|s_{i1}s_{j1}+s_{i2}s_{j2}|}{\sqrt{s_{i1}^2s_{j1}^2+s_{i2}^2s_{j2}^2+s_{i1}^2s_{j2}^2+s_{i2}^2s_{j1}^2}}\\
=&\frac{|s_{i1}s_{j1}+s_{i2}s_{j2}|}{\sqrt{(s_{i1}s_{j1}+s_{i2}s_{j2})^2+(s_{i1}s_{j2}-s_{i2}s_{j1})^2}}.
\end{aligned}$$

可见, 仅当 $s_{i1}s_{j2}=s_{i2}s_{j1}$ 时, $\lim\limits_{a^2+b^2\to 1}|\mathrm{PCC}(z_i,z_j)|=1$. 于是, 有如下的特殊情形:

- 当 $s_{i2}s_{j2}\neq 0$ 且 $s_{i1}=s_{j1}=0$ 时, $\lim\limits_{a^2+b^2\to 1}|\mathrm{PCC}(z_i,z_j)|=1$;
- 当 $s_{i1}s_{j1}\neq 0$ 且 $s_{i2}=s_{j2}=0$ 时, $\lim\limits_{a^2+b^2\to 1}|\mathrm{PCC}(z_i,z_j)|=1$.

更一般地,

- 当 $s_{i1}s_{j1}\neq 0$, $s_{i1}^2\gg s_{i2}^2$ 且 $s_{j1}^2\gg s_{j2}^2$ $\left(即 \dfrac{s_{i2}}{s_{i1}}\approx 0 且 \dfrac{s_{j2}}{s_{j1}}\approx 0\right)$时,

$$\lim_{a^2+b^2\to 1}|\mathrm{PCC}(z_i,z_j)|=1.$$

这意味着两个变量 z_i, z_j 与 y_1 联系更紧密 (相较于与 y_2 的联系), 因此一般说来它们属于与 y_1 关联的 DNB 变量集合.

- 当 $s_{i2}s_{j2}\neq 0$, $s_{i2}^2\gg s_{i1}^2$ 且 $s_{j2}^2\gg s_{j1}^2$ $\left(即 \dfrac{s_{i1}}{s_{i2}}\approx 0 且 \dfrac{s_{j1}}{s_{j2}}\approx 0\right)$时,

$$\lim_{a^2+b^2\to 1}|\mathrm{PCC}(z_i,z_j)|=1.$$

这意味着两个变量 z_i, z_j 与 y_2 联系更紧密 (相较于与 y_1 的联系), 因此一般说来它们属于与 y_2 关联的 DNB 变量集合.

因此, 我们有如下的临界性质:

• 如果系数 $s_{i1}, s_{j1} \neq 0$ 且 $s_{i2}, s_{j2} = 0$, 即变量 z_i 和 z_j 关联 y_1 (而与 y_2 无关), 那么当 $a^2+b^2 \to 1$ 时, $|\mathrm{PCC}(z_i, z_j)| \to 1$. 更一般地, 如果系数 $s_{i1}, s_{j1} \neq 0$, $s_{i1}^2 \gg s_{i2}^2$ 且 $s_{j1}^2 \gg s_{j2}^2$, 那么当 $a^2+b^2 \to 1$ 时, $|\mathrm{PCC}(z_i, z_j)| \approx 1$.

• 如果 $s_{i2}, s_{j2} \neq 0$ 且 $s_{i1}, s_{j1} = 0$, 即变量 z_i, z_j 关联 y_2 (而与 y_1 无关), 那么当 $a^2+b^2 \to 1$ 时, $|\mathrm{PCC}(z_i, z_j)| \to 1$. 更一般地, 如果 $s_{i2}, s_{j2} \neq 0$, $s_{i2}^2 \gg s_{i1}^2$ 且 $s_{j2}^2 \gg s_{j1}^2$, 那么当 $a^2+b^2 \to 1$ 时, $|\mathrm{PCC}(z_i, z_j)| \approx 1$.

• 如果 $s_{i1}, s_{j2} \neq 0$ 且 $s_{i2}, s_{j1} = 0$, 即变量 z_i 关联 y_1, 变量 z_j 关联 y_2, 那么当 $a^2+b^2 \to 1$ 时, $\mathrm{PCC}(z_i, z_j) \to 0$.

• 如果 $s_{i1}, s_{j1}, s_{j2} \neq 0$ 且 $s_{i2} = 0$, 即变量 z_i 关联 y_1, 变量 z_j 同时关联 y_1 和 y_2, 那么当 $a^2+b^2 \to 1$ 时, $\mathrm{PCC}(z_i, z_j) \to c_1 \in (-1, 1)$.

• 如果 $s_{i1}, s_{j1}, s_{i2}, s_{j2} \neq 0$, 即变量 z_i 和 z_j 都同时与 y_1 和 y_2 关联, 那么当 $a^2+b^2 \to 1$ 时, $\mathrm{PCC}(z_i, z_j) \to c_2 \in (-1, 1)$.

• 如果 $s_{i1} = 0$ 且 $s_{i2} = 0$, 即变量 z_i 与 y_1 和 y_2 都无关联, 则
  - 若 $s_{j1} \neq 0$ 或 $s_{j2} \neq 0$, 即 z_j 关联 y_1 或 y_2, 那么当 $a^2+b^2 \to 1$ 时,

$$\mathrm{PCC}(z_i, z_j) \to 0.$$

  - 若 $s_{j1} = 0$ 且 $s_{j2} = 0$, 即变量 z_j 与 y_1 和 y_2 都无关联, 那么当 $a^2+b^2 \to 1$ 时,

$$\mathrm{PCC}(z_i, z_j) \to c \in (-1, 1).$$

因此, 可以做出以下的变量归类.

• 第一组 DNB 变量: $\{z_i | s_{i1} \neq 0, s_{i2} = 0\}$, 即仅与 y_1 关联的变量集合;

• 第二组 DNB 变量: $\{z_i | s_{i1} = 0, s_{i2} \neq 0\}$, 即仅与 y_2 关联的变量集合;

• 重叠变量: $\{z_i | s_{i1} \neq 0, s_{i2} \neq 0\}$, 即同时与 y_1 和 y_2 关联的变量集合;

• 非 DNB 变量: $\{z_i | s_{i1} = 0, s_{i2} = 0\}$, 即与 y_1 和 y_2 都无关联的变量集合.

性质 2.2 (系统具有两个 DNB 的性质)　考虑 (2.31) 式的随机扰动线性化系统. 当参数 $\boldsymbol{P}$ 接近 Neimark-Sacker 分岔的临界值 $\boldsymbol{P}_c$ 时, 存在两个 DNB 变量群 DNB_1 和 DNB_2, 具有以下性质:

• 如果变量 z_i 和 z_j 都属于 DNB_1 或都属于 DNB_2, 则

$$|\mathrm{PCC}(z_i, z_j)| \to 1,$$

并且 $\mathrm{SD}(z_i) \to \infty$, $\mathrm{SD}(z_j) \to \infty$;

• 如果变量 z_i 属于 DNB_1, 变量 z_j 属于 DNB_2, 则

$$\mathrm{PCC}(z_i, z_j) \to 0,$$

并且 $\mathrm{SD}(z_i) \to \infty$, $\mathrm{SD}(z_j) \to \infty$;

• 如果 z_i 是重叠变量 (即 DNB_1 与 DNB_2 的交集), z_j 是非 DNB 变量, 则

$$\mathrm{PCC}(z_i, z_j) \to 0,$$

并且 $\mathrm{SD}(z_i) \to \infty$, $\mathrm{SD}(z_j)$ 趋向于一个有界正常数;

• 如果 z_i 是重叠变量, z_j 属于 $\mathrm{DNB}_k(k=1,2)$ 或重叠变量, 则 $|\mathrm{PCC}(z_i, z_j)|$ 趋向于一个小于 1 的常数, 且 $\mathrm{SD}(z_i) \to \infty$, $\mathrm{SD}(z_j) \to \infty$;

• 如果 z_i 和 z_j 不属于任何 DNB 集合, 则 $|\mathrm{PCC}(z_i, z_j)|$ 趋向于一个小于 1 的常数, 且 $\mathrm{SD}(z_i)$ 和 $\mathrm{SD}(z_j)$ 有界.

其中 PCC 是皮尔逊相关系数, SD 是标准偏差.

在上面的性质中, 当某个分子 z_i 属于 DNB_1 与 DNB_2 的交集时, 如果它与变量 y_1 的关联远强于与 y_2 的关联 (即 $s_{i1} \gg s_{i2}$), 则 z_i 可以看作属于 DNB_1. 相反地, 如果 z_i 与变量 y_2 的关联远强于与 y_1 的关联 (即 $s_{i2} \gg s_{i1}$), 则 z_i 可以看作属于 DNB_2.

在分岔点附近, 原非线性系统 (2.31) 的 DNB 成员具有和其线性化系统类似的动力学性质. 基于上面的讨论, 除了 Neimark-Sacker 分岔外, 任何余维为 1 的分岔只有一个 DNB 集合. 对于存在多个 DNB 集合, 我们可以通过检测其中的一个来获得系统处于临界状态的预警信号. 显然, 这种方法是一种无模型的方法, 即不依赖于任何具体的动力系统模型, 而仅基于数据就可以获得 DNB 变量群及其呈现出来的临界信号. 不过, 从上面的理论分析也可以看出, 要判断 DNB 的临界性质, 需要计算皮尔逊相关系数和标准偏差等统计指标, 这就要求数据集在每个时间点都要包含多个样本才能计算. 如果数据集有很多时间点, 但每个时间点的样本较少, 可以使用滑动窗口 (sliding window) 的方式, 合并多个时间点的数据来达到对样本量的要求. 在下一节中, 我们将进一步介绍一种基于 DNB 理论的计算方法, 即在有参考样本集 (即正常状态的样本, 例如健康人的数据) 的情况下, 仅要求待检测个体在每个时间点有一个高维样本 (例如 2 万维的基因表达向量) 即可. 此外, 上一节中介绍的状态的“临界慢化” (CSD) 现象是在噪声较小的情况下, 预测单变量的状态发生临界变化的方法和主要指标. 而 DNB 则是表征多变量或网络的状态发生临界变化的理论与方法, 是基于多变量的“临界协同波动” (CCF) 的量化准则. 实际上, 对于单变量系统, DNB 或 CCF 就等同于 CSD.

2.3 分布波动和单样本扰动的 DNB 方法

在上一节中, 我们介绍了 DNB 的临界性质及其推导, 并介绍了基于“变量的协同波动”的 DNB 方法. 在这一节中, 我们着重介绍如何基于 DNB 的临界性质来开发行之有效的复杂系统临界状态探测方法, 特别是基于“变量分布的波动”或涨落及单样本的扰动方法.

2.3.1 基于 DNB 差异分布的临界状态探测方法

基于系统在临界状态时的性质, 可以看出一个非线性生物系统的临界状态实际上是某些关键变量发生了“分布的变化”, 即由于系统的 DNB 成员具有强相关的波动性质, 故属于 DNB 的生物分子的样本在临界状态下具有近似的双峰分布或宽分布模式; 但非 DNB 分子由于对临界状态不敏感, 故在临界状态下其样本具有单峰分布或窄分布模式. 另一方面, 在正常状态和疾病状态下, 由于系统状态的稳定性, 不论 DNB 或非 DNB 分子都具有单峰分布或窄分布. 于是, 基于 DNB 分子在正常状态与临界状态的分布差异性, 可以设计临界状态探测算法. 首先, 为了量化两个数据分布之间的差异, 可以使用 Kullback-Leibler 散度 (K-L 散度), 其定义为

对于两个概率分布 P 和 Q, 其 K-L 散度为

$$D_{\mathrm{KL}}(P,Q)=\sum_{k}P(k)\ln\left(\frac{P(k)}{Q(k)}\right), \tag{2.39}$$

其中 $P(k)=\mathrm{Prob}_P(x=x_k), Q(k)=\mathrm{Prob}_Q(y=y_k)$ 且 $\sum\limits_k P(k)=1, \sum\limits_k Q(k)=1$. 该 K-L 散度实际上是相对熵, 即

$$D_{\mathrm{KL}}(P,Q)=H(P,Q)-H(P), \tag{2.40}$$

其中, $H(P,Q)$ 是 P 和 Q 的交叉熵. 显然, 只有当分布 P 与 Q 相同时, $D_{\mathrm{KL}}(P,Q)$ 才为零, 其余情况均为正. K-L 散度最初被提出用于测量两个数据分布之间的差异, 并进一步扩展为数据差分、离群点检测和评估样本相似性的理论基础. 假设 P_A 和 P_B 是两个样本 (A,B) 中变量或测量值的两个分布, 如果散度 $D_{\mathrm{KL}}(P_A,P_B)$ 为 0, 则两个样本代表相同数量的信息, 因此具有最大的相似性. 在复杂疾病的发展过程中, 如果两个样本的 K-L 差异非常小, 那么很自然地认为样本所来自的阶段非常相似.

由于可以用 K-L 散度来衡量两个样本的距离, 对于有一组取自正常状态的参考样本集合和一组测试样本, 可以基于测试样本和参考样本之间的差异分布, 构建量化临界状态信号的指标 I[79]:

$$I=\frac{D_{\mathrm{KL}}(\mathrm{case}_{\mathrm{DNB}},\mathrm{control}_{\mathrm{DNB}})\times D_{\mathrm{KL}}(\mathrm{case}_{\mathrm{DNB}},\mathrm{case}_{\mathrm{nonDNB}})}{\epsilon+D_{\mathrm{KL}}(\mathrm{case}_{\mathrm{nonDNB}},\mathrm{control}_{\mathrm{nonDNB}})}, \tag{2.41}$$

其中 $\mathrm{case}_{\mathrm{DNB}}$ 代表测试样本中 DNB 分子的分布, $\mathrm{control}_{\mathrm{DNB}}$ 代表参考样本中 DNB 分子的分布, $\mathrm{case}_{\mathrm{nonDNB}}$ 代表测试样本中非 DNB 分子的分布, $\mathrm{control}_{\mathrm{nonDNB}}$ 代表参考样本中非 DNB 分子的分布, ϵ 是一个小正数, 以避免分母出现零.

当测试样本来自临界状态时, DNB 的测试样本和参考样本的 K-L 散度, 即 $D_{\mathrm{KL}}(\mathrm{case}_{\mathrm{DNB}}, \mathrm{control}_{\mathrm{DNB}})$ 具有较大的值, 这是由于 DNB 分子通常在临界状态具有双峰分布, 与正常状态下 DNB 分子的单峰分布完全不同; 而 DNB 和非 DNB 在测试样本的 K-L 散度, 即 $D_{\mathrm{KL}}(\mathrm{case}_{\mathrm{DNB}}, \mathrm{case}_{\mathrm{nonDNB}})$ 也具有较大的值, 这是由于即使处于临界状态下, 非 DNB 分子仍然保持单峰分布; 非 DNB 的测试样本和对照样本的 K-L 散度, 即 $D_{\mathrm{KL}}(\mathrm{case}_{\mathrm{nonDNB}}, \mathrm{control}_{\mathrm{nonDNB}})$ 具有较小的值, 即, 对于正常和临界状态, 非 DNB 分子通常具有类似的单峰分布. 综合上述属性, 可以通过综合指数 (2.41) 与预设的经验性阈值来判断测试样本是否取自临界状态. 也就是说, 如果综合指数 (2.41) 远高于阈值, 则测试样本可以被判断为处于临界状态. 实际上, 由这三项组合而成的指标降低了噪声和数据误差的影响, 从而提高了检测临界状态样本的敏感性.

2.3.2 基于 DNB 隐马尔可夫模型的临界状态探测方法

上面所介绍的方法是在已经知道 DNB 集合的条件下来判断测试样本是否取自系统的临界状态, 然而, 很多实际情况下, 系统的 DNB 集合是未知的, 这就需要开发新的计算方法来判断测试样本是否属于临界状态 (或前疾病状态). 如前所述, 由于个体差异性的广泛存在, 即使对于同一种疾病, 前疾病状态对不同个体来说也各不相同, 因此很难用监督学习的方法来判断前疾病状态. 然而, 基于 DNB 的理论结果, 我们直观地知道: 在高维数据中出现一组强协同性波动的变量意味着临界转变的出现. 那么如何用非监督学习的方式来检测某些关键变量发生的协同波动的信号, 就成为我们开发临界信号探测方法的关键.

基于一个复杂生物系统状态发生临界变化的过程, 可以知道处于正常阶段 (normal stage)/疾病阶段 (disease stage) 的系统具有动态稳定的性质, 分子表达的分布较为稳定, 因此正常阶段/疾病阶段可以看成一个平稳马尔可夫过程 (stationary Markov process), 状态转移概率不依赖于时间 t, 系统的未来信息可以通过其已经发生的信息来预知; 而当系统处于临界阶段 (critical stage) 时, 系统对小扰动非常敏感, 因此临界状态可以被看成一个时变马尔可夫过程 (time-varying Markov process), 状态转移概率随时间 t 变化, 系统的未来信息不可以通过其已经发生的信息来预知. 于是, 识别临界状态就相当于检测从一个平稳马尔可夫过程到一个时变马尔可夫过程的切换点. 利用时序列数据, 可以基于隐马尔可夫模型 (hidden Markov model, HMM), 开发一个在每个候选采样点判断平稳马尔可夫过程是否结束的概率指标及其计算算法 (图 2.9). 记正常阶段为状态 W_0, 临界阶段为状态 W_1, 显然, 这两个状态并不能通过观测值 (例如基因表达矩阵) 直接观测得到, 因此属于隐藏状态 (hidden state)[84, 85].

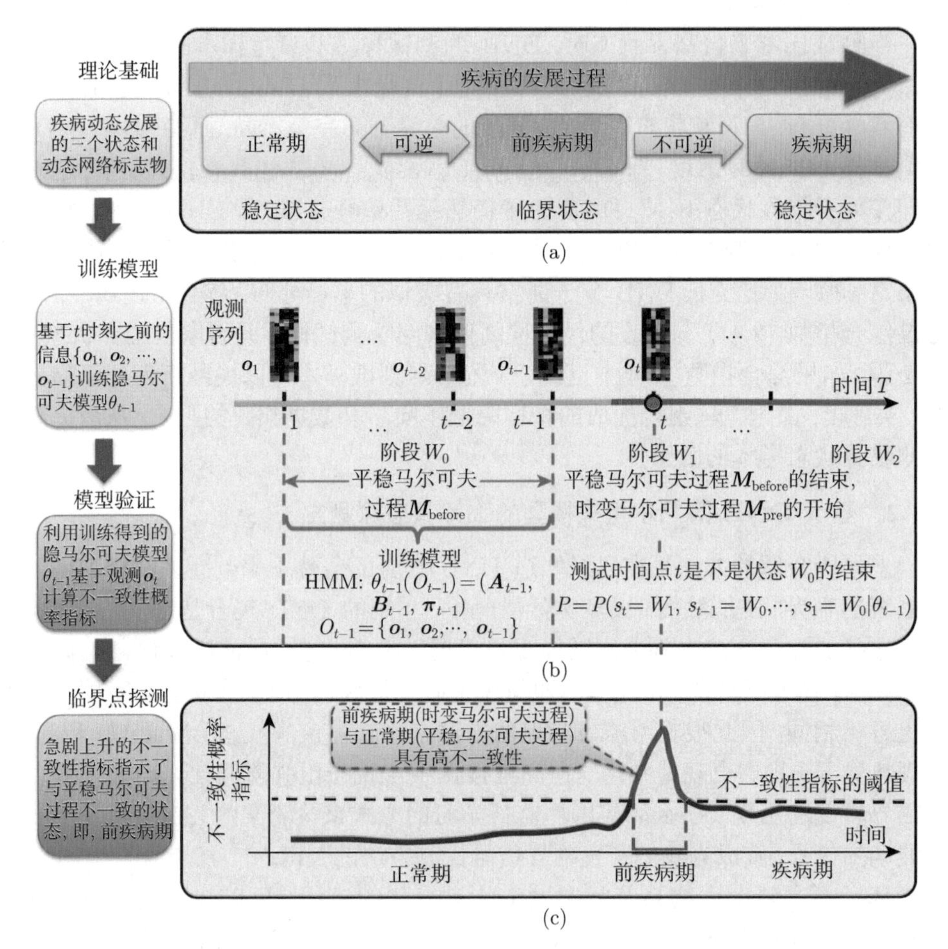

图 2.9　采用隐马尔可夫模型 (HMM) 的临界状态探测方法示意图. (a) 该方法的理论基础是 DNB 框架对疾病发展过程的三个阶段的划分. (b) 基于三个阶段的动力学特征, 把正常阶段 W_0 看作一个平稳马尔可夫过程, 把临界阶段 W_1 看作一个时变非平稳马尔可夫过程. 那么判断某个样本是否采自临界阶段, 就等同于判断该样本是否不属于 W_0(代表正常阶段) 的平稳马尔可夫过程. (c) 基于所开发的“不一致性概率指标”(即由式 (2.52) 所定义的 I-指标), 如果该指标急剧上升, 就意味着测试样本与所训练的 HMM 具有较大的不一致性, 即测试样本采自临界阶段

对一个从正常状态开始发展的复杂生物系统, 记时间变量为 t, 即系统沿着时间序列 $\{1,2,\cdots,t-1,t,\cdots\}$ 发展. 假设采自最初 $t-1$ 个时间点 $\{1,2,\cdots,t-1\}$ 的样本 (初始样本集合) 都属于其正常状态 W_0, 那么对于第一个待测时间点 t 来说, 先使用其过去的数据 (即采自时间序列 $\{1,2,\cdots,t-1\}$ 的样本) 来训练一个隐马尔可夫模型 θ_{t-1}, 该模型 θ_{t-1} 描述了系统处于正常阶段 (即处于 $\{1,2,\cdots,t-1\}$ 的系统状态 W_0) 的一个平稳马尔可夫过程. 随后, 在 H_0 假设“取自待测时间点

t_1 的样本属于临界阶段, 即一个时变马尔可夫过程 W_1” 之下, 计算待测样本与所训练的 HMM 之间的不一致性, 若不一致性指标 (即由下面的式 (2.52) 所定义的 I-指标) 大于预设的阈值, 那么待测时间点 t 被判断为处于临界阶段; 反之, 待测时间点 t 被判断为仍然属于正常阶段, 并把取自该时间点的观测信息入到初始样本集合. 循环上面的过程, 即使用采自时间序列 $\{1,2,\cdots,t-1,t\}$ 的样本来训练新的隐马尔可夫模型 θ_t, 并用 θ_t 来判断下一个待测时间点 $t+1$ 是否属于临界阶段, $\cdots$. 显然, 该计算方法的关键仅是使用观测数据来建立一个描述系统处于正常阶段的隐马尔可夫模型, 这与系统本身的动力学模型 (如描述系统分子动态变化的一个高维常微分方程) 是无关的, 因此该计算方法是数据驱动的无模型计算方法.

不失一般性, 我们约定样本中的基因数量为 n, 直到时间点 t 的观测序列为 $O_t=\{\boldsymbol{o}_1,\boldsymbol{o}_2,\cdots,\boldsymbol{o}_t\}$; 直到时间点 $t-1$ 的状态序列为 $\{s_1,s_2,\cdots,s_{t-1}\}$, 其中 s_{t-1} 是 $\mathrm{state}(\boldsymbol{o}_{t-1})$ 的简写. 在本算法中, $\boldsymbol{o}_t$ 代表在时间点 t 的基因表达矩阵, 即对于时间点 t 的观测值 $\boldsymbol{o}_t$, 如果其中包含 m 个样本, 则

$$\boldsymbol{o}_t=(\boldsymbol{Z}^1(t),\boldsymbol{Z}^2(t),\cdots,\boldsymbol{Z}^m(t))=\begin{pmatrix} z_1^1(t) & z_1^2(t) & \cdots & z_1^m(t)\\ z_2^1(t) & z_2^2(t) & \cdots & z_2^m(t)\\ \vdots & \vdots & & \vdots\\ z_n^1(t) & z_n^2(t) & \cdots & z_n^m(t)\end{pmatrix}_{n\times m},$$

其中 $\boldsymbol{Z}^s(t-1)=(z_1^s(t-1),z_2^s(t-1),\cdots,z_n^s(t-1))^{\mathrm{T}}$ 表示系统的第 s 个样本, 符号“T”代表向量转置; $z_i^s(t)$ 表示在第 s 个样本中, 第 i 个变量的表达值, $i\in\{1,2,\cdots,n\}_{\text{variable}}$ 和 $s\in\{1,2,\cdots,m\}_{\text{sample}}$.

利用隐马尔可夫模型进行临界状态的探测是由“基于观测序列 O_{t-1} 训练 HMM”和“判断系统状态 $s(t)=\mathrm{state}(\boldsymbol{o}_t)$”两个部分来实现的, 下面分别介绍这两个部分.

1. 基于观测序列 O_{t-1} 训练 HMM

首先需要基于观测序列信息 $O_{t-1}=\{\boldsymbol{o}_1,\boldsymbol{o}_2,\cdots,\boldsymbol{o}_{t-1}\}$, 训练隐马尔可夫模型 $\theta_{t-1}=(\boldsymbol{A}_{t-1},\boldsymbol{B}_{t-1},\boldsymbol{\pi})$, 其中 $\boldsymbol{A}_{t-1}$ 是隐藏状态转移矩阵 (hidden state transition matrix), 描述了 HMM 模型中各个隐藏状态 (W_0 和 W_1) 之间的转移概率; $\boldsymbol{B}_{t-1}$ 是观测矩阵 (emission matrix) ; $\boldsymbol{\pi}$ 是初始状态概率矩阵. 隐藏状态转移矩阵定义为

$$\boldsymbol{A}_{t-1}=(a_{ij}(t-1))_{2\times 2}, \tag{2.42}$$

且

$$a_{ij}(t-1) = P(s_{t-1} = W_i \mid s_{t-2} = W_j), \quad i, j \in \{0, 1\}, \tag{2.43}$$

观测矩阵定义为

$$\boldsymbol{B}_{t-1} = (b_{jk}(t-1))_{2\times(n+1)}, \tag{2.44}$$

其中 n 是样本中的基因数目. 显然, 在每个时间点处, 可能出现表达强波动的基因数量为 $\{0, 1, 2, \cdots, n\}$. 这里, 表达强波动可以定义为: (a) 基因的表达严重偏离过去分布的均值 (如下文所述的判断方法), 或者 (b) 表达的标准偏差 (SD) 是过去该值的两倍 (two fold). 用记号 $\#1(t-1)$ 代表在时间点 $t-1$ 时, 表达强波动的基因数目. 于是, 可以定义观测概率 b_{jk} 为

$$b_{jk}(t-1) = P(\#1(t-1) = k \mid s_{t-1} = W_j), \quad j \in \{0, 1\}, \quad k \in \{0, 1, \cdots, n\}. \tag{2.45}$$

上式中的 b_{jk} 代表了"在时间点 $t-1$ 时, 系统状态是 W_j"的条件下, 出现第 k 个可能观测 (即在时间点 $t-1$ 时, 有 k 个表达强波动基因) 的概率.

HMM θ 的训练是基于 Baum-Welch 算法的无监督学习过程, 这里介绍一种可操作的步骤:

算法 2.2 临界状态的无监督学习

步骤 1: 基于过去的可观测样本, 估算参考分布. 基于观测序列 O_{t-2}, 在假设每个变量都服从高斯分布的情况下, 可以获得第 k 个变量在时间点 $t-2$ 的分布估计, 即分布 $N(\mu_k(t-2), \sigma_k^2(t-2))$, 其中 μ_k 代表第 k 个变量的均值, σ_k^2 代表第 k 个变量的方差.

步骤 2: 统计每个样本中偏离参考分布的变量数. 用指标 $x_k^s(t-1) \in \{0, 1\}$ 描述了第 k 个变量的第 s 个样本值 $z_k^s(t-1)$ 偏离之前分布 $N(\mu_k(t-2), \sigma_k^2(t-2))$ 的均值的程度, 即

- 当 $z_k^s(t-1) \in [\mu_k(t-2) - \sigma_k(t-2), \mu_k(t-2) + \sigma_k(t-2)]$ 时, $x_k^s(t-1) = 0$;
- 当 $z_k^s(t-1) \in (-\infty, \mu_k(t-2) - \sigma_k(t-2)) \cup (\mu_k(t-2) + \sigma_k(t-2), +\infty)$ 时, $x_k^s(t-1) = 1$.

显然, 如果 $x_k^s(t-1) = 0$, 意味着样本值 $z_k^s(t-1)$ 没有偏离分布 $N(\mu_k(t-2), \sigma_k^2(t-2))$ 的均值太多; 反之, 如果 $x_k(t-1) = 1$, 意味着样本值 $z_k^s(t-1)$ 严重偏离了分布 $N(\mu_k(t-2), \sigma_k^2(t-2))$ 的均值. 显然, 如果在时间 $t-1$ 的若干样本中, 出现了很多次严重偏离之前分布的均值的情况, 就意味着第 k 个变量的表达值波动强烈.

对任一样本 $\boldsymbol{Z}^s(t-1) = (z_1^s(t-1), z_2^s(t-1), \cdots, z_n^s(t-1))^{\mathrm{T}}$ 来说, 引入向量 $\boldsymbol{X}^s(t-1) = (x_1^s(t-1), \cdots, x_n^s(t-1))$ 来表示该样本中偏离之前表达分布的情况, 并以 $\#0(t-1)$ 和 $\#1(t-1)$ 分别表示在向量 $\boldsymbol{X}^s(t-1)$ 中出现 0 和 1 的个数, 显然

$\#0(t-1)+\#1(t-1)=n$ 且 $\#1(t-1)\in\{0,1,2,\cdots,n\}$ 代表表达值强波动的基因数目. 这样一来, 把 t 时间点的观测值 $\boldsymbol{o}_t=(\boldsymbol{Z}^1(t),\boldsymbol{Z}^2(t),\cdots,\boldsymbol{Z}^m(t))$ 转换为计数向量 $(\boldsymbol{X}^1(t),\boldsymbol{X}^2(t),\cdots,\boldsymbol{X}^m(t))$, 不失一般性地, 仍然可以把 $(\boldsymbol{X}^1(t),\boldsymbol{X}^2(t),\cdots,\boldsymbol{X}^m(t))$ 看作观测值 $\boldsymbol{o}_t$.

步骤 3: 基于 Baum-Welch 算法训练 HMM θ_{t-1}.

- **初始化**

记迭代次数为 h. 当 $h=0$ 时, 设置初始值 a_{ij}^0, b_{jk}^0, π_i^0, 于是有初始 HMM $\theta^0=(\boldsymbol{A}^0,\boldsymbol{B}^0,\boldsymbol{\pi}^0)$.

- **更新**

当 $h=1,2,\cdots$ 时, 基于如下的递归方式更新 a_{ij}^h, b_{jk}^h, 和 π_i^h:

$$a_{ij}^h=\frac{\sum\limits_{T=1}^{t-1}\xi_T(i,j)}{\sum\limits_{T=1}^{t-1}\gamma_T(i)}, \tag{2.46}$$

$$b_{jk}^h=\frac{\sum\limits_{T=1,\#1(t-1)=k}^{t-1}\gamma_T(j)}{\sum\limits_{T=1}^{t-1}\gamma_T(j)}, \tag{2.47}$$

$$\pi_i^h=\gamma_1(i), \tag{2.48}$$

其中 $\gamma_T(i)$ 和 $\xi_T(i,j)$ 分别由下面的式 (2.49) 和 (2.50) 来表示: 对任意给定的时间点 T, HMM θ_{T-1} 和观测序列 O_T, $\gamma_T(i)$ 和 $\xi_T(i,j)$ 分别为

$$\begin{aligned}\gamma_T(i)&=P(s_T=W_i\,|\,O_T,\,\theta_{T-1})\\&=\frac{P(s_T=W_i,\,O_T\,|\,\theta_{T-1})}{P(O_T\,|\,\theta_{T-1})},\end{aligned} \tag{2.49}$$

其中 $i\in\{0,1\}$;

$$\begin{aligned}\xi_T(i,j)&=P(s_{T-1}=W_i,s_T=W_j\,|\,O_T,\,\theta_{T-1})\\&=\frac{P(s_{T-1}=W_i,s_T=W_j,\,O_T\,|\,\theta_{T-1})}{P(O_T\,|\,\theta_{T-1})},\end{aligned} \tag{2.50}$$

其中 $i,j \in \{0,1\}$.

• **结束**

当 $h=H$ 时, 这里 H 是一个给定的充分大的常数, 递归结束, 则

$$\theta_i^H = (\boldsymbol{A}^H, \boldsymbol{B}^H, \boldsymbol{\pi}^H). \tag{2.51}$$

于是 HMM 训练完成, 即 $\theta_{t-1} = \theta_i^H$.

注意, 这里介绍的是一种可操作的步骤, 使用者可以根据样本条件和问题的需要进行变化.

2. 基于 θ_{t-1}, 判断系统状态 $s(t) = \mathrm{state}(\boldsymbol{o}_t)$

接下来, 将利用在 t 时刻的观测信息 $\boldsymbol{o}_t$ 和训练好的 HMM θ_{t-1}, 来计算不一致性指标 (I-指标):

$$I(t) = P_t(s_t = W_1 \,|\, s_1 = W_0, s_2 = W_0, \cdots, s_{t-1} = W_0, \theta_{t-1}, O_t), \tag{2.52}$$

其中 s_t 代表系统在时间点 t 处的状态变量, 且 $s_t \in \{W_0, W_1\}$; θ_{t-1} 是经过训练的 HMM, W_0 和 W_1 是不可直接观测的 (隐藏) 系统状态, W_0 代表系统的正常阶段, W_1 代表与 W_0 不一致的系统状态 (临界状态). 显然, 基于 HMM θ_{t-1} 的概率 P_t 是用于衡量系统状态 s_t 与之前的状态序列 $\{s_1, s_2, \cdots, s_{t-1}\}$ 的不一致性.

显然, 式(2.52) 也可以写作

$$I(t) = 1 - Q_t(s_t = W_0 \,|\, s_1 = W_0, s_2 = W_0, \cdots, s_{t-1} = W_0, \theta_{t-1}, O_t), \tag{2.53}$$

其中 Q_t 表示了在观测 $\{\boldsymbol{o}_t\}$ 和隐马尔可夫模型 θ_{t-1} 的条件下, 系统在 t 时刻的状态与其在之前时间点 $\{1, 2, \cdots, t-1\}$ 所处状态一致的概率. 基于马尔可夫链, 概率 Q_t 可以写为

$$Q_t(s_t = W_0 \,|\, s_{t-1} = W_0, \cdots, s_2 = W_0, s_1 = W_0, \theta_{t-1}, O) \tag{2.54}$$

$$\begin{aligned} &= Q_t(s_t = W_0 \,|\, s_{t-1} = W_0, \theta_{t-1}, O) \\ &= \frac{P(s_{t-1} = W_0, s_t = W_0 \,|\, \theta_{t-1}, O)}{P(s_{t-1} = W_0 \,|\, \theta_{t-1}, O)}. \end{aligned} \tag{2.55}$$

在式 (2.55) 中, 分子

$$P(s_{t-1} = W_0, s_t = W_0 \,|\, \theta_{t-1}, O) = \frac{\beta_{t-1}(s_{t-1} = W_0) a_{00} b_{0k}}{\sum_{i=0}^{1} \beta_{t-1}(s_{t-1} = W_i) a_{ij} b_{jk}}, \tag{2.56}$$

分母

$$P(s_{t-1}=W_0\,|\,\theta_{t-1},O)=\frac{\beta_{t-1}(s_{t-1}=W_0)}{\sum\limits_{j=0}^{1}\beta_{t-1}(s_{t-1}=W_j)},\tag{2.57}$$

这里 a_{00} 和 a_{ij} 是来自状态转移矩阵中的元素 (2.43), b_{0k} 和 b_{jk} 是来自观测矩阵中的元素 (2.45). 在式 (2.56) 和 (2.57) 中, 后向概率设置为 1. β 是前向概率 (forward probability), 具有如下的形式:

$$\beta_t(i)=\beta_t(s_t=W_i)=P(\boldsymbol{o}_1,\boldsymbol{o}_2,\cdots,\boldsymbol{o}_t,s_t=W_i\,|\,\theta),\qquad i\in\{0,1\}.\tag{2.58}$$

对于前向概率(2.58), 其计算方式是: 当迭代次数 $l=0$ 时,

$$\beta_0(i)=\pi_i b_{ik_0},\qquad i=0,1,\tag{2.59}$$

其中 $k_0\in\{1,2,\cdots,n+1\}$.

当迭代次数 $l=1,2,\cdots,T-1$ 时,

$$\beta_l(i)=\left[\sum_{j=0}^{1}\beta_{l-1}(j)a_{ji}\right]b_{ik_l},\qquad i=0,1,\tag{2.60}$$

其中 $k_l\in\{1,2,\cdots,n+1\}$.

当迭代次数 $l=T$ 时,

$$\beta_T(0)=\beta_t(s_t=W_0)=\left[\sum_{j=0}^{1}\beta_{T-1}(j)a_{j0}\right]b_{0k_T},\tag{2.61}$$

$$\beta_T(1)=\beta_t(s_t=W_1)=\left[\sum_{j=0}^{1}\beta_{T-1}(j)a_{j1}\right]b_{1k_T},\tag{2.62}$$

且

$$P(O\,|\,\theta)=P(\boldsymbol{o}_1,\boldsymbol{o}_2,\cdots,\boldsymbol{o}_t\,|\,\theta)=\sum_{i=0}^{1}\beta_T(i).\tag{2.63}$$

根据上述设置, 给定 HMM θ_{t-1}, 在某个时间点 t 的 HMM 概率 Q_t (一致性概率) 便可以通过观测序列 $\{\boldsymbol{o}_1,\boldsymbol{o}_2,\cdots,\boldsymbol{o}_{t-1},\boldsymbol{o}_t\}$ 计算得到.

显然, 如果系统在待测试时间点 t 处于 HMM θ_{t-1} 所描述的平稳马尔可夫过程中, 即观测信息 $\boldsymbol{o}_t$ 是取自正常阶段 W_0, 那么概率 $I(t)$ 与 $I(t-1)$ 相比没有

显著变化, 也就是说, 当系统处于正常阶段时, I-指数保持平稳. 然而, 如果待测试时间点 t 处于时变马尔可夫过程中, 或者观测信息 $\boldsymbol{o}_t$ 是取自临界阶段 W_1, 则 $I(t)$ 急剧增加, 表明观测信息 $\{\boldsymbol{o}_t\}$ 与基于观测序列 $\{\boldsymbol{o}_1, \boldsymbol{o}_2, \cdots, \boldsymbol{o}_{t-1}\}$ 所训练的 HMM θ_{t-1} 之间存在高度的不一致性. 显然, 高度的不一致性出现在正常阶段的平稳马尔可夫过程和临界阶段的时变马尔可夫进程之间的切换期. 因此, 不一致性指标 $I(t)$ 的突然增加表明系统状态的临界迁移即将来临.

2.3.3　基于矩展开的 DNB 方法

如上文所述, 在噪声的影响下, 非线性系统临界转移不仅是发生状态的变化, 而且其中某些关键变量 (DNB) 的概率分布发生了改变. 在噪声较小的时候, 系统的临界点位于相应的确定性系统的分岔点附近, 其中存在临界慢化 (CSD) 现象, 因此可以使用前述基于动力系统分岔方法的手段来判断系统发生状态变化的临界点 (图 2.10(a)). 然而, 在噪声较大的时候, 系统发生状态迁移的时间点可能会早于理论分析的分岔点 (图 2.10(b)), 在状态的临界迁移发生之前不存在传统的 CSD 现象. 这时, 前述的 CSD 和 DNB 方法会失效. 这里, 我们介绍一种策略, 即在系统受到较大噪声的时候, 可以通过矩展开和矩截断, 开发一种概率分布的嵌入方案, 将具有大噪声的状态动力学转换为具有小噪声的分布动力学, 以便研究者能够在受到强波动或大噪声干扰的复杂系统中, 分析与预警系统的临界状态[46].

实际上, 对任何一个随机变量 x 来说, 如果我们掌握了其分布信息, 那么它的均值、方差、偏度、峰度等信息都可以获得. 反过来说, 如果我们能够推断 x 的一阶矩 (与期望有关) $\mathbb{E}(x)$、二阶矩 (与方差有关) $\mathbb{E}(x^2) = \mathrm{Var}(x) + \mathbb{E}(x)^2$、三阶矩 (与偏度有关) $\mathbb{E}(x^3) = \mathrm{Skew}(x)\mathrm{Var}(x)^{3/2} + 3\mathbb{E}(x)\mathbb{E}(x^2) - 2\mathbb{E}(x)^3$ 以及更高阶矩, 就能够逐步逼近该变量的分布信息. 并且, 掌握的矩信息越高阶, 就能越好地逼近其真实分布, 而分布信息有很好的抗噪性. 因此, 该方法的关键思想是通过对随机变量矩展开, 对观测数据进行变换, 从而在更高维的矩空间 (即以各阶矩作为空间的维数) 中获得相应概率分布的新数据, 这种变换后的数据具有 (较原始数据而言) 更小的噪声. 这样, 在一个高维矩空间内, 就可以把前述的 CSD, DNB 等方法直接应用于具有较小噪声的高维数据. 例如, 通过将矩扩展到二阶, 从而将数据维数从原始 n 增加到最多 $n(n+3)/2$, 波动或噪声水平显著降低. 这样, 具有大噪声的原始状态系统便被转换为具有更多变量的矩系统, 每一个新的矩变量代表了状态的一部分分布信息, 且可以减少噪声干扰. 由于新数据所受到的噪声干扰较小, 前述的 CSD, DNB 等方法再次变得适用.

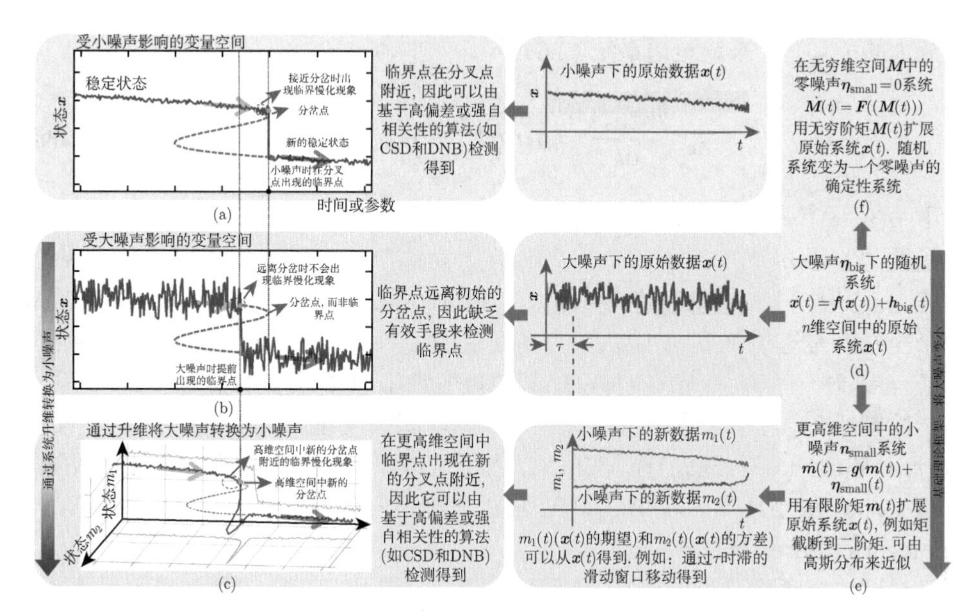

图 2.10 基于矩展开降低强噪声对数据的影响的示意图. (a) 以一个一维系统为例, 当系统处于小噪声下时, 系统的临界点位于相应的确定性系统的分岔点附近, 其中存在临界慢化 (CSD) 或临界协同波动 (CCF) 现象. 因此, CSD 可用于检测其信号, 因为 CSD 信号仅在系统接近分岔点时出现. (b) 当该一维系统处于大噪声下时, 由于噪声的强波动性, 系统的状态临界迁移有可能比确定性系统的分岔点早得多. 由于状态的临界迁移远离原始分岔点, 因此不存在传统的 CSD 现象. 所以, 不能直接应用 CSD 来确定临界点. (c) 通过矩展开, 大噪声下的状态动力学转化为噪声小得多但在高维空间 (例如, 一个双矩变量系统) 中的概率分布的动力学, 其临界点靠近重构后的高维系统分岔点. 因此, 基于 CSD 或 CCF 或方法可以再次有效地工作, 从而可用于在这个高维小噪声系统中检测预警信号. (d) 表示单变量原始动力系统和大噪声观测时间序列数据. (e) 显示了具有来自 (d) 的两个矩变量的升维矩系统, 以及在高维空间中重构的具有较小噪声的时间序列数据. (f) 显示了一个极端情况, 对于这个极端情况, 具有大噪声的原始系统可以通过矩展开升维为具有零噪声的无限维系统, 即分布. 一般来说, 具有大高斯噪声的线性随机系统可以精确地表示为具有零噪声的二阶矩系统, 即高斯分布

通常, 具有大噪声的动力系统可以用以下随机微分方程表示

$$\frac{\mathrm{d}\boldsymbol{x}(t)}{\mathrm{d}t}=\boldsymbol{f}(\boldsymbol{x}(t))+\boldsymbol{\eta}_{\mathrm{big}}(t), \tag{2.64}$$

其中 $\boldsymbol{f}(\boldsymbol{x}(t))=(f_1(\boldsymbol{x}(t)),\cdots,f_n(\boldsymbol{x}(t)))$ 是高维非线性函数, 系统的状态变量 $\boldsymbol{x}(t)$ $=(x_1(t),\cdots,x_n(t))$, 噪声 $\boldsymbol{\eta}_{\mathrm{big}}(t)=(\eta_{\mathrm{big\_1}}(t),\cdots,\eta_{\mathrm{big\_}n}(t))$ 具有零均值和协方差 $\sigma_{\mathrm{big\_}i,j}$.

对于上述具有较大噪声的系统 (2.64), 可以通过对变量做矩展开 (例如展开到

充分大的 k 阶矩) 来逼近原系统 (2.64):

$$\frac{\mathrm{d}\boldsymbol{m}(t)}{\mathrm{d}t}=\boldsymbol{g}(\boldsymbol{m}(t))+\boldsymbol{\eta}_{\text{small}}(t), \tag{2.65}$$

其中 $\boldsymbol{g}(\boldsymbol{m}(t))=(g_1(\boldsymbol{m}(t)),\cdots,g_N(\boldsymbol{m}(t)))$ 是从函数 $\boldsymbol{f}(x(t))$ 得到的非线性高阶矩函数, 这里 $\boldsymbol{m}(t)=(m_1(t),\cdots,m_N(t))$ 是高阶矩变量. 由于矩截断到 k 阶, 误差 $\boldsymbol{\eta}_{\text{small}}(t)=(\eta_{\text{small\_1}}(t),\cdots,\eta_{\text{small\_}N}(t))$ 可以被当作小噪声项. $m_i(t)$ 是某一个矩, N 是矩展开到 k 阶后所有矩变量的个数 $(N>k)$. 特别地, 当矩展开到 $k=2$ 时, 有 $N=n(n+3)/2$, 其中矩变量 $m_1(t)$ 代表均值, 即状态变量 x_i 的一阶矩 $\mathbb{E}(x_i)$; 矩变量 $m_2(t)$ 是协方差, 即状态变量 x_i 和 x_j 的二阶中心矩 $\mathbb{E}((x_i-\mathbb{E}(x_i))(x_j-\mathbb{E}(x_j)))$. 实际上, 为了近似原始随机动力学或通过有限阶矩方程 (2.65) 最小化误差项 $\boldsymbol{\eta}_{\text{small}}(t)$, 可以采用已有的矩截断的方案, 例如矩闭合 (moment-closure) 方法[86].

通过这个噪声较小的矩系统, 我们可以直接使用 DNB 方法来检测系统状态的临界迁移, 其中临界点不是原始系统 (2.64) 的分岔点, 而是有限阶矩方程 (2.65) 的分岔点. 实际上, 任何概率分布都可以用 Gram-Charlier, Edgeworth 级数[87] 或二项式矩级数[88,89] 等来表示或扩展为矩变量 $\boldsymbol{m}(t)$ 的非线性形式. 由于一组矩代表了一个概率分布, 即该矩系统代表状态变量概率分布的动力学, 而不是原始系统的状态动力学, 因此矩变量系统 (2.65) 的临界点对应于概率分布的波动或变化, 而不是状态变量 $\boldsymbol{x}(t)$ 的波动或变化. 换言之, 不同于确定性系统 (以 $\boldsymbol{x}(t)$ 表示) 的临界状态转移, 随机系统(2.65) (以 $\boldsymbol{m}(t)$ 表示) 的转移是临界分布的转移. 图 2.11 给出一个矩展开在真实数据上应用的例子来展示该方法.

考虑到金融市场的状态临界迁移包括了不稳定的“金融泡沫”的破灭. 这里把矩展开的 DNB 方法应用于雷曼兄弟 (Lehman Brothers) 银行破产的财务数据集, 数据集记录了美元和欧元利率互换的每日价格. 该财务数据集来自 ING 银行, 由美元和欧元利率互换 (interest rate swap, IRS) 的时间序列组成[27]. 数据跨度超过 12 年: 1998 年 1 月 12 日至 2011 年 8 月 12 日的欧元数据和 1999 年 4 月 29 日至 2011 月 6 日的美元数据. 这里, 我们仅使用美元和欧元汇率的 IRS 日价格平均值. 有关雷曼兄弟破产的金融市场数据, 雷曼兄弟在 2008 年 9 月 15 日宣布破产之前曾是美国第四大投资银行, 该银行的破产被认为是在 2008 年发生的全球金融危机中的重要事件. 由于该金融数据的强烈波动, 用基于 CSD 的传统指标标准偏差 (SD) 无法得到系统将要发生状态临界转变的信号 (图 2.11(b)—(e)). 然而, 如图 2.11(a) 所示, 使用矩展开的方案, 在雷曼兄弟破产之前 (横轴上的时间点 0), 基于一个矩展开的 5 维系统 (美元利率互换指标的均值、欧元利率互换指标的均值、美元利率互换指标的标准偏差、欧元利率互换指标的标准偏差、美元和欧元利率互

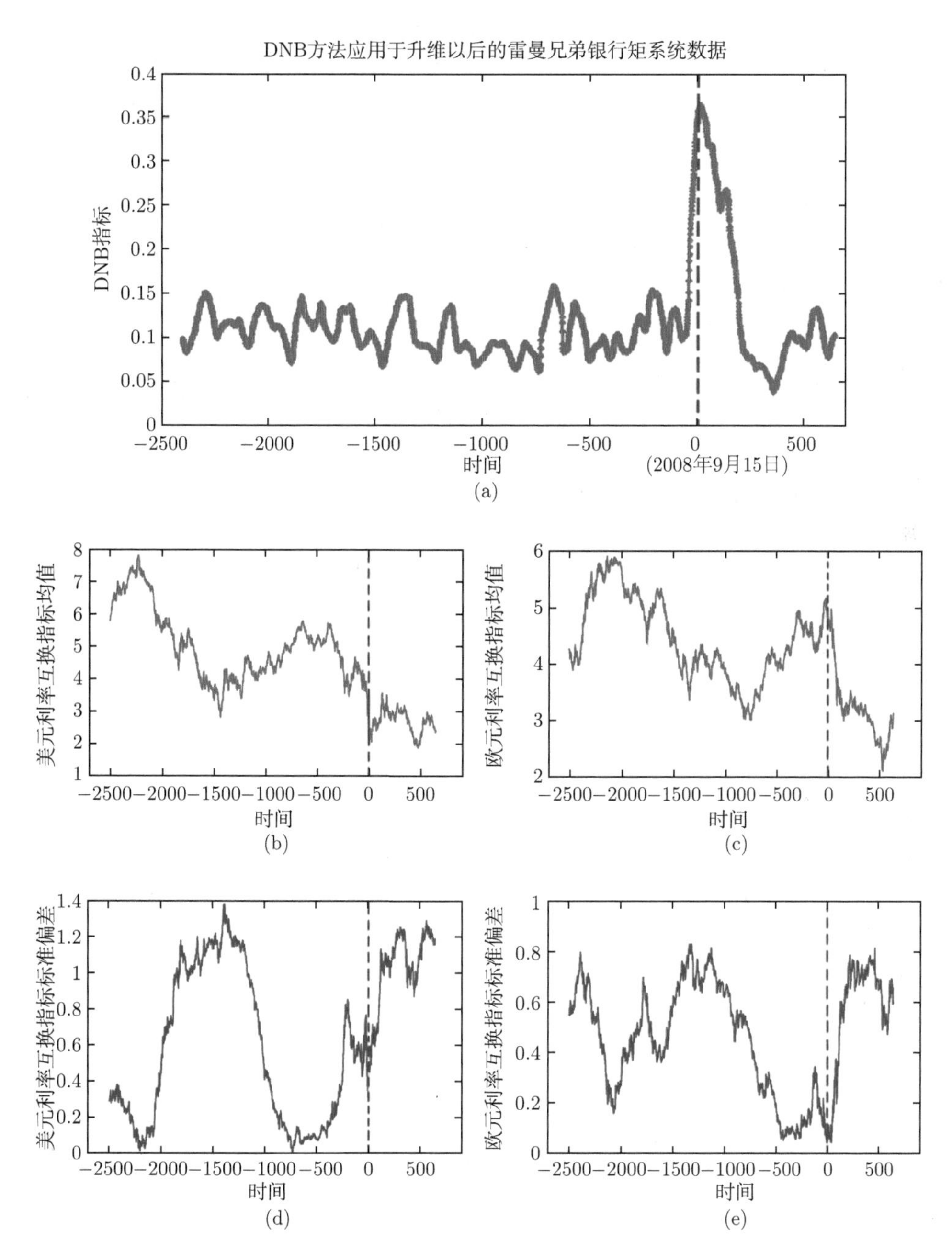

图 2.11 分别在原系统和矩展开系统中的临界点探测结果. (a) 在一个矩展开 5 维系统中, 使用 DNB 方法可以准确地探测到状态的临界迁移信号 (银行破产前的异常). (b) 美元利率互换指标的均值. (c) 欧元利率互换指标的均值. (d) 美元利率互换指标的标准偏差. (e) 欧元利率互换指标的标准偏差

换指标的协方差等五个矩变量) 的 DNB 指标突然上升, 这与随后观察到的金融现象[27] 一致, 这一结果表明了在数据充分的条件下, 可以通过矩展开后的 DNB 方法规避数据噪声的影响, 并探测到系统发生临界迁移的预警信号, 也说明了分布的波动或变化意味着临界.

2.4 网络的波动及网络熵

上一节中我们介绍了在每个时间点都能取得多个样本的情况下, 如何探测一个复杂生物过程的动态网络标志物 (DNB), 特别是基于变量的波动及分布的波动, 从而在该过程临界点到来前探测到预警信号. 对于一个生物系统来说, 我们可以描述为一个网络, 因此可以进一步用 “网络的波动” 来鲁棒地预警疾病. 然而, 在生物医学的大量实际问题中, 由于成本或客观条件等限制, 样本常常难以大量获取, 在每个时间点通常仅有一个待测样本. 在这样的情况下, 就无法使用上一节所述的方法来寻找动态网络标志物了. 此外, 从临床的角度来说, 每个患者的病情有其特殊性, 这也要求我们开发针对 “个体” 的方法来进行数据分析. 因此, 无论从客观条件还是临床的需求, 都要求我们基于 “每个时间点仅有一个样本” 的数据条件, 开发更实用的计算方法来进行分析.

在实际上, 每一个个体虽然在一个时间点 t_i, $i = 1, 2, \cdots, n$ 处通常有一个样本, 但作为群体通常都有大样本. 因此, 可以将群体样本指标看作 “参考样本集合”, 把某检测个体在某个时间点处的样本看作对参考样本集合的小扰动. 这样一来, 检测个体在某个时间点样本是否处于前疾病状态的问题, 就自然地转换为如何量化该样本对参考样本集合带来的扰动, 以及判断该扰动是否强烈的问题[66,67,90–93]. 在这节, 我们先介绍从变量的波动 (涨落) 到网络的波动 (涨落), 即网络流熵的 DNB 方法, 来获取更加鲁棒的临界信号, 然后介绍单样本的 DNB 方法.

2.4.1 网络流熵

在分子层面的生命系统的功能或过程是由各种基因、蛋白质、RNA、代谢物等分子的相互调控或相互作用的网络来实现的, 由此需要从网络的角度表征和量化系统的临界状态. 这里我们介绍从变量的波动 (涨落) 到网络的波动 (涨落) 的方法, 即, 从信息论的角度, 由网络流熵度量临界状态的 DNB 方法, 来获取更加鲁棒的临界信号.

对于 n 个变量或节点 $(x_1, x_2, \cdots, x_n)$ 的网络 (如在基因调控网络中, 每个节点值 x_i 可以是基因表达量等), 节点 i 到节点 j 的转移概率为 p_{ij}, 即, $\sum\limits_{j=1}^{n} p_{ij} = 1$. 这里我们正规化所有的 x_i, 即, $\sum\limits_{i=1}^{n} x_i = 1$. 网络熵 (network entropy) 定义为

$$S_{\text{network entropy}} = -\sum_{i,j=1}^{n} x_i p_{ij} \ln p_{ij},$$

可以度量网络的信息量变化率; 而网络流熵 (network flow entropy)[43,94] 定义为

$$S_{\text{network flow entropy}} = -\sum_{i,j=1}^{n} x_i p_{ij} \ln x_i p_{ij},$$

可以度量网络的信息量或网络波动. 因此, 网络流熵表征了网络中流的混乱程度. 特别是网络流熵可以度量网络的临界状态, 即, 临界时 $S_{\text{network flow entropy}}$ 急剧升高, 可以作为 DNB 指标的量化指标应用于各种临界预警. 在实际计算网络流熵的应用中, 可以用相关性或互信息等近似转移概率.

2.4.2 样本特异性网络的构建

本小节, 首先介绍**样本特异性网络** (sample-specific network, SSN) 的构建. 每个样本的 SSN 是基于该样本相对于一组给定对照样本 (即上面所述的参考样本集合) 的统计扰动分析来构建的. 假设参考样本集合中有 n 个样本 $S_{\text{reference}} = \{s_1, s_2, \cdots, s_n\}$, 那么可以通过皮尔逊相关系数 (PCC) 来构建一个参考网络 $N_{\text{reference}}$, 即基于 n 维向量计算每对分子表达的 PCC 指标, 作为网络中边的赋权. 通常, 参考网络具有参考样本集合 $\{s_1, s_2, \cdots, s_n\}$ 的公共属性. 然后, 将单个测试样本 $S_{\text{test}} = \{d\}$ 添加到参考样本集合中. 这样, 新的"混合样本"集合 $S_{\text{mix}} = \{s_1, s_2, \cdots, s_n, d\}$ 就有 $n+1$ 个样本, 基于新得到的 $n+1$ 维向量再次计算每对分子表达的 PCC 指标, 就可构建另一个网络 N_{pert}, 这个新网络称为扰动网络. 因此, 基于参考网络 $N_{\text{reference}}$ 和扰动网络 N_{pert}, 可以获得它们的差异网络 N_{diff}, 它可以描述所添加的样本相对于参考样本集合的扰动特征. 如果该待测单样本 d 与参考样本在基因表达模式方面很类似, 那么在将该样本添加到参考样本集合之后, 任何 PCC 的变化是很小的, 扰动网络和参考网络几乎相同. 反之, 如果待测单样本 d 与参考样本在基因表达模式方面差异很大, 那么在将该样本添加到参考样本集合之后, 会导致较大的 PCC 变化, 扰动网络和参考网络就会有较大差别. 由于参考和扰动网络之间的差异是由单个测试样本 $S_{\text{test}} = \{d\}$ 所造成的, 因此该差异网络就称为对应 d 的样本特异性网络 (SSN) [66].

对于任意两个变量, 如果它们基于参考样本集合 $S_{\text{reference}} = \{s_1, s_2, \cdots, s_n\}$ 的皮尔逊相关系数记为 PCC_n, 基于混合样本集合 $S_{\text{mix}} = \{s_1, s_2, \cdots, s_n, d\}$ 的皮尔逊相关系数记为 PCC_{n+1}, 那么差异皮尔逊相关系数是 $\Delta\text{PCC} = \text{PCC}_{n+1} - \text{PCC}_n$, 且当参考样本集合中样本数 n 充分大时, 差异皮尔逊相关系数 ΔPCC 服从一个对称的分布, 该分布在一些工作中称为"火山分布" (volcano distribution)[66], 它具有

均值

$$\mu_{\Delta\mathrm{PCC}} = O\left(\frac{1}{n^2}\right) \approx 0 \tag{2.66}$$

和标准偏差

$$\sigma_{\Delta\mathrm{PCC}} = \frac{1-\mathrm{PCC}_n^2}{n-1} + O\left(\frac{1}{n^{3/2}}\right) \approx \frac{1-\mathrm{PCC}_n^2}{n-1}. \tag{2.67}$$

在以上指标中, PCC_n 的显著性可以由 $n-2$ 自由度的 Student t 检验来衡量, 其中

$$t = \frac{\mathrm{PCC}_n}{\sqrt{\dfrac{1-\mathrm{PCC}_n^2}{n-2}}}. \tag{2.68}$$

基于单样本 d 的差异皮尔逊相关系数 $\Delta\mathrm{PCC}$ (不同于其均值的) 显著性可以由 Z-检验来衡量, 其中零假设是 $\Delta\mathrm{PCC}_n$ 的值与其均值相同, 那么

$$Z = \frac{\Delta\mathrm{PCC} - \mu_{\Delta\mathrm{PCC}}}{\sigma_{\Delta\mathrm{PCC}}} = \frac{(n-1)\Delta\mathrm{PCC}}{1-\mathrm{PCC}_n^2}(1-\mathrm{PCC}_n^2), \tag{2.69}$$

其中 $\mu_{\Delta\mathrm{PCC}}$ 是差异皮尔逊相关系数 $\Delta\mathrm{PCC}$ 的均值, $\sigma_{\Delta\mathrm{PCC}}$ 是 $\Delta\mathrm{PCC}$ 的标准偏差. 基于式(2.69), 网络中的每一条边是否存在可以由 Z-检验的显著性 P 值来决定. 例如取显著性指标为 0.05, 那么如果 Z-检验的 P 值满足 $P < 0.05$, 则认为上述两个变量之间存在着具有显著差异性的差异皮尔逊相关系数 $\Delta\mathrm{PCC}$, 即在样本特异性网络 SSN 中存在一条 (关联这两个变量的) 边.

这样一来, 就可以推断和构建基于单个测试样本 $S_{\mathrm{test}} = \{d\}$ 所对应的样本特异性网络 SSN, 该网络也可以看作基于参考样本集合 $S_{\mathrm{reference}} = \{s_1, s_2, \cdots, s_n\}$ 的相关性网络在小扰动 $S_{\mathrm{test}} = \{d\}$ 下生成的扰动网络, 即 SSN 网络中每一条边都是由该小扰动使得分子间的关联性发生显著变化所产生的.

2.4.3 基于单测试样本的网络景观熵计算方法

接下来介绍一种基于测试单样本的景观熵 (single-sample landscape entropy, SLE) 计算方法[92] 又称网络景观熵计算方法. 首先获取大量健康人群的样本 $S_{\mathrm{reference}} = \{s_1, s_2, \cdots, s_n\}$ 作为参考样本集合, 并将该样本集合信息映射到蛋白-蛋白相互作用网络 (PPI 网络, 例如 STRING 网络 (https://string-db.org)[95]), 于是获得一个参考网络 $N_{\mathrm{reference}}$. 之后对参考网络 $N_{\mathrm{reference}}$ 进行分片化/局部化处理, 即将任一基因 g^k 作为中心节点, 其一阶邻居 (即在 PPI 网络上仅通过一条边与 g^k 相邻的基因) $\{g_1^k, g_2^k, \cdots, g_M^k\}$ 作为叶节点, 这样就得到一个局部化子网络 N^k, 上标的 k 标识出该局部子网络的中心节点为分子 g^k. 显然, 如果 $N_{\mathrm{reference}}$ 中共有 Q 个基因, 那

么就有 Q 个这样的局部化子网络. 对于任一时间点 t 处所取得的单测试样本 (single case sample), 都可以用如下的方法计算其对应的**网络景观熵**.

记 $g^k(t)$ 和 $g_i^k(t)$ 分别为基因 g^k 和其邻居节点 g_i^k 在时间点 t 处的多维表达值, 则对一个以基因 g^k 为中心节点的局部网络 N^k, 可以计算基于 n 个参考样本的局部网络景观熵如下 (图 2.12):

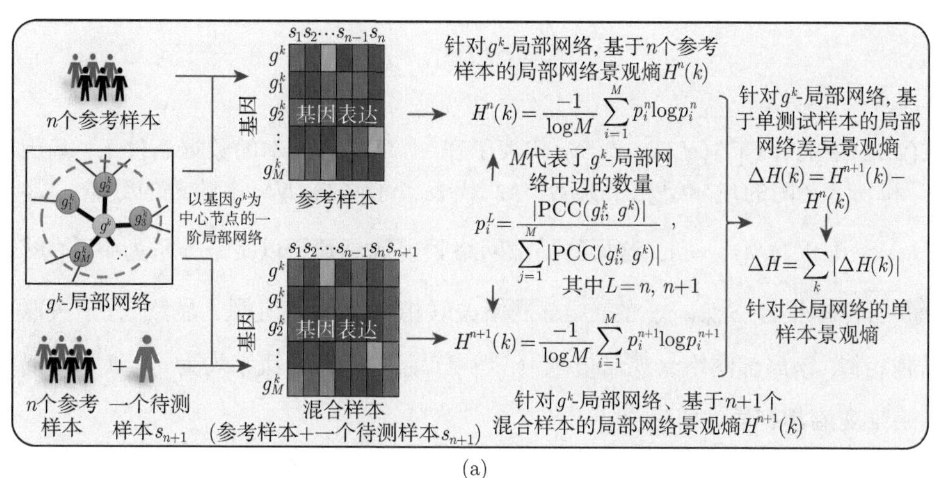

(a)

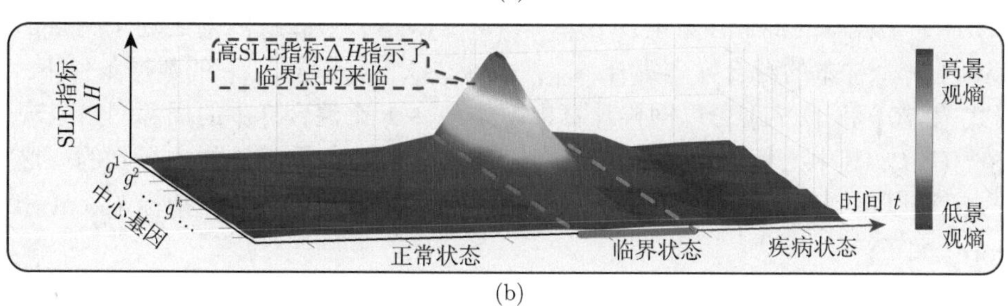

(b)

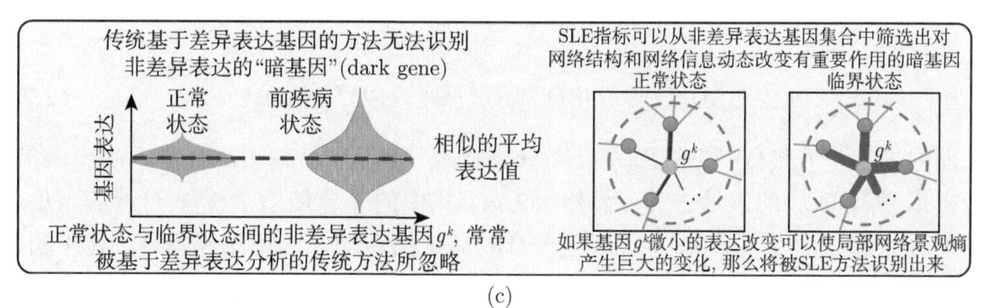

(c)

图 2.12 基于单测试样本的网络景观熵 (SLE) 计算方法示意图. (a) 基于参考样本和一个待测样本的网络景观熵计算流程. (b) 基于 SLE 可以探测系统的临界状态. (c) SLE 可以用于发现在生物过程中有重要作用的非差异表达基因

$$H^n(k,t) = -\frac{1}{\log M}\sum_{i=1}^{M} p_i^n(t)\log p_i^n(t), \tag{2.70}$$

其中

$$p_i^n(t) = \frac{|\mathrm{PCC}^n(g_i^k(t), g^k(t))|}{\sum\limits_{j=1}^{M} |\mathrm{PCC}^n(g_j^k(t), g^k(t))|}. \tag{2.71}$$

式(2.71)中的 $\mathrm{PCC}^n(g_i^k(t), g^k(t))$ 代表了在 n 个参考样本的数据条件下, 基因对 g^k 和 g_i^k 之间的皮尔逊相关系数, M 代表了子网络 N^k 中的边的数量. 显然 $p_i^n(t) > 0$, $\sum\limits_{i=1}^{M} p_i^n(t) = 1$. 这样的局部网络景观熵刻画了以某个分子为中心的 (基于参考样本集合 $S_{\text{reference}}$ 的) 局部网络关联稳定性/不确定性. 显然, 分子关联关系越相似, 该局部网络景观熵值越大, 当 M 条关联边的概率均为 $\frac{1}{M}$ 时, 该局部网络景观熵具有最大值为 1.

对于取自某个时间点 t 处的待测样本 $s_{n+1}(t)$, 将其与参考样本混合, 得到包含 $n+1$ 个样本的混合样本集合 $S_{\text{mix}} = \{s_1, s_2, \cdots, s_n, s_{n+1}\}$. 对上述子网络 N^k, 在 $n+1$ 个样本的混合样本集合 $S_{\text{mix}} = \{s_1, s_2, \cdots, s_n, s_{n+1}\}$ 的数据条件下, 根据式 (2.70) 和 (2.71) 可以同样计算出基于 $n+1$ 个混合样本的局部网络景观熵 $H^{n+1}(k,t)$, 其中上标 $n+1$ 代表该熵值是基于 $n+1$ 个混合样本得到的. 这样一来, 可以得到**基于单测试样本的局部网络景观熵或局部 SLE 指标** (local SLE score) 如下:

$$\Delta H(k,t) = \Delta \mathrm{SD}(k,t)|H^{n+1}(k,t) - H^n(k,t)|, \tag{2.72}$$

其中

$$\Delta \mathrm{SD}(k,t) = |\mathrm{SD}^{n+1}(g^k(t)) - \mathrm{SD}^n(g^k(t))|. \tag{2.73}$$

上面的 $\mathrm{SD}^{n+1}(g^k(t))$ 和 $\mathrm{SD}^n(g^k(t))$ 分别代表了基因 g^k 基于混合样本 S_{mix} 和参考样本 $S_{\text{reference}}$ 的表达方差. 显然, (2.71) 式中的差异熵 $|H^{n+1}(k,t) - H^n(k,t)|$ 和差异方差 $|\mathrm{SD}^{n+1}(g^k(t)) - \mathrm{SD}^n(g^k(t))|$ 都是由新加入的待测样本 $s_{n+1}(t)$ 引起的. 因此, 也可以把该待测样本 $s_{n+1}(t)$ 看作对基于 n 个参考样本 (稳定样本池) 的局部网络景观熵 $H^n(k,t)$ 的扰动. 如果该扰动大, 那么熵 $\Delta H(k,t)$ 就有较大值, 也就意味着待测样本 $s_{n+1}(t)$ 引起了局部网络结构与不确定性的较大波动.

为了将所有局部网络景观熵综合起来考虑, 可以计算如下的**全局网络景观熵或全局 SLE 指标** (global SLE score):

$$\Delta H(t) = \frac{1}{Q}\sum_{k=1}^{Q}\Delta H(k,t), \tag{2.74}$$

其中 Q 是样本中的基因数, 在实际计算中 Q 可以取一定比例的高熵基因数.

根据上述的 DNB 理论, 当系统处于临界状态时, DNB 分子会表现出明显的集体行为或协同波动. 因此, 在由 DNB 分子组成的局部网络中, 当把某个取自临界状态的待测样本 $s_{n+1}(t)$ 添加到参考样本集合 $\{s_1, s_2, \cdots, s_n\}$ 中时, 会导致该局部网络景观熵急剧上升. 这可以从理论上加以说明, 简记局部网络 N^k 的中心基因与其第 i 个邻居基于 $n+1$ 个样本、基于 n 个样本的相关系数为 $R_i^{n+1} = \mathrm{PCC}^{n+1}(g_i^k(t), g^k(t))$, $R_i^n = \mathrm{PCC}^n(g_i^k(t), g^k(t))$, 则

$$|R_i^{n+1}| - |R_i^n| = \frac{\Delta R}{|R_i^n|}, \tag{2.75}$$

其中当待测样本 $s_{n+1}(t)$ 取自正常状态时 $\Delta R \approx 0$, 当取自临界状态时 $\Delta R > 0$. 于是, 由式(2.71), 有

$$p_i^{n+1} = \frac{|R_i^{n+1}|}{\sum\limits_{j=1}^{M}|R_j^{n+1}|} = \frac{|R_i^n| + \dfrac{\Delta R}{|R_i^n|}}{\sum\limits_{j=1}^{M}\left(|R_j^n| + \dfrac{\Delta R}{|R_j^n|}\right)}$$

$$= \frac{p_i^n + \dfrac{1}{p_i^n}\dfrac{\Delta R}{\sum\limits_{j=1}^{M}(|R_j^n|)^2}}{1 + \dfrac{\Delta R}{\left(\sum\limits_{j=1}^{M}\left(|R_j^n|\right)^2\right)}\sum\limits_{j=1}^{M}\left(\dfrac{1}{p_j^n}\right)}. \tag{2.76}$$

记 $\Delta x = \dfrac{\Delta R}{\sum\limits_{j=1}^{M}\left(|R_j^n|\right)^2}$, $a = \sum\limits_{j=1}^{M}\dfrac{1}{p_j^n}$, 概率集合 $Z_n = \{p_1^n, p_2^n, \cdots, p_M^n\}$. 把 $\dfrac{1}{1+a\Delta x} = 1 - a\Delta x + O(\Delta x^2)$ 代入式(2.76), 有

$$p_i^{n+1} = \frac{p_i^n + \dfrac{\Delta x}{p_i^n}}{1 + a\Delta x} = p_i^n + \frac{\Delta x}{p_i^n} - ap_i^n\Delta x + O(\Delta x^2). \tag{2.77}$$

于是, 对于概率集合 Z_{n+1} 和 Z_n 来说, 它们的方差 (Var) 有如下的关系:

$$
\begin{aligned}
&\operatorname{Var}(Z_{n+1})-\operatorname{Var}(Z_n)\\
=&\frac{\sum_{j=1}^{M}\left(p_j^{n+1}-\operatorname{mean}(Z_{n+1})\right)^2}{M}-\frac{\sum_{j=1}^{M}\left(p_j^{n}-\operatorname{mean}(Z_{n})\right)^2}{M}\\
=&\frac{1}{M}\sum_{j=1}^{M}\left[\left(p_j^{n+1}-\frac{1}{M}\right)^2-\left(p_j^{n}-\frac{1}{M}\right)^2\right]\\
=&\frac{1}{M}\sum_{j=1}^{M}\left[\left(p_j^{n}+\frac{\Delta x}{p_j^n}-ap_j^n\Delta x+O(\Delta x^2)-\frac{1}{M}\right)^2-\left(p_j^{n}-\frac{1}{M}\right)^2\right]\\
=&\frac{2}{M}\sum_{j=1}^{M}\left[1-\left(p_j^n\right)^2\sum_{j=1}^{M}\frac{1}{p_j^n}\right]+O(\Delta x^2).
\end{aligned}
\tag{2.78}
$$

对于如下的最大化问题:

$$
\max_{p_1^n,p_2^n,\cdots,p_M^n}\sum_{j=1}^{M}\left[1-\left(p_j^n\right)^2\sum_{j=1}^{M}\frac{1}{p_j^n}\right],\quad \text{s.t.}\sum_{j=1}^{M}p_j^n=1,p_j^n\geqslant 0 \tag{2.79}
$$

仅当 $p_1^n=p_2^n=\cdots=p_M^n=\dfrac{1}{M}$ 时, (2.79) 有最大值 0. 因此, $\operatorname{Var}(Z_{n+1})-\operatorname{Var}(Z_n)\leqslant 0$. 这就意味着, 当把某个取自临界状态的待测样本 $s_{n+1}(t)$ 添加到参考样本集合 $\{s_1,s_2,\cdots,s_n\}$ 中时, 概率 $p_1^{n+1},p_2^{n+1},\cdots,p_M^{n+1}$ 会变得更加相似. 因此, 局部网络景观熵 $H^{n+1}(k,t)$ 会大于 $H^n(k,t)$. 根据上述分析, 当一个系统趋近于临界点时, 如果出现某些局部网络, 其局部网络景观熵急剧增大, 则这些局部网络可能由对应该临界变化的 DNB 分子组成.

显然, SLE 方法可以用于个体化数据的分析, 把个体处于正常/健康状态时的样本作为参考样本集合, 对任何待测样本作为小扰动进行 SLE 指标的计算与分析, 可以给出个体化系统接近状态临界变化的预警信号. 因此, 该方法可以用于某些实际情况. 接下来介绍 SLE 方法在具体数据集 GSE30550 上的应用. 该数据集可下载自 NCBI GEO 数据库 (http://www.ncbi.nlm.nih.gov/geo), 其中包含的微阵列时间序列数据记录了 17 名人类成年志愿受试者 (20—40 岁, 8 名女性, 9 名男性) 在接种了活流感病毒 H3N2/Wisconsin 后的发展过程. 记接种流感病毒的时间点为 0 h, 分别在 16 个取样时间点 (−24 h, 0 h, 5 h, 12 h, 21 h, 29 h, 36 h, 45 h, 53 h, 60 h, 69 h, 77 h, 84 h, 93 h, 101 h 和 108 h) 获得这些志愿受试者的基因表达数据. 17 名志愿者中有 9 名在接种流感病毒后的不同时间点出现了流涕、发热、咳嗽等流感的临床症状 (图 2.13(c)). 其他 8 名志愿者为无症状受试者, 他们在实验过程的所有时间点都没有出现任何流感临床症状.

对于每个个体, 把前 4 个时间点, 即 −24 h, 0 h, 5 h 和 12 h 的基因表达

谱视为参考样本 (reference samples), 也就是说, 用来反映志愿受试者相对健康状态的参考样本是基于每个个体的样本. 从 "检索相互作用基因/蛋白质的搜索工具" 数据库 (search tool for the retrieval of interacting genes/proteins, STRING, https://string-db.org) 获取人类的蛋白-蛋白相互作用网络 (PPI network) 后, 把 SLE 方法应用于每位受试者的数据, 对每个局部网络计算其对应的局部网络景观熵 (2.72), 计算整个 PPI 网络的全局网络景观熵 (2.74). 由 图 2.13(b) 可以看到对于出现症状的 9 名受试者的全局 SLE 指标出现了突然增大, 指示了临界状态的出现, 而其他 8 名无症状受试者没有 SLE 的假阳性信号 (图 2.13(a)). 此外, 由于 SLE 方法是基于每个基因为中心的局部网络 (分片地) 进行计算的, 因此可以观测到每个基因对应的局部网络差异景观熵的动态变化情况 (图 2.14).

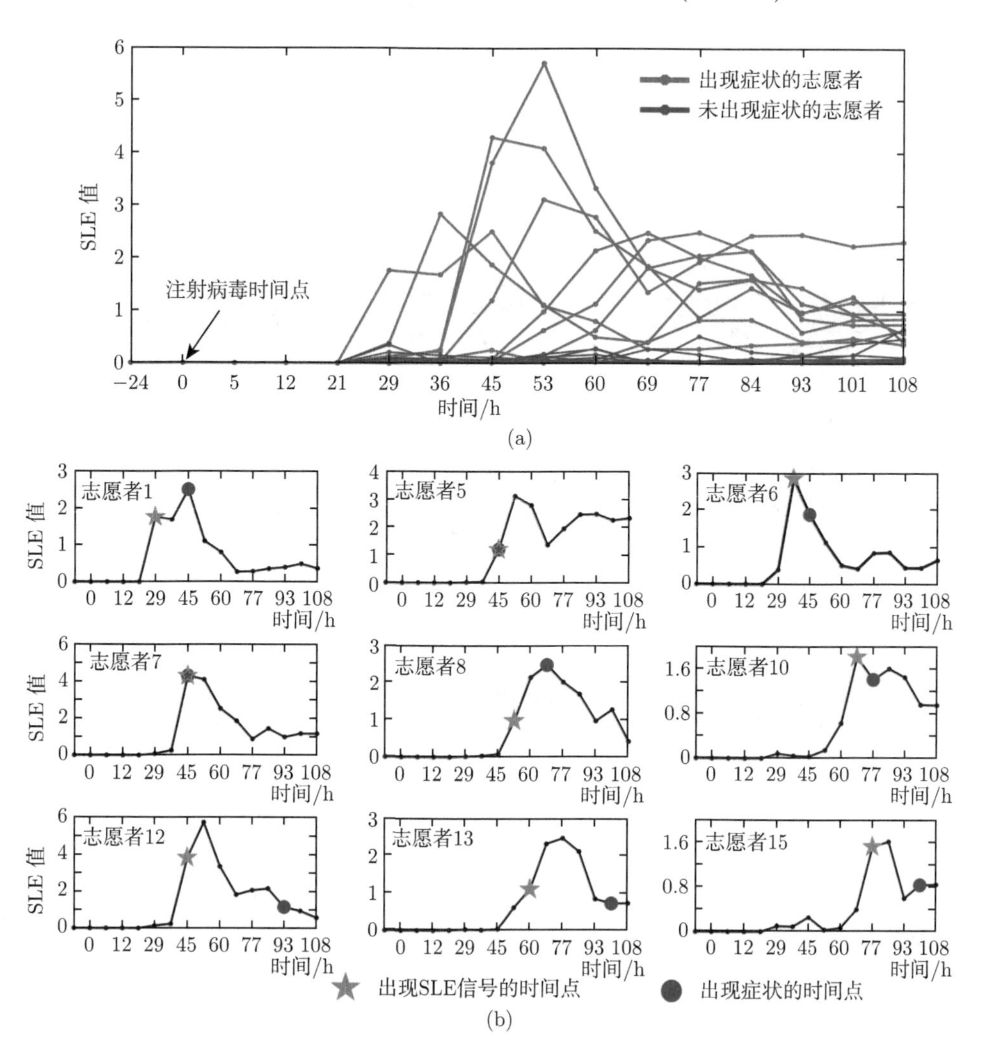

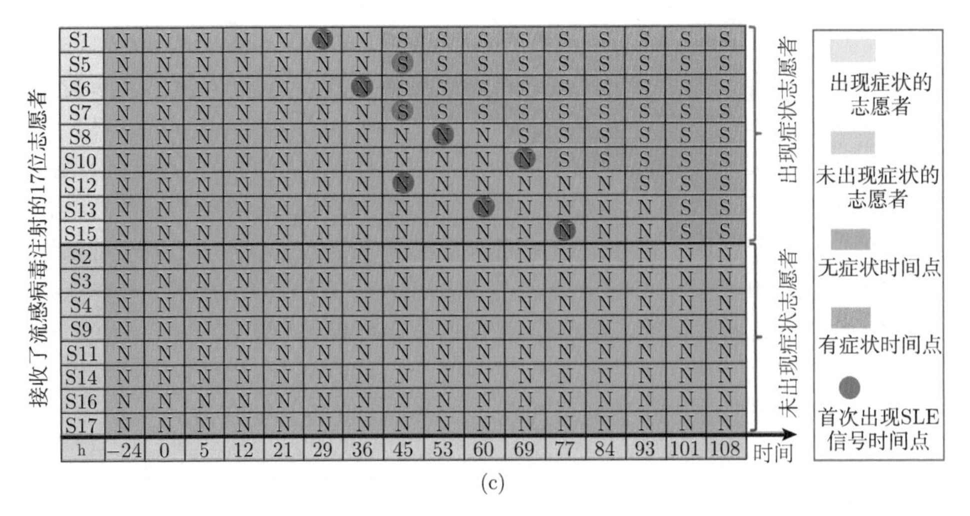

(c)

图 2.13　基于 SLE 方法探测流感病毒感染的临界状态. (a) 17 位志愿受试者的 SLE 曲线; (b) 出现症状的 9 位志愿者 SLE 曲线; (c) 志愿者出现症状的时间点

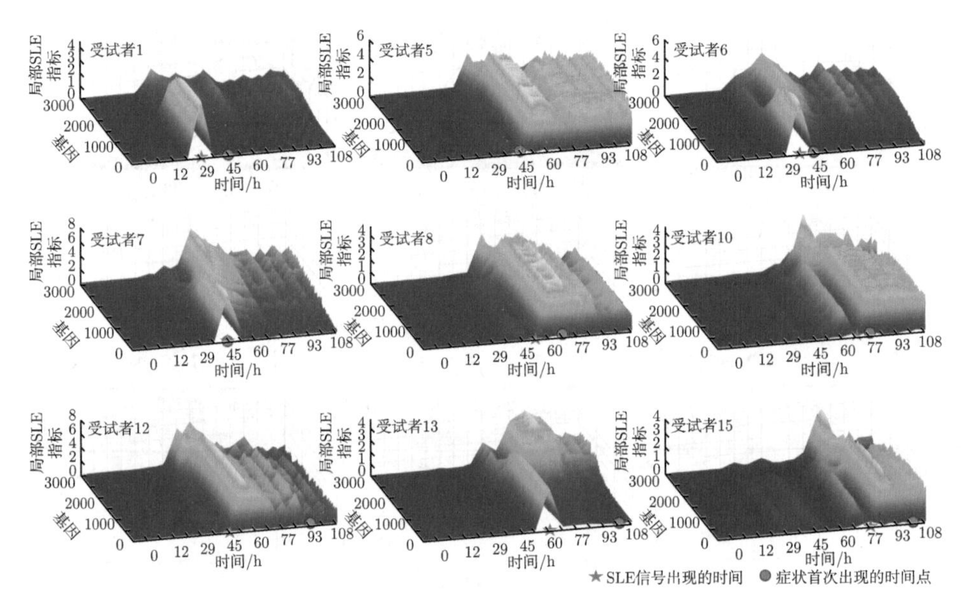

图 2.14　出现症状的 9 位志愿者的局部 SLE 值的动态变化展示

如上面的讨论可见, 网络景观熵能够刻画分子网络结构的动态变化, 为生物系统的状态迁移预警提供量化指标, 进一步地, 该方法能够基于小样本数据为不同生物过程的动态发展提供较为准确的临界状态检测, 并提供相应的分子调控信息, 这为复杂疾病的个性化医疗提供了新的研究思路 [233,234].

2.4.4 基于单样本的隐马尔可夫模型

由于个体差异性的普遍存在，即使对于同一种疾病来说，不同患者的样本也包含了非常迥异的疾病信息. 因此，对某一个患者来说，开发针对该患者的个性化健康临界状态监测算法尤其重要. 基于单样本的隐马尔可夫模型 (single-sample-based hidden Markov model, sHMM) 可以在一定程度上解决这个问题. 该方法的一个基本设想是，对于每一个个体，在其处于健康状态 (或相对正常阶段) 时收集足够多的样本 (例如常规体检时候采集高维基因表达信息) $\{s_1, s_2, \cdots, s_{T-1}\}$，并将这些样本作为参考样本集合 (reference sampleset). 于是，基于参考样本集合就可以建立反映健康状态下分子关联关系的参考网络 (reference network) $N_{\text{reference}}$，该网络中，连接两个分子的边可以由这两个分子间的互信息来进行赋权. 且对于取自该个体的任何一个单样本 $s_i(i = 1, 2, \cdots, T-1, T, \cdots)$ (即在某一个时间点 $t = i$ 处采集得到的高维基因信息) 都与参考样本混合后可以建立新的分子网络，并由此得到与参考网络 $N_{\text{reference}}$ 之间的差异网络 N_i，其中两个基因 g_i，g_j 之间的差异边信息 (例如两个分子间的差异相关性) 为

$$\Delta\text{PCC}(g_i, g_j) = |\text{PCC}_T(g_i, g_j) - \text{PCC}_{T-1}(g_i, g_j)|, \tag{2.80}$$

于是就有了一个差异网络序列 $\{N_1, N_2, \cdots, N_{T-1}, N_T, \cdots\}$，将其视为观测信息 (图 2.15).

基于处于相对正常阶段的差异网络序列 $O_{T-1} = \{N_1, N_2, \cdots, N_{T-1}\}$ 的边信息，我们可以训练一个表征个体化处于正常状态的隐马尔可夫模型 (HMM) $\theta_{T-1}(N_1, N_2, \cdots, N_{T-1}) = (\boldsymbol{A}_{T-1}, \boldsymbol{B}_{T-1}, \boldsymbol{\pi})$，其中，$\boldsymbol{A}_{T-1} = (a_{ij}(T-1))_{2\times 2}$ 且 $a_{ij}(T-1) = P(s_{T-1} = P_i \,|\, s_{T-2} = P_j)$，$i, j \in \{0, 1\}$；$\boldsymbol{B}_{T-1} = (b_{jk}(T-1))_{2\times(n+1)}$ 且 $b_{jk}(T-1) = P(\#1(T-1) = k \,|\, s_{T-1} = W_j), j \in \{0, 1\}, k \in \{0, 1, \cdots, M\}$，这里 M 是网络中的最大边数，如果网络中有 m 个节点，则 $M = \text{C}_m^2$. 于是，$\#1(T-1) = k$ 代表的就是差异网络中所存在的差异边的数量. 训练该 HMM 是基于 Baum-Welch 算法 (该算法的细节可见上一节). 之后，将基于单样本 s_T 得到的差异网络 N_T 作为测试样本，在 θ_{T-1} 的条件下可以计算一个“基于单样本的不一致性指标” (single-sample-based inconsistency score, SSI score) 如下:

$$\text{SSI}(T) = W(\boldsymbol{s}_T = W_1 | s_1 = W_0, s_2 = W_0, \cdots, s_{T-1} = W_0;\ \theta_{T-1}). \tag{2.81}$$

其中 W_0 代表系统的正常状态，W_1 代表系统的临界状态.

若该指标值较低，就意味着待测单样本是取自相对正常阶段，可以将该待测样本加入参考样本序列，并训练新的模型；反之，若该不一致性指标的值较高，就

意味着待测单样本不属于相对正常阶段, 从而发出系统的状态将要迁移预警信号(图 2.15). 其算法流程如图 2.16 所示.

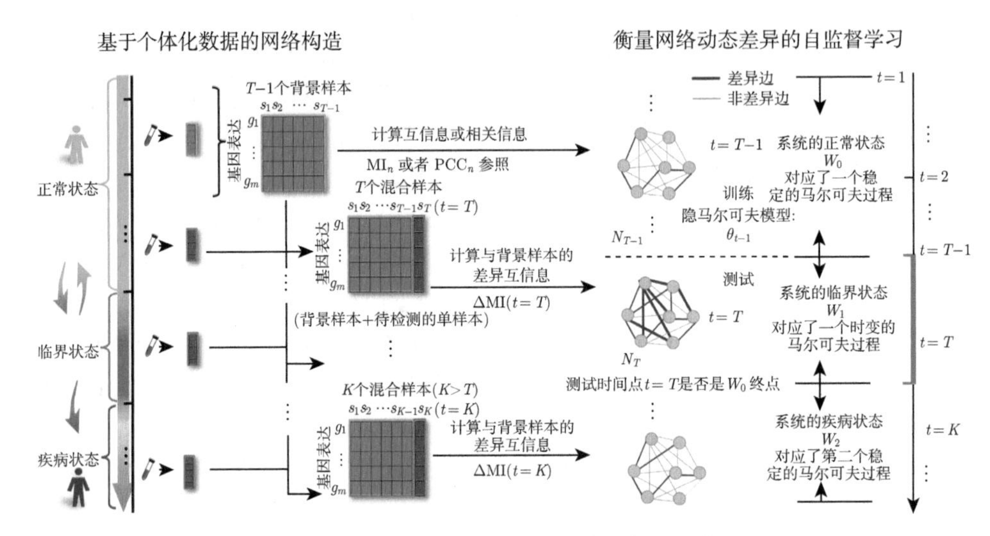

图 2.15　基于单样本 HMM 方法的算法示意图

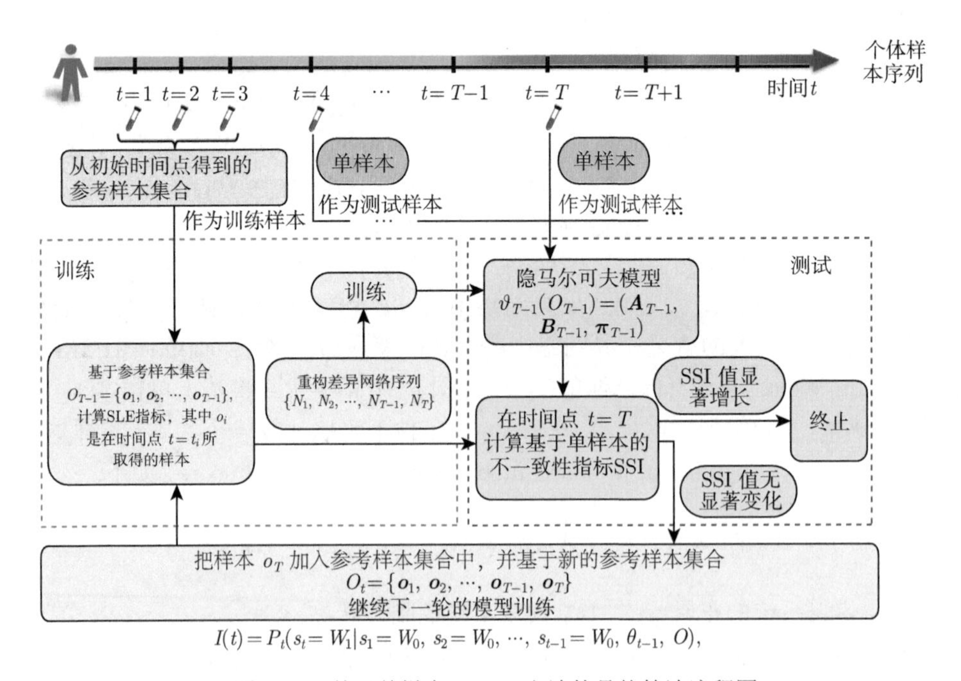

图 2.16　基于单样本 HMM 方法的具体算法流程图

2.4.5 基于单细胞测序数据的网络熵方法

传统的测序, 是在多细胞基础上进行的 (例如 bulk RNA-seq 数据), 实际上得到的是一堆细胞中分子表达值的均值, 丢失了细胞异质性 (细胞之间的差异) 的信息. 单细胞测序技术 (single-cell sequencing, SCS), 简单来说, 是在单个细胞水平上, 对基因组、转录组及表观基因组水平进行测序分析的技术, 提供了一种高通量方法来测量和比较单细胞分辨率下的基因表达水平. 单细胞测序技术能够检出混杂样品测序所无法得到的细胞异质性信息, 可以揭示细胞群体之间的异质性和功能多样性, 并可能发现具有不同功能的新细胞类型, 从而使得量化分析可以在细胞层次上展开. 基于单细胞测序的基因表达矩阵通常具有高维、稀疏、噪声较大等数据特征.

我们介绍一种基于单细胞测序数据和 DNB 方法的细胞特异性网络熵计算方法, 该方法可以用于识别细胞命运决策 (cell fate commitment) 等生物过程的临界状态.

该方法主要包含如下的三步[96]:

算法 2.3 DNB 细胞特异性网络熵方法

(1) 推断细胞内任意两个基因的邻近关系: 将任意的基因对 $\{g_i, g_j\}$ 的表达值队列投影到低维空间, 从而在平面直角坐标系中绘制散点图, 其中每个点代表一个细胞, 横纵轴分别代表两个基因的表达值. 对第 k 个细胞 C_k, $k=1,2,\cdots,N$, 其中 N 为细胞总数, 记基因 g_i 的表达值为 $E_i^{(k)}$, 基因 g_j 的表达值为 $E_j^{(k)}$. 在表达值 $E_i^{(k)}$ 和 $E_j^{(k)}$ 附近设置邻域条框, 分别统计条框中的细胞数, 并记 $E_i^{(k)}$ 的邻域条框中细胞数为 $n^{(k)}(E_i)$, $E_j^{(k)}$ 的邻域条框中细胞数为 $n^{(k)}(E_j)$, 两个邻域条框中重叠部分的细胞数为 $n^{(k)}(E_i, E_j)$ (图 2.17). 推断细胞之间 (基于基因对 $\{g_i, g_j\}$ 表达值) 的细胞邻近关系, 计算量化这种关系的统计指标为

$$r_{i,j}^{(k)} = \frac{n^{(k)}(E_i, E_j)}{N} - \frac{n^{(k)}(E_i)n^{(k)}(E_j)}{N^2}, \tag{2.82}$$

该方法用到了概率论中独立和用频数/频率近似概率分布的概念, 即, 如果两个基因独立, 那么在当前的细胞状态下应该满足联合分布等于边缘分布的乘积形式, 通过划定表达值邻域框的方式得到小区域内细胞近似的概率分布[97,98]. 显然, (2.82) 给出了在细胞 C_k 中两个基因 (g_i, g_j)(基于细胞频数的) 的邻近关系.

(2) 建立细胞特异性网络 (cell-specific network): 基于任意基因对 $\{g_i, g_j\}$ $(i \neq j,\ i,j=1,2,\cdots,M)$ 之间的邻近关系(2.82), 其中 M 是基因总数, 可以建立细胞 C_k 的细胞特异性网络, 其中节点代表基因, 边代表基因与基因之间的邻近关系, 即, 如果 $r_{i,j}^{(k)} > 0$, 则存在一条连接基因对 $\{g_i, g_j\}$ 的边, 其强度为正值 $r_{i,j}^{(k)}$.

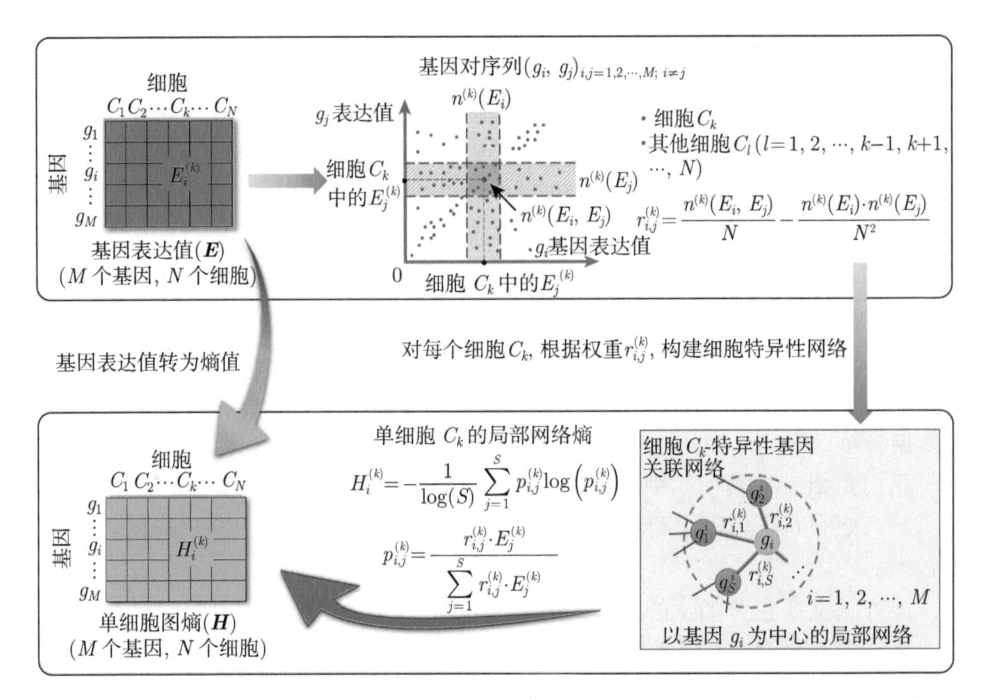

图 2.17 基于单细胞数据的网络熵. 通过构建基因与基因在不同细胞网络中的邻近关系矩阵, 来计算细胞特异性网络熵

(3) 计算**细胞特异性网络熵**: 对推断得到的细胞 C_k 的细胞特异性关联网络进行局部化, 每个局部网络包含一个中心基因 g_i 和与其有直接关联的一阶邻居基因 $\{g_1^i, g_2^i, \cdots, g_S^i,\}$, 计算该局部网络的网络熵

$$H_i^{(k)} = -\frac{1}{\log S}\sum_{i=1}^{M} p_{i,j}^{(k)} \log p_{i,j}^{(k)}, \tag{2.83}$$

其中

$$p_{i,j}^{(k)} = \frac{r_{i,j}^{(k)} \cdot E_j^{(k)}}{\sum\limits_{j=1}^{S} r_{i,j}^{(k)} \cdot E_j^{(k)}}, \tag{2.84}$$

这里 $r_{i,j}^{(k)}$ 代表该局部网络的中心基因 g_i 与其一阶邻居 g_j^i, $j = 1, 2, \cdots, S$ 之间边的权重, $E_j^{(k)}$ 代表基因 g_j^i 的表达值, S 代表该局部网络中心基因 g_i 的一阶邻居的个数. 至此, 如图 2.17 所示, 我们实际上完成了一个数据转换: 把细胞-基因表达数据矩阵转换成了细胞-细胞特异性局部网络熵矩阵, 即对每一个细胞的任一基因, 都得到了以该基因为中心的细胞特异性局部网络熵 (2.83).

进一步地, 可以计算细胞 C_k 的细胞特异性网络熵

$$H^{(k)} = \sum_{i=1}^{T} H_i^{(k)}, \tag{2.85}$$

其中 T 是一个可调参数, 例如 $T = 5\% \cdot M$, 代表计算的是前 5% 的最大局部网络熵的平均值.

这样一来, 基于上面的几个步骤, 可以对具有时序列单细胞数据的生物过程, 计算每个时间点的细胞特异性网络熵, 从而根据细胞特异性网络熵的动态变化情况, 推断细胞的分化状态. 此外, 还可以从非差异表达基因集合中挖掘对熵指标具有高敏感性的暗基因[96].

2.5 临界预警的展望

在这一章, 我们聚焦于生命系统临界状态的数据特征刻画和定量评估这一问题, 通过动力系统、统计学理论来研究健康状态的临界转化过程, 建立针对复杂动力系统临界态定量检测的数学理论, 开发健康状态定量评估和疾病预警的方法, 实现基于个体化、高维、短时间序列数据的临界状态定量评估和疾病预警 (如未病状态的定量刻画), 对应于"状态的临界慢化"现象建立了"变量的协同波动"的量化准则, 为读者呈现数据驱动的应用数学研究的方法. 特别是对应于复杂高维系统大噪声问题, 从"变量的协同波动"到"变量分布的波动"到"网络的波动"或涨落 (如网络流熵)[98] 来稳定预警临界状态. 这些方法也被广泛应用于复杂系统临界状态的研究中[99−108,233,234]. 正如上文所述, 探测复杂疾病和其他生物过程的临界状态是一个重要但有巨大挑战性的热点问题, 从理论方面, 有界噪声 (分布) 的研究、时变系统的分析及时空信息的使用等都是重要的课题. 作者希望这一章所介绍的方法能抛砖引玉, 在这一领域内催化出数据适应性好, 并具有高敏感性和高鲁棒性的计算方法.

第 3 章　短时间序列的预测理论及方法

时间域上的预测, 是指对未来某个时间点系统状态的估计, 在众多领域都有很重要的应用, 一个典型的例子是天气预报. 当我们在说对某个问题做出预测时, 我们首先需要注意的是, 该问题是否是可预测的, 或者可预测的来源是什么. 比如说, 一般认为, 对白噪声时间序列进行预测是没有意义的, 即使已经有了足够多的历史观测数据, 依然无法对下一个时刻的噪声值做出估计, 因为白噪声本身是随机的并且没有时间上的前后依赖关系. 当我们说一个问题是可预测时, 一般是指问题背后的对象系统具有确定的演进规律, 观测数据在时间域上具有一定的前后依赖关系, 这些规律和确定性是可预测的来源. 因此, 我们在谈论预测时, 首先要明确或者给出一定条件从而确定系统的状态是可预测. 进一步, 即使问题本身具有可预测性, 我们做出预测时也需要明确适用条件和合理假设. 比如我们知道混沌系统是确定性的系统, 其演进规律有确定性的刻画甚至是非常简单的刻画, 但是无法给出混沌系统的长期预测, 因为初值敏感性告诉我们微小的扰动或者微小的预测误差都可能在一段时间后导致系统轨线发生本质改变, 这也是为什么具有初值敏感性的系统, 如天气系统的长期预测, 都被认为是困难的或者不实际的. 总之, 任何预测方法都受到系统前提条件的限制, 任何一个预测方法都需要在适用条件和合理假设下开展.

在确定了系统的可预测性之后, 我们需要确定如何来建立预测的方法. 一类方法是仅基于历史数据的分析, 从历史数据中挖掘系统演进的规律从而对未来做出预测, 这类方法称为数据驱动的方法或者无模型的方法; 另一类方法是基于数学模型, 即首先根据第一性原理用数学的方法来刻画系统演进的规律, 如建立回归方程, 或者是用微分方程来刻画整个系统的演进规律, 从而由模型出发来预测系统未来的状态, 这类方法称为模型驱动的方法. 在更多情况下, 数据驱动的方法和模型驱动的方法是相互结合、相互促进的, 一方面数据可以帮助我们拟合模型的参数, 进而建立更精确的模型, 而另一方面模型可以帮助我们在各类噪声和扰动之中发掘系统本质的演进规律.

本章我们将主要介绍非线性确定性系统的各种预测方法, 特别是从高维短序列数据出发基于高维变量关联信息的时序列信息转换介绍非线性预测方法进展.

3.1 基于线性回归算法的预测

回归 (regression) 是来自统计领域的一个概念, 是用于估计变量间依赖关系的一系列过程, 一个最广义的回归模型可以表示为

$$y = f(\boldsymbol{x}, \boldsymbol{\beta}) + \varepsilon, \tag{3.1}$$

其中 y 是因变量 (也称为依赖变量、输出变量、响应变量), $\boldsymbol{x} = (x_1, x_2, \cdots, x_n)$ 是一系列自变量 (也称为独立变量、输入变量、解释变量等), $\boldsymbol{\beta} = (\beta_1, \beta_2, \cdots, \beta_m)$ 是一组参数, ε 是误差项.

当回归模型用于预测时, 若问题对象是随机变量, 可预测性源自时间域上的线性相关性, 则回归模型可以表示为最常见的线性回归方法:

• 自回归 (autoregressive model, AR) 模型,

$$x(t) = \beta_0 + \beta_1 x(t-1) + \beta_2 x(t-2) + \cdots + \beta_p x(t-p) + \varepsilon(t), \tag{3.2}$$

其中 $x(t)$ 假设是一个平稳的随机过程, 且 $x(t)$ 作为输出变量, 可以由 $x(t-1)$, $x(t-2), \cdots, x(t-p)$ 的线性组合表示出来, $\beta_0, \beta_1, \cdots, \beta_p$ 为线性回归系数, p 为模型的阶数, 以及 $\varepsilon(t)$ 为残差项.

• 滑动平均 (moving average, MA) 模型,

$$x(t) = \varepsilon(t) + \theta_1 \varepsilon(t-1) + \theta_2 \varepsilon(t-2) + \cdots + \theta_q \varepsilon(t-q), \tag{3.3}$$

其中 $\varepsilon(t-i)$ 为不同时刻的噪声, θ_i 为相应的系数, q 为模型的阶, MA 模型考虑了时间域上噪声的相关性.

• 自回归滑动平均 (autoregressive moving average, ARMA) 模型,

$$x(t) = \beta_0 + \sum_{i=1}^{p} \beta_i x(t-i) + \sum_{j=1}^{q} \theta_j \varepsilon(t-j), \tag{3.4}$$

ARMA(p, q) 模型把 p 阶 AR 模型和 q 阶 MA 模型结合在了一起.

对于线性回归模型而言, 模型建立后需要基于实际数据来确定模型的参数, 即所有的组合系数, 以最一般的线性回归模型为例:

$$y = \sum_{i=1}^{p} \beta_i x_i + \varepsilon, \tag{3.5}$$

其中 y 为输出变量, $x_i, i = 1, 2, \cdots, p$ 为输入变量, 两组变量均有 n 组观测数据, 表示为 $y_j, x_{ji}, j = 1, 2, \cdots, n$, 则模型的拟合好坏可以使用残差平方和 (residual sum of squares, RSS) 来衡量:

$$\text{RSS} := \sum_{j=1}^{n}\left(y_j - \sum_{i=1}^{p}\beta_i x_{ji}\right)^2 = \|\boldsymbol{y} - \boldsymbol{X}\boldsymbol{\beta}\|^2, \tag{3.6}$$

其中

$$\boldsymbol{X} = \begin{pmatrix} x_{11} & x_{12} & \cdots & x_{1p} \\ x_{21} & x_{22} & \cdots & x_{2p} \\ \vdots & \vdots & & \vdots \\ x_{n1} & x_{n2} & \cdots & x_{np} \end{pmatrix}, \quad \boldsymbol{\beta} = \begin{pmatrix} \beta_1 \\ \beta_2 \\ \vdots \\ \beta_p \end{pmatrix}, \quad \boldsymbol{y} = \begin{pmatrix} y_1 \\ y_2 \\ \vdots \\ y_n \end{pmatrix} \tag{3.7}$$

分别为相应的矩阵和向量形式. 在此意义下最佳的拟合参数

$$\hat{\boldsymbol{\beta}} = \arg\min_{\boldsymbol{\beta}} \|\boldsymbol{y} - \boldsymbol{X}\boldsymbol{\beta}\|^2$$

即可转化为一个最小二乘问题, 其解为 $\hat{\boldsymbol{\beta}} = (\boldsymbol{X}^{\mathrm{T}}\boldsymbol{X})^{-1}\boldsymbol{X}^{\mathrm{T}}\boldsymbol{y}$.

事实上, 除最直观的最小二乘法来求最优参数之外, 矩估计方法、Yule-Walker 方法、最大似然估计 (maximum likelihood estimation, MLE)、正则项等方法也常用于线性回归模型的求解, 在此不做展开, 细节可以参考统计方面的资料.

对于线性回归模型而言, 模型的阶数是很重要的参数, 一方面阶数越高模型复杂度越高, 能对复杂系统更好地建模和拟合; 但另一方面模型复杂度越高所需要训练的系数就越多, 计算量就越大, 并且越容易导致过拟合. 因此, 如何确定一个合适的模型阶数是建立线性回归模型首先需要确定的一个超参数. 为此, AIC (Akaike information criterion) 和 BIC (Bayesian information criterion) 这两个标准常用来在模型复杂度和模型拟合能力之间做取舍, 并最终确定一个最优的模型阶数.

对于一个线性回归模型而言, AIC 和 BIC 分别表示为

$$\text{AIC} = 2k + n\ln(\text{RSS}/n), \tag{3.8}$$

$$\text{BIC} = k\ln(n) + n\ln(\text{RSS}/n), \tag{3.9}$$

其中 k 为模型的参数个数, 因此第一项都衡量了模型的复杂程度; n 为观察数据量, RSS 为拟合残差平方和 (3.6), 事实上 $n\ln(\text{RSS}/n)$ 项是更一般的似然函数 $-2\ln(\mathcal{L})$ 在最小二乘情况下的具体表达, 从而第二项衡量了模型的拟合能力. 所以 AIC 或 BIC 都综合考量了模型的复杂度和拟合能力, 在实际操作中, 往往让线性回归的阶数从 1 开始递增到 m, 从而得到 m 个候选模型, 并计算每一个候选模型的 AIC 或 BIC 值, 其中最小值所对应的模型确定为最优模型.

3.2 基于最近邻的非线性动力学预测

上一节介绍的基于线性回归方法的预测算法, 可预测性源自时间序列在时间域上的线性自相关性, 一般对于平稳的线性系统产生的随机过程其预测效果较好. 对于非线性系统而言, 线性的方法往往无法反映系统的非线性本质, 需要针对非线性系统的一些特点来构造适用于非线性系统的预测算法.

对于非线性系统的预测, 我们认为其可预测性源自系统的确定性演进规律, 这种规律决定了系统的演进过程, 并且前后状态在时间上的依赖关系是非线性的, 一般这种确定性的规律可以用离散的迭代映射或离散时间的动力学

$$\boldsymbol{x}_{i+1} = \boldsymbol{f}(\boldsymbol{x}_i) \tag{3.10}$$

或者连续的微分方程

$$\frac{\mathrm{d}\boldsymbol{x}(t)}{\mathrm{d}t} = \boldsymbol{f}(\boldsymbol{x}(t)) \tag{3.11}$$

来刻画和描述.

考虑到我们分析的数据对象大多数是离散时间观测的数据, 即使数据由一个连续系统 (3.11) 产生, 但往往只能每隔 T 时间做一次观测采样获得观测数据, 记作 $\boldsymbol{x}_i = \boldsymbol{x}(iT), i = 1, 2, \cdots$, 则可以认为数据是由映射 $\boldsymbol{x}_{i+1} = \boldsymbol{\phi}_T(\boldsymbol{x}_i)$ 产生的, 其中 $\boldsymbol{\phi}_T(\boldsymbol{x}(s)) = \boldsymbol{x}(s+T)$ 是由连续系统 (3.11) 导出的流映射. 因此, 在本章我们将统一只考虑离散形式的非线性系统表示形式 (3.10), 假设其中 $\boldsymbol{x}_i \in \mathbb{R}^d$ 为 d 维系统状态变量, 并基于系统变量的时间序列 $\boldsymbol{x}_i, i = 1, 2, \cdots, N$ 来考虑预测问题, 其中 N 为观测序列的长度.

对于非线性系统 (3.10), 无论其映射函数 $\boldsymbol{f}$ 有多复杂, 只要 $\boldsymbol{f}$ 是连续的, 则由连续函数的定义可知, 如果 $\|\boldsymbol{x}_m - \boldsymbol{x}_n\|$ 充分小, 则 $\|\boldsymbol{f}(\boldsymbol{x}_m) - \boldsymbol{f}(\boldsymbol{x}_n)\|$ 也充分小, 即 $\boldsymbol{x}_{m+1}$ 可以作为 $\boldsymbol{x}_{n+1}$ 的一个合理逼近. 因此, 我们可以得到第一个简单直接的非线性预测方法.

算法 3.1 设系统动力学由 (3.10) 形式确定, 其中 $\boldsymbol{f}$ 连续. 现有系统观测序列 $\boldsymbol{x}_i, i = 1, 2, \cdots, N$, 则对于时刻 n 的状态变量 $\boldsymbol{x}_n, n \geqslant N$, 设

$$m = \min_{i<N} \|\boldsymbol{x}_i - \boldsymbol{x}_n\|,$$

则 $\hat{\boldsymbol{x}}_{n+1} = \boldsymbol{x}_{m+1}$ 作为 $\boldsymbol{x}_{n+1}$ 的预测值.

这种算法由于只用到了历史数据中最接近的值, 因而也称为 0 **阶逼近** (zeroth-order approximation) **算法**[109]. 事实上, 由于难以避免观测数据中噪声的影响, 所以仅仅只看一个最近值有可能会被噪声干扰, 一个改进的方法是考虑待预测状态在观测数据中的多个邻近点作为参考[110,111]. 我们可以得到以下算法:

算法 3.2　设系统动力学由 (3.10) 形式确定, 其中 $\boldsymbol{f}$ 连续. 现有系统观测序列 $\boldsymbol{x}_i, i=1,2,\cdots,N$, 待预测的系统状态为 $\boldsymbol{x}_n, n \geqslant N$. 通过以下两种方式之一获得 $\boldsymbol{x}_n$ 的若干最近邻:

- 令 $\mathcal{U}_\varepsilon(\boldsymbol{x}_n)$ 为 $\boldsymbol{x}_n$ 的 ε 邻域, $\mathcal{I}=\{i|\boldsymbol{x}_i \in \mathcal{U}_\varepsilon(\boldsymbol{x}_n), i<N\}$;
- 令 $k=d+1$, 其中 d 为系统维数, $\mathcal{I}=\{i|\boldsymbol{x}_i$ 为 $\boldsymbol{x}_n$ 的 k 个最近邻, $i<N\}$,

则 $\hat{\boldsymbol{x}}_{n+1}=g(\boldsymbol{x}_{i+1}, i \in \mathcal{I})$ 作为 $\boldsymbol{x}_{n+1}$ 的预测值, 其中 g 为某个线性函数, 一般为平均函数或加权平均函数.

该算法使用了若干最近邻的线性组合来逼近, 因此也称为 1 **阶逼近算法**[109].

以上算法均假设可获得系统所有状态变量, 如果对系统的观测是通过对原系统状态变量的某些观测函数实现的, 则上述算法可能无法工作. 我们不妨假设对系统的观察是一个一维变量 $r_n=h(\boldsymbol{x}_n)$, 其中 h 是一个光滑的观测函数, 此时在第 1 章中介绍的通过时滞嵌入进行状态空间重构的方法可以帮助我们重构一个新的动力系统: 首先设原系统的吸引子分形维数为 d, 则通过 (1.27) 可以构造时滞向量

$$\boldsymbol{s}_i=[r_i, r_{i-\tau}, \cdots, r_{i-(L-1)\tau}],$$

其中 $L>2d$ 为重构向量的维数, 时滞间隔为 τ, 则时滞嵌入定理表明 $\boldsymbol{s}$ 是原系统状态 $\boldsymbol{x}$ 的一个嵌入, 且新的系统 $\boldsymbol{s}_{i+1}=\psi(\boldsymbol{s}_i)$ 与原系统 $\boldsymbol{x}_{i+1}=\boldsymbol{f}(\boldsymbol{x}_i)$ 是拓扑共轭的, 因此 ψ 也是连续光滑的, 此时对于 $\boldsymbol{s}$ 可以使用上述最近邻方法来进行非线性预测, 当我们获得重构向量的预测值 $\hat{\boldsymbol{s}}_{n+1}$ 时, 其第一个分量即为 r_{n+1} 的预测值.

基于最近邻的预测算法基本思想如图 3.1(a) 所示, 该算法不涉及模型的选择和建立, 也没有参数的拟合和训练, 因此是一种不依赖于模型的纯数据驱动的方法, 在非线性系统的预测特别是针对混沌系统的短期预测和吸引子重构方面有着很多应用和良好的性能. 同时我们也看到, 整个算法框架的一个基本前提是待预测点的最近邻参考点要足够近, 因此一般要求系统的观测数据都在吸引子上, 并且观测数据要在吸引子上足够稠密, 方能保证找到的最近邻参考点具有预测价值 (图 3.1(b)); 当观测数据不够多或者在吸引子上不够稠密时, 找到的最近邻有可能是远离待预测点的, 不具有参考价值并且容易产生很大的预测误差 (图 3.1(c)). 这一要求在吸引子维数较高时显得尤为难以满足, 一个简单的估计方法是: 如果要求观测数据均匀分布在整个单位空间且每一个点的 ε 邻域内都至少存在一个最近邻的话, 那么对于 d 维单位空间 $\mathbb{I}^d=[0,1]^d$ 所需要的最少观测数据大约为 $1/\varepsilon^d$ 个, 显然这个数据的量级是随着邻域半径 ε 变小而指数增加的, 特别在维数 d 较大时是几乎不可行的. 综上, 基于最近邻的算法一般适用于低维长序列数据的非线性预测, 如果是高维短序列数据, 则需要更有针对性的算法来进行有效预测.

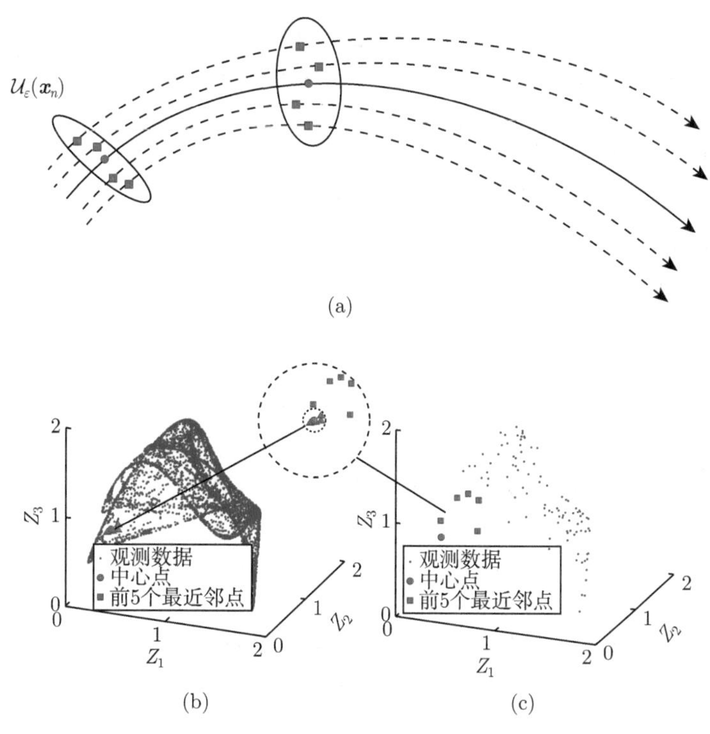

图 3.1 (a) 基于最近邻的非线性预测算法示意图. (b), (c) 长序列数据与短序列数据重构吸引子上的前 5 个最近邻点情况[112], 此处数据由混沌的 Lotka-Volterra 系统产生, 分别演示了有 7000 和 100 个观测数据的情形

3.3 随机分布嵌入算法

在对非线性系统进行预测时, 无论是数据驱动的方法还是模型驱动的方法, 当对象系统的维数较大时, 都面临着严重的问题: 对于模型驱动的方法 (如用多项式逼近一个非线性函数), 模型需要拟合的参数个数随维数往往呈指数增加, 为达到相同精度所需的训练数据量一般也随维数呈指数增加; 对于无模型的方法, 如上一节介绍的最近邻方法, 为达到吸引子上数据量的相同密度所需要的数据量也随维数呈指数增加. 这种现象称为**维数灾难** (dimension curse).

为了克服高维数据维数过高和短序列数据样本不足带来的困难, 我们首先观察到两个直观的现象可以帮助我们提供解决问题的思路: 首先, 大量的高维非线性系统虽然状态变量很多但其吸引子的分形维数往往并不大, 即高维系统往往是在低维流形上运行的, 在这种情况下, 嵌入理论表明, 建立预测模型时所需的变量个数并不完全由系统状态变量个数来确定, 而应该由其吸引子的分形维数来表征, 这样就给了一种解决维数灾难的可能途径. 另一方面, 高维系统中包含的大量状态变量并不完全独立, 变量间的交互关系往往也蕴含着大量的信息, 如果把时间序列中时间域上前后依赖关系称为时间信息的话, 相对应的高维变量间的交互信息可以称为空间信息 (关联信息或网络信息), 这两种信息都可以构成可预测性来源, 如果能挖掘高维数据间的空间信息, 则可以帮助弥补短序列数据带来的时间域信息的不足.

综合上述两种思想, 我们下面介绍随机分布嵌入 (randomly distributed embedding, RDE) 算法, 一方面利用了高维系统运行在低维流形上的特点来避免预测算法的维数灾难, 另一方面把空间信息利用起来转化为时间域的分布信息从而构造鲁棒的预测方法.

我们考虑一个一般的离散时间非线性系统 (3.10) $\boldsymbol{x}_{i+1} = \boldsymbol{f}(\boldsymbol{x}_i)$, 或表达为 $\boldsymbol{x}(i+1) = \boldsymbol{f}(\boldsymbol{x}(i))$ 及其观测序列 $\boldsymbol{x}(i) \in \mathbb{R}^n, i = 1, 2, \cdots, N$, 其中 $\boldsymbol{x} = (x_1, x_2, \cdots, x_n)^{\mathrm{T}}$ 为 n 维状态变量向量, N 为观测序列长度, 观测序列等间隔采样. 我们假设观测序列采样自系统平稳状态, 即系统动力学处于吸引子上而非瞬时动力学, 系统吸引子的分形维数为 d, 且 $d \ll n$.

1. 嵌入: 从高维预测器到低维预测器

首先 n 维系统的状态变量观测序列可以重构状态空间中的高维吸引子 $\mathcal{A} \subset \mathbb{R}^n$. 设待预测变量记为 x_k, 则时滞嵌入定理表明, 通过构造时滞向量 $[x_k(t), x_k(t+1), \cdots, x_k(t+L-1)]$ 可重构一个 L 维空间中的吸引子 $\mathcal{M}$, 当 $L > 2d$ 时 $\mathcal{M}$ 与原吸引子 $\mathcal{A}$ 之间在普遍意义下存在嵌入映射. 另一方面, 广义嵌入定理表明, 通过任意选取的 L 个分量构造向量 $(x_{i_1}(t), x_{i_2}(t), \cdots, x_{i_L}(t)) \in \mathbb{R}^L$, 也可以重构一个 L 维空间中的吸引子 $\mathcal{N}$, 当 $L > 2d$ 时 $\mathcal{N}$ 与原吸引子 $\mathcal{A}$ 之间也在普遍意义下存在嵌入映射. 这样在 $\mathcal{M}$ 和 $\mathcal{N}$ 之间也存在同胚映射 $\boldsymbol{\Psi} : \mathcal{M} \leftrightarrows \mathcal{N}$, 即

$$\boldsymbol{\Psi} : \begin{pmatrix} x_{i_1}(t) \\ x_{i_2}(t) \\ \vdots \\ x_{i_L}(t) \end{pmatrix} \mapsto \begin{pmatrix} x_k(t) \\ x_k(t+1) \\ \vdots \\ x_k(t+L-1) \end{pmatrix},$$

或其逆映射 (主形式和共轭形式), 统称为空间-时间信息转换方程 (spatial-temporal information transformation equation, 简称 STI 方程)(在 3.4 节详细介绍), 其中一个分量 (如第二个分量) 可表示为

$$x_k(t+1) = \psi_2^l(x_{i_1}(t), x_{i_2}(t), \cdots, x_{i_L}(t)), \tag{3.12}$$

这里 $l = (i_1, i_2, \cdots, i_L)$ 为 L 维上标组合, 显然 ψ_2^l 挖掘了空间域上的信息, 同时反映了时间域上的前后依赖关系, 从而是对 x_k 的一步预测映射, 由于只涉及 L 个变量, 因此是一个低维的预测器. (3.12) 是基于空间-时间信息转换的单步预测.

为方便起见, 把 $\mathcal{M}$ 简称为时滞嵌入吸引子而 $\mathcal{N}$ 简称为非时滞嵌入吸引子. 上述关系由图 3.2 给出了 $L=3$ 时的一个简单演示. 对于 (3.12) 给出的预测器, 由于本身是一个低维的预测器, 所以很多成熟的方法都可以用于该预测器的拟合, 目标是在训练数据集上最小化预测误差

$$\sum_t \|x_k(t+1) - \psi_2^l(x_{i_1}(t), x_{i_2}(t), \cdots, x_{i_L}(t))\|.$$

我们这里假设使用高斯过程回归 (Gaussian process regression, GPR) 基于观测数据对 ψ_2^l 进行拟合, 从而实现目标时刻 t^* 的一步预测值

$$\tilde{x}_k^l(t^*+1) = \psi_2^l(x_{i_1}(t^*), x_{i_2}(t^*), \cdots, x_{i_L}(t^*)).$$

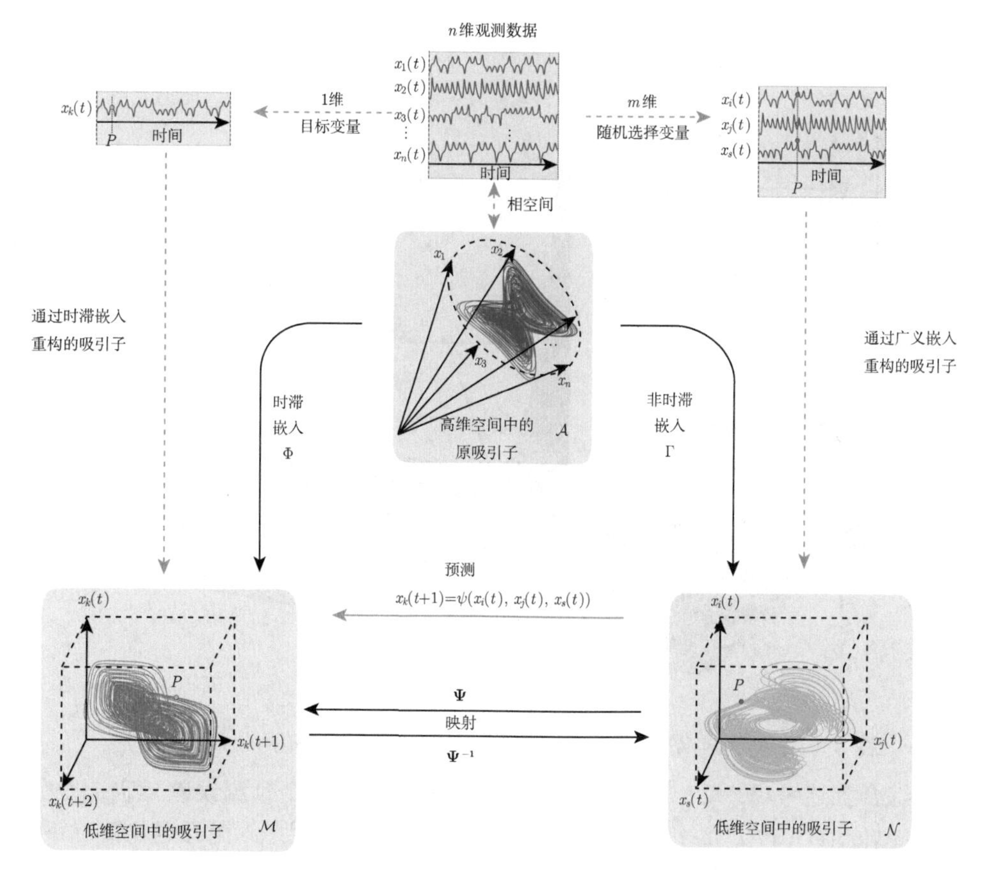

图 3.2 高维系统的时滞与非时滞嵌入示意图[62]. 时间间隔为 τ

2. 随机: 从单预测器到多预测器

注意到上述预测器 ψ_2^l 是由上标组 $l=(i_1, i_2, \cdots, i_L)$ 确定的, 而这样的组合是通过从 n 个变量中随机选取的, 从而可以获得至多 C_n^L 个不同的低维预测器, 由

于 $L \ll n$, 我们可以获得数量较大的低维预测器且每一个预测器都可以通过上述方法获得一个预测值 $\tilde{x}_k^l(t^*+1)$. 在理想状况下, 每一个预测器 ψ_2^l 都能够获得目标变量的一步预测值, 但事实上还需要考虑很多因素:

- 虽然广义嵌入定理保证在普遍意义下非时滞吸引子构成嵌入, 但存在退化的情况, 即随机选择的变量组合有可能不能构成嵌入, 基于此类退化组合的预测误差会非常大, 如图 3.3 无噪声情况所示, 预测值除了在真实值附近外, 还有大量远离真实值的预测值, 反映了退化情况的存在.
- 即使在构成嵌入的情况下, 观测值也可能包含误差, 同时拟合算法本身也有难以避免的拟合误差.

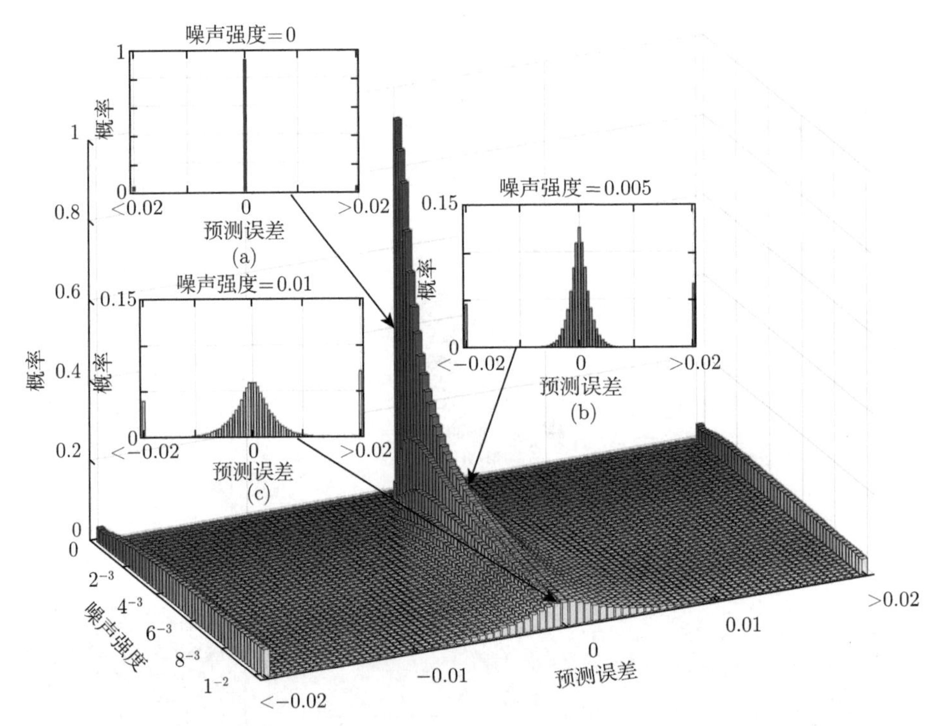

图 3.3 不同噪声水平下多个预测器所得的单点单步预测值的分布示意图[62]

综合上述考虑, 每一个预测器获得预测值都包含一个预测误差, 即 $\tilde{x}_k^l(t^*+1)=\psi_2^l(x_i(t^*),x_j(t^*),\cdots,x_s(t^*))+\delta_l$, 其中 δ_l 为预测误差. 抛开退化情况下的大偏差, 考虑到每一组下标组所对应的变量组合事实上都从一个侧面反映了整个系统的特性 (嵌入映射是不一样的), 每一组变量的预测性能是不一样的, 其预测误差事实上成为一个随机变量, 大量预测器的误差取值形成了一个分布. 综合上述情况, 我们在不同噪声水平下, 所获得的单点一步预测值呈现出如图 3.3 所示的分布, 除去两侧退化情况下的大误差, 中间的预测值是集中在真实值附近的一类分布.

3. 分布: 从弱预测器到强预测器

上述过程中由于随机选择的不同变量组合从不同的侧面反映并保持了系统的动力学特性, 因此得到的分布事实上反映了变量间的交互信息, 即高维数据的空间信息, 挖掘和利用该分布的信息可以帮助我们获得更好的强预测值. 第一类方法是使用该分布的期望来作为最终的预测值, 即使用大量低维弱预测器的分布期望来构建一个强预测器. 为此, 我们首先通过核密度估计 (kernal density estimation, KDE) 方法来拟合所有低维预测值的分布 $\tilde{x}_k^l(t^*+1) \sim p(x)$, 然后可以获得期望

$$\tilde{x}_k(t^*+1) = \int xp(x)\mathrm{d}x \tag{3.13}$$

作为最终的预测结果. 该方法在大量低维预测器的误差 δ_l 符合零均值时简单而有效, 但是当预测误差均值显著偏离零时该方法会导致系统性偏差. 为此我们可以使用第二类方法即聚合算法, 该算法思想来源于机器学习的聚合 (aggregation) 算法, 将每次随机组合作为一个特征, 并使用留一误差 (leave one out, LOO) 法来计算训练集内误差作为预测误差 δ_l 的预估, 从中选择出最佳的 r 组随机组合, 使用其加权平均

$$\tilde{x}_k(t^*+1) = \sum_{i=1}^{r} \omega_i \tilde{x}_k^{l_i}(t^*+1) \tag{3.14}$$

作为最终的预测值, 其中权重 $\omega_i = \dfrac{\exp(-\delta_i/\delta_1)}{\sum_j \exp(-\delta_j/\delta_1)}$. 上述两种方法都考虑到了分布的作用, 并不仅仅依赖于某一个低维预测器, 因此都具有较强的鲁棒性.

在算法选择上, 期望方法计算量小、实施方便, 但是依赖于误差零均值假设; 而聚合算法不依赖于零均值假设, 但是需要预估拟合误差, 计算量较大. 由于我们没法先验地知道误差分布是否偏离零均值, 在做出选择前可以先计算预测值分布 $\tilde{x}_k^l(t^*+1) \sim p(x)$ 的偏度 (skewness)

$$S = \mathbb{E}\left[\left(\frac{x-\mu}{\sigma}\right)^3\right],$$

其中 μ 为随机变量 x 的均值, σ 为 x 的标准差, $\mathbb{E}(\cdot)$ 为期望运算. 偏度衡量了分布的不对称性, 因此如果偏度小于阈值则认为分布是对称的, 倾向于采用期望作为最后预测值的估计, 而如果偏度较大则提示分布可能偏离零均值, 建议采用聚合算法.

4. RDE 算法

综合上述分析过程, 我们可以给出 RDE 方法的算法描述:

算法 3.3 (RDE)　设有非线性系统的 n 维观测序列 $\boldsymbol{x}(t) \in \mathbb{R}^n, t=1,2,\cdots,N$, 观测序列等间隔采样, 系统吸引子分形维数为 d, 选择重构维数 $L>2d$, 待预测变量为 x_k, 则 RDE 算法表述如下:

• 有放回地从 $(1,2,\cdots,n)$ 中选取 m 次上标组 $l=(l_1,l_2,\cdots,l_L)$, 每组上标组含 L 个上标.

• 对于每一组上标组 l, 基于观测数据训练拟合一个预测器 ψ_2^l 使得目标误差 $\sum_{i=1}^{N-1}\|x_k(t_i+1)-\psi_2^l(x_{l_1}(t_i),x_{l_2}(t_i),\cdots,x_{l_L}(t_i))\|$ 最小化. 预测器形式可以是任何的成熟拟合方法, 本节中使用高斯过程回归形式.

• 对于每一个训练获得的预测器 ψ_2^l 及目标时刻 t^* 进行一次一步预测

$$\tilde{x}_k^l(t^*+1)=\psi_l(x_{i_1}(t^*),x_{i_2}(t^*),\cdots,x_{i_L}(t^*)).$$

• 在上述所获得的预测集合 $\{\tilde{x}_k^l(t^*+1)\}$ 进行离群值 (outlier) 检测, 排除所有的离群值后使用核密度估计方法来估计预测集合的分布密度函数 $p(x)$.

• 计算该密度函数的偏度 S 并设定偏度阈值 ξ.

• 若 $S<\xi$, 则使用期望方法获得最终预测值 $\tilde{x}_k(t^*+1)=\displaystyle\int xp(x)\mathrm{d}x$.

• 不然则使用留一法计算每一个预测器 ψ_2^l 的训练集内误差 δ_l, 并挑选出 r 个最优的预测器 ψ_2^l, 使用聚合方法获得最终预测值 $\tilde{x}_k(t^*+1)=\sum_{i=1}^r\omega_i\tilde{x}_k^{l_i}(t^*+\tau)$, 其中权重 $\omega_i=\dfrac{\exp(-\delta_i/\delta_1)}{\sum_j\exp(-\delta_j/\delta_1)}$. ■

该算法中涉及一些超参数, 如嵌入维数 L、随机嵌入个数 m 等, 下面结合一个具体的例子来给出整个 RDE 预测算法的演示过程及超参数选择. 我们考虑耦合的 Lorenz 系统作为测试系统, 其中第 i 号子系统表述如下:

$$\begin{aligned}\dot{x}_i&=\sigma(y_i-x_i)+Cx_{i-1},\\\dot{y}_i&=\rho x_i-y_i-x_iz_i,\\\dot{z}_i&=-\beta z_i+x_iy_i,\end{aligned}\tag{3.15}$$

其中 $\sigma=10,\rho=28,\beta=8/3$, Cx_{i-1} 为第 i 号系统与第 $i-1$ 号系统的耦合项, 耦合强度设定为 $C=0.1$. 我们考虑 $i=1,2,\cdots,30$ 共 30 个子系统, 第 1 个子系统与第 30 个子系统耦合, 总共 90 个变量. 假设经过暂态后系统进入混沌吸引子, 在吸引子上我们共获得 $t=1,2,\cdots,50$ 个观测值, 采样间隔 $\tau=\delta t=0.02$. 经过 FNN 测试和经验选择, 选择 $L=6$ 作为嵌入维数. 在实际应用中, 由于我们处理短序列数据时, FNN 算法依赖于重构吸引子上的最近邻, 因此对于短序列有可能效果不佳, 但是 $L>2d$ 是一个较为宽泛的要求, 此时可以根据经验适当选取一个较合适的嵌入维数. 在设定随机嵌入个数 m 时, 所有可能的随机嵌入共有 C_{90}^6 种, 事实上是没必要也不可能全部遍历的, 为此需要结合最终的预测方案来确定.

如果是使用期望算法, 则估计的期望值的置信区间是随着随机嵌入个数增加而缩小的, 特别地, 假如分布是正态分布 $x \sim N(\mu, \sigma^2)$, 则估计的期望的 $1-\alpha$ 置信区间可以根据 t 分布给出:

$$\left(\bar{X} - \frac{S}{\sqrt{n}} t_{\frac{\alpha}{2}}(n-1), \bar{X} + \frac{S}{\sqrt{n}} t_{\frac{\alpha}{2}}(n-1)\right),$$

其中 $\bar{X}$ 为样本均值, S^2 为样本方差, n 为样本量, 即我们所设定的随机嵌入个数. 另一方面, 如果使用的是聚合算法, 则可以在线观察最佳拟合误差的下降趋势, 事实上我们观察到这种下降是呈指数下降的, 因此可以在下降曲线收敛处 (elbow of the convergence curve) 选择随机嵌入的个数, 对于上述 Lorenz 系统, 其下降曲线如图 3.4 所示.

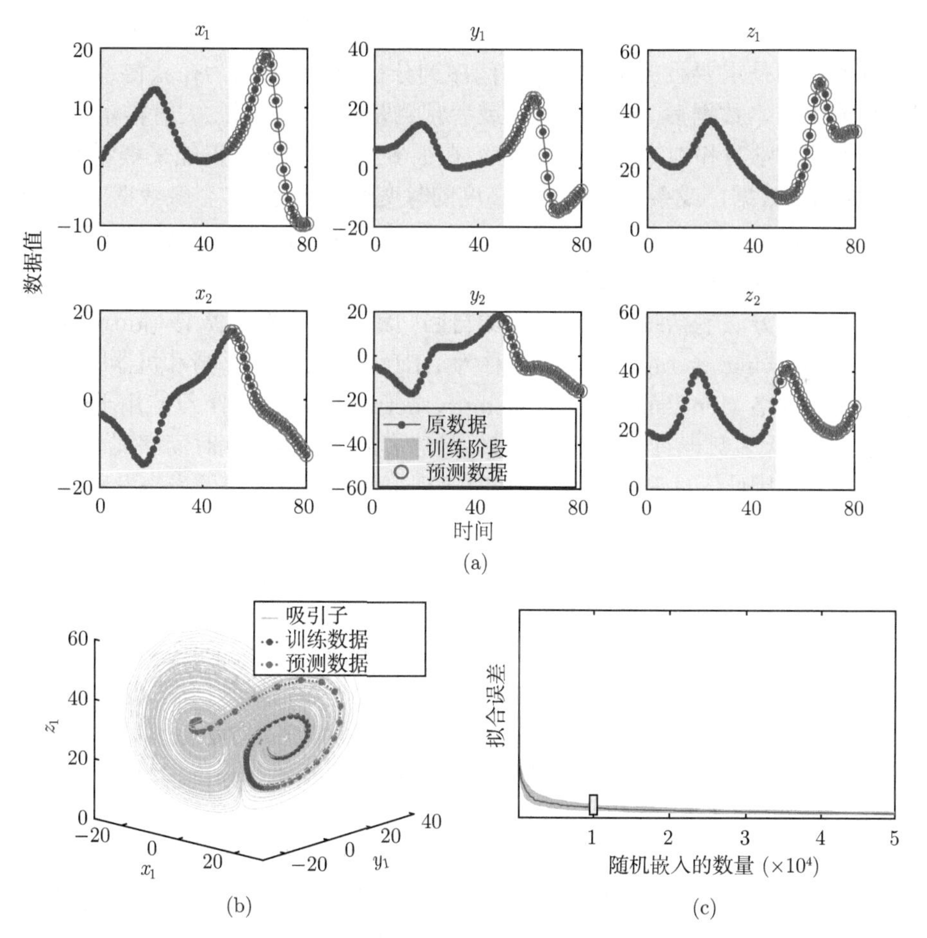

图 3.4 90 维耦合 Lorenz 系统的多步预测演示. (a) 30 步预测效果图; (b) 训练数据及预测数据在吸引子上的分布; (c) 随机嵌入个数与最佳拟合误差下降趋势 [62]

综合上述分析, 我们对于该耦合 Lorenz 系统选择嵌入维数 $L=6$, 随机嵌入个数为 $m=10^4$, 根据预测值分布的偏度计算选择聚合算法来获得最终预测值. 我们对每一维分量都执行一步预测, 并基于第 i 步预测迭代进行第 $i+1$ 步预测, 共执行 30 次, 预测效果如图 3.4 所示, 仅基于长度为 50 的观测值, 我们可以向前连续精确预测 30 步, 说明该预测方法有较高的精度, 并且该 50 步观测值仅覆盖了吸引子上的很小一部分, 说明该算法不依赖于数据对吸引子的整体抽样.

3.4 空间-时间信息转换的多步预测方法

很多科学领域的现象, 包括天气状况、地质环境变化、交通流量、生理指标等都是动态和非线性的, 虽然理论上它们可由动力系统来描述, 但这些复杂系统大多没有精确数学模型, 因此由观测的时间序列数据对这些复杂系统未来状态或时间序列的预测是重要且关键的. 在时间序列分析中, 一般认为在获得系统的长时间序列或大样本数据后, 系统的重构或者预测是可行的, 因此大量样本是传统机器学习方法的学习和训练的前提. 然而, 在很多实际应用中, 仅能采集到短时序列数据 (如临床数据), 或系统通常具有高度的时变性 (如天气和金融数据) 以至于只是近期的短时序列数据包含有效信息. 因此, 需要仅用近期或短时序列数据来描述或预测一个复杂系统未来的状态对数据挖掘与分析方法提出了挑战.

尽管许多方法包括统计回归 (例如自回归积分滑动平均模型 (autoregressive integrated moving average model, 简称为 ARIMA)) 、指数平滑和机器学习 (例如长短期记忆网络 (long short-term memory network, LSTM)) 已应用于时序列预测问题, 但是大多数现有方法都需要进行足够多的观测或长期时间序列 (例如遍历状态或场景), 因此无法利用小样本/短时序列可靠地预测系统的未来发展. 另一方面, 包括递归神经网络 (recurrent neural network, RNN) 和 LSTM 在内的神经网络, 在理论上可以从观察到的数据中学习复杂系统的非线性动力学, 并且已经在基于相空间嵌入策略的时间序列预测中使用. 然而, 当只有小样本可用于训练神经网络时, 上述方法通常会遇到过拟合 (overfitting) 问题. 此外, 训练神经网络会耗费大量时间和计算资源, 比如神经元的大量反馈导致梯度消失等问题, 这也阻碍了传统神经网络方法应用于许多实际系统中. 传统的机器学习方法主要是利用数据的统计学特征构建模型, 并且利用模型对未知数据进行预测和分析, 一般也需要大样本训练, 而对小样本有过拟合等问题. 近年的高通量 (包括影像) 测量技术的兴起为人们提供了高维大数据的支持, 而实际的高维数据包含丰富的时空动态特征, 因此建立利用数据的动力学特征的机器学习理论, 可为解决现行的机器学习问题提供重要方向和方法, 即, 与现行的 “统计学刻画的机器学习” 相比, 建立 “动力学刻画的机器学习” 理论和方法. 基于数据的动力学特征, 如动态系统临界特征、空间-时间信息转换特征、单变量嵌入的系统重构特征, 人们可实现高效的机器学习, 特别是实现复杂动态过程的临界预警、短时序列预测和非线性因果关系推断等.

目前, 基于高维短时序列数据的有效预测方法较少, 但是基于短时序的多步精准预测不仅重要而且应用范围更广. 首先, 高维短时序列预测在现实世界中普遍存在. 其次, 由于现实世界中许多系统具有时变或非平稳特性, 距离现在最近的短时序列数据比包含遥远历史信息的长时序列数据更能准确地描述复杂系统当前及今后的状态特性. 因此, 即使测量了长期的数据, 真正有效的预测也主要取决于其最近的短时序列数据. 最后, 观测的短时序列高维数据拥有丰富的关联信息, 即, 这些高维/空间变量的动力学相互交织并反映同一个系统的信息, 可用于预测系统的未来状态. 实际上, 根据延迟嵌入定理, 假定系统在稳态并被包含于数据空间的低维流形中, 高维系统的**空间-时间信息转换方程**的解即是观测的时序列预测值或未来状态, 该理论可以将高维数据的空间信息转换为任意目标变量的未来时间或动态信息. 该变换也是变量间关联信息与变量动态信息的变换 (association-dynamics information transformation). 实际系统的状态即使是在非稳态, 一般也会包含在低维流形中, 因此同样可获得较高精度的状态预测. 基于 STI, 已有多种预测算法的方案. 但是, 由于 STI 方程的非线性性及观测数据的噪声, 对于短时间高维序列预测, 仍然有两个问题尚未解决: 一个是鲁棒性, 另一个是计算量. 在前一节中, 我们已经介绍了基于 STI 方程 (3.12) 的单步预测方法, 在本节中进一步介绍基于 STI 和储备池计算储层结构所建立的两类新颖的自动储层计算方法——自动储层神经网络 (auto-reservoir neural network, ARNN)[113], 以及“高斯过程回归机器” (Gaussian process regression machine, GPRMachine) 方法[114], 这两类方法可以实现基于高维短时序列数据的准确、鲁棒、高效的多步预测.

3.4.1 STI 方程

大部分的自然科学现象都是动态和非线性的, 虽然在理论上它们可由动力系统来描述, 但这些复杂系统大多没有精确数学模型, 因此由观测的时序列数据对这些复杂系统未来状态的预测是重要且关键的. 在时间序列分析中, 一般认为在获得系统的长时间序列或大样本数据后, 系统的状态可重构或者可预测, 因此大量样本是传统机器学习方法的学习和训练的前提. 然而, 在很多实际应用中, 仅能采集到短时序列数据, 或系统通常具有高度的时变性, 以至于只是近期的短时序数据有效. 因此, 如何实现仅用近期或短时序列数据来描述或预测一个复杂系统未来的状态对数据挖掘与分析提出了挑战. 对于这样的挑战问题, ARNN 方法采用 STI 方程的主形式和共轭形式来对高维数据的动力学进行编码和解码, 由此实现高维短时序列的高效预测. 具体来说, 通过 STI 方程, ARNN 将数据的高维/空间信息转换为任意目标/预测变量的时间/动态信息, 从而解决了样本量小的问题并同时获得预测变量的预测值. 另一方面, 基于储层结构, 神经网络的大多参数随机给定, ARNN 只需训练较少的参数, 从而避免了过拟合的问题. 然而, 与使用外部动力学 (与目标系统无关) 的传统储备池计算 (reservoir computing, RC) 不同, ARNN 将观察到的高维数据本身作为储备池的动力学, 所以利用了观察/目标系统的内在动力学. 也就是说, ARNN 的储备池是直接由高维数据的内在动力学生成的, 这些内在动力学通过 STI 方程, 可进一步转换为任意目标变量的未来状态/时间信息. 该方法适用的场景是原始输入为高维短时间序列数据. 通常来说, 高维短时间序列数据在现实世界中广泛可得. 实际上, 由于现实世界中许多系统具有高度的时变 (time-varying) 和非平稳 (nonstationary) 特性, 最近的短期时序列数据比包含遥远历史信息的长期时序列数据更能准确地描述复杂系统当下的动态特性. 简而言之, ARNN 是多步预测方法, 具有准确、鲁棒、高效的特点, 适用于各种高维短时间序列数据的场景[113].

ARNN (和之后的 GPRMachine) 的算法原理是空间-时间信息转换方程 (STI 方程), 包括主 STI 方程和共轭 STI 方程. 对于在时间点 $t = 1, 2, \cdots, m$ 观测到的 D 个变量的高维状态信息 $\boldsymbol{X}^t = (x_1^t, x_2^t, \cdots, x_D^t)^{\mathrm{T}}$, 以及任意要预测的目标变量 y (例如 $y^t = x_k^t$), 这里采用以 $L > 1$ 为嵌入维数的延迟嵌入策略 (图 3.5(a)) 构造相应的延迟向量 $\boldsymbol{Y}^t = (y^t, y^{t+1}, \cdots, y^{t+L-1})^{\mathrm{T}}$, 其中符号 “T” 代表对向量的转置. 显然, $\boldsymbol{X}^t$ 是在单个时间点 t 观测到的多变量/空间向量, 而 $\boldsymbol{Y}^t$ 是在多个时间点 $t, t+1, \cdots, t+L-1$ 观测到的单个变量 y 的时间向量. 注意, 这里首先对 m 个时间点的 n 个变量的观测时序列数据, 基于对预测/目标变量的关联性, 如采用皮尔逊相关性 (PCC) 或互信息 (MI) 等度量, 筛选 D 维变量的时序列数据 ($n \geqslant D$). 根据 Takens 嵌入理论及其广义版本, 如果 $L > 2d > 0$, 这种延迟嵌入策略 $\boldsymbol{Y}^t$ 可以重构原始系统 $\boldsymbol{X}^t$ 的拓扑等价动力学/吸引子, 其中 d 是吸引子的盒计盒维数. 因此, 对于 $t = 1, 2, \cdots, m$ 中的每个时间点, 每个空间向量 $\boldsymbol{X}^t$ 对应于一个时间延迟向量 $\boldsymbol{Y}^t$ (图 3.5(a)). 因此, STI 方程和其共轭方程的矩阵形式可以表示为

$$\begin{cases} \boldsymbol{\Psi}(\boldsymbol{X}^t) = \boldsymbol{Y}^t, \\ \boldsymbol{X}^t = \boldsymbol{\Phi}(\boldsymbol{Y}^t), \end{cases} \tag{3.16}$$

其中, $\boldsymbol{\Psi} : \mathbb{R}^D \to \mathbb{R}^L$ 和 $\boldsymbol{\Phi} : \mathbb{R}^L \to \mathbb{R}^D$ 是满足 $\boldsymbol{\Psi} \circ \boldsymbol{\Phi} = \mathrm{id}$ 的非线性可微函数, 符号 “$\circ$” 是函数复合操作, id 表示恒等函数 (图 3.5(a)). 在等式 (3.16) 中, 第一个方程是 STI 方程的主形式, 第二个是它的共轭形式. 请注意, 给定 m 个观察到的状态 $\boldsymbol{X}^t$ ($t = 1, 2, \cdots, m$), 目标变量 y 实际上有 $L-1$ 个未知的未来值, 即 $\boldsymbol{Y}^t$ 中的

y^{m+1}, $y^{m+2}, \cdots$, y^{m+L-1} (图 3.5(b)). 显然, 方程 (3.16) 是在同一 t 时刻的 D 个不同变量的空间信息 $\boldsymbol{X}^t$ 与同一变量的 $t+L-1$ 个不同时刻的时间信息 $\boldsymbol{Y}^t$ 的相互转换方程, 称为**空间-时间信息转换方程** (STI 方程). STI 主方程的展开形式为

$$\begin{pmatrix} \boldsymbol{\Psi}_1(\boldsymbol{X}^1) & \boldsymbol{\Psi}_1(\boldsymbol{X}^2) & \cdots & \boldsymbol{\Psi}_1(\boldsymbol{X}^m) \\ \boldsymbol{\Psi}_2(\boldsymbol{X}^1) & \boldsymbol{\Psi}_2(\boldsymbol{X}^2) & \cdots & \boldsymbol{\Psi}_2(\boldsymbol{X}^m) \\ \vdots & \vdots & & \vdots \\ \boldsymbol{\Psi}_L(\boldsymbol{X}^1) & \boldsymbol{\Psi}_L(\boldsymbol{X}^2) & \cdots & \boldsymbol{\Psi}_L(\boldsymbol{X}^m) \end{pmatrix} = \begin{pmatrix} y^1 & y^2 & \cdots & y^m \\ y^2 & y^3 & \cdots & y^{m+1} \\ \vdots & \vdots & & \vdots \\ y^L & y^{L+1} & \cdots & y^{m+L-1} \end{pmatrix},$$

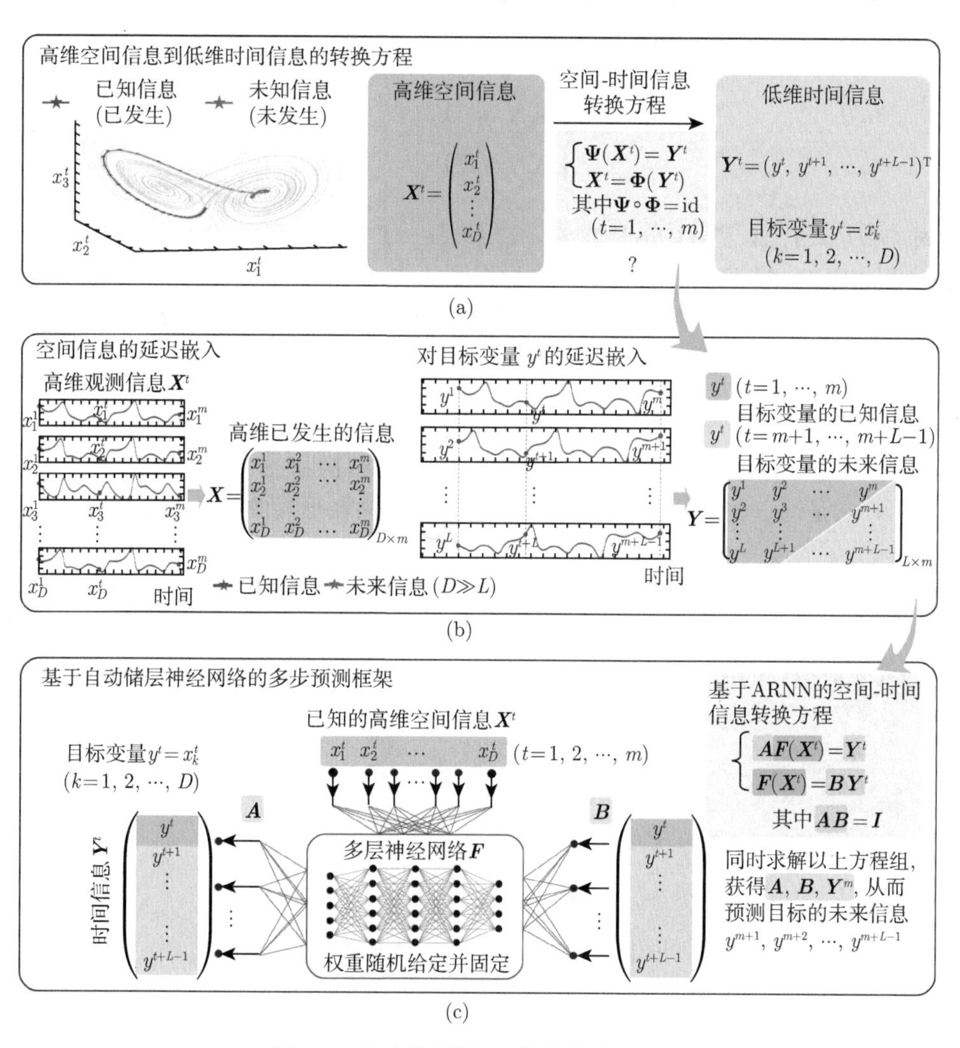

图 3.5　自动储层神经网络的算法设计图

STI 共轭方程展开形式为

$$\begin{pmatrix} x_1^1 & x_1^2 & \cdots & x_1^m \\ x_2^1 & x_2^2 & \cdots & x_2^m \\ \vdots & \vdots & & \vdots \\ x_D^1 & x_D^2 & \cdots & x_D^m \end{pmatrix} = \begin{pmatrix} \boldsymbol{\Phi}_1(\boldsymbol{Y}^1) & \boldsymbol{\Phi}_1(\boldsymbol{Y}^2) & \cdots & \boldsymbol{\Phi}_1(\boldsymbol{Y}^m) \\ \boldsymbol{\Phi}_2(\boldsymbol{Y}^1) & \boldsymbol{\Phi}_2(\boldsymbol{Y}^2) & \cdots & \boldsymbol{\Phi}_2(\boldsymbol{Y}^m) \\ \vdots & \vdots & & \vdots \\ \boldsymbol{\Phi}_D(\boldsymbol{Y}^1) & \boldsymbol{\Phi}_D(\boldsymbol{Y}^2) & \cdots & \boldsymbol{\Phi}_D(\boldsymbol{Y}^m) \end{pmatrix}.$$

理论上, 基于 m 个时间点的观测数据 $\boldsymbol{X}$, 只要求解方程 (3.16) 的主方程或共轭方程, 我们就可得到未知 $\boldsymbol{Y}$, 即 $L-1$ 个点的目标变量预测值. 然而, 从解析和计算的角度, 通常来说很难获得这样的非线性函数 $\boldsymbol{\Psi}$ 或 $\boldsymbol{\Phi}$. 于是, 作为近似, 在 $t=1,2,\cdots,m$ 时, 我们可以作如下线性化 (图 3.5(b)):

$$\begin{cases} \boldsymbol{A}\boldsymbol{X}^t = \boldsymbol{Y}^t, \\ \boldsymbol{X}^t = \boldsymbol{B}\boldsymbol{Y}^t, \end{cases} \tag{3.17}$$

其中 $\boldsymbol{AB}=\boldsymbol{I}$, $\boldsymbol{A}$ 和 $\boldsymbol{B}$ 分别是 $L\times D$ 和 $D\times L$ 矩阵, $\boldsymbol{I}$ 表示 $L\times L$ 单位矩阵. 由方程 (3.17) 的简洁性, 我们可以推导得到一些理论结果, 如解的唯一性等, 并获得高效算法. 这样的线性化虽然大大降低了计算复杂性和理论分析难度, 但也显著地损失了预测精度和鲁棒性, 特别是对非线性时序列的多步预测效果影响更大.

3.4.2 ARNN 算法

对于这些问题, 通过结合储备池计算 (RC) 结构和 STI 方程, 我们开发了 ARNN, 它是通过将非线性函数 $\boldsymbol{F}$ 作为主形式和共轭形式的储备池结构来提供针对目标变量的多步预测 (图 3.5(c) 和 (3.18)), 从而大大提高了预测的鲁棒性、准确性和计算效率. 具体来说, 对于在 m 个时间点观测 n 维变量的时序列数据, 当预测 $\boldsymbol{X}^t$ 中的第 k ($k\in\{1,2,\cdots,n\}$) 个观测变量的未来值时, 令 $y^t=x_k^t$, 通过延迟嵌入映射得到的 y^t 的向量 $\boldsymbol{Y}^t$ 构成如下的矩阵 $\boldsymbol{Y}$:

$$\boldsymbol{Y} = \begin{pmatrix} y^1 & y^2 & \cdots & y^m \\ y^2 & y^3 & \cdots & y^{m+1} \\ \vdots & \vdots & & \vdots \\ y^L & y^{L+1} & \cdots & y^{m+L-1} \end{pmatrix}_{L\times m},$$

该矩阵中包含了 m 时刻后的目标变量的未知/未来值 $\left\{y^{m+1},y^{m+2},\cdots,y^{m+L-1}\right\}$. $(L-1)$ 是预测长度/步长, 远小于 D.

基于对预测/目标变量的关联性 (详见算法原理), 筛选出 D 维变量的时序列数据 ($n\geqslant D$). 然后, 该方法是直接将在 t 时刻观测到的高维/空间数据 ($\boldsymbol{X}^t=(x_1^t,\cdots,x_D^t)^{\mathrm{T}}_{t=1,2,\cdots,m}$, 观测数据的 D 维向量, 已知) 转化为储备池层 (神经网络

$\boldsymbol{F}(\boldsymbol{X}^t)$, $\widetilde{D}$ 维向量, 已知). 再通过 STI 方程 (3.16) 的近似把高维/空间数据映射到目标变量 y 的未来状态信息 ($\boldsymbol{Y}^t = (y^t, \cdots, y^{t+L-1})^{\mathrm{T}}$, 预测/目标变量的 L 维向量, 部分未知), 即, 对于 m 个时间点的观测时序列数据有如下的 ARNN-STI 方程:

$$\begin{cases} \boldsymbol{AF}(\boldsymbol{X}^t) = \boldsymbol{Y}^t, \\ \boldsymbol{BY}^t = \boldsymbol{F}(\boldsymbol{X}^t), \\ \boldsymbol{AB} = \boldsymbol{I}, \end{cases} \tag{3.18}$$

其中 $\boldsymbol{A}$ 和 $\boldsymbol{B}$ 分别是未知的权重矩阵, $\boldsymbol{A}$ 是 $L \times \widetilde{D}$ 矩阵, $\boldsymbol{B}$ 是 $\widetilde{D} \times L$ 矩阵, $\boldsymbol{I}$ 表示 $L \times L$ 单位矩阵. 多层前馈神经网络 $\boldsymbol{F}$ 是非线性矢量函数, 用于储备池计算, 其中神经元之间的权重是预先随机给出的. 在以下计算例中, 采用了四层神经网络, 以双曲正切 tanh 作为激活函数, 使用者也可以采用其他适当形式的层设计. 通过神经网络 $\boldsymbol{F}$ 的处理, 原始的 D 个观测变量 $\boldsymbol{X}^t = (x_1^t, x_2^t, \cdots, x_D^t)^{\mathrm{T}}$ 被转化为 $\widetilde{D}$ 个变量 $\boldsymbol{F}\left(\boldsymbol{X}^t\right) = \left(F_1\left(\boldsymbol{X}^t\right), F_2\left(\boldsymbol{X}^t\right), \cdots, F_{\widetilde{D}}\left(\boldsymbol{X}^t\right)\right)^{\mathrm{T}}$, 其中输入 $\boldsymbol{X}^t$ 和输出 $\boldsymbol{Y}^t$ 随时间演变. 换句话说, 储备池的动力学是观察到的高维数据 $\boldsymbol{X}^t$ 的动力学, 而不是传统 RC 中的外部/无关动力学. 注意 $F_k : \mathbb{R}^D \to \mathbb{R}$ 是非线性函数 (储备池). $\widetilde{D}$ 由神经网络设计决定, 即, 由于神经网络 $\boldsymbol{F}$ 的非线性变换, $\widetilde{D}$ 可以与 D 不同. 在这里, 方程 (3.18) 中的第一个和第二个方程分别是 STI 方程的主形式和共轭形式. 显然, 通过输入的观测向量 $\boldsymbol{X}^t$ 和给定的 $\boldsymbol{F}$ 同时求解基于 ARNN 的 STI 共轭方程 (3.18), 可以获得目标变量的未来值 $\{y^{m+1}, y^{m+2}, \cdots, y^{m+L-1}\}$ (图 3.5(b) 中矩阵 $\boldsymbol{Y}$ 的红色部分) 以及未知的权重矩阵 $\boldsymbol{A}$ 和 $\boldsymbol{B}$, 从而实现目标变量快速的多步未来值预测.

有趣的是, 该计算框架具有类自编码器 Autoencoder (信息流 $\boldsymbol{X}^t \to \boldsymbol{Y}^t \to \boldsymbol{X}^t$) 的结构, 即, ARNN 的信息流方向是: $\boldsymbol{F}(\boldsymbol{X}^t) \to \boldsymbol{Y}^t \to \boldsymbol{F}(\boldsymbol{X}^t)$, ARNN 把 $\boldsymbol{F}(\boldsymbol{X}^t)$ 编码成为 $\boldsymbol{Y}^t$, 再将 $\boldsymbol{Y}^t$ 解码成为 $\boldsymbol{F}(\boldsymbol{X}^t)$ (图 3.6). 另外, ARNN-STI 方程中的主方程可以表达为传统的 RC 的形式[113]. 显然, 与非线性 STI 方程 (3.16) 相比, 方程 (3.18) 有其半线性计算的优势, 而与线性化方程 (3.17) 相比, 方程 (3.18) 有其非线性映射 RC 的优势, 所以可显著提高计算效率和预测精度.

基于 STI 方程的推导, 我们可以总结出 STI 方程的适用条件如下:

• 所观测的 n 维变量 (或筛选后的 D 维变量) 是描述同一个系统的变量或是在同一个系统中的变量. 如果某些变量不是, 需要剔除该变量.

• 所观测的变量是高维, 但其系统稳态状态或吸引子是低维, 即, 该系统一般为耗散系统 (dissipative system). 实际应用系统一般都为耗散系统, 满足该条件. 即使观测数据是在非稳态, 其动力学状态也一般约束于低维流形中, 所以也可以采用该方法预测.

• 所观测的系统为确定性动力学系统, 而非随机动力学系统, 特别是要求观测数据的随机噪声小.

• 所观测的系统在短时间区间是定常, 即时间不变 (time invariant) 系统. 即使观测的系统是时变系统, 只要在观测的短时序列和其多步预测区间内是近似定常就可以.

• 所观测的 m 点时序列是均等时间步长的序列. 如观测序列不是, 需要采用插值等使之为均等时间步长序列.

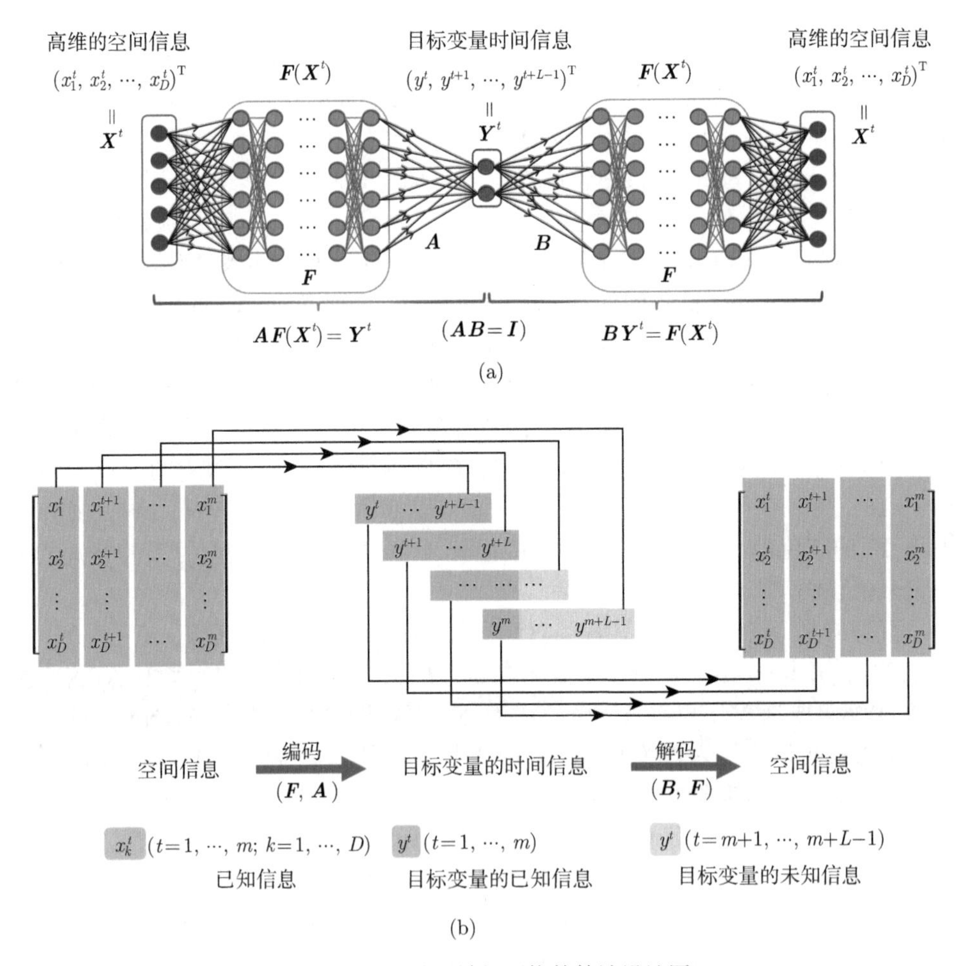

图 3.6 自动储层神经网络的算法设计图

显然, 所要预测的值是通过同时求解 STI 方程 (3.18) 得到的, 虽然该方程是 STI 方程 (3.16) 的近似, 但可高效求解而且保留一部分 STI 方程的非线性性质,

所以远比线性近似 (3.17) 的精度更高. 方程 (3.18) 在满足 $2L-1 \leqslant m$ 和 $D > L$ 的情况下, 是一个超定方程组, 可以通过一种最小二乘法, 对权重矩阵 $(\boldsymbol{A}, \boldsymbol{B})$ 和预测值 $(\boldsymbol{Y})$ 反复更新从而进行求解. 另外, 由于多层神经网络 $\boldsymbol{F}$ 的权重是随机给定或固定的, 不需要对大量的参数进行训练, 因此 ARNN 具有快速、高效的优势.

理论上, 通过采用任何适当的优化算法, 我们只要基于观测序列 $\boldsymbol{X}^t$ 和给定 $\boldsymbol{F}$ 的参数来求解 ARNN 的 STI 方程 (3.18) 中的 $(\boldsymbol{A}, \boldsymbol{B}, \boldsymbol{Y})$ 就可以得到目标变量 y 的预测值. 下面, 我们介绍一种基于分解迭代的高效 ARNN 计算方法求解方程 (3.18) 中的 $(\boldsymbol{A}, \boldsymbol{B}, \boldsymbol{Y})$.

1. ARNN 算法的参数

算法的内容与参数如下.

- 输入: D 个变量和 m 个时间点的时间序列数据, 即 $(\boldsymbol{X}^1, \boldsymbol{X}^2, \cdots, \boldsymbol{X}^m)$.
- 参数: 神经网络 $\boldsymbol{F}$ 的参数是随机给定的, 预测长度/步长 $(L-1)$ 给定, 预测的目标变量 $y^t = x_k^t$ 指定, 训练的最大迭代次数 N 给定.
- 输出: 目标变量的 $(L-1)$ 步预测值, 即 y^{m+1}, $y^{m+2}, \cdots$, y^{m+L-1}.

2. ARNN 算法的流程

ARNN 算法的流程如下.

算法 3.4 ARNN 算法

步骤 1: **从观测数据构建 ARNN 的 STI 方程**. 通过前馈神经网络 $\boldsymbol{F}$, $\boldsymbol{X}^t$ 被转换成 $\widetilde{D}$ 维的向量 $\boldsymbol{F}(\boldsymbol{X}^t) = (F_1(\boldsymbol{X}^t), \cdots, F_{\widetilde{D}}(\boldsymbol{X}^t))^{\mathrm{T}}$. 我们有以下基于 ARNN 的 STI 方程:

$$\begin{cases} \boldsymbol{A}_{L\times\widetilde{D}}(\boldsymbol{F}(\boldsymbol{X}^1),\ \boldsymbol{F}(\boldsymbol{X}^2),\ \cdots,\ \boldsymbol{F}(\boldsymbol{X}^m))_{\widetilde{D}\times m} = \boldsymbol{Y}_{L\times m}, \\ \boldsymbol{B}_{\widetilde{D}\times L}\boldsymbol{Y}_{L\times m} = (\boldsymbol{F}(\boldsymbol{X}^1),\ \boldsymbol{F}(\boldsymbol{X}^2),\ \cdots,\ \boldsymbol{F}(\boldsymbol{X}^m))_{\widetilde{D}\times m}, \\ \boldsymbol{A}_{L\times\widetilde{D}}\boldsymbol{B}_{\widetilde{D}\times L} = \boldsymbol{I}_{L\times L}, \end{cases} \tag{3.19}$$

其中, $\boldsymbol{I}_{L\times L}$ 是单位矩阵. 应该注意的是, 在方程 (3.19) 中, $\boldsymbol{X}^t$ 和 $\boldsymbol{F}(\boldsymbol{X}^t)$ 是已知的, 而 $\boldsymbol{A}_{L\times\widetilde{D}}$, $\boldsymbol{B}_{\widetilde{D}\times L}$ 和 y 的未来值, 即 $y^{m+1}, y^{m+2}, \cdots, y^{m+L-1}$ 是未知的. 在此步骤中, 神经网络的权重 $\boldsymbol{F}$ 是随机给定并随后固定的, $\boldsymbol{A}_{L\times\widetilde{D}}$, $\boldsymbol{B}_{\widetilde{D}\times L}$ 最初以空矩阵的形式给出 (分别在步骤 2 和步骤 3 中更新), $(y^{m+1}, y^{m+2}, \cdots, y^{m+L-1})$ 被初始化为 $\mathbf{0}$ 向量.

步骤 2: **给定 $\widetilde{A}$ 和 $\boldsymbol{Y}$, 通过 dropout 方案更新 $\boldsymbol{B}$ 矩阵**. 从 $\boldsymbol{F}(\boldsymbol{X}^t) = (F_1(\boldsymbol{X}^t), \cdots, F_{\widetilde{D}}(\boldsymbol{X}^t))^{\mathrm{T}}$ 中随机选择 $k(k < \widetilde{D})$ 个部分变量 $\widetilde{\boldsymbol{F}}(\boldsymbol{X}^t)$, 根据给定的

$\widetilde{\boldsymbol{A}}_{L\times k}$ 和 $\boldsymbol{Y}_{L\times m}$, 通过以下等式求解 $\widetilde{\boldsymbol{B}}_{k\times L}$,

$$\begin{cases}\widetilde{\boldsymbol{B}}_{k\times L}\boldsymbol{Y}_{L\times m}=(\widetilde{\boldsymbol{F}}(\boldsymbol{X}^1),\ \widetilde{\boldsymbol{F}}(\boldsymbol{X}^2),\ \cdots,\ \widetilde{\boldsymbol{F}}(\boldsymbol{X}^m))_{k\times m},\\ \widetilde{\boldsymbol{A}}_{L\times k}\widetilde{\boldsymbol{B}}_{k\times L}=\boldsymbol{I}_{L\times L},\end{cases}\tag{3.20}$$

其中 $\widetilde{\boldsymbol{A}}_{L\times k}$ 是权重矩阵 $\boldsymbol{A}_{L\times\widetilde{D}}$ 的一部分, 而 $\widetilde{\boldsymbol{B}}_{k\times L}$ 是权重矩阵 $\boldsymbol{B}_{\widetilde{D}\times L}$ 的一部分. 然后 $\boldsymbol{B}_{\widetilde{D}\times L}$ 的元素使用以下规则进行更新:

(1) 如果原始元素 b_{ij} 为空, 则直接由方程 (3.19) 的相应解 $\widetilde{b}_{i^*j^*}$ 来替换 b_{ij};

(2) 如果初始元素 b_{ij} 不为空, 用 $\dfrac{b_{ij}+\widetilde{b}_{i^*j^*}}{2}$ 来替换. 这里, b_{ij} 是矩阵 $\boldsymbol{B}$ 的第 $(i,\,j)$ 个元素, $\widetilde{b}_{i^*j^*}$ 是矩阵 $\widetilde{\boldsymbol{B}}$ 的第 $(i^*,\,j^*)$ 个元素. 更新方法为

$$b_{ij}(r+1)=\begin{cases}\widetilde{b}_{i^*j^*}, & \text{如果 } b_{ij}^r \text{ 为空},\\ \dfrac{b_{ij}(r)+\widetilde{b}_{i^*j^*}}{2}, & \text{如果 } b_{ij}^r \text{ 非空},\end{cases}\tag{3.21}$$

其中, $b_{ij}(r)$ 是 b_{ij} 更新或迭代 r 次后的值, $r=0,1,2,\cdots,N-1$.

步骤 3: **基于上一步得到的 $\boldsymbol{B}$, 更新矩阵 $\boldsymbol{A}$ 和 $\boldsymbol{Y}$**. 对于更新的 $\boldsymbol{B}_{\widetilde{D}\times L}$, 我们有

$$\begin{cases}\widetilde{\boldsymbol{A}}_{L\times k}(\widetilde{\boldsymbol{F}}(\boldsymbol{X}^1),\ \widetilde{\boldsymbol{F}}(\boldsymbol{X}^2),\ \cdots,\ \widetilde{\boldsymbol{F}}(\boldsymbol{X}^m))_{k\times m}=\boldsymbol{Y}_{L\times m},\\ \widetilde{\boldsymbol{A}}_{L\times k}\widetilde{\boldsymbol{B}}_{k\times L}=\boldsymbol{I}_{L\times L},\end{cases}\tag{3.22}$$

这样, $\boldsymbol{A}_{L\times\widetilde{D}}=(a_{ij})_{\widetilde{D}\times L}$ 和 $\boldsymbol{Y}_{L\times m}$ 的未知部分可按如下方式解:

$$\boldsymbol{A}_{L\times\widetilde{D}}\cdot[\boldsymbol{F}(X)|\boldsymbol{B}_{\widetilde{D}\times L}]=[\boldsymbol{Y}_{L\times m}|\boldsymbol{I}_{L\times L}],\tag{3.23}$$

其中 $[\boldsymbol{F}(X)|\boldsymbol{B}_{\widetilde{D}\times L}]$ 和 $[\boldsymbol{Y}_{L\times m}|\boldsymbol{I}_{L\times L}]$ 是增广矩阵, 矩阵 $\boldsymbol{X}=(\boldsymbol{X}^1,\ \boldsymbol{X}^2,\ \cdots,\ \boldsymbol{X}^m)$.

步骤 4: **检查收敛**. 该算法的收敛条件为

$$\parallel\boldsymbol{Y}_{\text{unknown}}(r+1)-\boldsymbol{Y}_{\text{unknown}}(r)\parallel_L<\varepsilon,\tag{3.24}$$

其中, 向量 $\boldsymbol{Y}_{\text{unknown}}=(y^{m+1},\ y^{m+2},\cdots,y^{m+L-1})^{\mathrm{T}}$, ε 是一个很小正数, r 是迭代次数, $\|\cdot\|_L$ 是 L^2-范数. 如果不满足收敛条件, 转到步骤 2, 在下一次迭代中更新矩阵 $\boldsymbol{B}=(b_{ij})_{\widetilde{D}\times L}$. 经过足够多次的此类迭代后, 如果满足收敛条件, 则矩阵 $(\boldsymbol{A}_{L\times\widetilde{D}},\boldsymbol{B}_{\widetilde{D}\times L})$ 和 $\boldsymbol{Y}_{L\times m}$ 的未知部分被确定下来并转到步骤 5.

步骤 5: **输出 y 的未来值**. 目标变量 y 的未知未来值, 即 $\{y^{m+1},y^{m+2},\cdots,y^{m+L-1}\}$ 是从步骤 3 的收敛结果获得的.

其中, 对于上述步骤 2 的 $\widetilde{b}_{i^*j^*}$ 求解可以进一步详细描述如下. 方程 (3.19) 中第二式等价于如下矩阵等式:

$$\begin{pmatrix} \widetilde{b}_{11} & \widetilde{b}_{12} & \cdots & \widetilde{b}_{1L} \\ \widetilde{b}_{21} & \widetilde{b}_{22} & \cdots & \widetilde{b}_{2L} \\ \vdots & \vdots & & \vdots \\ \widetilde{b}_{k1} & \widetilde{b}_{k2} & \cdots & \widetilde{b}_{kL} \end{pmatrix}_{k\times L} \begin{pmatrix} y^1 & y^2 & \cdots & y^m \\ y^2 & y^3 & \cdots & y^{m+1} \\ \vdots & \vdots & & \vdots \\ y^L & y^{L+1} & \cdots & y^{m+L-1} \end{pmatrix}_{L\times m}$$

$$= \begin{pmatrix} F_1(\boldsymbol{X}^1) & F_1(\boldsymbol{X}^2) & \cdots & F_1(\boldsymbol{X}^m) \\ F_2(\boldsymbol{X}^1) & F_2(\boldsymbol{X}^2) & \cdots & F_2(\boldsymbol{X}^m) \\ \vdots & \vdots & & \vdots \\ F_k(\boldsymbol{X}^1) & F_k(\boldsymbol{X}^2) & \cdots & F_k(\boldsymbol{X}^m) \end{pmatrix}_{k\times m}. \tag{3.25}$$

方程 (3.25) 进一步展开如下:

$$\begin{cases} \widetilde{b}_{s1}y^1 + \widetilde{b}_{s2}y^2 + \cdots + \widetilde{b}_{sL}y^L = F_s(\boldsymbol{X}^1), \\ \widetilde{b}_{s1}y^2 + \widetilde{b}_{s2}y^3 + \cdots + \widetilde{b}_{sL}y^{L+1} = F_s(\boldsymbol{X}^2), \\ \qquad\qquad\cdots\cdots \\ \widetilde{b}_{s1}y^{m-L+1} + \widetilde{b}_{s2}y^{m-L+2} + \cdots + \widetilde{b}_{sL}y^m = F_s(\boldsymbol{X}^{m-L+1}), \quad s = 1, 2, \cdots, k, \\ \widetilde{b}_{s1}y^{m-L+2} + \widetilde{b}_{s2}y^{m-L+3} + \cdots + \widetilde{b}_{sL}y^m + \widetilde{b}_{sL}y^{m+1} = F_s(\boldsymbol{X}^{m-L+2}), \\ \qquad\qquad\cdots\cdots \\ \widetilde{b}_{s1}y^m + \widetilde{b}_{s2}y^{m+1} + \cdots + \widetilde{b}_{sL}y^{m+L-1} = F_s(\boldsymbol{X}^m). \end{cases} \tag{3.26}$$

这里, 注意, $\{y^1, y^2, \cdots, y^m\}$ 是已知序列. 对任意 s, 公式 (3.25) 的前 $m-L+1$ 个方程含有 L 个未知数. 当 $2L-1 \leqslant m$ 时, 未知数的个数不大于方程的个数. 根据最小二乘法, 可解得元素 $\widetilde{b}_{i^*j^*}$.

3. 算法步骤与伪代码

ARNN 算法的输入数据为高维短时序列 $\boldsymbol{X}$, 输出数据为目标变量的预测值 $\boldsymbol{Y}$, 包括了如下的主要步骤.

步骤 1: 输入 m 个点的短时序列观测数据, 即 $(\boldsymbol{X}^1, \boldsymbol{X}^2, \cdots, \boldsymbol{X}^m)$, 构建 ARNN 的 STI 方程 (3.18), 随机给定神经网络 $\boldsymbol{F}$ 的参数, 给定预测步长 $(L-1)$, 给定预测的目标变量 $y^t = x_k^t$.

步骤 2: 给定 $\boldsymbol{A}$ 和 $\boldsymbol{Y}$(步骤 3), 更新矩阵 $\boldsymbol{B}$.

步骤 3: 给定 $\boldsymbol{B}$(步骤 2), 更新矩阵 $\boldsymbol{A}$ 和 $\boldsymbol{Y}$.

步骤 4: 检查收敛; 如没收敛, 回到步骤 2.

步骤 5: 输出目标变量 $y^t = x_k^t$ 的 $(L-1)$ 步预测值, 即 $y^{m+1}, y^{m+2}, \cdots, y^{m+L-1}$.

实现 ARNN 计算方法的主要步骤可以由下面的伪代码展现.

自动储层神经网络 (ARNN)

start

  for i : 1 to m

    do $\boldsymbol{F}(\boldsymbol{X}^t)$

  end for

  Initialization $\leftarrow \boldsymbol{A}_{L\times\widetilde{D}}$, $\boldsymbol{B}_{\widetilde{D}\times L}$ and $\{y^{m+1}, y^{m+2}, \cdots, y^{m+L-1}\}$

  while $\| \boldsymbol{Y}_{\text{unknown}}(r+1) - \boldsymbol{Y}_{\text{unknown}}(r) \|_L < \varepsilon$

    randomly chose k $(k < \widetilde{D})$ variables $\widetilde{\boldsymbol{F}}(\boldsymbol{X}^1)$ from $\boldsymbol{F}(\boldsymbol{X}^1)$

    solve $\widetilde{\boldsymbol{B}}_{k\times L}$ with given $\widetilde{\boldsymbol{A}}_{L\times k}$ and $\boldsymbol{Y}_{L\times m}$ by equations

$$\widetilde{\boldsymbol{B}}_{k\times L}\boldsymbol{Y}_{L\times m} = [\widetilde{\boldsymbol{F}}(\boldsymbol{X}^1),\ \widetilde{\boldsymbol{F}}(\boldsymbol{X}^2),\ \cdots,\ \widetilde{\boldsymbol{F}}(\boldsymbol{X}^m)]_{k\times m} \text{ and } \widetilde{\boldsymbol{A}}_{L\times k}\widetilde{\boldsymbol{B}}_{k\times L} = \boldsymbol{I}_{L\times L}$$

    if b_{ij} is null

      update $b_{ij} \leftarrow \widetilde{b}_{i^*j^*}$

    else

      update $b_{ij} \leftarrow \dfrac{b_{ij}(r) + \widetilde{b}_{i^*j^*}}{2}$

    end if

    update $\boldsymbol{A}_{L\times\widetilde{D}}$ based on equations

$$\widetilde{\boldsymbol{A}}_{L\times k}(\widetilde{\boldsymbol{F}}(\boldsymbol{X}^1),\ \widetilde{\boldsymbol{F}}(\boldsymbol{X}^2),\ \cdots,\ \widetilde{\boldsymbol{F}}(\boldsymbol{X}^m))_{k\times m} = \boldsymbol{Y}_{L\times m} \text{ and } \widetilde{\boldsymbol{A}}_{L\times k}\widetilde{\boldsymbol{B}}_{k\times L} = \boldsymbol{I}_{L\times L}$$

    update $\boldsymbol{Y}_{L\times m}$ based on equation

$$\boldsymbol{A}_{L\times\widetilde{D}} \cdot [\boldsymbol{F}(\boldsymbol{X})|\boldsymbol{B}_{\widetilde{D}\times L}] = [\boldsymbol{Y}_{L\times m}|\boldsymbol{I}_{L\times L}]$$

  end while

  Output the predicted future values of y

end

ARNN 计算方法的完整代码以及所涉及的数据和模型可以在数据库 https://github.com/RPcb/ARNN 中公开获取.

ARNN 算法的主要功能是基于观测的高维短时序列数据, 对该系统的任何目标变量进行未来值的多步预测. 该算法提供了一种基于自动储层神经网络的框架, 不仅实现准确快速的多步预测, 而且还维持对噪声和系统时变的高鲁棒性并避免了过拟合问题. 总的来说, ARNN 具有如下特点.

• 该方法适用的场景是原始输入为高维短时序列数据. 通常来说, 短时间高维数据在现实世界中广泛可得. 由于现实世界中许多系统具有高度的时变和非平稳特性, 最近的短期序列比包含遥远历史信息的长期序列更能准确地描述复杂系统当下的动态特性, 因此该方法有广泛应用场景.

• 该方法结合储备池计算储层结构和 STI 方程, 将观测的高维数据的动态特征作为储备池, 利用了观察/目标系统的内在动力学; 通过 STI 方程, 并采用 STI 方程的主形式和共轭形式来对高维数据的时间动力学进行编码和解码, 从而将高维数据的空间信息转换为目标变量的时间/动态信息, 该工作可从数学上解释该储层计算的动力学机理, 这种 ARNN-STI 变换等价地扩大了样本量, 有效规避了小样本量问题.

• 该方法避免了过拟合的问题. 训练传统神经网络会耗费大量时间和计算资源, 比如神经元的大量反馈导致梯度消失等问题, 这使得传统神经网络方法难以应用于大规模实际系统. 而基于储层结构, ARNN 只需训练较少的参数, 即仅仅需要确定未知权重矩阵 $\boldsymbol{A}$ 和 $\boldsymbol{B}$, 而解这两个矩阵是线性或半线性问题, 而非直接解非线性 STI 方程, 因而由小样本就可实现高效学习.

• ARNN 是多步预测方法, 具有准确、鲁棒、高效的特点. 另外, ARNN 已应用于天气、交通、生物医药、通信时间等领域的实际数据的多步预测, 这些实际数据预测结果显示 ARNN 算法优于传统的预测方法[113], 可以实现高维短时序列的多步准确预测.

ARNN 是基于 STI 方程所发展的计算框架, 我们可以总结出 ARNN 的适用条件如下:

• 所观测 D 维变量是描述同一个系统的变量. 如果某些观测变量不属于该系统, 则需要剔除该观测变量.

• 所观测的变量是高维的, 但其稳态状态或吸引子是低维的, 即该系统一般为耗散系统. 实际应用系统一般都为耗散系统, 满足该条件. 即使观测数据是在非稳态, 其动力学状态也一般约束于低维流形中, 所以由该方法也可实现高精度预测.

• 所观测的系统为确定性的动力学系统, 而非强随机的动力学系统, 特别是要求观测数据的随机噪声小.

• 所观测的系统在短时间区间是定常的, 即时间不变系统. 但即使观测的系统是时变系统, 只要在观测的短时序列和其多步预测区间内是近似定常就可.

• 所观测的 m 点时序列是均等时间步长的序列. 如观测序列不是, 需要采用插值等使之为均等时间步长序列.

理论上, 有效预测步长 $(L-1)$ 应该是与该系统的李雅普诺夫时间常数相当, 并小于观测数据的长度 m.

3.4.3 ARNN 算法的应用

ARNN 已经应用于 Lorenz 模型的理论数据上, 以及风速预测、台风风眼位置预测、基因表达值预测、交通流量预测、通信的无线信道量预测等实际数据上, 在数据受噪声干扰和系统时变的情况下, 均表现出良好的多步预测性能, 并优于传统的预测方法. 不同于现行的深度学习方法体系, ARNN 的理论体系基于动力学思想, 即空间-时间信息转换方程, 因此, 该计算方法在人工智能和机器学习等领域具有很大的实际应用潜力.

例 3.1 ARNN 在耦合 Lorenz 系统的变量预测应用

以耦合 Lorenz 系统的变量预测为例, 首先构建 90 维耦合 Lorenz 系统产生时间序列数据. 构建的 90 维耦合 Lorenz 系统可以由以下微分方程描述:

$$\dot{\boldsymbol{X}}(t)=\boldsymbol{G}(\boldsymbol{X}(t);P(t)). \tag{3.27}$$

该系统可产生不同噪声强度下的 90 维时序列变量 $\boldsymbol{X}(t)=(x_1^t,\cdots,x_{90}^t)^{\mathrm{T}}$. 任意选择其中一个变量为目标变量 y. $P(t)$ 是参数, 耦合系统的 90 维变量和目标变量均有较大的相关性. 我们取已知长度 $m=50$, 需要预测的长度为 $L-1=18$.

基于算法 3.4, 自动储层神经网络 (ARNN) 的多步预测计算框架的算法调用具体包括以下步骤.

步骤 1: 随机给定一个四层的神经网络 F, 经过 F 的非线性转换, 90 维的 $\boldsymbol{X}^t$ 转换成 $\widetilde{D}$ 维 (比如 100 维) 变量 $\boldsymbol{F}(\boldsymbol{X}^t)=[F_1(\boldsymbol{X}^t),\cdots,F_{\widetilde{D}}(\boldsymbol{X}^t)]^{\mathrm{T}}$. 于是可以得到如下 ARNN 空间-时间信息转换方程:

$$\begin{cases}\boldsymbol{A}_{19\times100}[\boldsymbol{F}(\boldsymbol{X}^1),\ \boldsymbol{F}(\boldsymbol{X}^2),\ \cdots,\ \boldsymbol{F}(\boldsymbol{X}^{50})]_{100\times50}=\boldsymbol{Y}_{19\times50},\\ \boldsymbol{B}_{100\times19}\boldsymbol{Y}_{19\times50}=[\boldsymbol{F}(\boldsymbol{X}^1),\ \boldsymbol{F}(\boldsymbol{X}^2),\ \cdots,\ \boldsymbol{F}(\boldsymbol{X}^{50})]_{100\times50},\\ \boldsymbol{A}_{19\times100}\boldsymbol{B}_{100\times19}=\boldsymbol{I}_{19\times19},\end{cases} \tag{3.28}$$

其中, $\boldsymbol{I}_{19\times19}$ 是单位矩阵. 在该步骤, $\boldsymbol{A}_{19\times100}$ 和 $\boldsymbol{B}_{100\times19}$ 被设定为空矩阵.

步骤 2: 给定 $\boldsymbol{A}$ 和 $\boldsymbol{Y}$, 通过 dropout 方案更新矩阵 $\boldsymbol{B}$. 从 $[F_1(\boldsymbol{X}^t),\cdots,F_{100}(\boldsymbol{X}^t)]^{\mathrm{T}}$ 随机选择 30 个变量. 解如下方程:

$$\widetilde{\boldsymbol{B}}_{30\times19}\boldsymbol{Y}_{19\times50}=[\boldsymbol{F}(\boldsymbol{X}^1),\ \boldsymbol{F}(\boldsymbol{X}^2),\ \cdots,\ \boldsymbol{F}(\boldsymbol{X}^{50})]_{30\times50}, \tag{3.29}$$

其中, $\widetilde{\boldsymbol{B}}_{30\times 19}$ 是权重矩阵 $\boldsymbol{B}_{100\times 19}$ 的一个子矩阵. 通过如下准则更新 $\boldsymbol{B}_{100\times 19}$.

如果初始元素 b_{ij} 为空, 直接用 (3.29) 的解 $\widetilde{b}_{i^*j^*}$ 替换掉 b_{ij}; 如果初始元素 b_{ij} 不为空, 令 $b_{ij}=\dfrac{b_{ij}\widetilde{b}_{i^*j^*}}{2}$. 这里, b_{ij} 是矩阵 $\boldsymbol{B}$ 的第 $(i,\ j)$ 个元素. 更新方法为

$$b_{ij}^{\text{updated}}=\begin{cases}\widetilde{b}_{i^*j^*}, & \text{如果 } b_{ij}^{\text{curr}} \text{ 为空},\\ \dfrac{b_{ij}^{\text{curr}}+\widetilde{b}_{i^*j^*}}{2}, & \text{如果 } b_{ij}^{\text{curr}} \text{ 非空},\end{cases} \tag{3.30}$$

其中, b_{ij}^{updated} 是 b_{ij} 更新后的值, b_{ij}^{curr} 是当前值 (更新之前的值).

步骤 3: 给定 $\boldsymbol{B}$, 求解确定矩阵 $\boldsymbol{A}$ 和 $\boldsymbol{Y}$.

步骤 4: 检测收敛性. 如没收敛, 回到步骤 2. 利用迭代方式更新矩阵 $\boldsymbol{B}_{100\times 19}=(b_{ij})_{100\times 19}$. 在足够多次数的迭代后, 收敛条件满足, $\boldsymbol{B}_{100\times 19}$ 最终被确定. 根据下式, $\boldsymbol{A}_{19\times 100}=(a_{ij})_{19\times 100}$ 被确定.

$$\boldsymbol{A}_{19\times 100}\cdot[\boldsymbol{F}(\boldsymbol{X})|\boldsymbol{B}_{100\times 19}]=[\boldsymbol{Y}_{19\times 50}|\boldsymbol{I}_{19\times 19}], \tag{3.31}$$

其中, $[\boldsymbol{F}(\boldsymbol{X})|\boldsymbol{B}_{100\times 19}]$ 和 $[\boldsymbol{Y}_{19\times 50}|\boldsymbol{I}_{19\times 19}]$ 是增广矩阵.

步骤 5: 求解目标变量 y 的未来值. 在 $\boldsymbol{A}_{19\times 100}$, $\boldsymbol{B}_{100\times 19}$ 均已知的情况下, 解出目标变量 y 的未知部分 $\{y^{51},\ y^{52},\cdots,\ y^{68}\}$.

在这一节中, 我们展示所提出的算法 3.4 在应用于 90 维 Lorenz 系统变量的结果, 如图 3.7 所示. 当选择任意三个变量为 y_1, y_2 和 y_3 时, 已知序列和未知序列分别在不同翼 (即待预测值与观测值处于不同的圆环结)、同翼 (即待预测值与观测值处于相同的圆环结) 的情形的结果展示为图 3.7(a), (b) 和 (c). 非时变、无噪声情形的结果如图 3.7(d)—(f) 所示; 非时变、噪声强度为 1 的情形的结果如图 3.7(g)—(i) 所示; 时变、无噪声的结果如图 3.7(j)—(l) 所示. 图 3.7(m) 展示了在不同噪声情况下, ARNN 预测值与真实值的均方根误差 (root mean square error, RMSE), 同时与线性情况 (公式 (3.17) 所示) ARIMA, SVR, RBF, tRC, SVE, MVE, AR, LSTM 等各种现行方法的 RMSE 相比[113], ARNN 显著优于这些传统预测方法.

例 3.2 ARNN 在各种实际系统数据中的预测应用

同样, 可以把 ARNN 应用在各种实际系统的数据中[113], 与 ARIMA, SVR, RBF, tRC, SVE, MVE, AR, LSTM 等各种现行方法的 RMSE 相比, ARNN 在如下的实际应用中也显著优于这些传统预测方法.

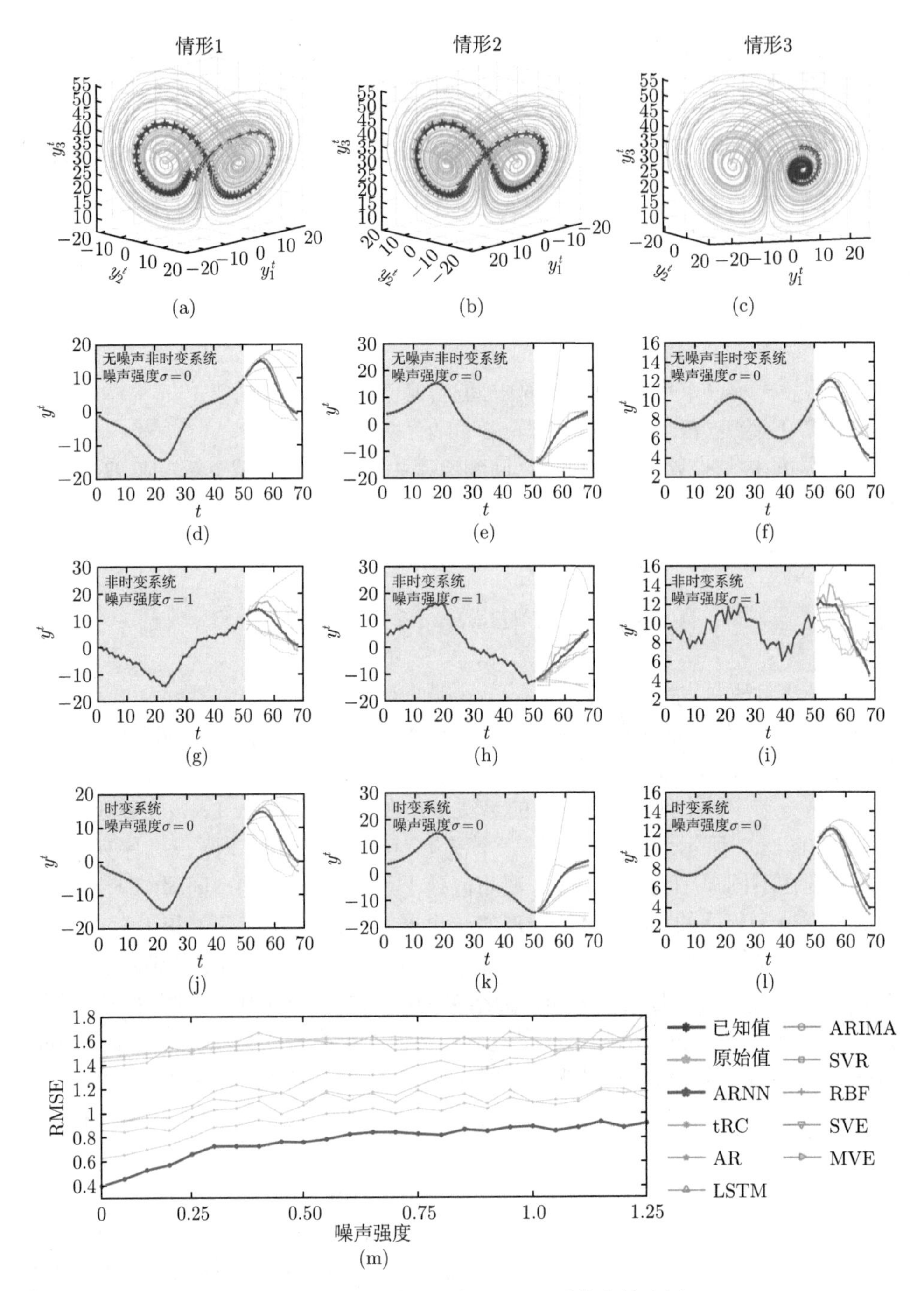

图 3.7　ARNN 在 90 维 Lorenz 系统上的应用

(1) 基因表达预测.

首先, ARNN 用于从一个实验室大鼠 (rattus norvegicus) 的高维基因表达数据集中预测基因表达值的动态变化. 该数据集由来自实验室大鼠培养细胞上测量的 Affymetrix 微阵列的基因表达谱组成, 共包括 31099 个基因的表达. 在 18 h 的时间点, 应用药物毛喉素的相位复位刺激. 根据与目标基因 Nr1d1 和 Arntl 等最相关的 $D = 84$ 个基因, 应用 ARNN 预测这两个目标基因的表达. 这些目标基因是与昼夜节律密切相关的基因, 昼夜节律是一个基本的重要生理过程, 被视为哺乳动物的"中心时钟". 对于每个预测, 已知信息包括来自初始 $m = 16$ 个时间点 (共 48 个小时) 的 84 个基因的表达, 并且输出是未来 $L - 1 = 6$ 个时间点的表达, 即针对目标基因的 6 步预测. 该应用的结果由图 3.8(a) 显示, ARNN 较为准确地预测了实际观测表达值.

(2) 气象数据预测.

图 3.8(b) 和 (c) 所示的是 ARNN 应用于一个每 1 小时记录一次的 72 维地面气象数据集 ($D = 72$), 该数据集从 1998 年到 2004 年在休斯敦、加尔维斯顿和布拉佐里亚等地区收集地面气象数据. 其中, 海平面气压 (SLP) 和平均温度的预测分别如图 3.8(b) 和图 3.8(c) 所示. 对于每个预测, 输入是来自前 $m = 60$ 步的 72 维数据, 输出是目标指数 ($L - 1 = 25$) 的 25 步未来值. 由图所示, ARNN 较为准确地预测了实际观测表达值.

(3) 台风数据预测.

图 3.8(d) 所示的是 ARNN 应用于一个台风数据集的部分结果, 该数据集描述的是马库斯气旋 (cyclone Markus) 的情况, 这是 2018 年首个 5 级气旋, 也是 1974 年以来袭击澳大利亚达尔文的最强飓风. 该数据集由 2018 年 3 月 15 日至 2018 年 3 月 24 日期间的 241 幅云图组成, 这些云图的拍摄时间间隔为一个小时. 每个图片数据中包括了红、绿、蓝基本像素值 (RGB 像素值) 、经度和纬度等 $D = 2402$ 个变量. 因此, 241 幅图像可以被视为 241 小时内的时间序列. 对于每次预测, 最近的 $m = 50$ 个图像被视为已知信息, ARNN 被应用于预测下一个 $L - 1 = 21$ 个时间点的热带气旋中心位置, 即在一次输出中提前 21 步预测.

(4) 交通数据预测.

交通流数据来自美国洛杉矶 134 号公路, 该数据集包含了自 2012 年 3 月 1 日至 2012 年 6 月 30 日间从 207 个交通流速检测器以每 5 分钟记录一次而得到的交通流速 (mile/h, 1 mile=1.609344km) 时间序列. 基于在 $m = 80$ 个时间点的 $D = 207$ 个调速监测器数据, ARNN 预测了如图 3.9 所示的四个监测位置的交通流速, 预测长度为 $L - 1 = 30$.

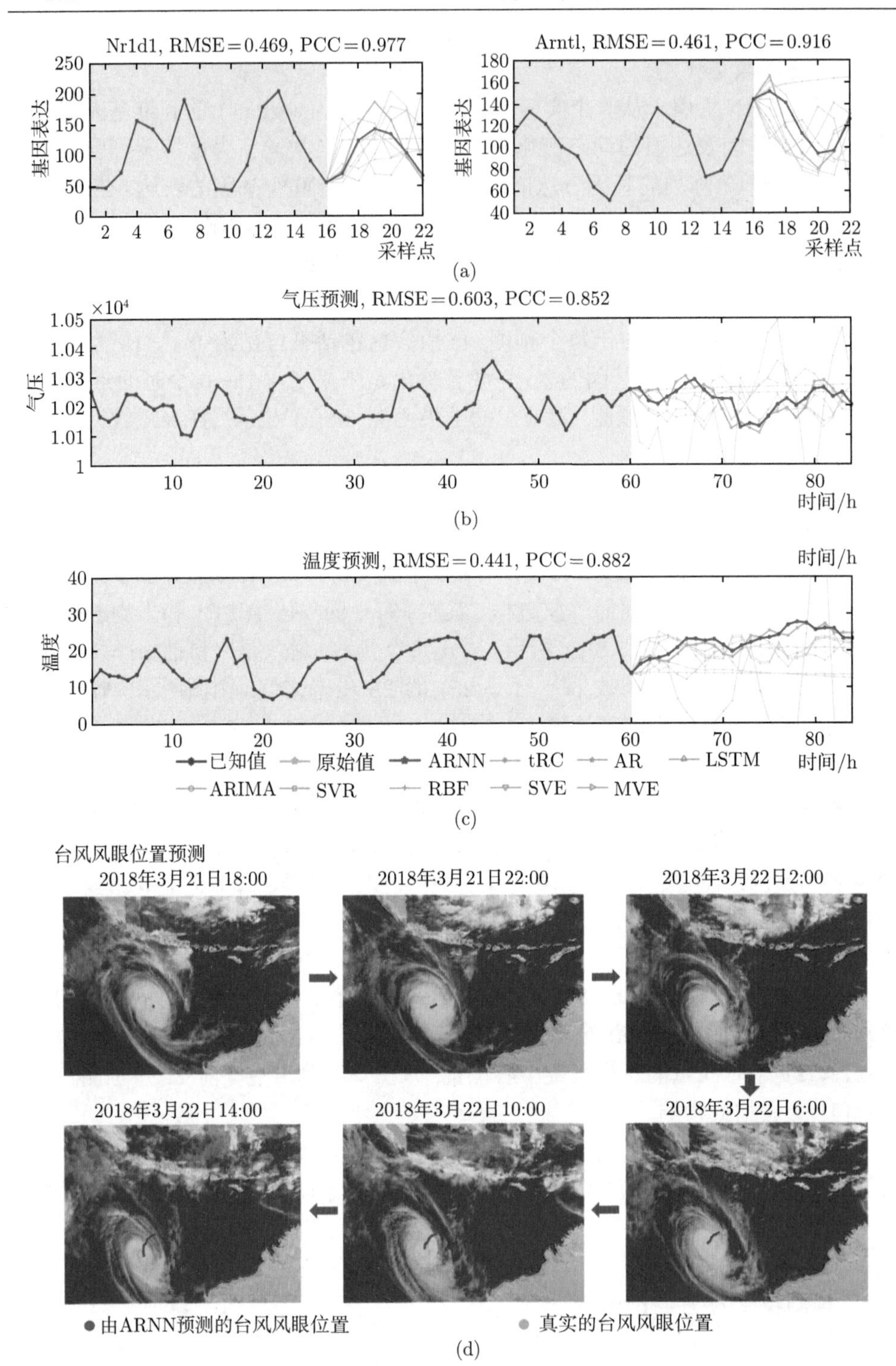

图 3.8　ARNN 应用于基因表达预测、气象数据预测和台风风眼位置预测的结果

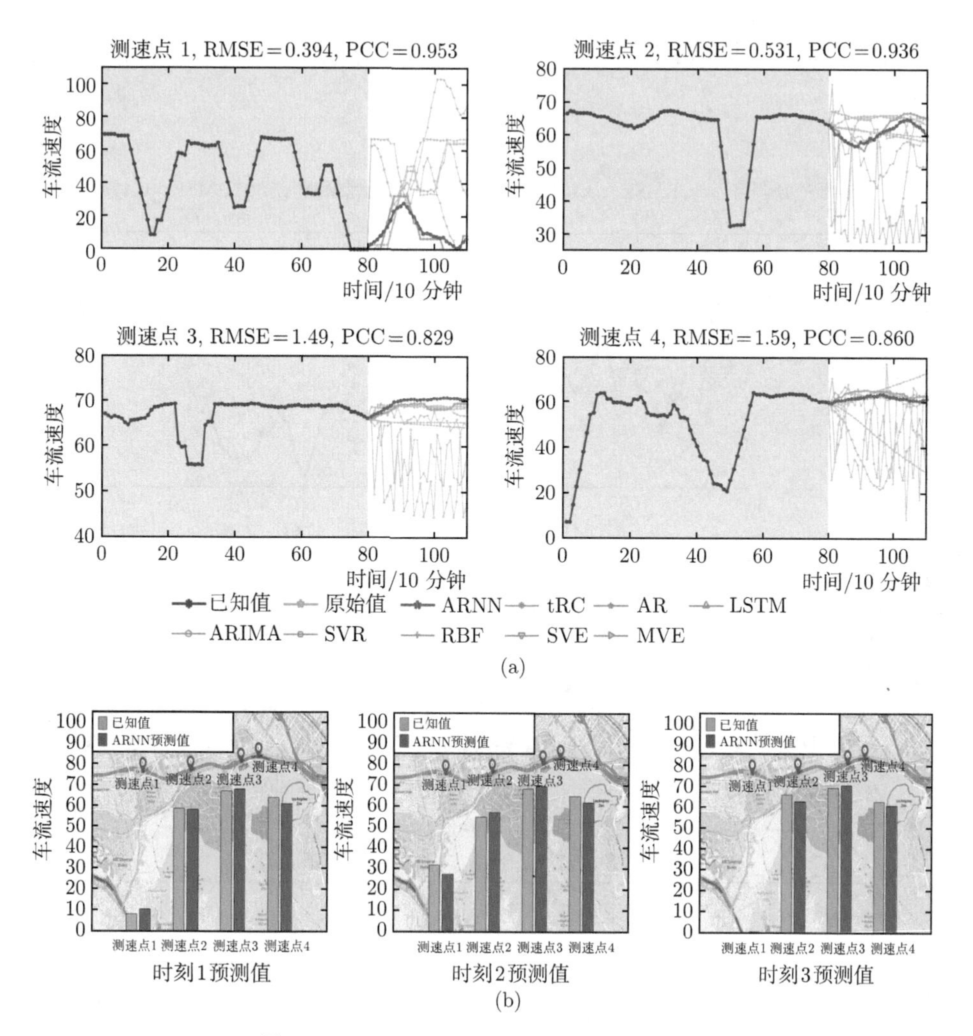

图 3.9　ARNN 应用于交通流速预测的结果

(5) 风速预测.

风速数据来源于日本气象业务支持中心提供的风速数据集, 其中包含了日本 155 个风力发电站 ($D = 155$) 在 2010 年至 2012 年之间以每 10 分钟记录一次的频率而得到的风速 (m/s) 时间序列. 选取 $m = 110$ 个时间点的数据作为已知信息, 预测其中任意选择的风力发电站位置的风速, 预测步长为 $L - 1 = 45$. ARNN 预测风速的结果如图 3.10 所示.

从以上多种例子可以看到, 对于高维 Lorenz 系统的不同情形的短时序列数据, 以及各种实际情况 (如风速等强非线性或强扰动) 的时序列数据, 与各种现行方法相比, 自动储层神经网络 (ARNN) 方法均有良好的预测效果, 即较小的 RMSE 以及较大的 PCC, 并且在一定程度上有能够抗噪声、抗时变影响的效果.

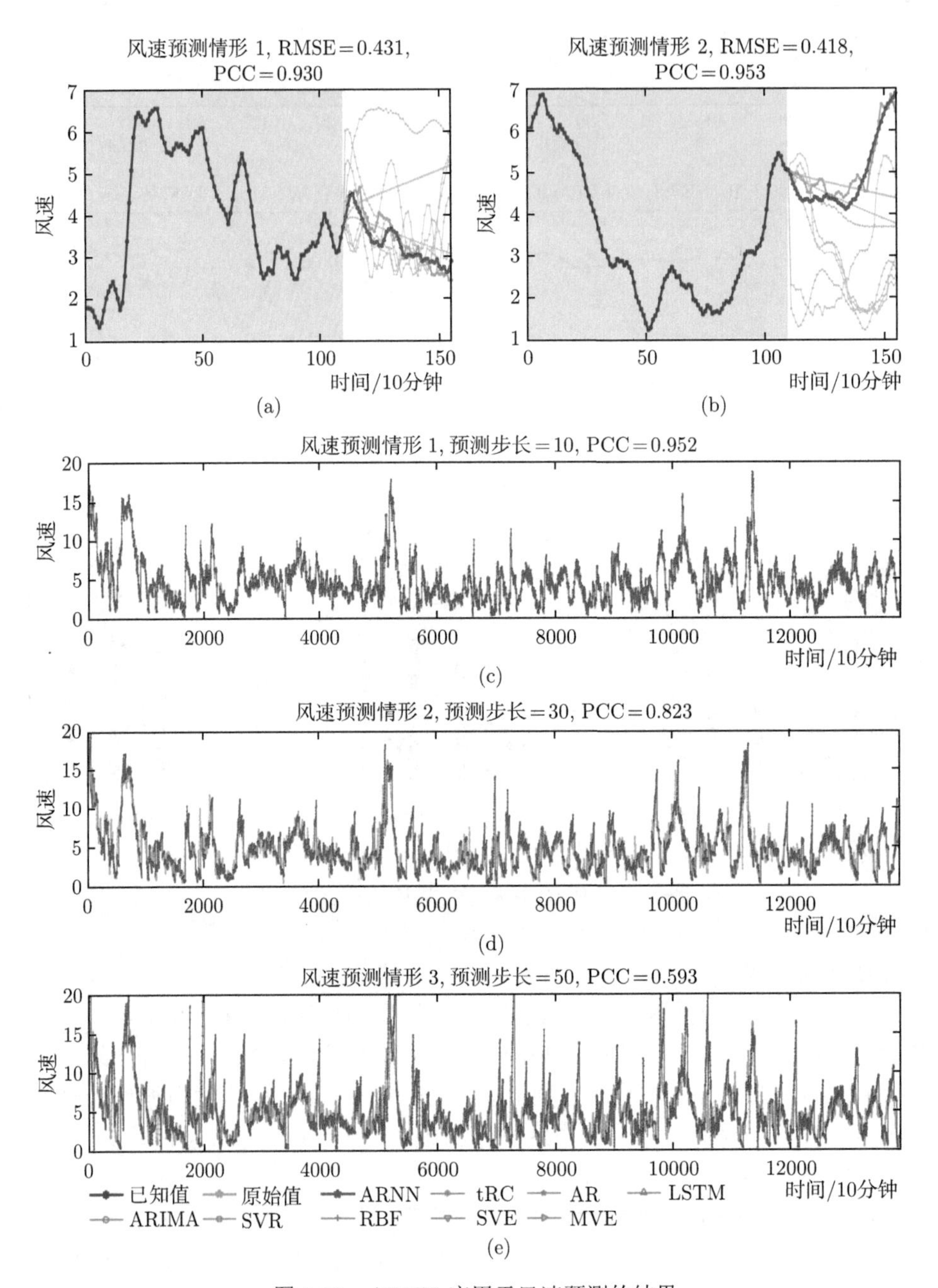

图 3.10　ARNN 应用于风速预测的结果

3.4.4 GPRMachine 算法

对于观测的光滑 (smooth) 高维短时序列数据预测, 即变化非剧烈的系统或数据, 我们介绍基于 STI 方程的 "高斯过程回归机器" (GPRMachine) 方法. GPRMachine 的理论基础是与上述 ARNN 相同的 STI 方程, GPRMachine 利用高维性和光滑性的优势, 首先通过 STI 方程将多个变量的高维空间信息转换为一个目标变量的时间动力学. 然后, GPRMachine 使用多个连接的高斯过程回归 (Gaussian process regressions, GPRs) 求解高斯回归映射 $\boldsymbol{\Psi}_L$, 从而得到光滑的高维短时序列预测多步状态预测. GPRMachine 算法使用多个连接的 GPRs 求解高斯回归映射, 即非线性 STI 方程 (3.16) 的高斯回归近似, 从而得到光滑的高维短时序列预测多步状态预测. GPRMachine 已经应用于通信信道等高维时序列数据预测, 取得了较好的预测效果.

GPRMachine 算法包括一个基础算法和两个应用算法, 以下我们先介绍其计算框架.

基于映射的非线性 STI 方程和高斯过程回归

对于任意的含有 n 个变量和 m 个时间点的时间序列数据 $X = \{\boldsymbol{X}^1, \boldsymbol{X}^2, \cdots, \boldsymbol{X}^m\}$, 我们首先基于延迟嵌入定理由映射向量 $\boldsymbol{\Psi}$ 将一个非延迟向量 $\boldsymbol{X}^t$ 对应到一个延迟向量 $\boldsymbol{Y}^t$ 来建立 STI 方程[62], 该映射向量一般为非线性连续函数, 即

$$\boldsymbol{\Psi}(\boldsymbol{X}^t) = \boldsymbol{Y}^t. \tag{3.32}$$

这也是非线性 STI 方程的主形式 (3.16), 其对应的矩阵形式展开为

$$\begin{pmatrix} \boldsymbol{\Psi}_1(\boldsymbol{X}^1) & \boldsymbol{\Psi}_1(\boldsymbol{X}^2) & \cdots & \boldsymbol{\Psi}_1(\boldsymbol{X}^m) \\ \boldsymbol{\Psi}_2(\boldsymbol{X}^1) & \boldsymbol{\Psi}_2(\boldsymbol{X}^2) & \cdots & \boldsymbol{\Psi}_2(\boldsymbol{X}^m) \\ \vdots & \vdots & & \vdots \\ \boldsymbol{\Psi}_L(\boldsymbol{X}^1) & \boldsymbol{\Psi}_L(\boldsymbol{X}^2) & \cdots & \boldsymbol{\Psi}_L(\boldsymbol{X}^m) \end{pmatrix}_{L\times m} = \begin{pmatrix} y^1 & y^2 & \cdots & y^m \\ y^2 & y^3 & \cdots & y^{m+1} \\ \vdots & \vdots & & \vdots \\ y^L & y^{L+1} & \cdots & y^{m+L-1} \end{pmatrix}_{L\times m}, \tag{3.33}$$

这里, 根据与目标变量的关联关系, 从 n 个变量中选取 D 个关联最紧密的变量. STI 方程中的第一个映射 $\boldsymbol{\Psi}_1$ (第一行) 实际上反映了不含延迟的动力系统的当前状态, 可以表示为如下的方程:

$$(\boldsymbol{\Psi}_1(\boldsymbol{X}^1), \boldsymbol{\Psi}_1(\boldsymbol{X}^2), \cdots, \boldsymbol{\Psi}_1(\boldsymbol{X}^m)) = (y^1, y^2, \cdots, y^m). \tag{3.34}$$

对于 1 步延迟嵌入, STI 方程中的第二个映射 $\boldsymbol{\Psi}_2(X)$ (第二行) 可以表示为如下的方程:

$$(\boldsymbol{\Psi}_2(\boldsymbol{X}^1), \boldsymbol{\Psi}_2(\boldsymbol{X}^2), \cdots, \boldsymbol{\Psi}_2(\boldsymbol{X}^m)) = (y^2, y^3, \cdots, y^{m+1}), \tag{3.35}$$

其中, 在 $t=m$ 之后的下一个时间点 $t=m+1$ 延展出了目标变量 y 的一个未来值 y^{m+1}. 对于 2 步延迟嵌入, STI 方程中的第三个映射 $\boldsymbol{\Psi}_3(X)$ (第三行) 可以表示为如下的方程:

$$(\boldsymbol{\Psi}_3(\boldsymbol{X}^1), \boldsymbol{\Psi}_3(\boldsymbol{X}^2), \cdots, \boldsymbol{\Psi}_3(\boldsymbol{X}^m)) = (y^3, y^4, \cdots, y^{m+2}), \tag{3.36}$$

其中, 在 $t=m$ 之后的第二个时间点 $t=m+2$ 延展出了目标变量的未来值 y^{m+1} 和 y^{m+2}. 类似地, 对于 $L-1$ 步延迟嵌入, 有如下的方程 (3.37) 所表示的映射 $\boldsymbol{\Psi}_L$:

$$(\boldsymbol{\Psi}_L(\boldsymbol{X}^1), \boldsymbol{\Psi}_L(\boldsymbol{X}^2), \cdots, \boldsymbol{\Psi}_L(\boldsymbol{X}^m)) = (y^L, y^{L+1}, \cdots, y^{m+L-1}). \tag{3.37}$$

上式的右端中, 出现了时间点 $t=m$ 之后目标变量 y 的 $L-1$ 个时间点的未来值 $y^{m+1}, \cdots, y^{m+L-1}$. 显然, 该表达是 Hankel 矩阵形式, 这些映射实际上是相互连接的. 这意味着一旦所有 $\boldsymbol{\Psi}_2, \cdots, \boldsymbol{\Psi}_L$ 映射联合求解, 就能实现目标变量的 $L-1$ 步预测. 实际上, 建立所有 L 个映射后, 就形成一个矩阵, 即非线性 STI 方程 (3.32). 如图 3.11 所示, 以下是建立 GPR 与 STI 方程映射的关系, 它通过联合求解已建立的映射来对目标变量进行预测.

基于多变量高斯分布及贝叶斯定理, 高斯过程回归 (GPR) 可以预测目标变量值, 特别是对光滑的动态过程的预测更为有效. 对于 m 个点的时间序列数据 $X=\{\boldsymbol{X}^1, \boldsymbol{X}^2, \cdots, \boldsymbol{X}^m\}$, 可以认为是来自一个多变量 ($n$ 个变量) 高斯分布的 m 个抽样样本. 通过把目标变量的演化看作一个高斯过程, 我们可以由联立的 GPR 表达空间-时间信息转换的映射. 在以下的 (3.38) 式中, 假定高斯过程的平均值为零 (适当的线性变换), 可以采用径向基函数 (radial basis function, RBF) 协方差函数 (covariance function), 即 $k(\cdot)=k(\boldsymbol{X}^t, \boldsymbol{X}^{t'})$, 作为核函数度量两个观测量 $(\boldsymbol{X}^t, \boldsymbol{X}^{t'})$ 的差异, 于是有

$$\sigma_f^2 \cdot \exp\left(\sum \frac{-(\boldsymbol{X}^t - \boldsymbol{X}^{t'})^2}{2l^2}\right) + \sigma_n^2 \cdot \delta(\boldsymbol{X}^t - \boldsymbol{X}^{t'}), \tag{3.38}$$

这里的 σ_f^2, σ_n^2, l 分别是对应的方差、高斯噪声、缩放系数, 都为未知参数; δ 是 Kronecker delta 函数.

基于高斯过程的假设, 指定任何一个变量, 如第 k 个变量 x_k 在时刻 $m+1$ 的值 x_k^{m+1}, 为目标变量的待预测值, 用 y_* 来表示 (如 $y_*=y^{m+1}$), 那么向量 $(\boldsymbol{Y}, y_*)$ 就能表达为一个多维高斯分布的一个抽样样本, 即

$$\begin{pmatrix} \boldsymbol{Y} \\ y_* \end{pmatrix} \sim N\left(\boldsymbol{0}, \begin{pmatrix} \boldsymbol{K} & \boldsymbol{K}_*^{\mathrm{T}} \\ \boldsymbol{K}_* & \boldsymbol{K}_{**} \end{pmatrix}\right). \tag{3.39}$$

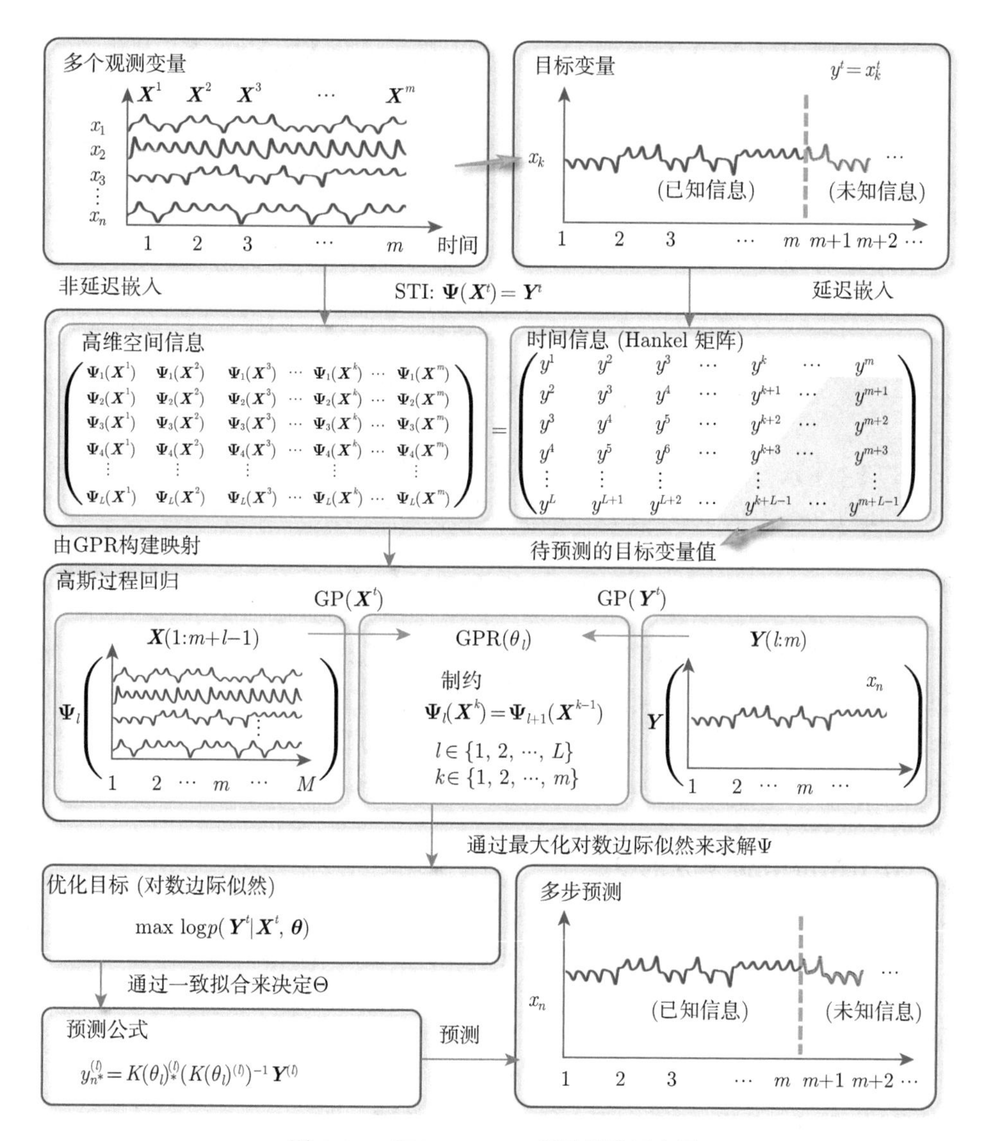

图 3.11 GPRMachine 算法设计示意图

这里, $\boldsymbol{K}$ 是基于 (3.38) 式的 m 个样本的协方差矩阵, $\boldsymbol{Y}$ 是目标变量的观测值向量, 如 $\boldsymbol{Y}=(y^2,y^3,\cdots,y^m)^{\mathrm{T}}$. 于是, 目标变量预测值 y_*(标量) 的概率就服从下面的高斯分布 $N(\cdot)$, 即

$$y_*|\boldsymbol{Y}\sim N(\boldsymbol{K}_*\boldsymbol{K}^{-1}\boldsymbol{Y},\boldsymbol{K}_{**}-\boldsymbol{K}_*\boldsymbol{K}^{-1}\boldsymbol{K}_*^{\mathrm{T}}), \tag{3.40}$$

其中, $\boldsymbol{K}_*\boldsymbol{K}^{-1}\boldsymbol{Y}$ 是 y_* 的最佳估计 (平均值), 标记为 $\bar{y}_*$, 这样我们就可以得到目标变量的高斯过程回归或预测值. 注意, $\boldsymbol{K}_{**}-\boldsymbol{K}_*\boldsymbol{K}^{-1}\boldsymbol{K}_*^{\mathrm{T}}$ 是该估计的不确定性

(方差), 标记为 $\mathrm{Var}(y_*)$; $\boldsymbol{K}_* = k(\boldsymbol{X}_*^t, X)$ 和 $\boldsymbol{K}_{**} = k(\boldsymbol{X}_*^t, \boldsymbol{X}_*^t)$; $\boldsymbol{X}_*^t$ 是预测时刻点对应的观测向量值, 其计算在下节介绍. 因此, 一般来说, 由高斯过程回归我们可以获得预测值的最佳估计 (平均值) 和其不确定性 (方差). 另一方面, 协方差函数的选择影响高斯过程回归的性能, 特别是核函数的参数 $\boldsymbol{\theta} = \{\sigma_f^2, \sigma_n^2, l\}$ 需要通过优化来确定, 如基于贝叶斯定理, 我们可以通过 $\boldsymbol{\theta}$ 的后验估计, 即使 $p(\boldsymbol{\theta}|X, \boldsymbol{Y})$ 最大化来获得最佳参数. 这样的优化方式等价于通过 m 个观测数据来最大化对数边际似然 (log marginal likelihood), 即最大化 (3.41) 来确定参数 $\boldsymbol{\theta}$:

$$\log p(\boldsymbol{Y}|X, \boldsymbol{\theta}) = -\frac{1}{2}\boldsymbol{Y}^{\mathrm{T}}\boldsymbol{K}^{-1}\boldsymbol{Y} - \frac{1}{2}\log|\boldsymbol{K}| - \frac{m}{2}\log 2\pi. \tag{3.41}$$

由 (3.41) 式, 基于观测数据, 我们可以确定协方差函数, 因此 (3.39) 式可预测下一个时刻 $m+1$ 的目标变量 (平均值) 为

$$\bar{y}_* = \boldsymbol{K}_*\boldsymbol{K}^{-1}\boldsymbol{Y}. \tag{3.42}$$

显然, 我们把在 $m+1$ 时刻的 $\bar{y}_*$ 作为 $\boldsymbol{\Psi}_2$, 由 (3.35) 式或 (3.41) 式就可以训练 STI 方程的 GPR, 再由 (3.40) 式可获得单步预测目标变量值, 即, 由采自时间点 $t = 1, \cdots, m$ 的序列数据 X 来预测目标变量在时间点 $t = m+1$ 的值, 进一步可以获得多步预测, 其具体计算过程在下面的算法中介绍. 我们先描述 GPRMachine 算法的参数和内容.

GPRMachine 算法的参数

GPRMachine 算法的内容与参数如下.

- 输入: D 个变量和 m 个时间点的时间序列数据, 即 $\{\boldsymbol{X}^1, \boldsymbol{X}^2, \cdots, \boldsymbol{X}^m\}$.
- 参数: 核函数 k 给定 (如 RBF 协方差函数), 预测长度/步长 $(L-1)$ 给定, 预测的目标变量 $y^t = x_k^t$ 指定.
- 输出: 目标变量的 $(L-1)$ 步预测值, 即 $\{y^{m+1}, y^{m+2}, \cdots, y^{m+L-1}\}$.

通过 GPR 求解 STI 方程中的单个映射预测

一旦建立了 STI 方程, 由 (3.35)—(3.37) 式就可以通过求解映射 $\boldsymbol{\Psi}_2, \cdots, \boldsymbol{\Psi}_L$ 来进行目标变量的 $1, 2, \cdots, L-1$ 步的预测. 对于 (3.37) 式, 实际上, 共有 $m-L+1$ 个已知目标变量值 $\{y^L, y^{L+1}, \cdots, y^m\}$, 其他 $L-1$ 个目标变量值 $\{y^{m+1}, y^{m+2}, \cdots, y^{m+L-1}\}$ 为未知的预测值. 因此, 将观测到的原始时间序列数据分为两部分: 目标变量的已知观测值和目标变量的未知预测值.

单个 GPRMachine 预测的流程

首先介绍由单个映射单独求解的预测流程, 也是 GPRMachine 的基础算法.

算法 3.5 GPRMachine 的基础算法

• 由 (3.35) 式, 让 $y_* = y^{m+1} = x_k^{m+1}$ 为目标变量或预测变量值和 $\boldsymbol{y} = (y^2, y^3, \cdots, y^m)^{\mathrm{T}}$, 令其高斯过程回归的 $\boldsymbol{K}_*\boldsymbol{K}^{-1}\boldsymbol{Y}$ 作为 $\boldsymbol{\Psi}_2$, 我们就可以得到 $m+1$ 时刻的目标变量值. 同样的过程, 把该预测值放入 y^{m+1}, 让 $y_* = y^{m+2} = x_k^{m+2}$ 和 $\boldsymbol{y} = (y^3, y^4, \cdots, y^m, y^{m+1})^{\mathrm{T}}$, 令 $\bar{y}_* = \boldsymbol{K}_*\boldsymbol{K}^{-1}\boldsymbol{Y}$ 作为 $\boldsymbol{\Psi}_3$, 由 (3.36) 式, 预测 $m+2$ 时刻的目标变量值. 重复这样的过程, 我们可逐步获得后面时间点的预测值.

• 由 (3.37) 式, 让 $y_* = y^{m+L-1} = x_k^{m+L-1}$ 为目标变量或预测变量值和 $\boldsymbol{y} = (y^L, y^{L+1}, \cdots, y^{m+L-2})^{\mathrm{T}}$, 令其高斯过程回归的 $\boldsymbol{K}_*\boldsymbol{K}^{-1}\boldsymbol{Y}$ 作为 $\boldsymbol{\Psi}_L$, 我们就可以得到 $m+L-1$ 时刻的目标变量值. 这样, 我们可以获得 $L-1$ 步目标变量预测值.

在这个流程中, 以单个映射 $\boldsymbol{\Psi}_L$ 为例, 我们使用可观测数据作为 GPR 的训练样本来对映射进行建模, 即由 (3.36) 式对于单个 GPR, 使用 $m-1$ 个样本来拟合模型, 这是对应 $y_* = y^{m+L-1}$ 和 $\boldsymbol{y} = (y^L, y^{L+1}, \cdots, y^{m+L-2})^{\mathrm{T}}$. 我们使用 RBF, 即 (3.38) 式, 作为 GPR 的核函数来测量任何两个样本的相似性/距离, 并进一步得到所有训练样本的协方差矩阵 $\boldsymbol{K}$, 该矩阵可以表示为如下的式子:

$$\boldsymbol{K} = \begin{pmatrix} k(\boldsymbol{X}^1, \boldsymbol{X}^1) & \cdots & k(\boldsymbol{X}^1, \boldsymbol{X}^{m-1}) \\ k(\boldsymbol{X}^2, \boldsymbol{X}^1) & \cdots & k(\boldsymbol{X}^2, \boldsymbol{X}^{m-1}) \\ \vdots & & \vdots \\ k(\boldsymbol{X}^{m-1}, \boldsymbol{X}^1) & \cdots & k(\boldsymbol{X}^{m-1}, \boldsymbol{X}^{m-1}) \end{pmatrix}. \tag{3.43}$$

获得协方差矩阵后, 可以求解 GPR 过程. 可以通过基于已知观测值的边际似然对数 $\log p(\boldsymbol{Y}|\boldsymbol{X}^t, c)$ 来最大化后验概率, 从而描述训练样本的分布. 于是, 我们可以从求解得到的 GPR 模型中推断出目标变量的时间演化以及相应的 "观测值". 基于 STI 方程, 让 $\boldsymbol{X}_* = \boldsymbol{X}^m$. 然后, 我们计算 $\boldsymbol{X}_*$ 与 $\boldsymbol{X}_*$ 之间的相似性/距离, 标记为 $\boldsymbol{K}_{**} = k(\boldsymbol{X}_*, \boldsymbol{X}_*)$; 以及计算 $\boldsymbol{X}_*$ 与所有 $\boldsymbol{X}^1$ 到 $\boldsymbol{X}^{m-1}$ 训练样本之间的相似性/距离, 标记为 $k(\boldsymbol{X}_*, \boldsymbol{X}^1)$ 到 $k(\boldsymbol{X}_*, \boldsymbol{X}^{m-1})$. 这些相似性/距离将被堆叠成 $\boldsymbol{K}_*$, 表示为

$$\boldsymbol{K}_* = [k(\boldsymbol{X}_*, \boldsymbol{X}^1), \cdots, k(\boldsymbol{X}_*, \boldsymbol{X}^{m-1})]. \tag{3.44}$$

现在可以由 (3.40) 式或 $\boldsymbol{K}_*\boldsymbol{K}^{-1}\boldsymbol{Y}$ 计算出目标变量 y 未来的值 $\bar{y}_* = y^{m+L-1}$, 并据此进行 $L-1$ 步的未来值预测. 注意, 如果我们在这个流程中不是预测 y^{m+L-1} 而是预测 y^{m+1}, 则令 $y_* = y^{m+1}$ 和 $\boldsymbol{Y} = (y^L, y^{L+1}, \cdots, y^m)^{\mathrm{T}}$, 即由 (3.37) 式对于单个 GPR, 使用 $m-L+1$ 个样本来拟合模型, 这样由 GPR 就可以预测 $y_* = y^{m+1}$. 具体来说, 我们使用 RBF, 即 (3.38) 式, 作为 GPR 的核函数来测量任何两个样本的相似性/距离, 并进一步得到所有训练样本的协方差矩阵 $\boldsymbol{K}$

((3.43) 式). 基于 STI 方程, 让 $\boldsymbol{X}_* = \boldsymbol{X}^{m-L+2}$, 然后, 我们计算 $\boldsymbol{X}_*$ 与 $\boldsymbol{X}_*$ 之间的相似性/距离, 标记为 $\boldsymbol{K}_{**} = k(\boldsymbol{X}_*, \boldsymbol{X}_*)$, 以及计算 $\boldsymbol{X}_*$ 与所有 $\boldsymbol{X}^1$ 到 $\boldsymbol{X}^{m-L+1}$ 训练样本之间的相似性/距离, 标记为 $k(\boldsymbol{X}_*, \boldsymbol{X}^1)$ 到 $k(\boldsymbol{X}_*, \boldsymbol{X}^{m-L+1})$. 这些相似性/距离形 $\boldsymbol{K}_*$, 即协方差矩阵 ((3.44) 式). 于是, 可以计算出目标变量 y 未来的值.

单个 GPRMachine 预测的伪代码

下面的单个 GPR 预测算法是基于上述的单个 GPR 预测时序列求解过程的伪代码, 也是 GPR 预测的基础算法.

单个 GPR 预测算法

输入

  $n \geqslant 0 \vee x \neq 0$

输出

  $y = x^n$

初始化

start

  Initialization $\leftarrow iter, n\_run$

  $K \leftarrow m - L + 1$ training samples

  for n in n_run :

    $i = 0$

    while True :

      $i+ = 1$

      $\max \log p(\boldsymbol{Y}|X, c)$

      if $i == iter$:

        break

      end if

    end while

    if $n == n\_run$:

      break

    end if

  end for

  get the best $\boldsymbol{\theta}$

end

逻辑

if $n < 0$

  $X \leftarrow 1/x$

```
  N ← −n
else
  X ← x
  N ← n
end if
while N ≠ 0
  if N is even
    X ← X × X
    N ← N/2
  else if N is odd
    y ← y × X
    N ← N − 1
  end if
end while
```

伪代码中的符号 $iter$ 和 n_run 分别表示在获取最大后验概率时运行优化过程的最大迭代次数, 以及独立运行优化过程的时间.

虽然这些映射是联立方程, 但到目前为止, 目标变量 y 的首 $L-1$ 步的未来值分别是通过单个映射 $\mathbf{\Psi}_L$ 来单独预测, 所以实际数据的预测准确性和鲁棒性并不令人满意. 如果我们把所有的 L 个映射联立用于对目标变量 y 的每个未来值进行的预测, 即组合这些预测值, 可以获得更准确和稳健的预测结果. 在接下来的内容中, 我们将分别介绍两种简便联立学习模式以获得更好的预测, 即利用多个预测结果和 STI 方程的特殊 Hankel 矩阵结构来同时求解连接的 GPR.

通过 GPR 求解 STI 方程中的平均映射预测

针对目标变量 y 在时间点 $t=m+p$ 要预测的第 p 个未来值 y^{m+p}, 我们将分别从 STI 方程中的每个单个映射 $\mathbf{\Psi}_{p+1}$ 到 $\mathbf{\Psi}_L$ 获得 $L-p$ 个预测值, 然后由这些值的平均作为目标变量的预测值, 由此提供预测的鲁棒性.

为了提高预测精度和提升计算速度, 我们首先对每个 GPR 进行变量选择, 然后再从每个映射中获得主要预测结果. 压缩因子/长度标量器 l 是一个包含 n 个元素的向量, 用于衡量在计算两个样本之间的相似性/差异时每个变量的贡献的重要性. 标量器中的元素越大, 相应变量的重要性越弱. 此处设置了一个截断用于在测量两个样本之间的相似性/差异时选择一定数量的最重要的变量. 此外, 为了缓解样本量小和过拟合的问题, 我们在学习过程中进一步引入了 dropout 策略, 这是通过在优化过程中仅更新一定数量的变量以获得优化的 $\boldsymbol{\theta}$ 来实现的.

完成所有预处理后, 基本学习模式会使用这 $L-p$ 个预测值来获得更好的预测结果. STI 方程的特殊 Hankel 矩阵结构决定了对于目标变量 y 的每一个未来值, 从每一个映射得到的预测值应该是完全相同的. 但是, 由于数据的非线性和随机性等多种因素, 这 $L-p$ 个预测值大多彼此不同. 然后我们将筛选异常值后的 $L-p$ 个预测值的平均值作为目标变量在时间点 $t=m+p$ 的最终预测值, 消除了不确定性, 进一步提高了预测的准确性.

平均 GPRMachine 预测的伪代码

以单个 GPR 预测算法为基础, 下面我们利用伪代码总结了**算法——平均 GPR 预测**中基本学习过程/模式.

平均 GPR 预测算法

start Initialization ← *cutoff*
  for each mapping to be solved:
    variable optimized $\boldsymbol{\theta}$ ← **单个 GPR 预测算法**
    variable selection with *cutoff*
  end for
  for each future value y^{m+p} to be predicted:
    for each solved GPR:
      ${y_*}^{m+p}$ ← (3.40) 式
    end for
    $\overline{y_*}^{m+p} \leftarrow {y_*}^{m+p}$
  end for
end

通过 GPR 求解 STI 方程中的单纯联立映射预测

如前所述, STI 方程的特殊 Hankel 矩阵结构可用于提高多步未来预测的性能. 平均 GPR 预测算法的平均策略只是利用这种特殊结构的最简单、最直接的方法, 其中特殊形式的信息没有被充分利用. 为了充分利用这特殊形式的信息, 我们进一步考虑将 STI 方程的 Hankel 矩阵结构作为学习过程中的强度约束, 它回收了观察值并使得单个 GPR 的求解过程递增和迭代, 或称为单纯联立. 因此, 我们在基本学习模式的基础上提出了单纯联立的持续学习模式.

在持续学习模式中, 我们将求解过程中的所有 GPR 视为一个整体, 并从第 L 个 GPR 开始, 逐渐在每个 GPR 中添加一个观测样本 (第 L 到第 1 个). 与基本学习模式/单个 GPR 预测算法类似, 这种模式可以获得目标变量 y 的第 p 个未来值 y^{m+p} 的 $L-p$ 个预测值. 然而, 与基本学习模式/单个 GPR 预测算法不同的是, $L-p$ 个预测值的平均值将被用作时间点 $m+p$ 的第 p 个未来值的暂定预测值. 在预测第 $(p+1)$ 个未来值 y^{m+p+1} 时, 暂定预测值及其对应的观测值将被视为已知样本. 在预测 y^{m+p+1} 的过程中, 将重新预测和更新目标变量 y 的第 p 个未来值, 直到从不同映射得到的第 p 个未来值的所有预测都相同 (在某个阈值下). 一旦获得目标变量 y 的所有 $L-1$ 个未来值的预测, 持续学习过程就会结束. 需要注意, 学习和预测过程是通过求解这些多连接的 GPR 映射同时进行的.

单纯联立 GPRMachine 预测的伪代码

基于单个 GPR 预测算法, 下面是**算法——单纯联立 GPR 预测**中的持续学习模式的伪代码.

单纯联立 GPR 预测算法

start
  Initialization $\leftarrow$ *cutoff*
  for each future value y^{m+p} to be solved:
    while True:
      for each mapping to be predicted:
        optimized $\boldsymbol{\theta} \leftarrow$ **单个 GPR 预测算法**
        variable selection with *cutoff*
        ${y_*}^{m+p} \leftarrow$ (3.40) 式
      end for
      $\overline{y_*}^{m+p} \leftarrow {y_*}^{m+p}$
      add $\overline{y_*}^{m+p}$ and corresponding $\boldsymbol{X}$ to observations
      if $p > 1$:
        recalculate all previous y^{m+p} and update
        if all ${y_*}^{m+p}$ same under certain threshold:
          break
        end if
      end if
    end while
  end for
  get all prediction results for all future values
end

这里, 我们介绍了基于 GPR 求解 STI 方程来预测目标变量的三种近似算法, 主要适用于光滑时间序列数据的预测, 更加高精度算法则需要考虑更完全地联立 GPR 求解 STI 方程的多步预测.

GPRMachine 在无线信道数据中的预测应用

我们应用 GPRMachine, 预测无线信道数据[114]. 无线信道数据集是来自实际通信系统的数据, 每个时间点是 192×168 的矩阵, 也就是说数据集的维数的高是 192×168. 考虑到数据在每个时间点的物理含义, 目标变量的预测只能在变量存在的列上进行, 并且矩阵中的每个元素都是一个可以单独计算的复数, 即实数 (幅度) 部分和虚数 (频率/相位) 部分. 因此, 在我们的预测中, 变量的维数实际上是 192. 我们将 64 个时间点作为观测值, 仅根据 64 个观测值对未来 24 个时间点进行预测.

预测结果如图 3.12(a) 所示, 其中已知观测值用阴影表示, 蓝线和橙线分别代表真实观测数据和从 GPRMachine 获得的预测值. GPRMachine 对于实数部分和虚数部分分别获得了 0.843 和 0.844 的高 PCC , 这意味着 GPRMachine 能够捕捉到目标变量的动态演化.

尽管 GPRMachine 在完整的无线信道数据集上取得了成功, 但由于各种原因, 真实数据集中总是存在一些缺失值, 因此, 我们继续测试 GPRMachine 在存在一些缺失值的真实数据集上的性能. 为了模拟数据集中有缺失值的情况, 我们在原始矩阵中随机选择了 10% 的行, 并随机删除了所选 10% 行中的 10% 的值, 然后使用损坏的数据集进行预测. 我们首先利用其相邻数据的平均值手动填充缺失值, 后面的过程与之前相同.

图 3.12(b) 显示了 GPRMachine 在存在 10% 缺失值的无线信道数据集上的预测结果. 图中线条的含义与 (a1) 和 (a2) 中的含义相同. 如图所示, 在预测引入缺失值的目标变量的演变方面没有显著差异, GPRMachine 仍然表现良好, 实数部分和虚数部分得到的 PCC 值分别为 0.814 和 0.881.

最后, ARNN 算法及 GPRMachine 算法有以下适用范围, 即要求所使用的 D 维观测数据变量是描述同一个系统的变量; 对于短时序列数据, 要求所观测的变量是高维; 即使观测的复杂系统是高维, 但其稳定状态或吸引子是低维; 所观测的系统为确定性的动力学系统, 特别是要求观测数据的随机性和噪声小; 所观测的系统在短时间区间是定常, 但即使观测的系统是时变系统, 只要在观测的短时序列和其多步预测区间内是近似定常也可; 所观测的 m 点时序列是均等时间步长的序列; 理论上, 有效预测步长 $(L-1)$ 应该是与该系统的李雅普诺夫时间常数相当, 并小于观测数据的长度 m. 对于 GPRMachine 方法, 由于高斯回归的特性, 输入数据要求是光滑的时序列. 在算法发展方面, 这两个方法都可以通过在原高维变量中筛选与目标变量具有强因果关系的输入变量来提高算法的预测精确度[115].

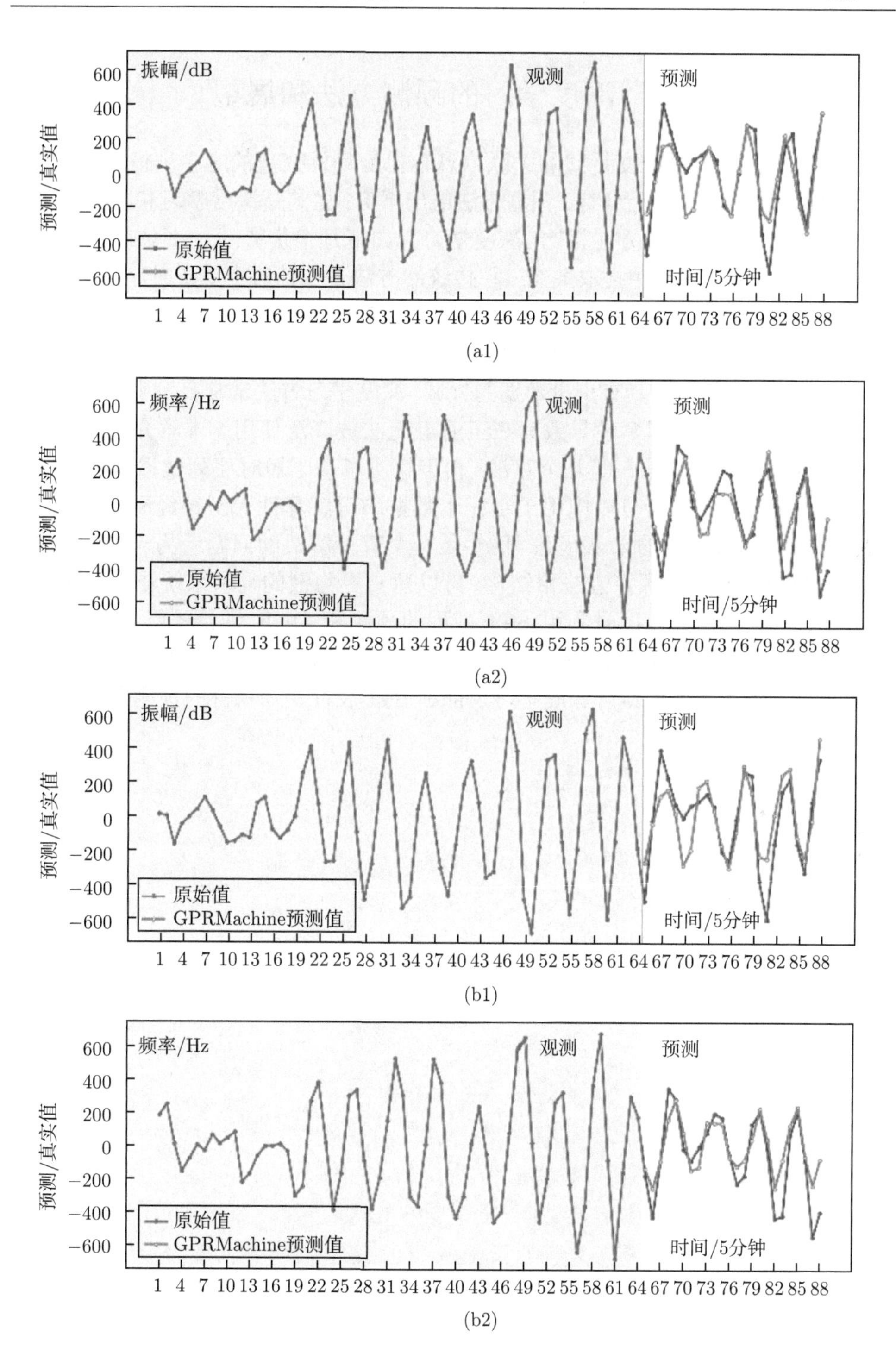

图 3.12 GPRMachine 在无线信道数据的预测结果

3.5 深度学习的预测方法和展望

STI 方程是把高维变量间的关联信息转化为目标变量的时序列信息, 由此可实现目标变量的预测. 近年来, 预测方法层出不穷, 尤其是深度学习和大模型等方法备受瞩目. 和传统的方法相比, 深度学习有如下几个优势: ① 弱依赖或不依赖特征工程, 直接从数据中提取关系; ② 传统的方法基本针对于单条时序, 而深度学习可以同时预测多条时序; ③ 可同时预测未来多个时间点; ④ 反向传播框架的开源, 人们只需要关注于模型的组成以及损失函数的设计. 当然, 深度学习方法同样存在一些问题, 例如在具有少量数据的领域, 深度学习方法常常会发生过拟合. 此外, 深度学习方法的黑盒性导致其在工业上无法被广泛使用. 本章介绍了 RDE, ARNN 和 GPRMachine 等几个算法, 初步解决了基于短时序列数据的多步预测问题. 然而, 如何设计可以应用于小样本数据的可解释性人工神经网络方法, 高精度地预测复杂系统的未来状态, 仍然是一个有待解决的问题. 另一方面, 本章的内容与前章的临界预警方法相结合, 可以建立更稳健的复杂系统非平衡状态预测方法. 实际上, 通过同时利用 STI 方程的预测和 DNB 理论的临界预警思想, 对于许多时间实际的复杂问题 (如地震预测等), 我们可以得到高精度预测或预警系统[108]. 进一步, 如何结合深度学习表征和 STI 表征建立稳健的预测方法也是重要方向.

第 4 章　动力学因果检测理论及方法

4.1　因果概念的背景

因果的概念很早就得到了人类的思考. 亚里士多德曾总结出事物的“四因说”(包括质料因、形式因、动力因、目的因) 来解释事物的变化和运动[116]. 休谟在他著名的《人性论》和《人类理智研究》中, 从经验主义和怀疑主义的角度区分了相关性和因果关系[117,118]. 近代哲学家 Mackie 提出了 INUS 条件来解释人们日常生活中所谓的“因果”是使事件发生的充分不必要条件中的既不充分也不冗余的一部分[119]. 在数学上, 数学家也尝试使用严格的数学语言定义因果的概念, 目前主要包括**统计学因果**和**动力学因果**两种途径.

统计学因果包含了 Neyman-Rubin 潜在因果模型 (potential outcomes model)[120–122] 和 Pearl 提出的结构因果模型 (structural causal model)[123,124], 统计学因果主要考虑了一般随机变量之间的因果关系.

潜在因果模型考虑了处理变量 $X=0,1$ 对于个体 i 的实验结果 Y_i 的平均因果作用 (average causal effect, ACE)

$$\mathrm{ACE}=\mathbb{E}(Y_i(1)-Y_i(0)),$$

其中 $Y_i(1)$ 为 $X=1$ 处理下的结果, $Y_i(0)$ 为 $X=0$ 下的结果, $\mathbb{E}$ 为期待值. 然而一个个体通常只能得到一种处理下的结果, 所以在完全随机化实验假设下, 即 $X\perp(Y_i(1),Y_i(0))$ 时, 平均因果效应等价于收到不同处理的群体之间的结果差异

$$\mathrm{ACE}=\mathbb{E}(Y_i|X=1)-\mathbb{E}(Y_i|X=0), \tag{4.1}$$

这里 $\perp$ 表示变量间的独立性.

结构因果模型使用了有向无环图作为基础, 图上的节点代表变量, 而节点间的有向边代表因果作用. 对于含有参数 θ 的结构性方程

$$Y=f(X,\epsilon,\theta),$$

如果 Y 能够写成 X 与独立噪声 ϵ 的函数, 即 $X\perp\epsilon$, 而反之 X 不能写成 Y 与独立噪声的函数, 则称 X 为 Y 的原因. 若 X 与 Y 可互相表为以其为变量和独立噪声的函数, 则称因果是不可识别的. 因果的可识别性是结构因果模型中最重要

的研究课题之一, 为此 Pearl 提出了所谓的 do 演算 (do-calculus) 来处理扰动下的因果可识别性问题.

统计学因果尝试在更弱的条件下考虑因果问题, 并区分了 “预测性因果”, “扰动性因果” 和 “反事实因果”. 其仍需发展的方面在于:

(1) 如何考虑时间在因果中的重要作用;

(2) 如何考虑变量之间的双向反馈作用;

(3) 如何度量因果作用的强度.

另一种对因果建模的数学途径为动力学因果[125,126]. 动力学因果主要考虑观测到的时间序列中各变量之间的因果关系 (预测性因果), 并且给出了度量因果强度的指标. 常见的动力学因果度量指标包括 Granger 因果 (统计学回归分析)、传递熵 (信息学)、收敛交叉映射 (动力学)、嵌入熵 (动力学) 等.

动力学因果以解决 “度量总因果作用” 和 “度量直接因果作用” 为两大目标, 也面临着 “是否适用于非线性系统”, “是否适用于非可分系统” 和 “是否在数值算法中存在尺度偏差” 三大问题以及强关联性问题. 在下面的章节中, 我们将详细讨论时间序列中的离散动力学因果和其计算方法.

4.2　Granger 因果和传递熵

4.2.1　Granger 因果

Granger 因果 (Granger causality, GC) 为 Granger 在 1969 年首先提出的一种度量因果关系的方法[127], 并因此获得了 2003 年诺贝尔经济学奖.

为了计算变量 x 到 y 的 GC, 我们建立两个线性模型

$$H_1 \text{ 模型：}\quad y_t = \sum_{i=1}^{p} a_i y_{t-i} + \sum_{i=1}^{p} b_i x_{t-i} + \epsilon_{1,t} \tag{4.2}$$

和

$$H_0 \text{ 模型：}\quad y_t = \sum_{i=1}^{p} a_i y_{t-i} + \epsilon_{2,t}, \tag{4.3}$$

其中 x_t, y_t 为时间序列样本, p 为模型阶数, a_i, b_i 为线性回归系数, 而 $\epsilon_{1,t}, \epsilon_{2,t}$ 为相应残差. 这里存在如何确定阶数 p 的问题, 通常由 AIC 准则[128] 或 BIC 准则[129] 确定.

Granger 因果强度 (Granger causal intensity, GCI) 定义为

$$\mathrm{GCI}[x \to y] = -\ln \frac{\mathrm{Var}(\epsilon_1)}{\mathrm{Var}(\epsilon_2)}, \tag{4.4}$$

其中随机变量 ϵ_i (残差) 样本值为 $\epsilon_{i,t}$, Var 为方差 (variance).

GC 因果可以表示: 如果加入 x 能够改进预测 y 的精度, 则 x 是 y 在 Granger 意义下的原因. GC 存在以下需要改进的问题: GC 只能处理线性问题; GC 假设可以简单地从系统中移除 x 而不影响 y 的动力学 (可分性), 这对于普遍存在的非可分系统并不可行; 如何能确定模型阶数 p 的问题. 然而, Granger 因果理论清晰、计算简便, 在应用科学界得到了广泛的应用.

4.2.2 条件 Granger 因果

条件 Granger 因果 (conditional Granger causality, cGC) 推广了 GC, 用来计算直接因果关系. 对于三个变量 x, y, z 的例子, 为了计算条件于 z 从 x 到 y 的直接因果 (即排除从 x 到 z 再到 y 的间接因果), 我们构造两个线性模型

$$H_1 \text{ 模型：} \quad y_t = \sum_{i=1}^{p} a_i y_{t-i} + \sum_{i=1}^{p} c_i z_{t-i} + \sum_{i=1}^{p} b_i x_{t-i} + \epsilon_{1,t} \tag{4.5}$$

和

$$H_0 \text{ 模型：} \quad y_t = \sum_{i=1}^{p} a_i y_{t-i} + \sum_{i=1}^{p} c_i z_{t-i} + \epsilon_{2,t}, \tag{4.6}$$

其中 x_t, y_t, z_t 为时间序列样本, p 为模型阶数, a_i, b_i, c_i 为线性回归系数, $\epsilon_{1,t}, \epsilon_{2,t}$ 为相应的模型残差.

条件 Granger 因果强度定义为

$$\text{cGCI}[x \to y|z] = -\ln \frac{\text{Var}(\epsilon_1)}{\text{Var}(\epsilon_2)}, \tag{4.7}$$

其中随机变量 ϵ_i (残差) 样本值为 $\epsilon_{i,t}$, Var 为方差. cGC 因果与 GC 因果有着相似的优缺点.

4.2.3 传递熵

2000 年 T. Schreiber 提出的传递熵 (transfer entropy, TE) 是对 Granger 因果向非线性系统的推广[130]. 对于 x 到 y 的因果性, 传递熵使用熵来度量了系统包含 x 与不包含 x 时对 y 的预测效果:

$$H_1 \text{ 模型：} \quad y_t = f(x_{t-1}, \cdots, x_{t-p}, y_{t-1}, \cdots, y_{t-p}) + \epsilon_{1,t}, \tag{4.8}$$

y 的不确定性 $T_1 = -H(y_t|y_{t-1}, \cdots, y_{t-p}, x_{t-1}, \cdots, x_{t-p})$, 以及

$$H_0 \text{ 模型：} \quad y_t = f(y_{t-1}, \cdots, y_{t-p}) + \epsilon_{2,t}, \tag{4.9}$$

y 的不确定性 $T_0 = -H(y_t|y_{t-1}, \cdots, y_{t-p})$, 其中

$$H(y|x) = -\sum_{x,y} p(x,y) \ln p(y|x) \tag{4.10}$$

为条件熵.

传递熵指标定义为

$$\begin{aligned} \mathrm{TE}[x \to y] &= T_1 - T_0 \\ &= H(y_t|y_{t-1}, \cdots, y_{t-p}) - H(y_t|y_{t-1}, \cdots, y_{t-p}, x_{t-1}, \cdots, x_{t-p}), \end{aligned} \tag{4.11}$$

并且等价于条件互信息或 Kullback-Leibler 散度形式

$$\begin{aligned} \mathrm{TE}[x \to y] &= \mathrm{CMI}(y_t; x_{t-1}, \cdots, x_{t-p}|y_{t-1}, \cdots, y_{t-p}) \\ &= \mathrm{KL}(p(y_t|y_{t-1}, \cdots, y_{t-p}, x_{t-1}, \cdots, x_{t-p})||p(y_t|y_{t-1}, \cdots, y_{t-p})), \end{aligned} \tag{4.12}$$

其中 $\mathrm{KL}(p||q) = \sum_x p(x) \ln(p(x)/q(x))$, CMI 是条件互信息 (conditional mutual information).

可以证明对于高斯变量, TE 退化为 Granger 因果[131, 132]. 传递熵虽然适用于非线性系统, 但是仍然假设 x 可以从系统中分离出去而不影响其他变量, 故无法解决不可分问题; 也存在如何确定阶数 p 的问题. 此外, 由于条件变量 $\{y_{t-1}, \cdots, y_{t-p}\}$ 在时间上与 y_t 强相关, 所以 TE 在进行因果度量的计算时容易出现假阴性 (欠估计), 即强关联性问题 (strong association problem), 详见 [133—135].

4.2.4 条件传递熵

条件传递熵 (conditional transfer entropy, cTE) 推广了 TE, 用于度量条件于 z 从 x 到 y 的直接因果. cTE 使用非线性指标

$$\mathrm{cTE}[x \to y|z] = T_1 - T_0 \tag{4.13}$$

$$\begin{aligned} &= H(y_t|y_{t-1}, \cdots, y_{t-p}, z_{t-1}, \cdots, z_{t-p}) \\ &\quad - H(y_t|y_{t-1}, \cdots, y_{t-p}, x_{t-1}, \cdots, x_{t-p}, z_{t-1}, \cdots, z_{t-p}), \end{aligned} \tag{4.14}$$

其中

$$H_1 \text{ 模型：} \quad y_t = f(x_{t-1}, \cdots, x_{t-p}, y_{t-1}, \cdots, y_{t-p}, z_{t-1}, \cdots, z_{t-p}) + \epsilon_{1,t}, \tag{4.15}$$

y 的不确定性 $T_1 = -H(y_t|y_{t-1}, \cdots, y_{t-p}, x_{t-1}, \cdots, x_{t-p}, z_{t-1}, \cdots, z_{t-p})$, 以及

$$H_0 \text{ 模型：} \quad y_t = f(y_{t-1}, \cdots, y_{t-p}, z_{t-1}, \cdots, z_{t-p}) + \epsilon_{2,t}, \tag{4.16}$$

y 的不确定性 $T_0 = -H(y_t|y_{t-1}, \cdots, y_{t-p}, z_{t-1}, \cdots, z_{t-p})$, 分别度量了系统包含 x 与不包含 x 时对 y 的预测效果. cTE 因果与 TE 因果有着相似的优缺点.

4.3 基于嵌入理论的动力学因果

4.3.1 收敛交叉映射

收敛交叉映射 (convergent cross mapping, CCM) 提出了在嵌入空间考虑因果度量的新思路[136–138]. 根据第 1 章介绍的时滞嵌入定理, 由两个长度为 N 的时间序列 $x_t = x(t)$ 和 $y_t = y(t)$ 可分别构造时滞向量

$$\boldsymbol{X}_t = (x_t, x_{t-1}, \cdots, x_{t-(L-1)})^{\mathrm{T}} \in \mathbb{R}^L, \tag{4.17}$$

$$\boldsymbol{Y}_t = (y_t, y_{t-1}, \cdots, y_{t-(L-1)})^{\mathrm{T}} \in \mathbb{R}^L, \tag{4.18}$$

则 $\mathcal{M}_X = \{\boldsymbol{X}_t, t \in \mathbb{R}\}$ 与 $\mathcal{M}_Y = \{\boldsymbol{Y}_t, t \in \mathbb{R}\}$ 为相应时间时滞向量形成的吸引子流形. 如果 x 是 y 的动力学原因, 则根据 Takens 嵌入定理, 当 L 大于二倍的吸引子内在维数 d 时, 存在 $\mathcal{M}_Y$ 到 $\mathcal{M}_X$ 的嵌入映射. 收敛交叉映射则使用 $\boldsymbol{Y}_t$ 在 $\mathcal{M}_Y$ 上的 $L+1$ 个空间最近邻 $\{\boldsymbol{Y}_{t_{y_i}} | i = 1, 2, \cdots, L+1\}$ 对 $\boldsymbol{X}_t$ 构造了局部线性映射

$$\widehat{\boldsymbol{X}_t} = \sum_{i=1}^{L+1} w_i \boldsymbol{X}_{t_{y_i}}, \tag{4.19}$$

其中 $\boldsymbol{X}_{t_{y_i}}$ 是根据 $\mathcal{M}_Y$ 上的 $L+1$ 个最近邻确定的时间下标在 $\mathcal{M}_X$ 上确定的点, 称为 $\boldsymbol{X}_t$ 的互最近邻 (mutual neighbors) , 这种映射称为交叉映射 (cross mapping), 而权重 $w_i = u_i / \sum_{j=1}^{L+1} u_j, u_i = \exp\{-||\boldsymbol{Y}_{t_{y_i}} - \boldsymbol{Y}_t|| / ||\boldsymbol{Y}_{t_{y_1}} - \boldsymbol{Y}_t||\}$.

CCM 使用了线性相关系数作为因果度量的指标:

$$\mathrm{CCM}[x \to y] = \mathbb{E}_t\{|\rho(\hat{x}_t, x_t)|\}, \tag{4.20}$$

其中 $\rho(\cdot, \cdot)$ 为皮尔逊相关系数 (PCC), $\mathbb{E}_t$ 表示对所有时间样本求期望, x_t 和 $\hat{x}_t$ 分别为 $\boldsymbol{X}_t$ 和 $\widehat{\boldsymbol{X}_t}$ 的第 1 个分量.

CCM 从嵌入空间的角度考虑了因果之间的信息传递. 如果 x 是 y 的动力学的因, 即 $x \to y$, 则 $\mathcal{M}_Y$ 蕴含了 $\mathcal{M}_X$ 的信息, 因此根据嵌入映射从 y 的吸引子中可以提取出 x 的信息, 即由 $\mathcal{M}_Y$ 上点 $\boldsymbol{Y}_t$ 的最近邻确定的 $\mathcal{M}_X$ 上 $\boldsymbol{X}_t$ 的互最近邻也能够反映 $\boldsymbol{X}_t$ 的信息, 从而当重构序列长度 N 趋于无穷时样本点将在吸引子上变得稠密, 所有的最近邻和互最近邻都能够充分接近参考点, CCM 指标 (4.20) 将收敛到 1, 如图 4.1(a) 所示. 相反, 如果 y 不是 x 的动力学的因, 则 CCM 假设从

$\mathcal{M}_X$ 无法对 $\boldsymbol{Y}$ 进行重构并假设 N 趋于无穷时 $|\rho(\hat{y}_t, y_t)|$ 收敛到 0, 如图 4.1(b) 所示.

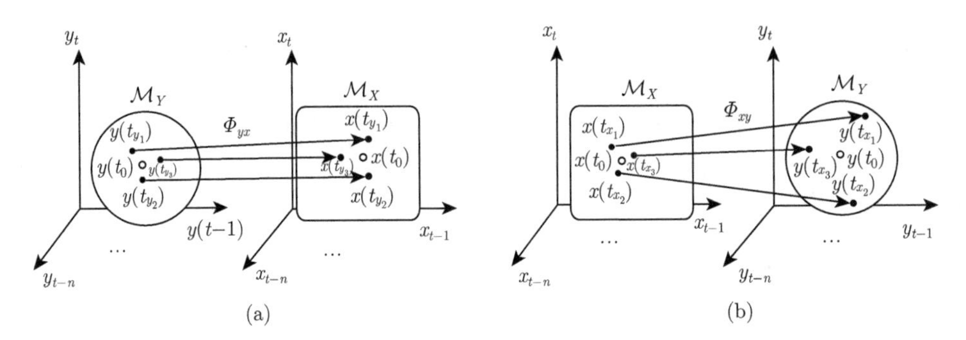

图 4.1　最近邻、互最近邻与交叉映射[112]. Φ_{yx}表示从$\mathcal{M}_Y$到$\mathcal{M}_X$的交叉映射, Φ_{xy}类似定义

CCM 使用了局部线性组合来构造嵌入映射, 并使用了线性相关系数作为指标, 没有完全解决非线性系统的问题. 由于 CCM 从嵌入空间考虑从 Y 到 X 的反向映射, 可以解决非可分系统的因果推断[125]. 此外, 在进行指标是否非零的判断时, CCM 需要额外的假设检验来确定阈值.

4.3.2　偏交叉映射

文献 [139] 提出的偏交叉映射 (partial cross mapping, PCM) 将收敛交叉映射方法推广到了条件因果的推断中. 考虑 $x(t), y(t)$ 和 $z(t)$ 三个变量的时间序列数据, 则可以根据 (4.17) 分别构造时滞向量 $\boldsymbol{X}_t, \boldsymbol{Y}_t, \boldsymbol{Z}_t$ 及其向量空间 $\mathcal{M}_X, \mathcal{M}_Y$, 以及 $\mathcal{M}_Z$. 通过 (4.19) 式可以得到从 $\boldsymbol{Y}_t \in \mathcal{M}_Y$ 到 $\mathcal{M}_X$ 对 $\boldsymbol{X}_t$ 的重构 $\widehat{\boldsymbol{X}}_t^Y \in \mathcal{M}_X$, 从 $\boldsymbol{Y}_t \in \mathcal{M}_Y$ 到 $\mathcal{M}_Z$ 对 $\boldsymbol{Z}_t$ 的重构 $\widehat{\boldsymbol{Z}}_t^Y \in \mathcal{M}_Z$, 以及从 $\widehat{\boldsymbol{Z}}_t^Y \in \mathcal{M}_Z$ 到 $\mathcal{M}_X$ 对 $\boldsymbol{X}_t$ 的重构 $\widehat{\boldsymbol{X}}_t^{\widehat{Z}^Y} \in \mathcal{M}_X$. 为了排除中间变量 z 的影响, 度量从 x 到 y 的直接因果, PCM 使用了偏相关系数

$$\mathrm{PCM}[x \to y|z] = \mathbb{E}_t\{|\mathrm{PC}(\boldsymbol{X}_t, \widehat{\boldsymbol{X}}_t^Y | \widehat{\boldsymbol{X}}_t^{\widehat{Z}^Y})|\}, \tag{4.21}$$

其中 PC (partial correlation) 代表偏相关系数, $\mathbb{E}_t$ 表示对所有时间样本求期望. 理论上, PCM 也可以解决非可分系统的直接因果推断, 但与 CCM 相似, 没有完全解决非线性问题. 实际上, (4.21) 也可以由后面的重构式 (4.29) 的多变量版本 $\boldsymbol{X}_t = \boldsymbol{h}(\boldsymbol{Y}_{t+1}; \boldsymbol{Z}_t)$ 得到, 即, (4.21) 右边式子的第一项是 $\boldsymbol{X}_t$, 第二项是从 $\boldsymbol{Y}_{t+1}$ 到 $\boldsymbol{X}_t$ 的重构映射, 第三项是从 $\boldsymbol{Y}_{t+1}$ 到 $\boldsymbol{Z}_t$, 再到 $\boldsymbol{X}_t$ 的重构映射条件. 在进行指标是否非零的判断时, PCM 需要额外的假设检验来确定阈值.

4.3.3　嵌入熵

嵌入熵 (embedding entropy, EE) 的概念结合了 TE 解决非线性问题的能力和 CCM 解决非可分问题的能力[125]. 记 $\boldsymbol{Y}_t^{NN} = (\boldsymbol{Y}_t^{[1]}, \boldsymbol{Y}_t^{[2]}, \cdots, \boldsymbol{Y}_t^{[L+2]})$, 其中

$\boldsymbol{Y}_t^{[k]}$ 是 $\boldsymbol{Y}_t=(y_t,y_{t-1},\cdots,y_{t-L})^{\mathrm{T}}\in\mathbb{R}^{L+1}$ 在其吸引流形 $\mathcal{M}_{\boldsymbol{Y}}=\{\boldsymbol{Y}_t,t\in\mathbb{R}\}$ 上第 k 近邻的邻居样本点; 记 $\boldsymbol{X}_{t-1}^*=(x_{t-1},\cdots,x_{t-L})^{\mathrm{T}}\in\mathbb{R}^L$ 为其形成吸引流形 $\mathcal{M}_{\boldsymbol{X}}=\{\boldsymbol{X}_{t-1}^*,t\in\mathbb{R}\}$ 上的点. $x\to y$ 的嵌入熵定义为

$$\mathrm{EE}[x\to y]=\mathrm{MI}(\boldsymbol{X}^*,\boldsymbol{Y}^{NN}),\tag{4.22}$$

其中 $\boldsymbol{X}^*$ 为取值 $\boldsymbol{X}_{t-1}^*$ 的随机变量, $\boldsymbol{Y}^{NN}$ 为取值 $\boldsymbol{Y}_t^{NN}$ 的随机变量, MI 为互信息. 使用 $\boldsymbol{Y}_t^{NN}$ 可以避免 $\boldsymbol{Y}_t$ 与 $\boldsymbol{X}_{t-1}^*$ 的强相关性带来的偏差, 即解决了强关联性问题[135]. 对于高维互信息的数值计算, 嵌入熵可以采用 k 邻居算法[140,141]. 注意, 这里的因 $\boldsymbol{X}_{t-1}^*$ 实际上是到 $t-1$ 时刻的信息, 为了统一表示也可以定义为 $\boldsymbol{X}_{t-1}^*=\boldsymbol{X}_{t-1}=(x_{t-1},\cdots,x_{t-L},x_{t-L-1})^{\mathrm{T}}$, 而 $\boldsymbol{Y}_t$ 则是到 t 时刻的信息, 一般来说, 它们是有时间的先后顺序.

4.3.4 条件嵌入熵

条件嵌入熵 (conditional embedding entropy, cEE) 将嵌入熵推广到了排除中间变量 z 的影响, 求解从 x 到 y 的直接因果上. cEE 指标定义为

$$\mathrm{cEE}[x\to y|z]=\mathrm{CMI}(\boldsymbol{X}^*,\boldsymbol{Y}^{NN}|\boldsymbol{Z}^{NN}),\tag{4.23}$$

其中 $\boldsymbol{Y}^{NN}$ 和 $\boldsymbol{Z}^{NN}$ 取值分别为样本点 $\boldsymbol{Y}_t\in\mathcal{M}_{\boldsymbol{Y}}\triangleq\{\boldsymbol{Y}_t=(y_t,y_{t-1},\cdots,y_{t-L})^{\mathrm{T}},t\in\mathbb{R}\}$ 和 $\boldsymbol{Z}_t\in\mathcal{M}_{\boldsymbol{Z}}\triangleq\{\boldsymbol{Z}_t=(z_t,z_{t-1},\cdots,z_{t-L})^{\mathrm{T}},t\in\mathbb{R}\}$ 的 $L+2$ 个邻居, CMI 为条件互信息. 这里 $\boldsymbol{X}^*=\boldsymbol{X}_{t-1}$, 以后都这样表达. 条件嵌入熵使用熵的概念解决了非线性系统的问题, 使用嵌入空间从 $\boldsymbol{Y}$ 到 $\boldsymbol{X}$ 的嵌入映射解决了非可分系统的问题, 并使用邻居变量 $\boldsymbol{Y}^{NN},\boldsymbol{Z}^{NN}$ 降低了强相关性带来的数值偏差.

4.3.5 三节点动力学因果算例

这一小节我们使用一个三节点数值算例来观察全因果指标 GC/TE/CCM/EE 和条件因果指标 cGC/cTE/PCM/cEE 的数值表现[125].

三个随时间演化的变量 x_t,y_t,z_t 满足离散 Logistic 方程

$$\begin{aligned}
x_{t+1}&=\gamma_x x_t(1-x_t)+\epsilon_{x,t},\\
y_{t+1}&=\gamma_y y_t\left[1-\left(1-\frac{\beta_{xy}}{\gamma_y}\right)y_t-\frac{\beta_{xy}}{\gamma_y}x_t\right]+\epsilon_{y,t},\\
z_{t+1}&=\gamma_z z_t\left[1-\left(1-\frac{\beta_{xz}+\beta_{yz}}{\gamma_z}\right)z_t-\frac{\beta_{xz}}{\gamma_z}x_t-\frac{\beta_{yz}}{\gamma_z}y_t\right]+\epsilon_{z,t},
\end{aligned}$$

其中常参数 $\gamma_x=3.7,\gamma_y=3.72,\gamma_z=3.78$, $\beta_{xy}=\beta_{yz}=0.2$, 高斯随机噪声 $\epsilon_{\cdot,t}$ 均值为零, 标准偏差为 0.005. β_{xz} 调节着从 x 到 z 的直接因果. 对于每个 β_{xz}, 模拟

100 条轨道并在每条轨道在进入吸引子流形后取 1000 个样本点. 图 4.2 给出了 8 个指标的变化情况, 从中可以得到结论:

(1) 图 4.2(a) 度量的是从 x 到 z 的全因果, 理论上无论 β_{xz} 是否为零都存在. 然而 TE 在 β_{xz} 较小时存在假阴性现象, 即 β_{xy}, β_{yz} 分别代表的 x 与 y, y 与 z 之间的相对强相关会引起 x 与 z 间因果的欠估计. GC/CCM/EE 在这个例子中都能较好地度量全因果.

(2) 图 4.2(b) 度量了从 x 到 z 的直接因果. $\beta_{xz} = 0$ 即没有直接因果时, PCM 需要额外的假设检验来确定一个阈值 (如 0.2), 以规避假阳性结果. 当 $\beta_{xz} \in (0, 0.1]$ 存在 x 与 z 之间的直接因果时, cTE 更倾向于出现假阴性.

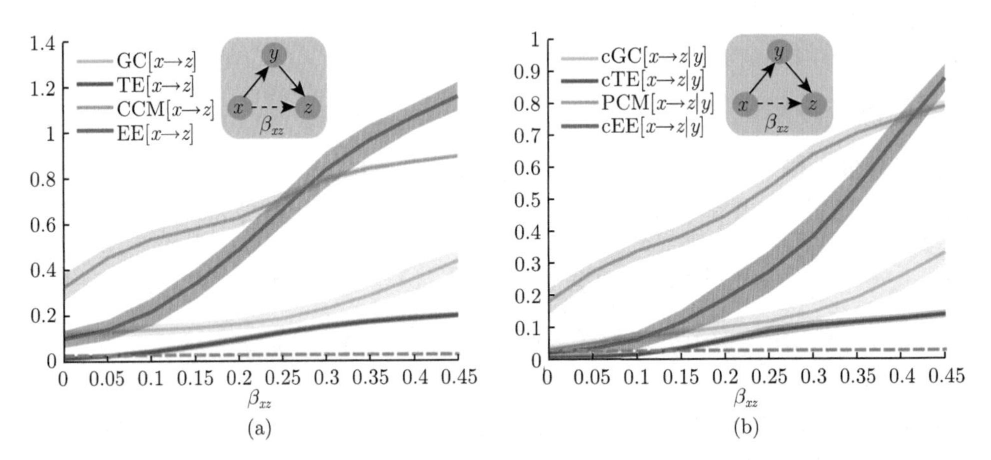

图 4.2　三节点网络下四种全因果指标 GC/TE/CCM/EE 和直接因果指标 cGC/cTE/PCM/cEE 在不同耦合系数 β_{xz} 下的数值表现[125]. 实线为 100 次计算指标的均值, 阴影为相应的标准偏差大小

4.4　动力学因果理论概述

4.4.1　动力学因果的数学定义

在前面的小节中, 我们介绍了几种常见的动力学因果算法. 在本小节, 我们将这些算法归结为一种统一的框架——动力学因果. 考虑采样或数据观测等原因, 一个连续时间的动力学系统往往可以约化为离散时间的动力学系统. 不失一般性, 我们仅描述离散时间动力学系统的情形.

假设多元变量 $\boldsymbol{x}_t = (x_{1,t}, x_{2,t}, \cdots, x_{n,t})^{\mathrm{T}}$ 满足动力学方程

$$x_{i,t} = f_i(\boldsymbol{x}_{t-1}, \boldsymbol{x}_{t-2}, \cdots, \boldsymbol{x}_{t-p}, \cdots), \quad i = 1, 2, \cdots, n, \tag{4.24}$$

其中 f_i 为连续可微函数, p 为时间延迟.

• 我们称 x_j 为 x_i 的动力学因果, 如果 (4.24) 式中 x_i 的动力学存在至少一个 $k \in \{1, 2, \cdots, p, \cdots\}$ 使得

$$\frac{\partial f_i}{\partial x_{j,t-k}} \neq 0,$$

对几乎处处的 t 成立, 并记为 $x_j \to x_i$.

• 我们称 x_j 不为 x_i 的动力学因果, 如果 (4.24) 式中 x_i 的动力学对任意 $k \in \{1, 2, \cdots, p, \cdots\}$ 和几乎处处的 t 成立

$$\frac{\partial f_i}{\partial x_{j,t-k}} = 0,$$

并记为 $x_j \nrightarrow x_i$.

4.4.2 动力学因果指标的数学解释

不失一般性, 为了描述简单起见, 考虑一个二元离散动力学系统, 即 $x \to y$ 系统

$$y_t = f(y_{t-1}, y_{t-2}, \cdots, x_{t-1}, x_{t-2}, \cdots, \epsilon_{1,t}), \tag{4.25}$$

$$x_t = g(x_{t-1}, x_{t-2}, \cdots, \epsilon_{2,t}), \tag{4.26}$$

其中 f 和 g 是连续可微函数, $\epsilon_{1,t}, \epsilon_{2,t}$ 分别为噪声项.

在 Granger 因果和传递熵中, 指标从原空间分别尝试线性拟合 (4.25) 式或非线性度量信息传递, 以检测 f 是否依赖于变量 x.

下面我们解释为何收敛交叉映射和嵌入熵也度量了动力学因果.

记 $\boldsymbol{Y}_t = (y_t, y_{t-1}, \cdots, y_{t-p})^{\mathrm{T}} \in \mathbb{R}^{p+1}$, $\boldsymbol{X}_{t-1} = (x_{t-1}, x_{t-2} \cdots, x_{t-p})^{\mathrm{T}} \in \mathbb{R}^p$, $\boldsymbol{\epsilon}_t = (\epsilon_{1,t}, \epsilon_{1,t-1}, \cdots, \epsilon_{1,t-p}, \epsilon_{2,t}, \epsilon_{2,t-1}, \cdots, \epsilon_{2,t-p})^{\mathrm{T}}$, 则 x 到 y 有动力学因果的模型 (4.25) 可以表示为

$$\begin{aligned} y_t &= f(y_{t-1}, y_{t-2}, \cdots, y_{t-p}, x_{t-1}, x_{t-2}, \cdots, x_{t-p}, \zeta_1, \epsilon_{1,t}), \\ y_{t-1} &= f(y_{t-2}, y_{t-3}, \cdots, y_{t-p}, x_{t-2}, x_{t-3}, \cdots, x_{t-p}, \zeta_1, \epsilon_{1,t-1}), \\ &\cdots\cdots \\ y_{t-p+1} &= f(y_{t-p}, x_{t-p}, \zeta_1, \epsilon_{1,t-p+1}) \end{aligned} \tag{4.27}$$

或

$$\boldsymbol{F}(\boldsymbol{Y}_t, \boldsymbol{X}_t, \zeta_1, \boldsymbol{\epsilon}_t) = 0, \tag{4.28}$$

其中 ζ_1 包含比 $t-p$ 时间更早的变量 $\{x_{t-i}, y_{t-i} | i > p\}$, $\boldsymbol{F}$ 为连续可微向量函数. 令 d 为系统动力学吸引流形的内在维数, 由于观测变量 $(\boldsymbol{X}_{t-1}, \boldsymbol{Y}_t)$ 的空间维数为 $2p+1$, 则当约束个数 $2p+1-d$ 大于等于 $\boldsymbol{X}_{t-1}$ 的维数 p 时, 根据隐函数定理或逆映射定理可以从系统 (4.28) 式中得到

$$\boldsymbol{X}_{t-1} = \boldsymbol{h}(\boldsymbol{Y}_t, \zeta_1, \boldsymbol{\epsilon}_t),$$

其中 $\boldsymbol{\epsilon}_t$ 为给定噪声, ζ_1 一般非空. 然而, 由于 x 是因, y 是果, 即 y 可以感知 x 的所有信息, 所以根据 Takens 嵌入定理可以更进一步, 当 $\boldsymbol{Y}_t$ 嵌入维数 $p+1$ 大于 $2d$ 时, $\boldsymbol{Y}_t$ 可以在普遍意义下 (generic[11], prevalent[10]), C^1 同胚于整个吸引子, 即存在不依赖于 ζ_1 的嵌入映射 $\boldsymbol{h}$ 使得

$$\boldsymbol{X}_{t-1} = \boldsymbol{h}(\boldsymbol{Y}_t, \boldsymbol{\epsilon}_t). \tag{4.29}$$

在没有噪声情况下, (4.29) 式可以严格表示为

$$\boldsymbol{X}_{t-1} = \boldsymbol{h}(\boldsymbol{Y}_t).$$

这也意味着在延迟嵌入空间, 现在时刻 t 的结果变量 $\boldsymbol{Y}_t$ 包含了过去时刻 $(t-1)$ 的原因变量 $\boldsymbol{X}_{t-1}$ 的全部信息, 即只由结果变量 $\boldsymbol{Y}_t$ 可以完全“反向重构”(reverse reconstruction) 或“反向映射”(reverse mapping) 原因变量 $\boldsymbol{X}_{t-1}$. 对于 y 到 x 无因果的模型 (4.26), 则无法只由原因变量 $\boldsymbol{Y}_{t-1}$ 重构结果变量 $\boldsymbol{X}_t$. 注意, 由定义, (4.28) 或 (4.29) 中的原因变量 $\boldsymbol{X}_{t-1}$ 实际上是 $t-1$ 时刻的信息, 为了统一表示也可以表达为 $\boldsymbol{X}_{t-1} = (x_{t-1}, x_{t-2}, \cdots, x_{t-p}, x_{t-p-1})^{\mathrm{T}}$, 而果 $\boldsymbol{Y}_t$ 则是 t 时刻的信息, 也就是由现在的结果重构过去的原因. 对于多变量系统 (4.24), 我们同样可以推断出这样的结果. 另一方面, 与 Granger 因果和传递熵等不同, 这样的反向表征或反向重构没有截断阶数 p 的近似问题. 这是嵌入性因果推断的特性, 对于基于时间序列的 $x \to y$ 推断可以总结如下.

- Granger 和传递熵等因果: 基于 x 对 y 的 (正向) 预测性, 即在原状态空间 (x, y) 由 $y_t = F(y_{t-1}, x_{t-1}, \cdots)$ 的预测性, 推断 $x \to y$. 也就是说在原空间, 由过去的原因 x 预测现在的结果 y.

- 嵌入性因果: 基于 y 对 x 的反向重构性, 即在延迟嵌入状态空间 $(\boldsymbol{X}, \boldsymbol{Y})$ 由 $\boldsymbol{X}_{t-1} = H(\boldsymbol{Y}_t)$ 的反向重构或反向映射性, 推断 $x \to y$. 也就是说在延迟嵌入空间, 由现在的结果 Y 重构过去的原因 X.

注意, 原状态空间与延迟嵌入状态空间的关系是 $\boldsymbol{Y}_t = (y_t, y_{t-1}, \cdots, y_{t-p})^{\mathrm{T}}$, $\boldsymbol{X}_{t-1} = (x_{t-1}, x_{t-2} \cdots, x_{t-p})^{\mathrm{T}}$. 这里为了统一表示, 我们也可以定义 $\boldsymbol{X}_{t-1} = (x_{t-1}, x_{t-2}, \cdots, x_{t-p-1})^{\mathrm{T}}$. 所以, 与原空间的过去的原因到现在的结果的正向映射或演化不同, 在动力学的嵌入空间上, 映射关系是现在的结果到过去的原因的反向映射, 所以 CCM 或 PCM “交叉映射” 等动力学因果推断实际上都是基于 “反向映射” 或 “反向重构” 准则, 这里我们使用一个例子展现这样的反向重构映射的特点, 严格证明可参见 [142]. 对于实际问题, 不仅可以考虑 $t-1$ 到 t 的重构, 也可以考虑 $t-2, t-3$ 等到 t 的更优化重构. 在考虑 x 和 y 的直接因果时, 反向重构 (4.29) 可以表达为 $\boldsymbol{X}_{t-1} = \boldsymbol{h}(\boldsymbol{Y}_t; \boldsymbol{Z}_{t-1})$, 这里 $\boldsymbol{Z}$ 是系统中其他变量 (矢量),

如 $\boldsymbol{Z}_{t-1} = (z_{t-1}, z_{t-2}, \cdots, z_{t-\rho})^\top$. 不同的系统和数据, 我们可以采用最佳的延迟 k 使 $\boldsymbol{h}$ 为最佳重构, 如 $\boldsymbol{X}_{t-k} = \boldsymbol{h}(\boldsymbol{Y}_t; \boldsymbol{Z}_{t-k})$.

例 对于二元逻辑映射模型

$$\begin{cases} x_{t+1} = 3.9x_t(1 - x_t - \beta y_t), \\ y_{t+1} = 3.7y_t(1 - y_t - 0.2x_t), \end{cases} \tag{4.30}$$

由于 x 恒为 y 的动力学原因, 故由第二式

$$x_t = 5\left(1 - y_t - \frac{y_{t+1}}{3.7y_t}\right),$$

进而代入 (4.30) 式第一式右边则可只使用 y 的时间序列重构 x, 即 (4.29) 式成立. 反之,

$$y_t = \frac{1}{\beta}\left(1 - x_t - \frac{x_{t+1}}{3.9x_t}\right),$$

可知只有当 $\beta \neq 0$, 即 y 是 x 的动力学原因时, 可由 x 的时间序列完全反向重构 y, 而 $\beta = 0$ 时 (即 y 不是 x 的动力学原因时) 则不能.

4.4.3 动力学因果的数学框架

在离散时间动力学因果框架中, 变量 x 到 y 的动力学可以被假设为两种形式的模型:

$$H_1 \text{ 模型}: \; y_t = f(y_{t-1}, y_{t-2}, \cdots, y_{t-p}, x_{t-1}, x_{t-2}, \cdots, x_{t-p}, \epsilon_{1,t}), \tag{4.31}$$

$$H_0 \text{ 模型}: \; y_t = g(y_{t-1}, y_{t-2}, \cdots, y_{t-p}, \epsilon_{2,t}), \tag{4.32}$$

其中 p 为模型阶数, $\epsilon_{1,t}, \epsilon_{2,t}$ 分别为噪声. H_1 模型用来刻画了 x 到 y 存在动力学因果时的变量关系, 而 H_0 模型用来描述 x 到 y 没有动力学因果时的系统演化. 动力学因果算法往往对 H_1 和 H_0 模型定义某种标量数值指标 $\mathrm{Idx}(H_i)$ 并将指标间的距离定义为动力学因果强度, 即

$$\mathrm{cs}[x \to y] = \mathrm{Dist}[\mathrm{Idx}(H_1), \mathrm{Idx}(H_0)],$$

其中 cs 代表动力学因果强度 (causality strength), Dist 为距离函数.

表 4.1 总结了四种动力学因果指标的理论基础及性质. 其中 Granger 因果和传递熵尝试对 H_1 与 H_0 模型动力学的右端函数进行直接刻画, Granger 因果使用了线性近似度量预测的不准确性 (即原因到结果的预测性), 而传递熵使用熵度量了非线性预测的不准确度 (即原因到结果的预测性). 收敛交叉映射和嵌入熵基于嵌入定理在嵌入空间考虑了模型的逆映射或重构 (即结果到原因的重构性), 以解决非可分系统的因果度量. 实际上对于 $x \to y$ 的系统, 根据 Takens 嵌入定理可以证明, y_t 和其 t 之前的序列可以在普遍意义下[11] 拓扑重构包含 (x, y) 的吸引

子, 当然包括 x 的信息, 所以 Granger 因果 (GC) 和传递熵 (TE) 的 H_0 模型中由于有 y 信息所以除去 x 信息操作实际失效, 而收敛交叉映射和嵌入熵不需此操作, 所以解决了可分性问题.

表 4.1　GC, TE, CCM, EE 动力学因果总结

	GC	TE	CCM	EE
模型空间	状态空间 (x_t, y_t)	状态空间 (x_t, y_t)	嵌入空间 $(\boldsymbol{X}_t, \boldsymbol{Y}_t)$	嵌入空间 $(\boldsymbol{X}_{t-1}, \boldsymbol{Y}_t)$
映射	线性	非线性	局部线性组合	非线性
非可分问题	有	有	无	无
截断阶数问题	有	有	无	无
数值算法	线性自回归	熵或条件互信息	收敛交叉映射	嵌入空间的熵
H_1 模型 $(x \to y)$	(4.2) 式	(4.8) 式	(4.19) 式能重构 $\boldsymbol{X}_t$	存在映射 $\boldsymbol{X}_{t-1} = \boldsymbol{h}(\boldsymbol{Y}_t, \boldsymbol{\epsilon}_t)$
H_0 模型 $(x \nrightarrow y)$	(4.3) 式	(4.9) 式	(4.19) 式难以重构 $\boldsymbol{X}_t$	$\mathcal{M}_{\boldsymbol{Y}}$ 不包含重构 $\mathcal{M}_{\boldsymbol{X}}$ 的信息
模型标量指标	$-\ln(\mathrm{Var}(\epsilon_i))$	条件熵 (4.10) 式	$\mathrm{PCC}(\hat{x}_t, x_t)$, 对 H_0 指标默认为 0	$\mathrm{MI}(\boldsymbol{X}_{t-1}, \boldsymbol{Y}_t^{NN})$, 对 H_0 指标默认为 0
因果强度指标	(4.4) 式	(4.11) 式	(4.20) 式	(4.22) 式

具体来说, 收敛交叉映射使用局部线性组合构造了 (4.29) 式中的 $\boldsymbol{h}$, 嵌入熵使用熵度量了“重构”的不准确度, 二者默认 H_0 模型下指标为 0, 避免了使用 H_1 数据拟合被强制除去 x 变量的 H_0 模型所造成的错误 (如假阴性问题), 能够很好地度量非可分系统的因果强度. 同时, 收敛交叉映射和嵌入熵也解决了 Granger 因果和传递熵的截断阶数 p 的问题.

与原观测空间的重构性或映射性不同, 基于嵌入理论的因果框架建立了嵌入空间的反向重构性或反向映射性, 由此可以得到因果反向, 其框架的特点可以总结为以下几条.

(1) 定义普适性, 即通过使用变量的时间依赖性方程定义了动力学因果, 囊括了显示因果、隐式因果、反馈作用等多种情况;

(2) 强度可量化性, 即通过使用 H_1 与 H_0 模型的某种指标距离刻画了因果强度;

(3) 指标可计算性, 即通过非同步变量的动力学演化数据, 可设计原空间或嵌入空间的数值算法进行观测性因果等数值估计.

4.5　短序列数据因果分析

1. 最近邻对数据长度的依赖性

在前面章节介绍的基于嵌入理论的动力学因果框架中, 一个重要的步骤是由时间序列数据重构的吸引子上每个点确定其最近邻并进一步利用其携带的因果信息. 事实上这与基于嵌入定理的状态空间重构及预测方法是一致的, 正如我们在介绍基于最近邻的非线性动力学预测算法的章节中所指出的那样, 这一类方法要成功运行需要一个基本前提就是最近邻点要充分靠近目标点方能反映真实的动力学信息, 如图 3.1(b), (c) 所指出的那样, 这就要求时间序列数据在重构的吸引子上足够稠密, 当时间序列数据不够多或者在吸引子上不够稠密时, 最近邻会失去相应的参考价值. 特别地, 收敛交叉映射 (CCM) 算法进一步明确了收敛的要求, 需要时间序列充分长之后实现吸引子上每个点的最近邻收敛到参考点上才能获得最终的因果指标. 因此, 当时间序列数据较短, 使得重构的吸引子上数据点不够密集时, 我们需要提出改进的因果分析算法, 一方面利用基于嵌入理论的动力学因果原理, 另一方面能够避免最近邻的寻找和使用.

为此, 我们首先观察到基于嵌入理论的动力学因果基本原理中, 最近邻及互最近邻的关系事实上反映了连续的交叉映射的存在, 在图 4.1 所示的交叉映射框架图中, $\mathcal{M}_Y$ 上的点 $\boldsymbol{Y}_{t_0}$ 及其最近邻集合 $\{\boldsymbol{Y}_{t_{y_i}}\}$ 通过交叉映射 Φ_{yx} 映射到 $\boldsymbol{X}_{t_0} \in \mathcal{M}_X$ 的互最近邻点集合 $\{\boldsymbol{X}_{t_{y_i}}\}$, 交叉映射的连续性保证了当 $\boldsymbol{Y}_{t_0}$ 的最近邻收敛到 $\boldsymbol{Y}_{t_0}$ 时, $\boldsymbol{X}_{t_0}$ 的互最近邻也将收敛到 $\boldsymbol{X}_{t_0}$; 而反之, 若从 $\mathcal{M}_X$ 到 $\mathcal{M}_Y$ 的交叉映射 Φ_{xy} 不存在, 则即使 $\boldsymbol{X}_{t_0}$ 的最近邻收敛到 $\boldsymbol{X}_{t_0}$, 也无法保证 $\boldsymbol{Y}_{t_0}$ 的互最近邻也将收敛到 Y_{t_0}.

上述观察是从一个特定的点及其邻域附近的局部出发的, 收敛交叉映射 (CCM) 等方法通过这种最近邻和互最近邻的收敛性来衡量每一个点附近的局部性质, 若交叉映射存在并且其连续性和光滑性在每一个点的附近局部成立, 则其光滑性在整个吸引子上整体成立, 即如图 4.3 所示, 因此, 如果有方法可以衡量该全局光滑性, 则可以同样实现基于嵌入理论的动力学因果的检测, 如文献 [112] 提出了基于径向基网络的交叉映射光滑性 (cross map smoothness, CMS) 指标, 下面对该算法进行介绍.

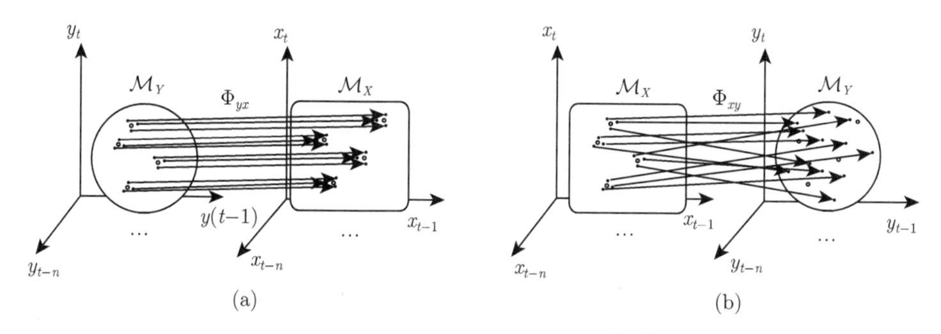

图 4.3 全局意义下的交叉映射[112]

2. 交叉映射光滑性 CMS 算法

通用逼近定理 (universal approximation theorem) 表明, 任意的连续函数都可以在局部通过神经网络来逼近, 因此, 我们可以从短序列数据出发通过时滞重构吸引子, 并以该吸引子上稀疏的数据点作为训练数据通过一个人工神经网络来训练逼近两个吸引子之间的交叉映射, 若该交叉映射成立, 则神经网络可以成功逼近该连续函数, 而反之若交叉映射不成立, 则神经网络训练失败 (产生较大误差). 考虑到短序列数据形成的训练数据集的规模比较小, 文献 [112] 提出使用径向基函数 (radial basis function, RBF) 神经网络结合留一误差法来训练和量化交叉映射的光滑性. 具体算法如下:

算法 4.1(基于径向基网络的 CMS 算法) 设有对变量 x 和 y 的长度为 N 的观测时间序列数据 $x_t = x(t)$ 和 $y_t = y(t)$.

- 选择合适的重构维数 L, 构造相应的时滞向量

$\boldsymbol{X}_t = (x_t, x_{t-1}, \cdots, x_{t-(L-1)})^{\mathrm{T}} \in \mathbb{R}^L$ 和 $\boldsymbol{Y}_t = (y_t, y_{t-1}, \cdots, y_{t-(L-1)})^{\mathrm{T}} \in \mathbb{R}^L, t = 1, 2, \cdots, N$.

- 构造 $S_i = \{1, 2, \cdots, N\} \setminus i$ 为留一指数集合.
- 对于 $i = 1, 2, \cdots, N$,

  训练一个 RBF 神经网络 $\mathcal{N}_i$ 使得最小化 $\sum_{j\in S_i} \|\boldsymbol{X}_j - \mathcal{N}_i(\boldsymbol{Y}_j)\|$,

  计算 $\hat{\boldsymbol{X}}_i = \mathcal{N}_i(\boldsymbol{Y}_i)$,

  计算留一误差 $\epsilon_i = \|\boldsymbol{X}_i - \hat{\boldsymbol{X}}_i\|$.

- 计算 CMS 指数 $R_{xy} = 1/\exp(\Delta/\sigma)$, 其中 $\Delta = \dfrac{\langle\epsilon\rangle_{\mathrm{rms}}}{\langle\|\boldsymbol{X} - \bar{\boldsymbol{X}}\|\rangle_{\mathrm{rms}}}$ 为归一化误差, $\bar{\boldsymbol{X}}$ 为 $\boldsymbol{X}_i, i = 1, 2, \cdots, N$ 的均值, σ 为调节系数, $\langle\cdot\rangle_{\mathrm{rms}}$ 为集合均方根运算.
- 根据显著性检验获得 R_{xy} 的显著性阈值并将低于阈值的 CMS 指数置零.

3. 典型算例

在这一小节我们给出一个典型的算例来说明 CMS 算法在针对短序列数据的因果检测中的效果. 我们考虑如下耦合的 Logistic 方程:

$$x_{t+1} = x_t[\gamma_x - \gamma_x x_t - \beta_{xy} y_t],$$

$$y_{t+1} = y_t[\gamma_y - \gamma_y y_t - \beta_{yx} x_t],$$

其中 $\gamma_x = 3.7, \gamma_y = 3.8$ 为常参数, β_{xy} 和 β_{yx} 为两个耦合系数, 表征了因果驱动的强度, 特别地, 我们设定 $\{\beta_{xy} = 0, \beta_{yx} = 0.32\}$ 作为单向耦合的参数组, 在该组参数设定下, x 对 y 有驱动而反之没有, 即存在 x 到 y 的单向因果效应; 同时设定 $\{\beta_{xy} = 0.02, \beta_{yx} = 0.1\}$ 作为双向耦合的参数组, 在该组参数设定下, x 和 y 互为驱动从而存在双向的因果效应. 我们基于长度为 $N = 20$ 个连续的点作为观测值, 运行 CMS 算法获得检测所得的因果类型, 如图 4.4(a), (b) 所示. 作为对比, 我们也在不同观测序列长度上分别测试了 CMS 和 CCM 两种算法, 其结果如图 4.4(c), (d) 所示, 可以清楚地看到专门针对短序列数据而开发的 CMS 算法在 $O(10)$ 级

别的数据长度量级上已经可以区分开单向因果的两个方向, 而 CCM 由于依赖于吸引子上最近邻的收敛性, 需要在 $O(10^3)$ 级别的数据长度量级上才可以实现指标的收敛. 最后, 作为一个基于短序列数据因果检测的应用, 我们实现系统快速耦合切换的辨识. 假设上述 Logistic 系统中耦合参数在 $\{\beta_{yx}=0.32,\beta_{xy}=0\}$ 和 $\{\beta_{yx}=0,\beta_{xy}=0.32\}$ 之间随机切变, 并获得连续 $N=1000$ 个时间点, 显然如果直接用所有的数据来作因果检测是没有意义的, 但如果我们使用滑动时间窗口, 每个窗口长度为 20 个时间点并应用 CMS 算法来检测 x 和 y 之间的相互驱动模式, 则能够很好地检测出这种切变过程, 结果如图 4.5 所示.

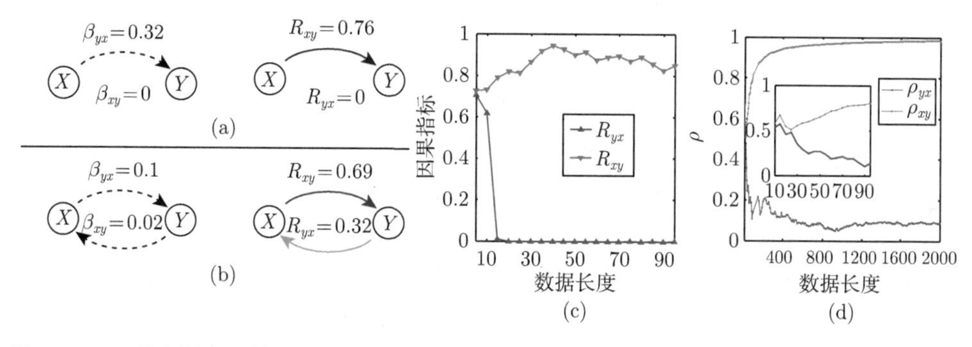

图 4.4　(a) 单向耦合及检测出的因果效应; (b) 双向耦合及检测出的因果效应; (c) 单向耦合类型下, 基于不同长度数据运行 CMS 算法所获得的因果指标; (d) 单向耦合类型下, 基于不同长度数据运行 CCM 算法所获得的因果指标及其收敛情况[112]

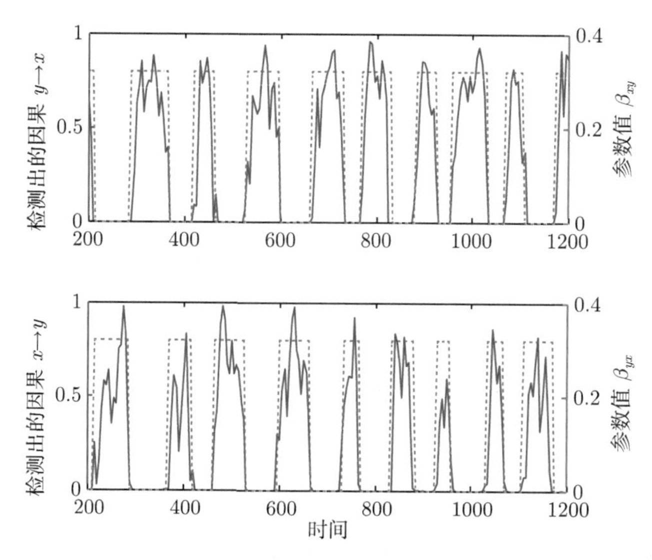

图 4.5　系统耦合参数切变与因果指标检测结果[112]

4.6 因果关系的时滞分析

我们在前述章节中介绍基于动力学的因果检测方法时，一般都考虑的是即时的因果，即若变量 x 对 y 存在动力学驱动关系，则这种驱动是发生在 t 时刻. 但很多情况下，变量间的因果效应的发生并不是瞬时而是需要较长时间的，如从基因调控转录到蛋白质的合成表达所需要的时间可以长达数小时，这时 t 时刻基因调控发生这个“因”要到数小时之后才体现出蛋白表达量改变这个“果”的产生. 因此，我们在做因果分析时除了要考虑瞬时因果之外，还需要考虑因果关系中的时滞效应.

4.6.1 时滞 CCM 与 CME 指标

给定两个时间序列数据 $x(t)$ 和 $y(t)$, CCM 方法考虑的是通过时滞重构吸引子之后 t 时刻 x 和 y 之间的因果检测，因此，当考虑到因果发生的时滞效应时，一个简单直接的推广是我们构造一组辅助变量及其时序列数据 $z_i(t) = x(t-\tau_i), i = 1, 2, \cdots, m$, 其中 $\Gamma = \{\tau_1, \tau_2, \cdots, \tau_m\}$ 是一组待考察的时滞集合. 然后直接使用 CCM 算法来检测变量 z_i 和 y 并得到相应的 CCM 值，其中获得的最大的 CCM 值所对应的 τ_i 即被认为是最接近真实因果时滞的估计值，该思想也同样可以用于 EE 等的最佳时滞估计.

在时滞 CCM 框架中，当考虑时滞时，由于 CCM 反映的是时滞重构吸引子上交叉映射的几何性质，其中时滞重构向量仅有一个分量真正体现出因果的时滞效应，而原始的 CCM 框架仅估计了时滞重构向量的第一维分量与其互最近邻确定的向量第一维分量的相关性，因此在时滞估计时会产生偏差，这种偏差在不同的重构维数中会产生不同的偏差，如后面的图 4.6 所示. 为克服这个问题，文献 [143] 在 CCM 的基础上提出了更综合的因果效应交叉映射量化 (cross map evaluation, CME) 指标，其算法如下:

算法 4.2 给定时间序列数据 $x(t)$ 和 $y(t)$ 以及待考察的时滞集合 $\Gamma = \{\tau_1, \tau_2, \cdots, \tau_m\}$, 对每一个候选时滞 τ_i, 重复以下步骤:

(1) 构造辅助变量及其时间序列数据 $z_i(t) = x(t-\tau_i)$;

(2) 根据时滞重构方法分别重构时滞向量 $\boldsymbol{Y}(t) \in \mathbb{R}^{L_y}, \boldsymbol{Z}(t) \in \mathbb{R}^{L_z}$ 及重构吸引子 $\mathcal{M}_Y$ 和 $\mathcal{M}_Z$, 其 L_y 和 L_z 分别为重构维数;

(3) 对 $\mathcal{M}_Y$ 上的每一点 $Y(\tilde{t}) \in \mathcal{M}_Y$, 确定其 L_y+1 个最近邻 $\boldsymbol{Y}(t_j), j = 1, 2, \cdots, L_y+1$;

(4) 由互最近邻 $\boldsymbol{Z}(t_j)$ 的加权平均确定参考点 $\widehat{\boldsymbol{Z}}(\tilde{t}) = \sum_{j=1}^{L_y+1} \omega_j \boldsymbol{Z}(t_j)$, 其中 $\omega_j = u_j / \sum_{k=1}^{L_y+1} u_k, u_j = \exp\{-||\boldsymbol{Y}(t_j) - \boldsymbol{Y}(t)||/||\boldsymbol{Y}(t_1) - \boldsymbol{Y}(t)||\}$;

(5) 计算 CME 指标

$$s(\tau_i)=\frac{1}{L_z}\operatorname{trace}\left\{\Sigma_{\widehat{Z}}^{-\frac{1}{2}}\operatorname{Cov}(\widehat{\boldsymbol{Z}},\boldsymbol{Z})\Sigma_{Z}^{-\frac{1}{2}}\right\},$$

其中 trace$\{\cdot\}$ 为矩阵迹函数, $\operatorname{Cov}(\cdot,\cdot)$ 为协方差矩阵, 对角阵 Σ_P 由 $\operatorname{Cov}(\boldsymbol{P},\boldsymbol{P})$ 的对角线元素组成.

则最大 CME 指标 $s(\tau_i)$ 所对应的候选时滞 τ_i 为所估计的因果时滞的估计值.

作为典型算例, 我们依然考虑类耦合的 Logistic 方程作为基准系统, 但是耦合项带有时间延迟, 具体形式如下:

$$x_{t+1}=x_t[\gamma_x-\gamma_x x_t-K_1 y_{t-\tau_1}], \tag{4.33}$$

$$y_{t+1}=y_t[\gamma_y-\gamma_y y_t-K_2 x_{t-\tau_2}], \tag{4.34}$$

其中 $\gamma_x=3.78,\gamma_y=3.77$, K_1,K_2 为耦合系数决定着因果效应的类型, τ_1,τ_2 为耦合项的时滞, 也表征着因果的时滞. 图 4.7 给出了不同的因果效应类型包括单向因果、双向因果和不同的时滞值的组合后的 CME 指标结果, 在该基准系统下, CME 的曲线最高值都精确对应了真实的耦合时滞.

在 CME 的指标 $s(\tau)$ 设计中通过迹的引入从而使用到了重构向量的每一个维数的信息, 而经典 CCM 的指标仅使用了重构向量的第一个分量的信息, 所以当重构维数发生改变时, CCM 的检测最高值会随着重构维数改变发生偏移而 CME 指标则不受此影响, 如图 4.6 所示.

为考虑连续系统中更复杂的时滞形式, 我们进一步考虑如下的耦合 Lorenz-Rössler 系统作为连续系统的基准测试系统:

$$\begin{aligned}
&\dot{x}_1=10(-x_1+y_1),\quad \dot{y}_1=28x_1-y_1-x_1z_1+L(y_2),\\
&\dot{z}_1=x_1y_1-(8/3)z_1,\\
&\dot{x}_2=-\alpha(y_2+z_2),\quad \dot{y}_2=\alpha(x_2+0.2y_2)+K(x_1),\\
&\dot{z}_2=\alpha[0.2+z_2(x_2-5.7)],
\end{aligned}\tag{4.35}$$

其中耦合项 $K(x_1)$ 表征着 Lorenz 系统对 Rössler 系统的驱动, 其形式可以是带一般的离散时滞如 $K(x_1)=Cx_1(t-\tau)$ 或者更复杂的分布型时滞

$$K(x_1)=C\int_{t_1}^{t_2}k(-\xi)x_1(t+\xi)\mathrm{d}\xi,$$

其中 k 为核函数, 图 4.7 (d) 和 (h) 分别给出了离散型时滞 $\tau=3$ 时的 CME 检测结果和在时滞区间 $[t_1,t_2]=[-4,-2]$ 上 k 为均匀分布的分布型时滞的检测结果, 两者都很好地反映了时滞耦合的类型, 特别是图 4.7 (h) 中高原型的曲线形式基本反映了连续型时滞的特性.

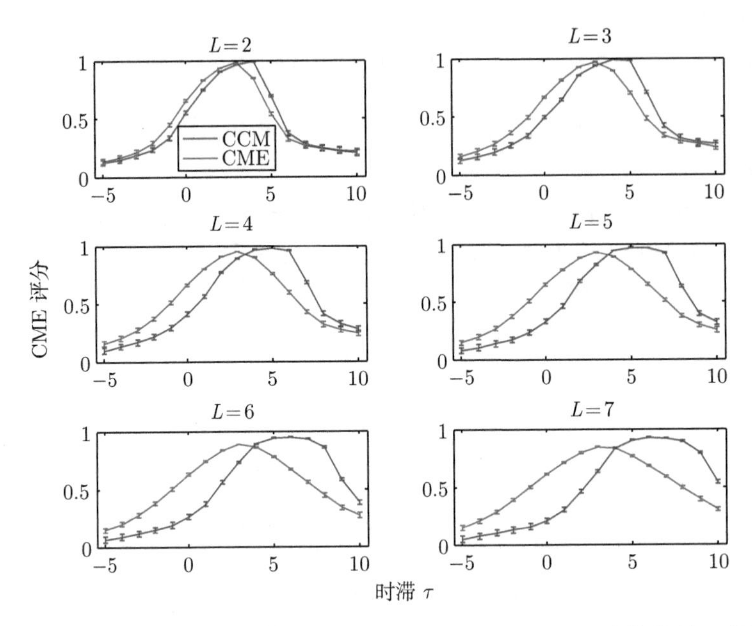

图 4.6　系统 (4.33) 在单向耦合类型下 CME 与 CCM 在不同重构维数下的识别效果，真实时滞设为 $\tau_1 = 3$[143]

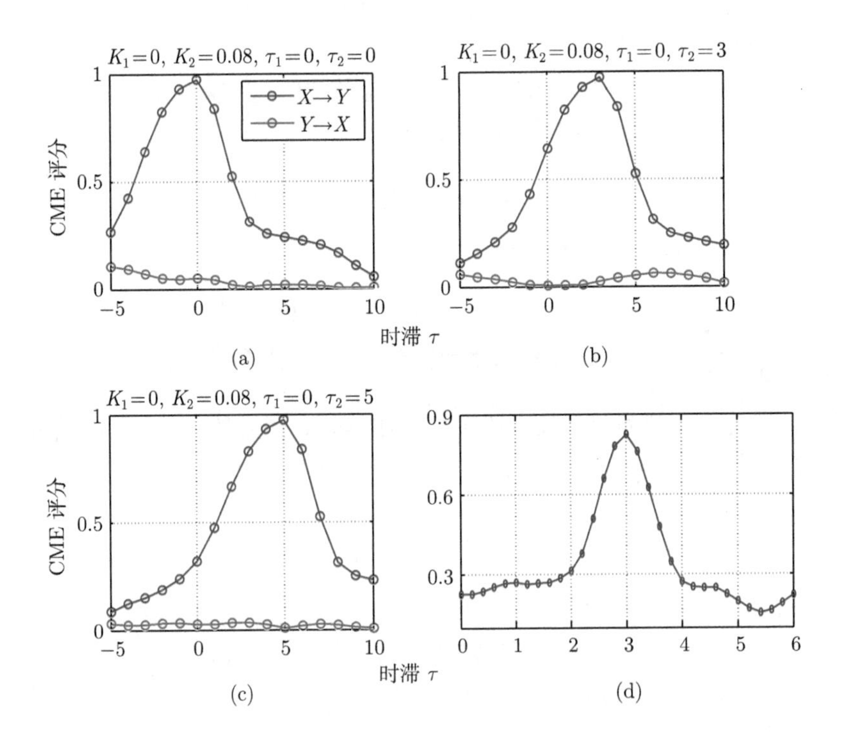

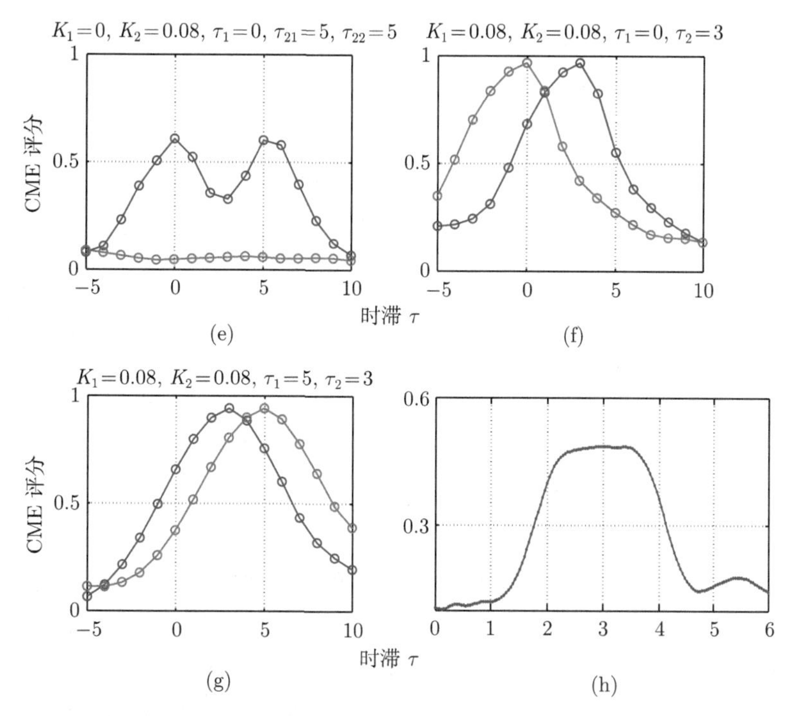

图 4.7 不同因果效应类型下 CME 指标的检测结果, 重构维数统一设为 $L=2$. (a)—(c) 带不同时滞的单向耦合类型; (e) 带双时滞的单向耦合类型, 其中耦合项为 $K_2(x_{t-\tau_{21}}+x_{t-\tau_{22}})$; (f), (g) 不同时滞组合下的双向耦合类型; (d), (h) 连续系统 (4.35)中离散时滞 $K(x_1)=Cx_1(t-3)$ 与分布式时滞 $K(x_1)=C\int_{-4}^{-2}k(-\xi)x_1(t+\xi)\mathrm{d}\xi$ 的检测结果[143]

4.6.2 时滞谱

在考虑因果的时滞效应后, 上述检测算法如时滞 CCM 和 CME 指标都需要在给定的候选时滞中给出分布曲线, 并提示最高处为可能的因果时滞, 对于单个离散时滞以及简单的分布型时滞这种方法是可行的, 如上述基准测试系统所演示的那样, 但对于更多更复杂的多时滞类型或者更复杂的分布型时滞, 如何通过曲线识别最高点本身是一个困难的问题. 因此, 是否有更好的优化方法能够通过谱的形式给出因果的时滞分析, 成为一个非常实际的问题. 下面介绍一类基于优化的时滞谱分析方法.

对于给定的长度为 N 的时间序列数据 $x(t)$ 和 $y(t)$ 及其重构的吸引子 $\mathcal{M}_X$ 和 $\mathcal{M}_Y$, 考虑递增的信息库大小 $l_1<l_2<\cdots<l_n$, 其中大小为 l 的信息库 (library) $\mathcal{M}_X^l$ 是指从 $\mathcal{M}_X$ 中选取大小为 l 的一个子集, 构造递增的信息库大小是为了体现 CCM 框架中的指标收敛. 对大小为 l_i 的信息库以及候选时滞 τ_j 执行算法 4.2 的步骤 3—步骤 4 获得参考点 $\boldsymbol{Z}(\tilde{t})$ 的估计值 $\widehat{\boldsymbol{Z}}_{\tau_j,l_i}(\tilde{t})$. 为了得到时滞谱的分析,

我们需要寻找一个最优的非负权重向量 $\boldsymbol{\omega} = (\omega_1, \omega_2, \cdots, \omega_m)$, 满足 $\sum_{i=1}^m \omega_i = 1$ 且使得如下目标函数最大:

$$\lambda_1 \sum_{i=1}^{n} \operatorname{trace}\left\{\operatorname{Cov}\left(\sum_{j=1}^{m} \omega_j \widehat{\boldsymbol{Z}}_{\tau_j, l_i}, \boldsymbol{Z}\right)\right\} - \lambda_2 \left\|\sum_{j=1}^{m} \omega_j \widehat{\boldsymbol{Z}}_{\tau_j, l_n} - \boldsymbol{Z}\right\|^2 - \lambda_3 \|\boldsymbol{\omega}\|_{l_p},$$

该目标函数的第一项是针对时滞谱权重融合了 CCM 的收敛性与 CME 的各分量相关性, 第二项是为了保证经过时滞谱权重组合后预测值的绝对误差达到最小, 第三项是对权重的惩罚项, 当 l_p 范数 $\|\cdot\|_{l_p}$ 中 l_p 小于等于 1 时可以获得稀疏化的权重, 以下我们以 $l_{0.5}$ 为例. 最后, 结合该权重向量和因果检测指标我们可以得到最终的因果时滞谱:

$$\Omega_{[\tau_1, \tau_m]} = \sum_{i=1}^{n} \operatorname{trace}\left\{\operatorname{Cov}\left(\sum_{j=1}^{m} \omega_j \widehat{\boldsymbol{Z}}_{\tau_j, l_i}, \boldsymbol{Z}\right)\right\} \cdot \boldsymbol{\omega}. \tag{4.36}$$

下面我们以几个算例来演示使用因果时滞谱方法所得到的谱图比时滞 CME 框架得到的曲线能够更加清晰地展示系统之间相互耦合的全面情况, 对于因果关系的方向、单一或多时滞、连续时滞都能够准确地描述出来. 对有离散的多时滞耦合算例, 我们考虑用来描述神经元膜电位发放的耦合 Rulkov 模型:

$$\begin{cases} x_t^1 = \dfrac{\alpha_1}{1 + (x_{t-1}^1)^2} + x_{t-1}^2 + \beta_1 y_{t-2}^1 + \beta_2 y_{t-4}^1 + \beta_3 y_{t-6}^1, \\ x_t^2 = x_{t-1}^2 - \mu(x_{t-1}^1 - \sigma), \end{cases} \tag{4.37}$$

$$\begin{cases} y_t^1 = \dfrac{\alpha_1}{1 + (y_{t-1}^1)^2} + y_{t-1}^2, \\ y_t^2 = y_{t-1}^2 - \mu(y_{t-1}^1 - \sigma), \end{cases} \tag{4.38}$$

其中我们取参数 $\alpha_1 = 4.1, \alpha_2 = 4.3, \mu = 0.001, \sigma = -1$. 系统 y 对 x 在三个离散时滞 $d = 2, 4, 6$ 上分别具有强度为 $\beta_1, \beta_2, \beta_3$ 的影响. 图 4.8(a), (b) 为耦合强度 $\beta_1, \beta_2, \beta_3$ 取多组不同数值时利用因果时滞谱分析得到的结果. 在因果方向 (x 驱动 y) 假设下, 时滞谱基本全部为 0, 表明无因果关系被检测到. 反过来, 在 y 驱动 x 的方向上, 我们能够观察到在正确的多个时滞处时滞谱具有非零值, 且能够从谱的大小读出耦合强度的相对强弱. 此例中对于 100 组随机选取的信息库序列得到的结果进行了平均, 预测出的序列与被预测序列的相关系数小于阈值 0.6 的谱被全部直接赋为 0.

为考虑连续型的时滞, 下面我们考察连续的带时滞耦合的 Lorenz 系统, 可用如下方程表示:

$$\begin{cases} \dfrac{\mathrm{d}x_1(t)}{\mathrm{d}t} = 10(-x_1(t) + x_2(t)), \\ \dfrac{\mathrm{d}x_2(t)}{\mathrm{d}t} = 28x_1(t) - x_2(t) - x_1(t)x_3(t), \\ \dfrac{\mathrm{d}x_3(t)}{\mathrm{d}t} = x_1(t)x_2(t) - \dfrac{8}{3}x_3(t) \end{cases} \tag{4.39}$$

和

$$\begin{cases} \dfrac{\mathrm{d}y_1(t)}{\mathrm{d}t} = 10(-y_1(t) + y_2(t) + D), \\ \dfrac{\mathrm{d}y_2(t)}{\mathrm{d}t} = 28y_1(t) - y_2(t) - y_1(t)y_3(t), \\ \dfrac{\mathrm{d}y_3(t)}{\mathrm{d}t} = y_1(t)y_2(t) - \dfrac{8}{3}y_3(t), \end{cases} \tag{4.40}$$

其中 $D = \beta \displaystyle\int_{d_1}^{d_2} x_1(t-s)\mathrm{d}s, \beta = 0.75$ 为带连续时滞的耦合项. 此时我们在因果时滞谱分析中采用 l_2 优化代替原先的 $l_{0.5}$ 优化. 从图 4.8(c) 和 (d) 中可以看出, 时滞谱不仅能够正确判别因果关系的方向, 而且能够在真实的连续时滞 $[d_1, d_2]$ 处形成高原, 准确地将原系统的时滞情况展示出来. 此例中预测出的序列与被预测序列的相关系数小于阈值 0.5 的谱被全部直接赋为 0.

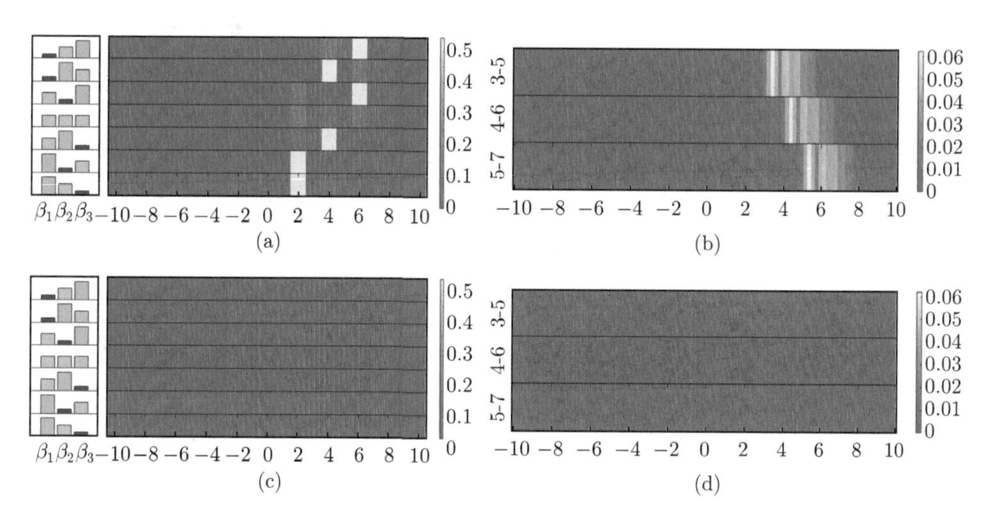

图 4.8 因果时滞谱算例结果. (a), (b) 多离散时滞耦合 Rulkov 模型的因果时滞谱, (a) 和 (b) 分别代表 y 驱动 x 方向的预测和 x 驱动 y 方向的预测. β_1, β_2, β_3 的取值深蓝、浅蓝、绿色分别代表 0.02, 0.05, 0.08. (c), (d) 连续时滞耦合 Lorenz 模型的因果时滞谱, (c) 和 (d) 分别代表 x 驱动 y 方向的预测和 y 驱动 x 方向的预测. (b) 和 (d) 中纵坐标区间对应连续时滞 $[d_1, d_2]$

4.7　因果推断领域展望

因果推断是目前复杂系统科学领域的关键研究方向之一. 本章我们主要介绍了从系统动力学角度定义的动力学因果的概念和几种数值算法, 特别是介绍了原空间与嵌入空间的映射不同之处, 即与原空间的原因到结果的正向映射 (演化) 不同, 在动力学的延迟嵌入空间上, 因果推断准则是基于结果到原因的反向映射或反向重构. 除此 "观测性因果" 推断体系之外, "干预性因果" 推断体系, 使用神经网络和机器学习[144, 145] 进行因果推断, 在存在未观测隐藏变量下通过工具变量进行变量间的因果推断[146–148] 等都是目前研究的热点. 在统计领域中, 基于反事实模型 (counterfactual model) 的因果建模与推断, 也是当前领域发展的重要研究课题之一.

第 5 章　基于动力学的势能景观构建理论及方法

5.1　势能景观简介

5.1.1　生物学上的势能景观

表观遗传学上的势能景观 (energy landscape) 最早由英国生物学家 Waddington 在 1957 年提出[149,150], 该观点将细胞分化的过程形象描绘为顺着山丘滑下的小球 (图 5.1). 从最上端的胚胎干细胞开始, 细胞随着时间将依次分化为多潜能性干细胞、多潜能性体细胞, 并最终形成具有特定功能的体细胞. 图 5.1 中不同的分支代表着不同的细胞谱系, 而势能的逐渐降低在宏观上表现为细胞逆分化、去分化能力的抑制, 此外不同势能状态间的壁垒也限制了细胞类型之间的任意转化. Waddington 的势能景观隐喻, 奠定了系统生物学、表观遗传学、进化发育生物学等学科的基础, 直到今日仍受到科学与哲学界的广泛研究与讨论[151–153].

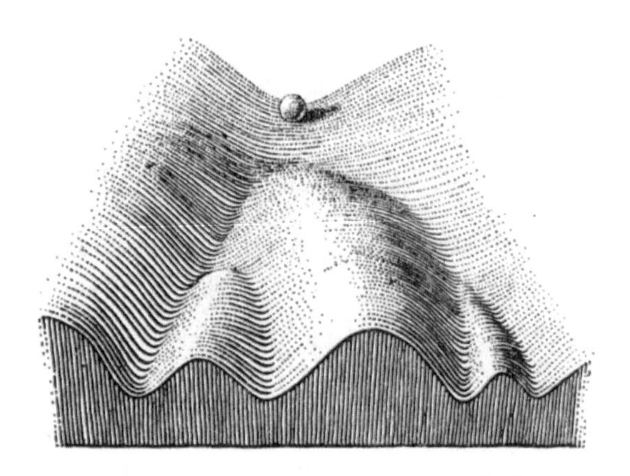

图 5.1　Waddington 的势能景观[149]

5.1.2　动力学上的势能景观

真实的生物系统往往都是高度复杂非线性的, 应用数学家尝试从动力学上给出一个直观的势能景观定义来既形象又定量地描述生物过程. 一般地, 我们在数学上使用随机微分方程

$$\mathrm{d}\boldsymbol{X}_t = \boldsymbol{b}(\boldsymbol{X}_t)\,\mathrm{d}t + \boldsymbol{\sigma}(\boldsymbol{X}_t)\,\mathrm{d}\boldsymbol{W}_t \tag{5.1}$$

来刻画一个生物系统. 其中 $\boldsymbol{X}_t \in \mathbb{R}^n$ 代表一个被研究 n 维系统的特征量或在 t 时刻的状态, 如 RNA 表达量、蛋白质标记物含量等; $\boldsymbol{b}(\cdot) : \mathbb{R}^n \to \mathbb{R}^n$ 为确定性动力学部分, 由系统各分量相互作用决定, 如基因之间的调控关系; $\boldsymbol{W}_t \in \mathbb{R}^m$ 为 m 维标准布朗运动, 代表了所考虑系统的噪声类型; $\boldsymbol{\sigma}(\boldsymbol{X}_t) \in \mathbb{R}^{n\times m}$ 满足 $\boldsymbol{\sigma}(\boldsymbol{X}_t)\boldsymbol{\sigma}(\boldsymbol{X}_t)^{\mathrm{T}} = 2\epsilon\boldsymbol{D}(\boldsymbol{x})$, ϵ 决定了噪声强度或尺度, 而 $\boldsymbol{D}(\cdot)$ 代表了噪声分量间的关系, 也称为扩散系数矩阵. 我们面临的问题是如何寻找一个具有代表性的势能函数, 体现系统 (5.1) 式的动力学特征, 并且蕴含类比于 Waddington 势能景观的生物学意义. 这里, 我们考虑有限强度噪声, 而不是有界噪声. 在定义与构建动力学势能景观上, 常用的相关概念和方法包括汪劲教授等[154–157] 提出的有限强度噪声势能景观 (简记为 $U_P(\boldsymbol{x})$), 以及 Freidlin-Wentzell 提出的拟势 (简记为 $U_Q(\boldsymbol{x})$).

1. 有限强度噪声势能景观

近 20 年来, 物理生物学家们, 主要针对生物系统提出了一种有限强度噪声的势能景观理论[154], 它们在细胞命运决策、细胞周期等实际系统中得到了广泛应用[155–157]. 下面我们先介绍有限强度噪声势能景观 $U_P(\boldsymbol{x})$ 的构造方法, 具体的实例将留在后面章节.

首先, (5.1) 式的 Fokker-Planck 方程可以写为

$$\partial_t p(\boldsymbol{x},t) + \nabla \cdot \boldsymbol{J}(\boldsymbol{x},t) = 0, \tag{5.2}$$

其中 $p(\boldsymbol{x},t)$ 为随机过程 $\boldsymbol{X}_t$ 在 t 时刻的概率分布, $\boldsymbol{J}(\boldsymbol{x},t)$ 为概率流, 具体写为

$$\boldsymbol{J}(\boldsymbol{x},t) = \boldsymbol{b}(\boldsymbol{x})p(\boldsymbol{x},t) - \epsilon\nabla\cdot(\boldsymbol{D}(\boldsymbol{x})p(\boldsymbol{x},t)). \tag{5.3}$$

当系统达到稳定态时, 记不依赖于时间变化的稳定态 (steady state) 概率密度分布为 $p_{ss}(\boldsymbol{x})$, 记此时的概率流为 $\boldsymbol{J}_{ss}(\boldsymbol{x})$. 有限强度噪声的能量景观被定义为

$$U_P(\boldsymbol{x}) = -\epsilon \ln p_{ss}(\boldsymbol{x}). \tag{5.4}$$

梯度系统. 对于最简单的梯度系统 $\boldsymbol{b}(\boldsymbol{x}) = -\nabla F(\boldsymbol{x}), \boldsymbol{D}(\boldsymbol{x}) = \boldsymbol{I}$ 来说, 系统的平稳分布可以显式表示成玻尔兹曼-吉布斯分布的形式

$$p_{ss}(\boldsymbol{x}) = \frac{1}{Z}\exp\left(-\frac{F(\boldsymbol{x})}{\epsilon}\right), \tag{5.5}$$

其中 $Z > 0$ 为归一化常数. 此时有限强度噪声能量景观 $U_P(\boldsymbol{x}) = F(\boldsymbol{x}) - \ln Z$, 在相差一个常数意义下恰为系统的势函数. 同时易得 (5.3) 式的 $\boldsymbol{J}_{ss}(\boldsymbol{x}) \equiv \boldsymbol{0}$, 即概率流在稳定态处处为零, 这也意味着系统满足细致平衡条件 (detailed balance condition), 稳定态即平稳态 (equilibrium state).

非梯度系统. 对于一般的非梯度系统, 据 (5.3) 式我们可以将对流项 $\boldsymbol{b}(\boldsymbol{x})$ 写为

$$\boldsymbol{b}(\boldsymbol{x}) = -\boldsymbol{D}(\boldsymbol{x})\nabla U_P(\boldsymbol{x}) + \epsilon\nabla\cdot\boldsymbol{D}(\boldsymbol{x}) + \frac{\boldsymbol{J}_{ss}(\boldsymbol{x})}{p_{ss}(\boldsymbol{x})}. \tag{5.6}$$

当 $\boldsymbol{D}(\boldsymbol{x}) = \boldsymbol{I}$ 时, 这个分解即

$$\boldsymbol{b}(\boldsymbol{x}) = -\nabla U_P(\boldsymbol{x}) + \frac{\boldsymbol{J}_{ss}(\boldsymbol{x})}{p_{ss}(\boldsymbol{x})}, \tag{5.7}$$

此时我们将原来的非梯度系统 (5.1) 式分解为梯度部分 $-\nabla U_P(\boldsymbol{x})$ 和非梯度部分 $\boldsymbol{f}(\boldsymbol{x}) = \boldsymbol{J}_{ss}(\boldsymbol{x})/p_{ss}(\boldsymbol{x})$. 梯度部分可以复现系统的稳定态分布; 非梯度部分在 $\boldsymbol{J}_{ss}(\boldsymbol{x})$ 不恒为零时, 代表了系统中存在的"环流", 并满足条件 $\nabla\cdot(\boldsymbol{f}(\boldsymbol{x})p_{ss}(\boldsymbol{x})) = 0$. 存在"环流"的稳定态, 我们称之为非平稳稳定态 (non-equilibrium steady state, NESS), 这时系统虽然稳定但是不满足细致平衡条件. 一个典型的例子就是极限环, 而在生物系统中可以表现为细胞周期.

在数值计算方面, 低维时的有限强度噪声势能景观可以通过直接数值求解偏微分方程 (5.2) 式得到; 高维时, 有着蒙特卡罗、平均场近似等估计手段[155].

2. 拟势

拟势的概念是针对充分小噪声 $\epsilon \to 0$ 时进行的研究. 根据大偏差理论, Freidlin 和 Wentzell[158] 在 ϵ, δ 充分小时, 给出了系统 (5.1) 式中随机轨道 $\boldsymbol{X}_t^\epsilon$ 距离一条特定轨道 $\boldsymbol{x}_t$ 充分近的概率估计

$$-\epsilon \ln P\left(\sup_{0\leqslant t\leqslant T}|\boldsymbol{X}_t^\epsilon - \boldsymbol{x}_t| \leqslant \delta\right) \approx S_T[\boldsymbol{x}_t] = \int_0^T L(\boldsymbol{x}_t, \dot{\boldsymbol{x}}_t)\,\mathrm{d}t, \tag{5.8}$$

其中

$$L(\boldsymbol{x}_t, \dot{\boldsymbol{x}}_t) = \frac{1}{4}[\dot{\boldsymbol{x}}_t - \boldsymbol{b}(\boldsymbol{x}_t)]^{\mathrm{T}}\boldsymbol{D}^{-1}(\boldsymbol{x}_t)[\dot{\boldsymbol{x}}_t - \boldsymbol{b}(\boldsymbol{x}_t)] \tag{5.9}$$

称为拉格朗日量, 而 $S_T[\boldsymbol{x}_t]$ 称为作用量或 FW 泛函.

令 $\boldsymbol{x}_0$ 为确定性系统 $\dot{\boldsymbol{x}}_t = \boldsymbol{b}(\boldsymbol{x}_t)$ 的一个稳定平衡点, ϵ 充分小时局部拟势可以定义为

$$U_Q^{\mathrm{loc}}(\boldsymbol{x}; \boldsymbol{x}_0) = \inf_{T>0}\inf_{\boldsymbol{y}_0=\boldsymbol{x}_0, \boldsymbol{y}_T=\boldsymbol{x}}\int_0^T L(\boldsymbol{y}_t, \dot{\boldsymbol{y}}_t)\,\mathrm{d}t. \tag{5.10}$$

这个定义可以直观理解为, 从 $\boldsymbol{x}_0$ 出发到达 $\boldsymbol{x}$ 所消耗的最小作用量. 此外, 通过一系列推导, 我们可以得到局部拟势的其他定义

$$U_Q^{\mathrm{loc}}(\boldsymbol{x}; \boldsymbol{x}_0) = \lim_{T\to+\infty}\inf_{\boldsymbol{y}_0=\boldsymbol{x}_0, \boldsymbol{y}_T=\boldsymbol{x}} S_T[\boldsymbol{y}_t] = -\lim_{T\to+\infty}\lim_{\epsilon\to 0}\epsilon\ln P^\epsilon(\boldsymbol{x}, T; \boldsymbol{x}_0, 0), \tag{5.11}$$

其中 $P^\epsilon(\boldsymbol{x},T;\boldsymbol{x}_0,0)$ 为系统 (5.1) 式在 $t=0$ 时刻从 $\boldsymbol{x}_0$ 出发, 演化到 $t=T$ 时刻时轨道的概率分布. 在数值计算方面, 局部拟势可以通过几何最小作用量方法 (geometric minimum action method, gMAM) 得到某种全局势能景观[159–161].

另一方面, 我们可以直接定义全局拟势[158, 162]

$$U_Q^{\text{glob}}(\boldsymbol{x}) = -\lim_{\epsilon\to 0}\lim_{T\to+\infty}\epsilon\ln P^\epsilon(\boldsymbol{x},T;\boldsymbol{x}_0,0) = -\lim_{\epsilon\to 0}\epsilon\ln p_{ss}(\boldsymbol{x}). \tag{5.12}$$

全局拟势可以理解为先让系统演化到无穷长时间, 再令噪声趋于零得到的势能景观. 全局拟势与有限强度噪声势能景观具有以下关系

$$\lim_{\epsilon\to 0}U_P(\boldsymbol{x}) = U_Q^{\text{glob}}(\boldsymbol{x}). \tag{5.13}$$

在计算方面, 多势阱的全局拟势一般通过多个局部拟势的粘合得到[162, 163].

5.2　势能景观理论拓展

5.2.1　带有生灭项的势能景观分解理论

生命过程中, 不仅存在着细胞分化, 还伴随着细胞的增殖与凋零. 如果考虑到带有生灭的生物系统, 势能景观的理论也将有相应变化[164].

对比 (5.2) 式, 我们使用带有源与汇的 Fokker-Planck 方程, 来描述伴随细胞增殖与死亡的细胞分化过程:

$$\frac{\partial p(\boldsymbol{x},t)}{\partial t} = -\nabla\cdot(\boldsymbol{b}(\boldsymbol{x})p(\boldsymbol{x},t)) + \epsilon\Delta p(\boldsymbol{x},t) + R(\boldsymbol{x})p(\boldsymbol{x},t), \tag{5.14}$$

其中 $p(\boldsymbol{x},t)$ 为 t 时刻具有基因表达量 $\boldsymbol{x}$ 的细胞群体概率密度, $\boldsymbol{b}(\cdot)$ 为由基因调控关系决定的动力学部分, ϵ 代表各向同性的白噪声振幅 (即 (5.2) 式中的 $\boldsymbol{D}(\boldsymbol{x})=\boldsymbol{I}$), 而 $R(\boldsymbol{x})$ 代表处于 $\boldsymbol{x}$ 状态的细胞的净增殖速率. $R(\boldsymbol{x})>0$ 代表细胞净增长率, $R(\boldsymbol{x})<0$ 代表细胞净死亡率, 而 $R(\boldsymbol{x})\equiv 0$ 时则系统退化为无生灭效应的 (5.2) 式.

当存在非零生灭项 $R(\boldsymbol{x})$ 时, 我们记系统演化到的稳定态分布为 $P_U(\boldsymbol{x})$, 而此时 $R(\boldsymbol{x})$ 满足必要条件

$$\int R(\boldsymbol{x})P_U(\boldsymbol{x})\,\mathrm{d}\boldsymbol{x} = 0. \tag{5.15}$$

与此同时, 记 $R(\boldsymbol{x})\equiv 0$ 时, 系统稳定态分布为 $P_0(\boldsymbol{x})$. 我们可以定义两个有限强度噪声势能景观:

$$U(\boldsymbol{x}) = -\epsilon\ln P_U(\boldsymbol{x}) \tag{5.16}$$

和

$$V(\boldsymbol{x}) = -\epsilon \ln(P_0(\boldsymbol{x})/P_U(\boldsymbol{x})). \tag{5.17}$$

$U(\boldsymbol{x})$ 的不同亚稳态势阱刻画了不同的细胞类型, 势阱的深度可以描述此细胞类型的稳定程度, 因此也称为"细胞类型势能景观"; $V(\boldsymbol{x})$ 体现了生灭项 $R(\boldsymbol{x})$ 对势能景观的改变情况, $V(\boldsymbol{x})$ 与生物学上细胞的多潜能性密切相关, 其负梯度向量刻画了细胞的分化方向, 因此也称为"细胞干性势能景观". 系统剩余的非梯度部分

$$\boldsymbol{f}(\boldsymbol{x}) = \boldsymbol{b}(\boldsymbol{x}) + \nabla U(\boldsymbol{x}) + \nabla V(\boldsymbol{x}) \tag{5.18}$$

称为"环流"项, 并满足 $\nabla \cdot (\boldsymbol{f}(\boldsymbol{x})P_0(\boldsymbol{x})) = 0$.

在已知完整系统动力学模型 $\boldsymbol{b}(\boldsymbol{x})$ 和 $R(\boldsymbol{x})$ 的情况下, 我们将系统做出了分解

$$\boldsymbol{b}(\boldsymbol{x}) = -\nabla U(\boldsymbol{x}) - \nabla V(\boldsymbol{x}) + \boldsymbol{f}(\boldsymbol{x}), \tag{5.19}$$

所以这套理论也称为势能景观分解理论.

5.2.2 势能景观数值计算

在这一小节, 我们主要介绍有限强度噪声下, 理论上的势能景观如何通过数值实验得到. 我们使用带有生灭项的系统 (5.14) 作为模型, 下面的计算方法对于无生灭项的系统 (5.2) 式同样适用.

1. 低维系统有限强度噪声势能景观的计算

对于低维系统 (一般小于等于三维), 在给定适定的初边值条件下, 我们可以通过网格上的有限差分方法、有限体积法、有限元方法等直接求解 (5.14) 式得到平稳分布. 然而, 一般的数值求解器要求网格尺度 $h \ll \epsilon$ 方能正确近似带源项的对流扩散方程 (5.14) 式的解, 这在 ϵ 比较小时是不现实的. 这里我们介绍一种流线扩散法[165], 使得 $h > \epsilon$ 时也能减少数值解的振荡, 得到较为准确的结果.

这里我们以 $\boldsymbol{x} \in \Omega \subset \mathbb{R}^2$ 的二维系统作为例子, 将 (5.14) 式写成弱形式

$$\left\langle \frac{\partial p}{\partial t}, v+\delta v_{\boldsymbol{b}} \right\rangle = -\epsilon\langle \nabla p, \nabla v\rangle + \epsilon\delta\langle \Delta p, v_{\boldsymbol{b}}\rangle - \langle \nabla\cdot(\boldsymbol{b}p), v+\delta v_{\boldsymbol{b}}\rangle + \langle Rp, v+\delta v_{\boldsymbol{b}}\rangle, \tag{5.20}$$

其中 $\langle f, g\rangle = \int_\Omega f(\boldsymbol{x})g(\boldsymbol{x})\,\mathrm{d}\boldsymbol{x}$ 为 Ω 上的函数内积, $v+\delta v_{\boldsymbol{b}}$ 为测试函数 (test function), $v \in \mathcal{H}_0^1(\Omega) = \{u \in L^2(\Omega) | \nabla u \in L^2(\Omega), u$ 具有紧支集并包含在 Ω 内$\}$, $v_{\boldsymbol{b}} = \boldsymbol{b}\cdot\nabla v$, 而 δ 为一个常值参数.

我们使用带有强制边界条件的空间正方形网格, 每个网格单元上的空间基函数选用双线性元, 时间方向使用一阶隐格式离散, 则 (5.20) 式可以离散为线性方程

$$\boldsymbol{A}\boldsymbol{p}^{t+\tau} = \boldsymbol{B}\boldsymbol{p}^t, \tag{5.21}$$

其中矩阵 $\boldsymbol{A} \in \mathbb{R}^{N\times N}, \boldsymbol{B} \in \mathbb{R}^{N\times N}$, N 为网格点个数,

$$\begin{aligned} A_{ij} = &\langle \varphi_i, \varphi_j\rangle + \delta\langle \boldsymbol{b}\cdot\nabla\varphi_i, \varphi_j\rangle - \tau\big[-\epsilon\langle\nabla\varphi_i, \nabla\varphi_j\rangle + \epsilon\delta\langle \boldsymbol{b}\cdot\nabla\varphi_i, \Delta\varphi_j\rangle \\ &- \langle \varphi_i + \delta(\boldsymbol{b}\cdot\nabla\varphi_i), (\nabla\cdot\boldsymbol{b})\cdot\varphi_j + \boldsymbol{b}\cdot\nabla\varphi_j - R\varphi_j\rangle\big], \end{aligned} \tag{5.22}$$

$$B_{ij} = \langle \varphi_i, \varphi_j\rangle + \delta\langle \boldsymbol{b}\cdot\nabla\varphi_i, \varphi_j\rangle, \tag{5.23}$$

$\boldsymbol{p}^t \in \mathbb{R}^N$, 分量 p_i^t 代表网格点 $\boldsymbol{x}_i$ 处 t 时刻的概率密度, $\varphi_i(\boldsymbol{x})$ 为网格点上的基函数 (在 $\boldsymbol{x}_i$ 为 1、其他格点为零, 每个单元上为双线性元), τ 为时间步长. 在每个单元 K 上, 基函数可以显式写为

$$\begin{aligned} &\varphi^{(1)}(\boldsymbol{x}) = \left(1 - \frac{x_1 - a}{h}\right)\left(1 - \frac{x_2 - b}{h}\right), \quad \varphi^{(2)}(\boldsymbol{x}) = \frac{x_1 - a}{h}\left(1 - \frac{x_2 - b}{h}\right), \\ &\varphi^{(3)}(\boldsymbol{x}) = \frac{x_1 - a}{h}\frac{x_2 - b}{h}, \qquad\qquad \varphi^{(4)}(\boldsymbol{x}) = \left(1 - \frac{x_1 - a}{h}\right)\frac{x_2 - b}{h}, \end{aligned} \tag{5.24}$$

其中坐标 (a, b) 为 K 的左下端点 $\boldsymbol{x}_K$. 假设单元 K 上 $\boldsymbol{b}(\boldsymbol{x}), \nabla\cdot\boldsymbol{b}(\boldsymbol{x}), R(\boldsymbol{x})$ 为常值函数, 并使用 $\boldsymbol{b}_K = (b_K^{(1)}, b_K^{(2)})^{\mathrm{T}} = (b^{(1)}(\boldsymbol{x}_K), b^{(2)}(\boldsymbol{x}_K))^{\mathrm{T}}$,

$$\nabla\cdot\boldsymbol{b}_K = \frac{b^{(1)}(a+h, b) - b^{(1)}(a, b)}{h} + \frac{b^{(2)}(a, b+h) - b^{(2)}(a, b)}{h}, \quad R_K = R(\boldsymbol{x}_K),$$

则 K 上的单元刚度矩阵为

$$\begin{aligned} \boldsymbol{A}_K = &\frac{\tau\cdot\epsilon}{6}\boldsymbol{M}_1 + h^2\cdot\frac{1 + (\nabla\cdot\boldsymbol{b}_K - R_K)\tau}{36}\boldsymbol{M}_2 + h\cdot\frac{\delta + \delta(\nabla\cdot\boldsymbol{b}_K - R_K)\tau}{12}\cdot b_K^{(1)}\boldsymbol{M}_3 \\ &+ h\cdot\frac{\delta + \delta(\nabla\cdot\boldsymbol{b}_K - R_K)\tau}{12}\cdot b_K^{(2)}\boldsymbol{M}_4 + \frac{\tau h}{12}b_K^{(1)}\boldsymbol{M}_5 + \frac{\tau h}{12}b_K^{(2)}\boldsymbol{M}_6 \\ &+ \frac{\tau\delta h}{6}b_K^{(1)}b_K^{(1)}\boldsymbol{M}_7 + \frac{\tau\delta h}{2}b_K^{(1)}b_K^{(2)}\boldsymbol{M}_8 + \frac{\tau\delta h}{6}b_K^{(2)}b_K^{(2)}\boldsymbol{M}_9 \end{aligned} \tag{5.25}$$

及

$$\boldsymbol{B}_K = \frac{h^2}{36}\boldsymbol{M}_2 + \frac{\delta h}{12}b_K^{(1)}\boldsymbol{M}_3 + \frac{\delta h}{12}b_K^{(2)}\boldsymbol{M}_4, \tag{5.26}$$

其中

$$\boldsymbol{M}_1 = \begin{pmatrix} 4 & -1 & -2 & -1 \\ -1 & 4 & -1 & -2 \\ -2 & -1 & 4 & -1 \\ -1 & -2 & -1 & 4 \end{pmatrix}, \quad \boldsymbol{M}_2 = \begin{pmatrix} 4 & 2 & 1 & 2 \\ 2 & 4 & 2 & 1 \\ 1 & 2 & 4 & 2 \\ 2 & 1 & 2 & 4 \end{pmatrix},$$

$$\boldsymbol{M}_3 = \begin{pmatrix} -2 & -2 & -1 & -1 \\ 2 & 2 & 1 & 1 \\ 1 & 1 & 2 & 2 \\ -1 & -1 & -2 & -2 \end{pmatrix}, \quad \boldsymbol{M}_4 = \begin{pmatrix} -2 & -1 & -1 & -2 \\ -1 & -2 & -2 & -1 \\ 1 & 2 & 2 & 1 \\ 2 & 1 & 1 & 2 \end{pmatrix},$$

$$\boldsymbol{M}_5 = \begin{pmatrix} -2 & 2 & 1 & -1 \\ -2 & 2 & 1 & -1 \\ -1 & 1 & 2 & -2 \\ -1 & 1 & 2 & -2 \end{pmatrix}, \quad \boldsymbol{M}_6 = \begin{pmatrix} -2 & -1 & 1 & 2 \\ -1 & -2 & 2 & 1 \\ -1 & -2 & 2 & 1 \\ -2 & -1 & 1 & 2 \end{pmatrix}, \tag{5.27}$$

$$\boldsymbol{M}_7 = \begin{pmatrix} 2 & -2 & -1 & 1 \\ -2 & 2 & 1 & -1 \\ -1 & 1 & 2 & -2 \\ 1 & -1 & -2 & 2 \end{pmatrix}, \quad \boldsymbol{M}_8 = \begin{pmatrix} 1 & 0 & -1 & 0 \\ 0 & -1 & 0 & 1 \\ -1 & 0 & 1 & 0 \\ 0 & 1 & 0 & -1 \end{pmatrix},$$

$$\boldsymbol{M}_9 = \begin{pmatrix} 2 & 1 & -1 & -2 \\ 1 & 2 & -2 & -1 \\ -1 & -2 & 2 & 1 \\ -2 & -1 & 1 & 2 \end{pmatrix}.$$

总刚度矩阵 $\boldsymbol{A}$ 和 $\boldsymbol{B}$ 可以由单元刚度矩阵上对应网格点装配得到.

使用 (5.21) 式, 我们可以从初始分布演化得到网格点上的平稳分布 P_U 和 P_0, 进而由 (5.16) 式和 (5.17) 式得到有限强度噪声势能景观.

具体数值计算时, 还需要注意以下几点: ① 在有限区域使用恒为零的强制边界条件时, $\boldsymbol{p}^t$ 需要适当归一化以保证概率分布求和为 1; 使用反射边界条件时, 需要适当修改上述矩阵在边界处的值. ② 参数 δ 一般选为 $\bar{c}h$, 其中 h 为空间离散网格尺度, $\bar{c}$ 为一个比较小的先验正常数 (当 $\epsilon < h$ 时) 或 0 (当 $\epsilon \geqslant h$ 时).

2. 高维系统有限强度噪声势能景观的平均场近似

对于高维系统, 一般的数值计算方法将面临计算量指数爆炸的困境 (d 维空间每个维数 N 个格点, 将产生 N^d 个网格点). 因此对于高维空间势能景观的计算, 我们通常采用平均场近似的方法, 即假定平稳分布为混合高斯

$$p(\boldsymbol{x}) = \sum_{k=1}^{K} \rho^{(k)} \cdot p_{(k)}(\boldsymbol{x}, \boldsymbol{\mu}_{(k)}, \boldsymbol{\Sigma}_{(k)}), \tag{5.28}$$

其中 K 是高斯分量的个数, 第 k 个高斯分量

$$p_{(k)}(\boldsymbol{x}, \boldsymbol{\mu}_{(k)}, \boldsymbol{\Sigma}_{(k)}) = \frac{1}{(2\pi)^{\frac{N}{2}} |\epsilon \boldsymbol{\Sigma}_{(k)}|^{\frac{1}{2}}} \exp\left(-\frac{1}{2\epsilon} (\boldsymbol{x} - \boldsymbol{\mu}_{(k)}^{\mathrm{T}}) \boldsymbol{\Sigma}_{(k)}^{-1} (\boldsymbol{x} - \boldsymbol{\mu}_{(k)}) \right), \tag{5.29}$$

$\boldsymbol{\mu}_{(k)}$ 和 $\epsilon\boldsymbol{\Sigma}_{(k)}$ 分别是对应的均值和协方差阵, $\rho^{(k)}$ 是对应分量的权重且具有归一化性质 $\sum_{k=1}^{K} \rho^{(k)} = 1$. 这样近似的理由是: 短时间尺度内 ($O(1)$ 时间尺度), 粒子停留在一个势阱内而不发生势阱间的转移, 分布可以用一个高斯函数 $p_{(k)}(\boldsymbol{x}, \boldsymbol{\mu}_{(k)}, \boldsymbol{\Sigma}_{(k)})$ 近似; 长时间尺度上 ($t \gtrsim O(\exp(1/\epsilon))$ 时间尺度), 粒子在 K 个势阱间发生转移, 我们将系统近似为 K 个状态间的跳过程, 而权重 $\rho^{(k)}$ 则与第 k 个势阱的期望停留时间成正比. 这样, 我们将问题转化为估计高斯分量和相应权重两部分.

带权重的随机微分方程形式. (5.2) 式具有随机微分方程形式 (5.1). 这里我们介绍 (5.14) 式对应的随机微分方程形式

$$\begin{cases} \mathrm{d}\boldsymbol{X}_t(\omega) = \boldsymbol{b}(\boldsymbol{X}_t(\omega))\,\mathrm{d}t + \sqrt{2\epsilon}\,\mathrm{d}\boldsymbol{W}_t(\omega), \\ \boldsymbol{X}_t|_{t=0} = \boldsymbol{Y}_0(\omega), \\ \mathrm{d}\rho_t(\omega) = R(\boldsymbol{X}_t(\omega))\rho_t(\omega)\,\mathrm{d}t, \\ \rho_t|_{t=0} = 1, \end{cases} \tag{5.30}$$

其中 $\boldsymbol{X}_t(\omega)$ 为轨道 ω 在 t 时刻的位置, 初始点 $\boldsymbol{Y}_0(\omega)$ 服从初始分布 $p_0(\boldsymbol{x})$, $\rho_t(\omega)$ 为该轨道随时间变化的权重, 而 $\boldsymbol{W}_t$ 是具有独立分量的标准布朗运动. (5.30) 式为 Itô 意义下的随机积分. 当 $R(\boldsymbol{X}_t(\omega)) > 0$ 时, 轨道权重 $\rho_t(\omega)$ 增加, 也对应着生物系统中细胞的增殖; 当 $R(\boldsymbol{X}_t(\omega)) < 0$ 时, 轨道权重 $\rho_t(\omega)$ 减少, 也对应着生物系统中细胞的死亡; 当 $R(\boldsymbol{x}) \equiv 0$ 时, 对应着无生灭的系统, 所有轨道 $\rho_t(\omega)$ 不变且相同. 下面定理验证了带权重的随机微分方程 (5.30) 的概率分布

$$p(\boldsymbol{x}, t) = \mathbb{E}_\omega\{\rho_t(\omega)\delta(\boldsymbol{x} - \boldsymbol{X}_t(\omega))\} \tag{5.31}$$

确实满足带生灭的 Fokker-Planck 方程 (5.14), 其中 δ 是狄拉克函数, 期望 $\mathbb{E}_\omega$ 的对象为所有可能的轨道 ω.

定理 5.1　带权重的随机微分方程 (5.30) 的轨道加权概率密度 (5.31) 满足带生灭的 Fokker-Planck 方程 (5.14).

证明 根据 Itô 公式, 我们有

$$\begin{aligned}\frac{\partial p(\boldsymbol{x},t)}{\partial t} &= \frac{\mathrm{d}}{\mathrm{d}t}\mathbb{E}_\omega\Big\{\rho_t(\omega)\delta(\boldsymbol{x}-\boldsymbol{X}_t(\omega))\Big\}\\ &= \frac{1}{\mathrm{d}t}\mathbb{E}_\omega\Big\{\,\mathrm{d}\rho_t(\omega)\cdot\delta(\boldsymbol{x}-\boldsymbol{X}_t(\omega))+\rho_t(\omega)\big[\delta'(\boldsymbol{x}-\boldsymbol{X}_t(\omega))\cdot(-\,\mathrm{d}\boldsymbol{X}_t)\\ &\quad+\frac{1}{2}\delta''(\boldsymbol{x}-\boldsymbol{X}_t)\cdot(\mathrm{d}\boldsymbol{X}_t)^2\big]\Big\}\\ &= \frac{1}{\mathrm{d}t}\mathbb{E}_\omega\Big\{R(\boldsymbol{X}_t(\omega))\rho_t\delta(\boldsymbol{x}-\boldsymbol{X}_t)\,\mathrm{d}t-\rho_t\delta'(\boldsymbol{x}-\boldsymbol{X}_t)\cdot(b(\boldsymbol{X}_t)\,\mathrm{d}t\\ &\quad+\sqrt{2\epsilon}\,\mathrm{d}\boldsymbol{W}_t)+\frac{1}{2}\rho_t\delta''(\boldsymbol{x}-\boldsymbol{X}_t)\cdot 2\epsilon\,\mathrm{d}t\Big\}\\ &= \mathbb{E}_\omega\Big\{R(\boldsymbol{x})\rho_t\delta(\boldsymbol{x}-\boldsymbol{X}_t)\,\mathrm{d}t-\partial_x\big(\rho_t\delta(\boldsymbol{x}-\boldsymbol{X}_t)\cdot b(\boldsymbol{x})\big)\\ &\quad+\epsilon\partial_{xx}\big(\rho_t\delta(\boldsymbol{x}-\boldsymbol{X}_t)\big)\Big\}\\ &= R(\boldsymbol{x})p(\boldsymbol{x},t)-\nabla\cdot(\boldsymbol{b}(\boldsymbol{x})p(\boldsymbol{x},t))+\epsilon\Delta p(\boldsymbol{x},t),\end{aligned}$$

恰为 (5.14) 式. 方程初值即为 $\boldsymbol{Y}_0$ 的分布, $p(\boldsymbol{x},0)=\mathbb{E}_\omega\{\delta(\boldsymbol{x}-\boldsymbol{Y}_0(\omega))\}=p_0(\boldsymbol{x})$. □

从细胞分化角度, Fokker-Planck 方程 (5.14) 对应着系综的、细胞种群的观点, 而带权重的随机微分方程 (5.30) 对应着单轨道、单细胞的观点. 使用 (5.30) 式的观点, 可以令高斯分量 $p_{(k)}$ 不依赖于生灭项 $R(\boldsymbol{x})$, 进而分离势阱分量和权重的计算, 并使 $P_U(\boldsymbol{x})$ 和 $P_0(\boldsymbol{x})$ 的表达式具有相同数量和位置的势阱. 下面我们将针对 (5.30) 式进行平均场近似.

高斯分量的近似. 在短时间尺度 $t\sim O(1)$ 内, (5.30) 式的轨道 $\boldsymbol{X}_t$ 停留在势阱 Ω_k 之内而不发生势阱间的转移. 我们可以做高斯近似

$$\boldsymbol{X}_t\approx\boldsymbol{\mu}_t+\sqrt{\epsilon}\boldsymbol{Z}_t, \tag{5.32}$$

其中 $\boldsymbol{\mu}_t=(\mu_t^i)_{n\times 1}$ 是系综均值轨道, $\boldsymbol{Z}_t\sim\mathcal{N}(\boldsymbol{0},\boldsymbol{\Sigma}_t)$ 是高斯近似后的轨道偏差, $\boldsymbol{\Sigma}_t=(\Sigma_t^{ij})_{n\times n}$ 为 $\boldsymbol{Z}_t$ 的协方差阵. 漂移项 $\boldsymbol{b}(\boldsymbol{x})=\{b^i(\boldsymbol{x})\}_{n\times 1}$ 的 Taylor 展开可以写作

$$\begin{aligned}b^i(\boldsymbol{x}) &= b^i(\boldsymbol{\mu}_t)+\nabla b^i(\boldsymbol{\mu}_t)\cdot(\boldsymbol{x}-\boldsymbol{\mu}_t)+\frac{1}{2}\nabla^2 b^i(\boldsymbol{\mu}_t):(\boldsymbol{x}-\boldsymbol{\mu}_t)^{(2)}\\ &\quad+\frac{1}{3!}\nabla^3 b^i(\boldsymbol{\mu}_t):(\boldsymbol{x}-\boldsymbol{\mu}_t)^{(3)}+\frac{1}{4!}\nabla^4 b^i(\boldsymbol{\mu}_t):(\boldsymbol{x}-\boldsymbol{\mu}_t)^{(4)}+o(||\boldsymbol{x}-\boldsymbol{\mu}_t||^4),\end{aligned} \tag{5.33}$$

其中 $(\boldsymbol{x}-\boldsymbol{\mu}_t)^{(k)}$ 表示 k 阶张量, 坐标为 $\boldsymbol{j}=(j_1,j_2,\cdots,j_k)$ 的位置包含元素 $\prod_{s=1}^{k}(x_{j_s}-\mu_{j_s})$, 算符运算 $\boldsymbol{A}:\boldsymbol{B}=\sum_{\boldsymbol{j}}A_{\boldsymbol{j}}B_{\boldsymbol{j}}$ 为两个张量对应元素乘积的求和. 由于 $\boldsymbol{X}_t$ 不依赖于生灭项 $R(\boldsymbol{x})$ (或认为短时间同一势阱内各轨道等权重), 所以经过计算易得

$$\frac{\mathrm{d}\mu_t^i}{\mathrm{d}t}=b^i(\boldsymbol{\mu}_t)+\frac{\epsilon}{2}\nabla^2 b^i(\boldsymbol{\mu}_t):\boldsymbol{\Sigma}_t+O(\epsilon^2), \tag{5.34}$$

以及

$$\begin{aligned}\frac{\mathrm{d}\Sigma_t^{ij}}{\mathrm{d}t}=&\sum_k\partial_k b^i(\boldsymbol{\mu}_t)\Sigma_t^{kj}+\sum_k\partial_k b^j(\boldsymbol{\mu}_t)\Sigma_t^{ki}+2\delta_{ij}\\&+\frac{\epsilon}{6}\sum_{l,m,s}\partial_{lms}^3 b^i(\boldsymbol{\mu}_t)\cdot(\Sigma_t^{lm}\Sigma_t^{sj}+\Sigma_t^{ls}\Sigma_t^{mj}+\Sigma_t^{lj}\Sigma_t^{ms})\\&+\frac{\epsilon}{6}\sum_{l,m,s}\partial_{lms}^3 b^j(\boldsymbol{\mu}_t)\cdot(\Sigma_t^{lm}\Sigma_t^{si}+\Sigma_t^{ls}\Sigma_t^{mi}+\Sigma_t^{li}\Sigma_t^{ms})+O(\epsilon^2).\end{aligned} \tag{5.35}$$

记 $L_1(\boldsymbol{\mu}_t,\boldsymbol{\Sigma}_t,\epsilon)=(L_1^i)_{n\times 1}$ 为 (5.34) 式中忽略二阶小量后 $\boldsymbol{\mu}_t$ 的演化算符, $L_2(\boldsymbol{\mu}_t,\boldsymbol{\Sigma}_t,\epsilon)=(L_2^{ij})_{n\times n}$ 为 (5.35) 式中忽略二阶小量后 $\boldsymbol{\Sigma}_t$ 的演化算符. 通过

$$\begin{cases}\dfrac{\mathrm{d}\boldsymbol{\mu}_t}{\mathrm{d}t}=L_1(\boldsymbol{\mu}_t,\boldsymbol{\Sigma}_t,\epsilon),\\[2mm]\dfrac{\mathrm{d}\boldsymbol{\Sigma}_t}{\mathrm{d}t}=L_2(\boldsymbol{\mu}_t,\boldsymbol{\Sigma}_t,\epsilon),\end{cases} \tag{5.36}$$

以及不同的初值进行蒙特卡罗计算, 可以得到 K 个稳定点 $\{(\boldsymbol{\mu}_{(k)},\boldsymbol{\Sigma}_{(k)})|k=1,2,\cdots,K\}$, 进而由 (5.29) 式得到高斯分量 $p_{(k)}(\boldsymbol{x},\boldsymbol{\mu}_{(k)},\boldsymbol{\Sigma}_{(k)})$ 的估计.

这里有两点说明: ① 为了计算带生灭的势能景观特别是 (5.17) 式中的 V, 我们将 (5.34) 式和 (5.35) 式中的 Taylor 展开保留到了 $O(\epsilon)$ 阶, 如果只关注 (5.4) 式或 (5.16) 式中无生灭过程的有限噪声势能景观 U, 则可以按照 [155—157] 中的推导只展开到 $O(1)$ 阶. ② 如果系统 (5.36) 式中第 k 个分量不是稳定点而是极限环, 则可以通过时间平均得到第 k 个分量的近似 $p_{(k)}(\boldsymbol{x})=\lim\limits_{s\to+\infty}1/T\cdot\displaystyle\int_s^{s+T}p(\boldsymbol{x},\boldsymbol{\mu}_t,\boldsymbol{\Sigma}_t)\,\mathrm{d}t$, 其中 T 是极限环的周期, $p(\boldsymbol{x};\boldsymbol{\mu}_t,\boldsymbol{\Sigma}_t)$ 为系统 t 时刻由 (5.36) 式得到的高斯表达式. 细胞分裂的周期行为可以认为是带有极限环情形的系统演化[155].

混合高斯权重的近似. 当 $\log(t)\gtrsim O(1/\epsilon)$ 时, 系统 (5.30) 式的长时间行为可以近似为多个势阱间的连续时间马尔可夫过程 (跳过程).

当近似无生灭过程的权重时, (5.30) 式中权重方程约化为

$$\frac{\mathrm{d}\boldsymbol{\rho}_0}{\mathrm{d}t} = \boldsymbol{Q}^{\mathrm{T}}\boldsymbol{\rho}_0, \tag{5.37}$$

其中 $\boldsymbol{\rho}_0 = (\rho_0^{(k)})_{K\times 1}$ 为近似 $P_0(\boldsymbol{x})$ 时的各分量权重, $\boldsymbol{Q}\in\mathbb{R}^{K\times K}$ 为 K 势阱间的 $\boldsymbol{Q}$ 矩阵 (转移算子的无穷小生成元). 由于精确的转移矩阵 $\boldsymbol{Q}$ 很难得到, 即使长时间模拟 (5.30) 式也由于状态转移花费指数长时间而不能实现, 所以通常使用势阱的大小进行近似, 即

$$\rho_0^{(k)} \approx \lim_{t\to\infty}\mathbb{E}_\omega\big[\delta(\boldsymbol{X}_t(\omega)\in\Omega_k)\big], \tag{5.38}$$

其中 Ω_k 是第 k 个稳定态, 轨道初值 $\boldsymbol{X}_0(\omega)$ 在空间中均匀分布并服从确定性动力学 $\mathrm{d}\boldsymbol{X}_t(\omega) = \boldsymbol{b}(\boldsymbol{X}_t(\omega))\,\mathrm{d}t$.

当近似含有非零生灭项 $R(\boldsymbol{x})$ 的权重时, (5.30) 式中的权重方程约化为

$$\frac{\mathrm{d}\boldsymbol{\rho}_U}{\mathrm{d}t} = \boldsymbol{Q}^{\mathrm{T}}\boldsymbol{\rho}_U + \boldsymbol{R}\boldsymbol{\rho}_U, \tag{5.39}$$

其中 $\boldsymbol{\rho}_U = (\rho_U^{(k)})_{K\times 1}$ 为近似 $P_U(\boldsymbol{x})$ 时的各分量权重, $\boldsymbol{Q}$ 为无穷小生成元矩阵并且具有性质 $Q_{kk} = -\sum_{j\neq k}Q_{kj}$, 对角矩阵 $\boldsymbol{R} = \mathrm{diag}(R_k)\in\mathbb{R}^{K\times K}$ 的对角元为各势阱内的平均生灭速率. 利用 $R(\boldsymbol{x})$ 的 Taylor 展开

$$\begin{aligned} R(\boldsymbol{x}) &= R(\boldsymbol{\mu}_t) + \nabla R(\boldsymbol{\mu}_t)\cdot(\boldsymbol{x}-\boldsymbol{\mu}_t) + \frac{1}{2}\nabla^2 R(\boldsymbol{\mu}_t):(\boldsymbol{x}-\boldsymbol{\mu}_t)^{(2)} \\ &\quad + \frac{1}{3!}\nabla^3 R(\boldsymbol{\mu}_t):(\boldsymbol{x}-\boldsymbol{\mu}_t)^{(3)} + \frac{1}{4!}\nabla^4 R(\boldsymbol{\mu}_t):(\boldsymbol{x}-\boldsymbol{\mu}_t)^{(4)} + o(||\boldsymbol{x}-\boldsymbol{\mu}_t||^4), \end{aligned} \tag{5.40}$$

则第 k 个势阱内的平均生灭速率可以近似为

$$R_k = \int R(x)\widehat{p}_{(k)}(\boldsymbol{x},\boldsymbol{\mu}_{(k)},\boldsymbol{\Sigma}_{(k)})\,\mathrm{d}\boldsymbol{x} \approx R(\boldsymbol{\mu}_{(k)}) + \frac{\epsilon}{2}\nabla^2 R(\boldsymbol{\mu}_{(k)}):\boldsymbol{\Sigma}_{(k)}. \tag{5.41}$$

然而 $\boldsymbol{Q}$ 无法直接得到, 但是我们根据遍历性及 (5.30) 式中的权重方程, 可以对 $\rho_U^{(k)}$ 进行以下计算

$$\begin{aligned} \rho_U^{(k)} &= \mathbb{E}\big[\rho_\infty(\omega)\delta(\boldsymbol{X}_\infty(\omega)\in\Omega_k)\big] = \lim_{T\to\infty}\frac{1}{T}\int_0^T \rho_t(\omega)\delta(\boldsymbol{X}_t(\omega)\in\Omega_k)\,\mathrm{d}t \\ &= \lim_{T\to\infty}\frac{M}{T}\cdot\frac{1}{M}\sum_{i=1}^{M}\int_{T_k^i}\rho_t(\omega)\,\mathrm{d}t \\ &= \lim_{T\to\infty}\frac{M}{T}\cdot\frac{1}{M}\sum_{i=1}^{M}\int_{T_k^i}\exp\left(\int_0^t R(\boldsymbol{X}_s)\,\mathrm{d}s\right)\mathrm{d}t \end{aligned}$$

$$= \lim_{T\to\infty} \frac{M}{T} \cdot \frac{1}{M} \sum_{i=1}^{M} \left\{ \exp\left(\int_0^{a_i^{(k)}} R(\boldsymbol{X}_s)\,\mathrm{d}s \right) \cdot \int_{T_k^i} \exp\left(\int_{a_i^{(k)}}^{t} R(\boldsymbol{X}_s)\,\mathrm{d}s \right) \mathrm{d}t \right\}, \tag{5.42}$$

其中 $T_k^i \triangleq [a_i^{(k)}, b_i^{(k)}], i \in \mathbb{N}_+$ 代表 $\boldsymbol{X}_t(\omega) \in \Omega_k, t \in T_k^i$ 的时间段, 轨道 ω 在 $a_i^{(k)}$ 进入 Ω_k 并在 $b_i^{(k)}$ 离开 Ω_k, M 为 $[0,T]$ 时间内 T_k^i 的个数. 进一步记 $h_i^{(k)} = b_i^{(k)} - a_i^{(k)}$ 为停留时间, $q_k = -Q_{kk}$ 为离开状态 k 的转移速率, 则 h_i 服从参数 q_k 的指数分布. 为了保证概率分布随时间演化而不因为生灭发生退化或者爆炸, 我们假设 $\lim\limits_{t\to\infty} \frac{1}{t} \int_0^t R(\boldsymbol{X}_s)\,\mathrm{d}s = \mathbb{E}R(\boldsymbol{X}_\infty) = 0$, 并且 $\exp\left(\int_0^{a_i^{(k)}} R(\boldsymbol{X}_s)\,\mathrm{d}s \right) \approx 1$ 当 $a_i^{(k)}$ 充分大时. 由于 M/T 代表 $[0,T]$ 时间内轨道离开 Ω_k 的频率, 所以 $\lim\limits_{T\to\infty} M/T = \rho_0^{(k)} q_k$, 其中 $\rho_0^{(k)}$ 为 $\boldsymbol{\rho}_0$ 的分量. (5.42) 式可进一步近似为

$$\begin{aligned} \rho_U^{(k)} &\approx \lim_{M\to\infty} \rho_0^{(k)} q_k \cdot \frac{1}{M} \sum_{i=1}^{M} \int_{T_k^i} \exp\left(R_k (t - a_i^{(k)}) \right) \mathrm{d}t \\ &= \rho_0^{(k)} q_k \cdot \mathbb{E}_h \int_0^h \exp\left(t R_k \right) \mathrm{d}t \\ &= \rho_0^{(k)} q_k \int_0^\infty \left\{ q_k \exp(-x q_k) \cdot \int_0^x \exp(t R_k)\,\mathrm{d}t \right\} \mathrm{d}x \\ &= \frac{\rho_0^{(k)} q_k}{q_k - R_k}, \end{aligned} \tag{5.43}$$

其中 h 为停留时间的随机变量 ($h_i^{(k)}$ 为其样本). 概率的非爆炸条件要求 $q_k \geqslant R_k$, 而当无生灭 $R_k = 0$ 时, $\rho_U^{(k)}$ 退化为 $\rho_0^{(k)}$.

为了求得 q_k, 我们假设状态 k 平均停留时间正比于 $\rho_0^{(k)}$, 即存在常数 C 使得 $1/q_k = C\rho_0^{(k)}$, 那么

$$\rho_U^{(k)} \approx \frac{\rho_0^{(k)}}{1 - C R_k \rho_0^{(k)}}. \tag{5.44}$$

根据平稳性条件 (5.15) 式, 常数 C 可以根据求解优化问题

$$\begin{aligned} &\min_{C\geqslant 0} \quad \left\{ \left| \sum_{k=1}^{K} \frac{\rho_0^{(k)} R_k}{1 - C R_k \rho_0^{(k)}} \right|^2 \right\}, \\ &\text{s.t.} \quad C R_k \rho_0^{(k)} \leqslant 1, \quad k = 1, 2, \cdots, K \end{aligned} \tag{5.45}$$

得到.

在近似了 K 个高斯分量 $p_{(k)}(\boldsymbol{x},\boldsymbol{\mu}_{(k)},\boldsymbol{\Sigma}_{(k)})$ 和相应的权重 $\boldsymbol{\rho}_0,\boldsymbol{\rho}_U$ 后，根据 (5.28) 式我们可以高维近似平稳分布 $P_0(\boldsymbol{x})$ 和 $P_U(\boldsymbol{x})$, 进而由 (5.16) 和 (5.17) 式得到相应的有限强度噪声势能景观. 如果需要在低维 (二维或者三维) 特征坐标空间展现高维势能景观, 可以把平稳分布的高斯分量在相应坐标上做边缘分布, 再进行加权.

5.2.3 单细胞数据中势能景观的估计理论

上一小节我们介绍了在已知动力学方程情况下, 如何进行势能景观的数值估计. 然而对于实际的实验数据 (比如近十年来主流的单细胞测序数据), 通常并没有精确的动力学方程. 这时我们需要新的算法去实现从数据出发的势能景观构建. 这里需要注意的一点是, 生物数据往往都是在假定平稳态下取得的, 其中难以保留非梯度 "环流" 项 $\boldsymbol{f}$ 的信息, 因此生物信息学家通常假设数据是某个梯度系统

$$\frac{\partial p(\boldsymbol{x},t)}{\partial t}=\nabla\cdot(\nabla F(\boldsymbol{x})p(\boldsymbol{x},t))+\epsilon\Delta p(\boldsymbol{x},t)+R(\boldsymbol{x})p(\boldsymbol{x},t) \tag{5.46}$$

下得到的结果. 对应势能分解理论, 只需要从数据估计满足 $F(\boldsymbol{x})=U(\boldsymbol{x})+V(\boldsymbol{x})$ 的两个势能景观即可.

如果已知单细胞数据在基因表达空间的稳定态分布为 $p_{ss}(\boldsymbol{x})$, 则一种有意义的势能景观分解可以定义为

$$U(\boldsymbol{x})=-\epsilon\log p_{ss}(\boldsymbol{x}), \tag{5.47}$$

$$\mathcal{L}V(\boldsymbol{x})=[\nabla\log p_{ss}(\boldsymbol{x})\cdot\nabla+\Delta]V(\boldsymbol{x})=-R(\boldsymbol{x}). \tag{5.48}$$

易证, 在梯度系统下, 定义 (5.47) 式及 (5.48) 式与之前的理论定义 (5.16) 式及 (5.17) 式等价.

假设实际数据为 N 个单细胞 $\{\boldsymbol{x}_1,\boldsymbol{x}_2,\cdots,\boldsymbol{x}_N\}$ 的基因表达量并独立同分布于 $p_{ss}(\boldsymbol{x})$. 为简单起见, 我们假设 $R(\boldsymbol{x})$ 已知, 则通过核函数的方法, 可以对 $p_{ss}(\boldsymbol{x})$ 和算子 $\mathcal{L}$ 给出以下数值估计手段 (对于 $R(\boldsymbol{x})$ 未知, [166, 167] 中通过细胞类型聚类, 针对不同细胞类型给出了粗粒化的 $R(\boldsymbol{x})$ 的样本估计方法).

首先, 我们定义高斯核函数

$$K_\eta(\boldsymbol{x},\boldsymbol{y})=\frac{1}{(4\pi\eta)^{n/2}}e^{-\frac{\|\boldsymbol{x}-\boldsymbol{y}\|^2}{4\eta}}, \tag{5.49}$$

其中 $\boldsymbol{x}$ 和 $\boldsymbol{y}$ 为 n 维空间的两个样本, η 是核函数的宽度 (应用中通常将 $\sqrt{2\eta}$ 设为所有两样本间距离的中位数). 然后根据扩散映射 (diffusion map) 理论[168, 169]

定义

$$q_\eta(\boldsymbol{x}_i) = \sum_{j=1}^{N} K_\eta(\boldsymbol{x}_i, \boldsymbol{x}_j), \tag{5.50}$$

$$K_{\eta,\alpha}(\boldsymbol{x}, \boldsymbol{y}) = \frac{K_\eta(\boldsymbol{x}, \boldsymbol{y})}{q_\eta^\alpha(\boldsymbol{x}) q_\eta^\alpha(\boldsymbol{y})}, \tag{5.51}$$

$$d_{\eta,\alpha}(\boldsymbol{x}_i) = \sum_{j=1}^{N} K_{\eta,\alpha}(\boldsymbol{x}_i, \boldsymbol{x}_j), \tag{5.52}$$

则样本 i 与 j 间的转移概率矩阵定义为

$$P_{\eta,\alpha}(\boldsymbol{x}_i, \boldsymbol{x}_j) = \frac{K_{\eta,\alpha}(\boldsymbol{x}_i, \boldsymbol{x}_j)}{d_{\eta,\alpha}(\boldsymbol{x}_i)}. \tag{5.53}$$

相应的后向离散算子则定义为

$$L_{\eta,\alpha} = \frac{P_{\eta,\alpha} - I}{\eta}. \tag{5.54}$$

可以证明 (见 [166,168,169]), 当样本数 $N \to \infty$ 且核函数宽度 $\eta \to 0$ 时, 离散算子 $L_{\eta,\alpha}$ 将趋于一个连续空间的 Kolmogorov 后向算符 $\mathcal{L}_\alpha$, 即

$$\mathcal{L}_\alpha \varphi(\boldsymbol{x}) = \left(\lim_{\eta \to 0} \lim_{N \to +\infty} L_{\eta,\alpha} \right) \varphi(\boldsymbol{x}) = 2(1-\alpha) \nabla \log p_{ss}(\boldsymbol{x}) \cdot \nabla \varphi(\boldsymbol{x}) + \Delta \varphi(\boldsymbol{x}). \tag{5.55}$$

同理, $\mathcal{L}_\alpha$ 在内积 $\langle \cdot, \cdot \rangle_{p_{ss}}$ 下的对偶算子 $\mathcal{L}_\alpha^*$ 可以被 $L_{\eta,\alpha}^{\mathrm{T}}$ 逼近, 即

$$\begin{aligned} \mathcal{L}_\alpha^* \varphi(\boldsymbol{x}) &= \left(\lim_{\eta \to 0} \lim_{N \to +\infty} L_{\eta,\alpha}^{\mathrm{T}} \right) \varphi(\boldsymbol{x}) \\ &= 2(1-\alpha) \frac{\Delta p_{ss}(\boldsymbol{x})}{p_{ss}(\boldsymbol{x})} \varphi(\boldsymbol{x}) + 2\alpha \frac{\nabla p_{ss}(\boldsymbol{x})}{p_{ss}(\boldsymbol{x})} \cdot \nabla \varphi(\boldsymbol{x}) + \Delta \varphi(\boldsymbol{x}). \end{aligned} \tag{5.56}$$

当 $\alpha = 1$ 时, $\mathcal{L}_1 = \Delta$ 是 Laplace-Beltrami 算符; 当 $\alpha = 1/2$ 时, $\mathcal{L}_{1/2} = \nabla \log p_{ss}(\boldsymbol{x}) \cdot \nabla + \Delta$ 恰为 (5.48) 式中的算符.

对于实际数据, 我们可以通过样本按照 (5.53) 式构造相应的离散空间马尔可夫动力学转移矩阵 $\boldsymbol{P} = (p_{ij})_{N \times N}$, 其中

$$p_{ij} = P_{\eta,\frac{1}{2}}(\boldsymbol{x}_i, \boldsymbol{x}_j), \qquad i, j = 1, 2, \cdots, N. \tag{5.57}$$

令

$$\mu_i = \frac{d_{\eta,1/2}(\boldsymbol{x}_i)}{\sum_{i=1}^N d_{\eta,1/2}(\boldsymbol{x}_i)}, \qquad i = 1, 2, \cdots, N, \tag{5.58}$$

则 $\boldsymbol{\mu} = (\mu_i)_{N\times1}$ 满足 $\boldsymbol{\mu}^{\mathrm{T}} = \boldsymbol{\mu}^{\mathrm{T}}\boldsymbol{P}$, 并且是平稳分布 $p_{ss}(\boldsymbol{x})$ 在离散样本位置上的数值逼近. 这样势能景观 (5.47) 和 (5.48) 在单细胞样本上的值可以通过

$$\widehat{\boldsymbol{U}} = -\epsilon \log \boldsymbol{\mu}, \tag{5.59}$$

$$\widehat{\boldsymbol{V}} = -\eta(\boldsymbol{P} - \boldsymbol{I})^{\dagger}\widehat{\boldsymbol{R}} \tag{5.60}$$

得到, 其中 $\widehat{\boldsymbol{U}} \in \mathbb{R}^{N\times1}, \widehat{\boldsymbol{V}} \in \mathbb{R}^{N\times1}$ 分别包含两种势能景观在 N 个样本位置的值, $\widehat{\boldsymbol{R}} \in \mathbb{R}^{N\times1}$ 包含 N 个样本位置处的生灭速率, $\boldsymbol{I}$ 为 N 维单位矩阵, † 表示矩阵的伪逆.

5.3 应用: 构建细胞分化的势能景观

在这一节, 我们将通过实例展现势能景观在生物数据中的应用.

5.3.1 两基因相互作用网络的势能景观

首先, 我们介绍一个两基因调控的细胞分化模型[157, 170, 171] (图 5.2):

$$\begin{cases} \dfrac{\mathrm{d}x_1}{\mathrm{d}t} = \dfrac{\alpha_1 x_1^n}{S^n + x_1^n} + \dfrac{\beta_1 S^n}{S^n + x_2^n} - k_1 x_1, \\ \dfrac{\mathrm{d}x_2}{\mathrm{d}t} = \dfrac{\alpha_2 x_2^2}{S_n + x_2^n} + \dfrac{\beta_2 S^n}{S^n + x_1^n} - k_2 x_2, \end{cases} \tag{5.61}$$

其中 x_1 和 x_2 代表两个具有自我激活和相互抑制作用的基因 (如 GATA1 和 PU.1), 振幅 $\sqrt{2\epsilon}$ 的高斯白噪声加到方程右端构成随机系统. 设定参数 $\alpha = \alpha_1 = \alpha_2$, $\beta = \beta_1 = \beta_2$, $k = k_1 = k_2$ 及 S 为正常数, α 代表基因自我激活的系数, β 为相互抑制系数, k 为降解速率. 在数值实验中, 我们选取 $S = 0.5$, 希尔系数 $n = 4$.

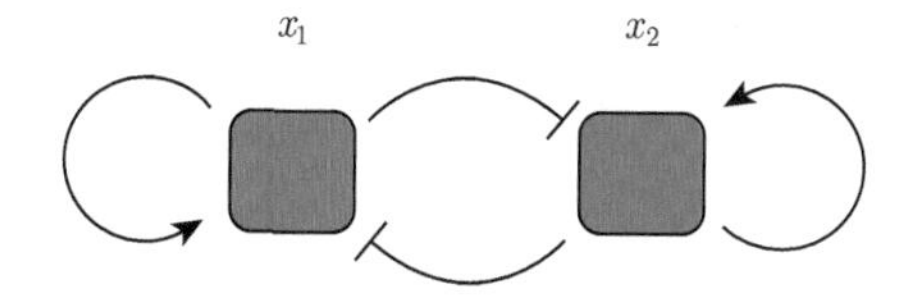

图 5.2 两基因相互作用网络

如果不考虑细胞的生灭性质，在 $\beta = 1, k = 1$ 条件下令 α 逐渐降低，使用 (5.4) 式构建的势能景观并降维至 x_1 或 x_2 坐标上 (由于对称性 x_1 与 x_2 坐标等价)，则可以得到图 5.3. 当参数 α 比较大 (自激活相对相互抑制较强) 时，系统存在三个势阱，其中中间较深的势阱代表未分化的多潜能干细胞，两边存在的较浅势阱代表两种分化后的细胞状态；当参数 α 逐渐减小 (基因相互抑制逐渐增强) 时，干细胞势阱逐渐消失，而两个代表分化后状态的势阱逐渐增大. 这个模型给出了一种形象解释细胞分化的数学过程，即基因间的相互抑制使得干细胞分化为两种不同功能的体细胞.

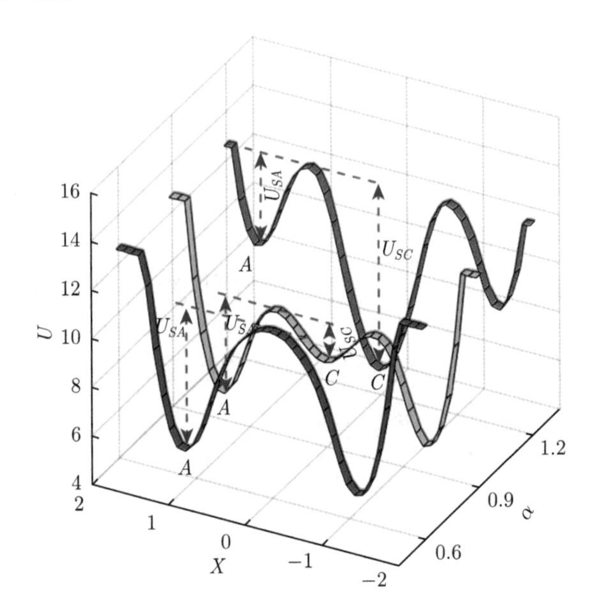

图 5.3　无生灭细胞分化过程在变化系数 α 时，两基因调控网络的势能景观[157]. 其中 A 与 C 为被关注的两个势阱极小值点，U_{SA} 与 U_{SC} 分别代表从 A 或 C 到达势能鞍点的势能差

当考虑细胞生灭的性质时，可以通过 (5.16) 式和 (5.17) 式构造两个势能景观. 这里将固定参数 $\alpha = 0.3, \beta = 0.5, k = 1, \epsilon = 0.01$，并引入生灭速率函数 $R(\boldsymbol{x}) = -r[(x_1-1)^2 + (x_2-1)^2 - 0.5]$，其中振幅 r 可以在 0 到 30 之间变化. 利用 5.2.2 节中的方法，不同 r 条件下的势能景观见图 5.4. 在这个模型下，当细胞具有很强的净生长速率时，细胞类型势能景观 U 为单势阱，代表未分化的多潜能性干细胞；当净生长速率 r 逐渐减小时，细胞分化为两个不同状态的体细胞. 而细胞干性势能景观 V 形象地给出了不同状态细胞的多潜能性，并通过负梯度方向给出了系统分化的方向.

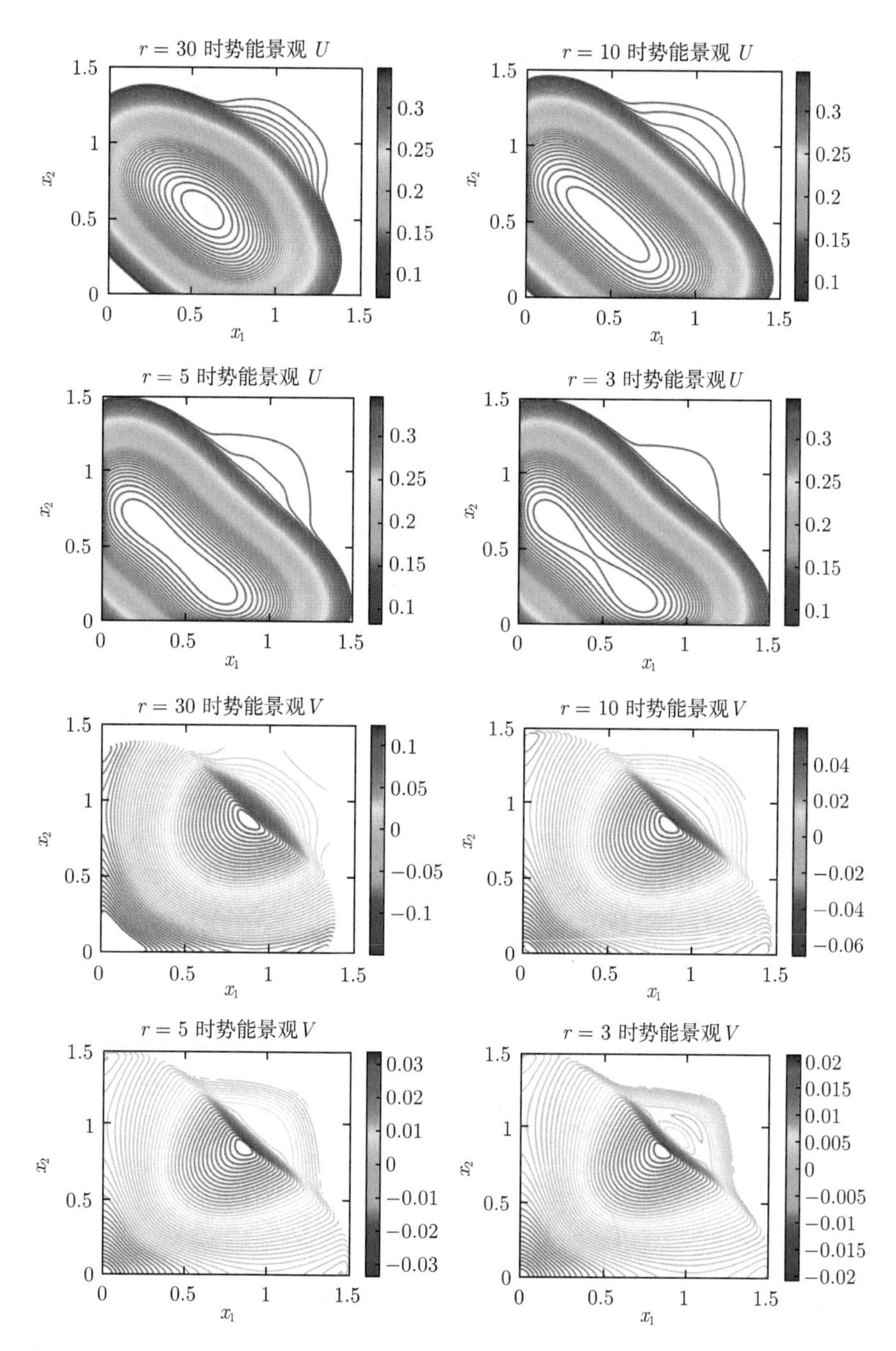

图 5.4 细胞类型势能景观 U 和细胞干性势能景观 V 随生灭速率振幅 r 的变化过程

5.3.2 高维基因相互作用网络势能景观的高斯近似

这里我们使用一个四基因相互作用网络作为高维系统的示例[172] (图 5.5).

$$
\begin{cases}
\dfrac{\mathrm{d}x_1}{\mathrm{d}t} = k_{0T} + K_T \cdot \dfrac{x_1^{n_{TT}}}{x_1^{n_{TT}} + K_{TT}^{n_{TT}}} \cdot \dfrac{x_3^{n_{TG}}}{x_3^{n_{TG}} + K_{TG}^{n_{TG}}} \cdot \dfrac{K_{TP}^{n_{TP}}}{x_2^{n_{TP}} + K_{TP}^{n_{TP}}} \\
\qquad + k_{TN} \cdot \alpha_N - \gamma_T \cdot x_1, \\
\dfrac{\mathrm{d}x_2}{\mathrm{d}t} = k_{0P} + K_P \cdot \dfrac{x_2^{n_{PP}}}{x_2^{n_{PP}} + K_{PP}^{n_{PP}}} \cdot \dfrac{K_{PG}^{n_{PG}}}{x_3^{n_{PG}} + K_{PG}^{n_{PG}}} \cdot \dfrac{K_{PB}^{n_{PB}}}{x_4^{n_{PB}} + K_{PB}^{n_{PB}}} \\
\qquad \cdot \dfrac{K_{PT}^{n_{PT}}}{x_1^{n_{PT}} + K_{PT}^{n_{PT}}} - \gamma_P \cdot x_2, \\
\dfrac{\mathrm{d}x_3}{\mathrm{d}t} = k_{0G} + K_G \cdot \dfrac{x_1^{n_{GT}}}{x_1^{n_{GT}} + K_{GT}^{n_{GT}}} \cdot \dfrac{K_{GP}^{n_{GP}}}{x_2^{n_{GP}} + K_{GP}^{n_{GP}}} + k_{GN} \cdot \alpha_N - \gamma_G \cdot x_3, \\
\dfrac{\mathrm{d}x_4}{\mathrm{d}t} = k_{0B} + K_B \cdot \dfrac{x_1^{n_{BT}}}{x_1^{n_{BT}} + K_{BT}^{n_{BT}}} \cdot \dfrac{x_3^{n_{BG}}}{x_3^{n_{BG}} + K_{BG}^{n_{BG}}} + k_{BN} \cdot \alpha_N - \gamma_B \cdot x_4,
\end{cases}
\tag{5.62}
$$

其中参数 $k_{0T} = 0.48$, $K_T = 1.12$, $n_{TT} = 4$, $K_{TT} = 0.5$, $n_{TG} = 6$, $K_{TG} = 0.4$, $n_{TP} = 6$, $K_{TP} = 3.4$, $k_{TN} = 1$, $\gamma_T = 1$, $k_{0P} = 0.32$, $K_P = 2.88$, $n_{PP} = 6$, $K_{PP} = 0.78$, $n_{PG} = 4$, $K_{PG} = 2.5$, $n_{PB} = 3$, $K_{PB} = 2.6$, $n_{PT} = 2$, $K_{PT} = 2.5$, $\gamma_P = 1$, $k_{0G} = 0$, $K_G = 2.2$, $n_{GT} = 2$, $K_{GT} = 0.2$, $n_{GP} = 6$, $K_{GP} = 2.2$, $k_{GN} = 0.02$, $\gamma_G = 1$, $k_{0B} = 0$, $K_B = 5.5$, $n_{BT} = 2$, $K_{BT} = 1.9$, $n_{BG} = 6$, $K_{BG} = 1.5$, $k_{BN} = 0.06$, $\gamma_B = 1$, $\alpha_N = 0$, 振幅 $\sqrt{2\epsilon}$ 的高斯白噪声加到右端项以形成随机系统. 变量为四个相互作用基因 x_1 : TCF-1, x_2 : PU.1, x_3 : GATA3, x_4 : BCL11B. 这个系统在实际现象中可描述免疫 T 细胞的分化过程.

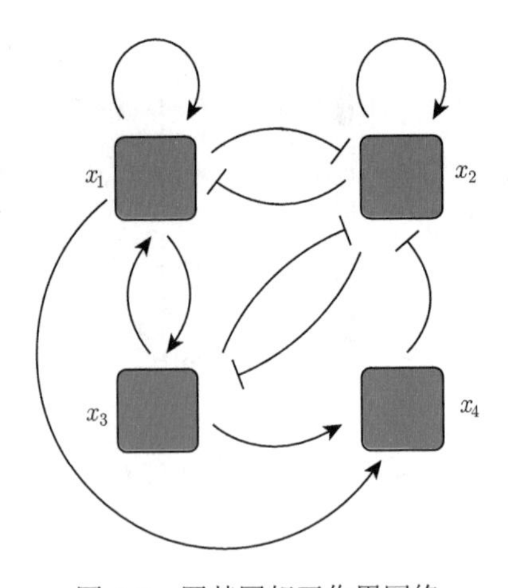

图 5.5 四基因相互作用网络

当不考虑细胞生灭时, 利用高斯近似的势能景观, 可以在 TCF-1 和 PU.1 坐标空间给出细胞分化的过程中各个细胞类型的势阱, 见图 5.6. 其中 ETP→ DN2a → DN2b → DN3 代表了细胞的分化过程.

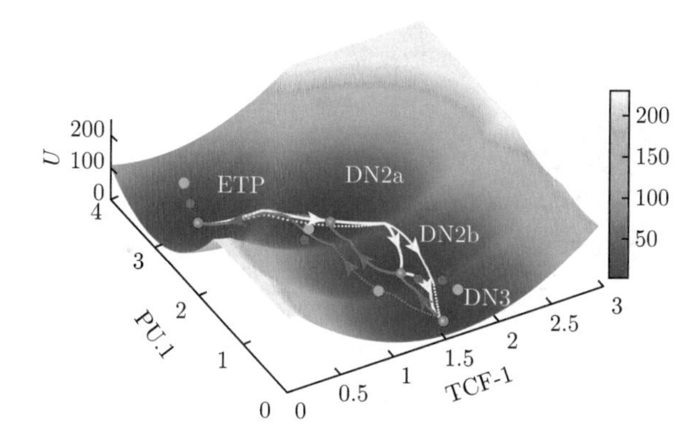

图 5.6 无生灭时 T 细胞分化过程在高斯近似下的势能景观[172]

当考虑细胞的生灭性质时, 令噪声 $\epsilon = 0.001$, 生灭速率函数 $R(\boldsymbol{x}) = 30[4.2 - x_1^2 - (x_2-4)^2]$, 利用 5.2.2 节中介绍的高斯近似方法, 可以构建细胞类型势能景观 U 和细胞干性势能景观 V, 见图 5.7. U 给出了四种不同的细胞类型所在的状态势阱, V 给出了相应细胞状态的多潜能性, 而 V 的负梯度展现了细胞分化的方向.

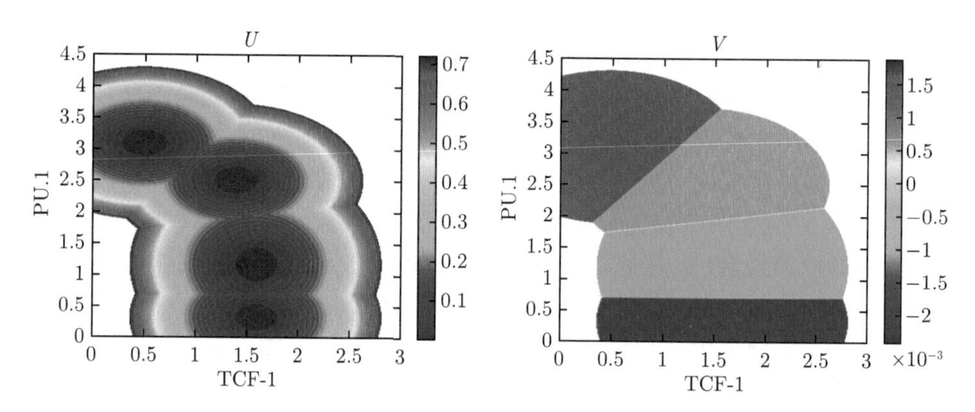

图 5.7 考虑细胞生灭时, T 细胞分化过程的细胞类型势能景观 U 与细胞干性势能景观 V

5.3.3 单细胞测序数据构造细胞分化过程的势能景观

这里我们使用 [173] 中肝细胞分化过程的单细胞测序数据 (GEO: GSE90047), 数据包含 447 个小鼠细胞样本 40824 个基因的测序结果, 采集于胚胎发育第 10.5 天到第 17.5 天. 经过数据预处理和有效基因挑选, 共选出 1140 个有效基因. 然后利用 5.2.3 节中的方法来构建分化过程的势能景观. 图 5.8 的结果中, 展示了经过计算发现的 5 种不同的细胞子类型, 其中类别 1 为肝母细胞, 类别 3 为肝细胞, 类别 5 为胆管细胞. 图中三维势阱和二维投影展现了肝母细胞分化为肝细胞和胆管细胞的路径, 颜色及势阱高度代表了不同细胞的干性及多潜能性.

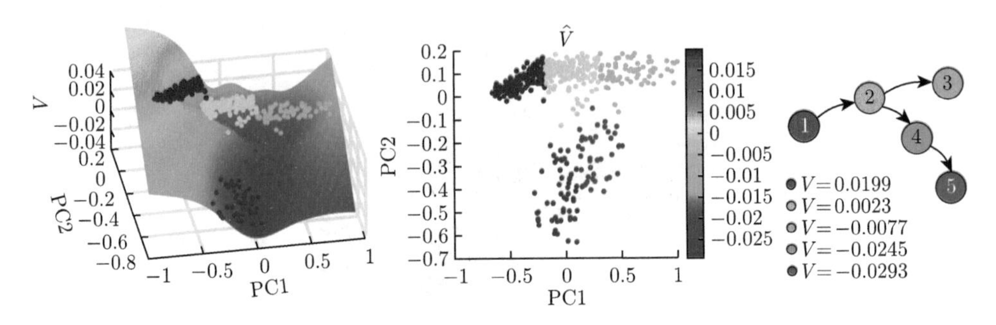

图 5.8　由单细胞测序数据构建肝母细胞分化过程的细胞干性势能景观[166]

5.4　单细胞组学与势能景观展望

单细胞组学 (single-cell omics) 及空间组学是近年来快速发展的生物前沿技术之一, 对应的生物数学模型、数据分析算法, 特别是势能景观算法也是被大量研究者密切关注的方向. 我们在这一节将对这个领域进行简要介绍.

单细胞 RNA 测序方法最早由 Tang 等研究者提出并得到迅速发展[174], 目前成熟的测序技术包括 SMART-seq2[175], CEL-seq[176], Drop-seq[177], 10x genomics① 等. 目前通过特殊的条形码 (barcode) 技术[178], 研究者可以较为精确地获得一个细胞中测量的相应组学数据.

单细胞组学研究的对象主要包括单细胞 RNA 测序数据[179,180]、染色质开放程度 (ATAC) 数据[181]、蛋白组学数据、代谢组学数据、免疫组学数据等. 将多组学数据进行协调融合, 去除批次效应 (batch effect), 从包括空间组学等多角度描述相应生命系统正是当前方法研究领域的热点[182,183].

单细胞组学研究的目标包括: 进行细胞类型分类, 即通过组学数据区分或鉴定不同结构与功能的细胞[184]; 进行细胞伪时间 (pseudo-time) 及多潜能性量化, 即度量每一个细胞的分化程度[185,186]; 研究不同细胞类型间转变路径 (transition trajectory) 和转变速率, 进一步可以研究包括癌症在内的疾病发生原因与治疗方法, 研究细胞去分化与培养人造干细胞等[186–188]; 以及势能景观构建与分析, 即使用动力学方程为细胞繁殖与分化进行描述[155,156,164].

单细胞组学及其势能景观构建目前也拥有着数量繁多的软件包, 为不同需求

① https://www.10xgenomics.com/ (访问时间: 2024 年 5 月 6 日).

的数据处理提供了各种各样的算法①. 目前使用比较广泛的软件包包括: Seurat[189], Scanpy[190], SC3[191], scArches[192] 等.

基于单细胞组学的势能景观构建是目前交叉科学研究的热点, 如何考虑速度场的信息, 如何考虑有界噪声建模, 如何考虑空间信息等都是今后重要研究方向, 这些研究融合了生物数据与数学建模, 促进了信息技术与软件算法, 并且跟人类疾病与健康、生命与生活息息相关, 正不断推动着社会自然科学与技术的发展.

① https://github.com/seandavi/awesome-single-cell (访问时间: 2024 年 5 月 10 日).

第 6 章 混沌反馈学习理论及深度学习方法

6.1 大脑学习中的混沌

人类大脑是一个极其复杂但极度优化的系统, 它包含的神经元数量为千亿的数量级, 且每个神经元大约有 10000 个突触, 然而它的工作耗能仅为 25 瓦特左右, 这样庞大的网络却有如此低的能耗, 这是任何现有计算机都无法比拟的. 因此, 人们希望计算机能够模拟人脑的工作和学习方式. 特别地, 深度学习作为人工智能的一项主要应用, 已经取得了令人瞩目的成就. 但是, 目前人工神经网络的主要学习算法还是基于梯度动力学的反向传播算法和其各种改进版本, 这种收敛或局部性动力学不仅有学习或优化能力的局限性而且与实际生物大脑的学习机制并不吻合. 许多实验表明, 动物大脑的学习存在混沌动力学, 那么是否可以在 BP 算法中引入混沌动力学来实现高效的深度学习呢?

混沌与相对论和量子力学齐名, 被认为是 20 世纪自然科学领域中三个最重要的理论发现之一. 具体来说, 混沌与不确定性的随机现象相似但本质不同, 是一种对初值十分敏感的非周期非线性的确定性动力学行为[193], 并具有全局动态性和伪随机性. 在生命体中, 这种动力学行为不仅在心脏[194]、神经元[195] 乃至大脑[196] 中都有发现, 而且它对许多生命过程都非常重要[197], 例如基因的表达和调控[198]、信号处理[199]、睡眠[200] 和嗅觉识别[196]. 其中, Skarda 和 Freeman 的实验表明, 大脑神经元的混沌动力学是兔子获取新的嗅觉模式不可缺的因素[196]. 进一步, Matsumoto 和 Aihara 等的实验发现鱿鱼的神经系统利用混沌动力学感知外部信息或进行信息处理[201,202], 这些研究暗示经过亿万年进化或筛选, 动物大脑不是只采用现行深度学习的梯度动力学或随机动力学, 而是利用了混沌动力学进行认知或信息处理和学习. 此外, 最近也有实验表明, 动物大脑的神经网络是处在有序和混沌之间的临界或准临界状态[203–205]. 值得一提的是, 由于伪随机性和遍历性 (全局性) 等丰富的动力学特性, 混沌已经被广泛用于解决全局优化问题[206–213]. 那么是否可以借鉴动物大脑学习过程中的混沌动力学来建立新型的深度学习通用算法, 不仅实现高效学习和构建新型的 AI 理论方法体系, 而且提供理解大脑学习过程的新思路呢?

基于梯度的误差反向传播 (back-propagation, BP) 算法作为深度学习中最基本的通用学习算法, 虽然已经被广泛使用且有稳定收敛优点, 但存在局域极小的问题. 考虑到动物大脑的认知和学习具有混沌特性, 利用混沌动力学的全局探索能力和伪随机性, 可以建立新型的深度学习通用算法, 即基于混沌的误差反向传播 (chaotic back-propagation, CBP)[213]. 与 BP 算法不同, 混沌反向传播 CBP 算法具有全局探索能力, 它在权重的学习过程中能让神经网络的内部产生混沌, 并且借助混沌丰富且复杂的动力学特性来帮助网络模型逃离学习过程中的局域极小. 在异或 (XOR) 分类问题和 7 个基准 (benchmark) 数据集上验证了 CBP 算法的这种全局寻优能力. 结果表明, 用 CBP 学习的模型在不显著改变计算量的情况下, 能在更短的时间内达到较高精度. 除此之外, 在 cifar10 数据集上, CBP 算法比 BP 更容易学习到训练集上损失更小且测试集上精度更高的模型, 这一结果表明 CBP 算法比 BP 的泛化能力更强. 总之, CBP 算法可以看作 BP 结合了大脑中混沌动力学后的一般形式, 它不仅在人工神经网络的实际训练过程中有替代现行 BP 的可能, 而且作为脑启发的学习方法也为理解真实大脑的学习过程提供了一种可能的模型[213].

当前人工智能 (AI) 的发展为许多重要且困难的科学问题提供了有效的解决方案, 例如 AlphaFold2 可以直接从蛋白质的序列预测得到实验精度的三维结构, 基本上成功地解决了蛋白质结构预测这一科学问题, 对下游多个重要领域, 如药物研发, 产生了深远的影响[214], 标志着人工智能赋能科学 (AI for Science) 这一科学范式已经逐渐成熟, ChatGPT 等大语言模型的高速发展也为人工智能赋能科学提供了新方向. 而 CBP 方法的另一个重要的科学意义在于, 用现有的科学研究成果来推动 AI 的发展, 发展科学赋能人工智能 (Science for AI) 这一新的科学范式.

6.2 构建类脑的混沌反向传播算法

6.2.1 引入大脑中的混沌动力学

假设我们的神经网络是图 6.1 所示的一个 l 层感知机, 每一层的激活函数为 sigmoid 函数, 那么网络的前向计算过程可以写为

$$x_{ij} = \frac{1}{1 + e^{-\sum\limits_{k=1}^{M_{i-1}} w_{ijk} x_{i-1,k}}}, \tag{6.1}$$

其中 x_{ij} 是第 i 层的第 j 个神经元的输出 ($i = 1, 2, \cdots, l; j = 1, 2, \cdots, M_i$), w_{ijk} 是 $x_{i-1,k}$ 到 x_{ij} 的权重. 需要说明的是, 为了简化符号, 我们没有写出偏置项, 因为本质上偏置可以看作特殊的权重. 此时, 如果采用标准的梯度下降形式, 则在 BP 算法中, 对于损失函数 loss_{bp}, 权重 w_{ijk} 的梯度更新公式可以写作

$$w_{ijk} \leftarrow w_{ijk} - \eta \frac{\partial \text{loss}_{bp}}{\partial w_{ijk}}, \tag{6.2}$$

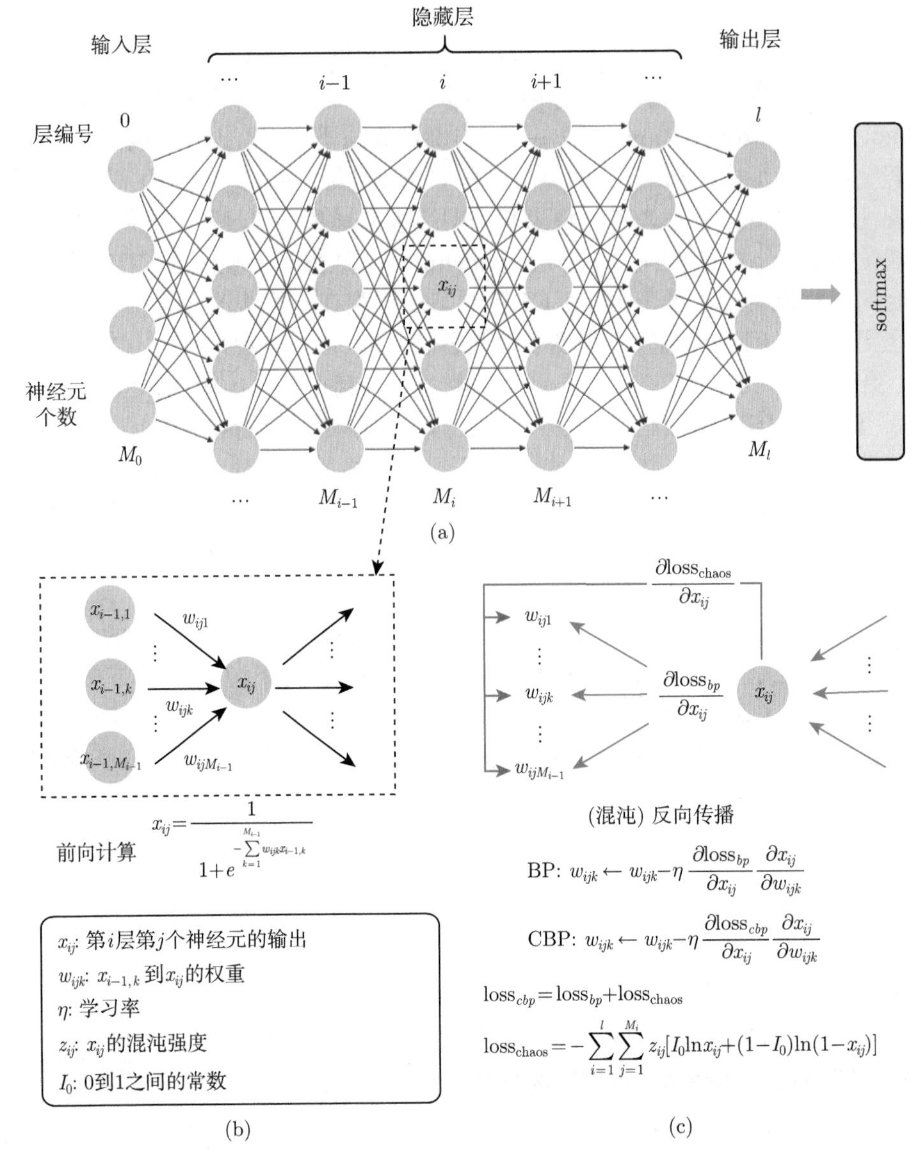

图 6.1　混沌反向传播 (CBP) 算法的示意图[213]. (a) 具有 $l-1$ 隐藏层的多层感知器 (multi-layer perceptron, MLP) 示意图, 其中第 i 层的神经元个数为 M_i. (b) MLP 模型前向计算时使用 sigmoid 函数作为非线性激活函数, 为了简化符号, 忽略了偏置项. (c) 与 BP 算法相比, CBP 在误差反向传播过程中引入了一个额外的损失, $\text{loss}_{\text{chaos}}$. 这种损失来自所有神经元的输出, 因此相当于为每个权重引入了负反馈. 于是, 当 z_{ij} 足够大时, w_{ijk} 对应的动力学是混沌的, 而当 z_{ij} 足够小时, CBP 退化为 BP. 需要注意的是, 虽然在这项工作中使用的是交叉熵损失函数, 但 CBP 并不依赖于 BP 的原始损失函数. 其他类型的损失函数, 例如均方误差 (mean square error, MSE) 损失, 也可以在 CBP 中使用. 该图中所有公式中符号的含义在左下角的实线框中给出

其中 η 为学习率, loss_{bp} 为最后的输出 ($\hat{y}_c$, 其中 c 为类指数) 和目标之间 (y_c, 即样本的真实标签) 的误差, 为权重 $\boldsymbol{W}$ 的函数, 即 $\text{loss}_{bp}(\boldsymbol{W})$, 本节采用交叉熵的形式, 即

$$\text{loss}_{bp} = -\sum_{c=1}^{M_l} y_c \ln \hat{y}_c, \tag{6.3}$$

而 $\dfrac{\partial \text{loss}_{bp}}{\partial x_{ij}}$ 可以由前一层的误差求出, 即

$$\begin{aligned} \frac{\partial \text{loss}_{bp}}{\partial x_{ij}} &= \sum_{m=1}^{M_{i+1}} \frac{\partial \text{loss}_{bp}}{\partial x_{i+1,m}} \frac{\partial x_{i+1,m}}{\partial x_{ij}} \\ &= \sum_{m=1}^{M_{i+1}} \frac{\partial \text{loss}_{bp}}{\partial x_{i+1,m}} x_{i+1,m}\left(1 - x_{i+1,m}\right) w_{i+1,m,j}. \end{aligned} \tag{6.4}$$

注意, loss_{bp} 及 x_{ij} 都为权重 $\boldsymbol{W}$ 的函数, 即 $\text{loss}_{bp}(\boldsymbol{W})$ 及 $x_{ij}(\boldsymbol{W})$, 从动力学角度, (6.2) 式实际上是对权重 $\boldsymbol{W}$ 的梯度动力学方程或梯度动力学方程 (更新回数 $t = 0, 1, 2, \cdots$)

$$w_{ijk}(t+1) = w_{ijk}(t) - \eta \frac{\partial \text{loss}_{bp}(\boldsymbol{W}(t))}{\partial w_{ijk}}. \tag{6.5}$$

而在 CBP 算法中, 除了损失 loss_{bp}, 我们还额外引入了一项损失 $\text{loss}_{\text{chaos}}$, 表达式为

$$\text{loss}_{\text{chaos}} = -\sum_{i=1}^{l}\sum_{j=1}^{M_i} z_{ij}\left[I_0 \ln x_{ij} + (1 - I_0)\ln(1 - x_{ij})\right], \tag{6.6}$$

其中 I_0 是介于 0 到 1 的常数, z_{ij} 是控制混沌强度的参数 (在模拟退火中作为温度参数). 因此在 CBP 算法中, 权重 w_{ijk} 的更新公式变为[213]

$$\begin{aligned} w_{ijk} &\leftarrow w_{ijk} - \eta \frac{\partial \text{loss}_{cbp}}{\partial w_{ijk}} \\ &= w_{ijk} - \eta \frac{\partial \text{loss}_{bp}}{\partial w_{ijk}} - \eta \frac{\partial \text{loss}_{\text{chaos}}}{\partial x_{ij}} \frac{x_{ij}}{\partial w_{ijk}} \\ &= w_{ijk} - \eta \frac{\partial \text{loss}_{bp}}{\partial w_{ijk}} + \eta x_{i-1,k} z_{ij}\left(I_0 - x_{ij}\right). \end{aligned} \tag{6.7}$$

由于 z_{ij} 是可调的正值参数 (> 0), 因此我们可以将 η 和 $x_{i-1,k}$ 全部放入, 此时更新公式的简化形式可以写作

$$w_{ijk} \leftarrow w_{ijk} - \eta \frac{\partial \text{loss}_{bp}}{\partial w_{ijk}} + z_{ij} \left(I_0 - x_{ij} \right). \tag{6.8}$$

式子右端的后两项分别定义为梯度项和混沌项. 注意到如果不考虑梯度项, 那么 (6.8) 式拥有和 Aihara 混沌神经网络[202] 一致的形式. 需要说明的是, 电生理实验表明[201], 鱿鱼巨大轴突在脉冲的刺激下能够产生混沌的响应信号, 这种信号可以由 Nagumo-Sato 神经元模型[215] 来定性描述. 通过在该神经元模型中引入内部状态, Aihara 等导出了混沌神经网络, 这也就是说, 由 (6.8) 式产生的混沌动力学是具有生物学意义的. 注意, loss_{bp} 及 x_{ij} 都为权重 $\boldsymbol{W}$ 的函数, 从动力学角度, (6.8) 式也可以描述为以下的更新回数为 t 的差分方程:

$$\begin{aligned} w_{ijk}\left(t+1\right) = w_{ijk}(t) - \eta \frac{\partial \text{loss}_{bp}\left(\boldsymbol{W}(t)\right)}{\partial w_{ijk}} \\ + z_{ij}(t)\left(I_0 - x_{ij}\left(\boldsymbol{W}(t)\right)\right), \end{aligned} \tag{6.9}$$

这里的 t 为第 t 次权重更新学习, 所以权重更新 (6.8) 式对于 w_{ijk} 来说是一个离散时间 (t) 的动力学方程, 由动力学分析可获得其动力学性质.

6.2.2 混沌模拟退火

Chen 等[208] 将模拟退火方案引入了混沌神经网络, 建立了混沌模拟退火 (chaotic simulated annealing, CSA) 理论和 Chen-Aihara 模型[208–212]. 由于混沌动力学能够帮助逃离局域极小点, 这种混沌模拟退火方案在组合优化问题中, 如旅行商问题, 取得了比传统 Hopfield 网络[216] 更好的结果. 这里我们也采用相同的退火策略, 即

$$z_{ij} \leftarrow \beta z_{ij}, \tag{6.10}$$

其中 β 是一个接近于 1 但小于 1 的退火常数. 从动力学角度, 同样地, (6.10) 式也可以表达为以下动力学方程:

$$z_{ij}\left(t+1\right) = \beta z_{ij}(t), \tag{6.11}$$

因此, (6.8) 与 (6.10) 式联立就是对状态变量 $\boldsymbol{W}$ 和 z_{ij} 的动力学方程. 显然, 随着学习更新的进行, $z_{ij} \to 0$, 即混沌项消失, (6.8) 式从混沌动力学最终与 (6.2) 式的动力学 (梯度或收敛性) 一致, 因此保障了收敛性. 实际上, 我们在计算中, 所有的 z_{ij} 均设为相同值 z, 即 $z(t+1) = \beta z(t)$, 而设 $I_0 = 0.65$, 也就是我们导入了两个超参数, $z(0)$ 和 β.

在模拟退火方案下, 由 CBP 算法导出的 (6.8) 式可以理解为如下过程.

算法 6.1 混沌反馈学习 (CBP)

首先我们初始化一个足够大的 z_{ij}, 此时混沌项占主导地位, 借助混沌丰富的动力学性质, 让 w_{ijk} 能够在权重空间中进行高效采样; 随着 z_{ij} 的逐渐变小, 梯度项和混沌项有相当的数量级, 此时两项相互竞争, 让 w_{ijk} 产生更复杂的动力学; 最后, 当 z_{ij} 足够小时, 梯度项占主导地位, CBP 算法退化为 BP 算法, 保证了学习过程最后能够收敛, 这时得到收敛的学习结果.

需要说明的是, (6.6) 式的损失函数和二元交叉熵损失函数具有相同的形式, 也就是说, 在没有其他损失时, 随着 z_{ij} 的减小, x_{ij} 最终会收敛, 而在有其他损失时则取决于两者的大小. 有趣的是从优化的角度, 当 z_{ij} 充分大时, 引入的损失项 $\text{loss}_{\text{chaos}}$ 使神经元输出 x_{ij} 更新远离边界 0 或 1, 而趋向于在中间区域的 I_0 附近探索, 这与内点法有相似之处, 即该算法利用了内点法的高效性, 可以称为混沌内点法, 它的数学机理也是今后研究的重要方向. 如 (6.8) 式里所示, 只要在现有的深度学习损失函数中加一额外交叉熵项 (6.6), 就可以得到相应的 CBP 方法, 因此 CBP 可以作为一个通用插件, 应用于现行的各种深度学习.

6.2.3 算法伪代码

为了更好地理解 BP 和 CBP 算法之间的区别, 这两种算法的细节分别在图 6.2 和图 6.3 中进行了描述. 为简单起见, 只使用了批量梯度下降法, 其他优化算法, 如 SGD, 也可以在这个基本版本上直接扩展[213].

Algorithm 1. BP (batch gradient descent)

Input: training set $D=(X, Y)$, neural network NN, learning rate η, maximal training epoch M, loss function ζ.

1 Randomly initialize all w_{ijk} in NN

2 **for** $m=1,\cdots,M$ **do**

3 $\hat{Y}=NN(X)$ // prediction with NN

4 $loss_{bp}=\zeta(\hat{Y}, Y)$ // calculate the loss

5 $w_{ijk} \leftarrow w_{ijk}-\eta\dfrac{\partial loss_{bp}}{\partial w_{ijk}}$ // update the weights NN

6 **end for**

Output: NN with optimal w_{ijk}

图 6.2 BP 算法的伪代码

Algorithm 2. CBP (batch gradient descent)

Input: training set $D=(X, Y)$, neural network NN, learning rate η, maximal training epoch M, loss function ζ, initial chaotic intensities z_{ij}, annealing constant β.

1　Randomly initialize all w_{ijk} in NN

2　**for** $m=1,\cdots,M$ **do**

3　　$\hat{Y}=NN(X)$　// prediction with NN

4　　$loss_{bp}=\zeta(\hat{Y}, Y)$　// calculate the loss

5　　calculate the chaotic loss $loss_{chaos}$ by Eq.(6.6)

6　　$w_{ijk} \leftarrow w_{ijk}-\eta\dfrac{(\partial loss_{bp}+\partial loss_{chaos})}{\partial w_{ijk}}$　// update the weights NN

7　　$z_{ij}=z_{ij}\times\beta$　// chaotic simulated annealing

8　**end for**

Output: NN with optimal w_{ijk}

图 6.3　CBP 算法的伪代码

6.2.4　使用非 Sigmoid 函数作为激活函数

为了在 CBP 算法中使用非 sigmoid 函数, 对于每个神经元, 除了正常的输出 x_{ij}, 我们还额外引入一个隐藏的输出 h_{ij}, 它们的表达式分别为

$$\begin{cases} x_{ij} = \sigma\left(-\sum\limits_{k=1}^{M_{i-1}} w_{ijk}x_{i-1,k}\right), \\ h_{ij} = \dfrac{1}{1+e^{-\sum\limits_{k=1}^{M_{i-1}} w_{ijk}x_{i-1,k}}}, \end{cases} \tag{6.12}$$

其中 σ 为任意激活函数, 如 ReLU. 因此, 混沌损失则变为

$$\text{loss}_{\text{chaos}} = -\sum_{i=1}^{l}\sum_{j=1}^{M_i} z_{ij}\left[I_0 \ln h_{ij} + (1-I_0)\ln(1-h_{ij})\right]. \tag{6.13}$$

在标准梯度下降方案中, CBP 的权重更新公式可写为

$$\begin{aligned} w_{ijk} &\leftarrow w_{ijk} - \eta\frac{\partial \text{loss}_{cbp}}{\partial w_{ijk}} \\ &= w_{ijk} - \eta\frac{\partial \text{loss}_{bp}}{\partial w_{ijk}} + \eta x_{i-1,k}z_{ij}\left(I_0 - h_{ij}\right). \end{aligned} \tag{6.14}$$

与 (6.8) 式类似, (6.14) 式的简化形式写为

$$w_{ijk} \leftarrow w_{ijk} - \eta \frac{\partial \mathrm{loss}_{bp}}{\partial w_{ijk}} + z_{ij}\left(I_0 - h_{ij}\right). \tag{6.15}$$

采用 (6.15) 式的好处是我们可以采用优化器的形式来实现 CBP, 同时参数 z_{ij} 也更容易调节.

6.3 CBP 和 BP 算法的学习性能比较

6.3.1 研究方法简介

数据集及其预处理

iris, wine 和 digits 数据集来自著名的机器学习库 scikit-learn①; blood, breast 和 cancer 数据集来自 UCI Machine Learning Repository②; titanic 和 twonorm 数据集来自 DELVE repository③; cifar10 数据集则来自网站④. 数据集的介绍见表 6.1. 对于图片类型的训练样本, 我们将其展开成一维的特征. 所有训练样本的特征均归一化至 0 到 1 之间, 如果特征中存在缺失值, 则舍弃这个特征.

表 6.1 本研究所用的数据集

数据集	总样本数	输入特征数	类别数	每类的样本数
XOR	4	2	2	[2] × 2
iris	150	4	3	[50] × 3
wine	178	13	3	[59, 71, 48]
breast	699	8	2	[458, 241]
blood	748	4	2	[570, 178]
digits	1797	64	10	[178, 182, 177, 183, 181, 182, 181, 179, 174, 180]
titanic	2201	3	2	[1490, 711]
twonorm	7400	20	2	[3703, 3697]
cifar10	60000	3072	10	[6000]×10

MLP 模型结构及权重初始化

在 XOR 问题中使用的 MLP 模型是 2-2-1, 激活函数为 sigmoid 函数, 此外, 剩余所有的模型均用 ReLU 作为激活函数. 在 cifar10 数据集上使用的 MLP 模型为 3072-1024-256-64-16-10. 剩下的 7 个数据集上我们分别使用了 7 个不同大小的单隐层 (单隐藏层) MLP. 在 XOR 问题中, 模型的权重分别从区间 [−0.2, 0.2], [−0.5, 0.5], [−1, 1] 和 [−3, 3] 上采用均匀分布来随机初始化. 剩下的数据集上, 模

① https://scikit-learn.org/stable/(访问日期: 2024 年 5 月 10 日).

② https://archive.ics.uci.edu/datasets (访问日期: 2024 年 5 月 10 日).

③ https://www.cs.toronto.edu/∼delve/data/datasets.html (访问日期: 2024 年 5 月 10 日).

④ https://www.cs.toronto.edu/∼kriz/cifar.html (访问日期: 2024 年 5 月 10 日).

型的权重均采用 PyTorch 默认的初始化方法, 即第 i 层的权重从区间 $[-\sqrt{k_i}, \sqrt{k_i}]$ 内的均匀分布随机初始化, 其中 $k_i = \dfrac{1}{M_{i-1}}$, 表示该层输入神经元的个数的倒数.

设定训练参数

为了保证公平, 所有数据集上, BP 和 CBP 都是从同一的初始权重开始训练 (重复 10 次或 100 次), 并且使用相同的学习率和最大训练轮数, 损失函数为交叉熵损失. 除此之外, CBP 还有两个额外的超参数, z 和 β (见表 6.2). 需要说明的是, 理论上网络中的每个神经元可以设置不同的 z, 但这非常耗时且没有必要, 所以实际训练中我们通常让每层的或者所有的神经元共用一个 z. 除了 cifar10, 其他数据集均采用批量梯度下降来训练, 即每轮训练使用所有训练样本. 而在 cifar10 数据集上, BP 和 CBP 均使用小批量 SGD 优化. 一共使用了三个不同的批大小 (batch size), 分别为 100, 400 和 1000, 对应的最大训练轮数分别为 100, 200 和 300. 当使用动量项时 (大小默认设为 0.9), CBP 算法分为两步, 第一步是仅使用 SGD, 第二步是等到网络权重的混沌消失后切换成 SGD+momentum, 当批大小为 100, 400 和 1000 时, 第一步对应的训练轮数分别为 5, 20 和 50. 在 XOR 问题中, 我们也对比了 SBP. 与 BP 和 CBP 不同, SBP 是通过标量型反馈进行学习, 即每次迭代都随机对一个权重进行扰动, 然后计算扰动后的损失变化, 如果损失减小则接受这个扰动, 否则以概率 $p = e^{-\Delta\text{loss}/T_l}$ 接受, 其中 T_l 是模拟退火的第 l 个温度. 我们一共模拟了 500 个温度, 相邻两个温度的关系为 $T_{l+1} = 0.95T_l$, 初始温度 T_0 设为 1, 每个温度下训练了 100 轮.

表 6.2 本研究中超参数的设置

数据集	学习率	最大训练轮数	z	β
XOR	0.2	10000	[12] × 2	0.999
iris	0.5	3000	[9, 3]	0.995
wine	0.2	1000	[3, 1]	0.990
breast	0.1	2000	[9, 3]	0.995
blood	0.1	2000	[12, 2]	0.995
digits	0.1	1000	[3, 1]	0.990
titanic	0.2	2000	[6, 3]	0.995
twonorm	0.1	300	[5, 1]	0.980
cifar10	0.01	100~300	[0.012] × 5	0.998

统计分析

为了获得统计差异的结果, BP 和 CBP 的每组对比至少重复了 10 次. 对于 XOR 问题, 由于最优模型已知, 直接从不同的初始条件重复 100 次, 比较两种算法找到最优模型的概率. 对于 iris 等 7 个数据集, 我们每个模型下重复训练 10 次, 并统计 BP 和 CBP 在训练过程中的最小损失和最大精度 (分类正确的比例),

最后通过单边 t 检验来判断差异是否显著. 设 10 次训练 BP 的最小损失和最大精度的平均值分别为 μ_{bp}^{loss} 和 μ_{bp}^{acc}, 而 CBP 的分别为 μ_{cbp}^{loss} 和 μ_{cbp}^{acc}, 对于最小损失, 假设检验的零假设为 $\mu_{bp}^{\text{loss}} < \mu_{cbp}^{\text{loss}}$, 而对于最大精度的零假设则为 $\mu_{bp}^{\text{acc}} > \mu_{cbp}^{\text{acc}}$. cifar10 数据集上也采用的是这种方式, 只是把训练集上的最大精度换成了测试集的. 此外, 对所有训练均设定了随机数种子, 可以保证结果完全可重复.

6.3.2 在 XOR 问题上验证 CBP 的全局寻优能力

首先在异或分类 (XOR) 问题上验证 CBP 算法的全局寻优能力. 假定我们有图 6.4(a) 所示的四个样本点, 其中 (0, 0) 和 (1, 1) 对应的目标值为 0.1, 而 (0, 1) 和 (1, 0) 对应的目标值为 0.9, 我们想要训练一个单隐层 MLP 能够将这四个点正确分类. Lisboa 等[217] 已经证明, 如果采用图 6.4(b) 所示的 MLP 和二元交叉熵损失, 那么这个 MLP 模型将有四类局域极小解, 因此这个问题非常适合用来验证 CBP 寻找全局最优解的能力. 我们将模型的四类局域极小解分别记为 L_a, L_b, L_c 和 L_d, 全局最优解记为 G. 其中 L_a 表示四个样本对应的输出均为 0.5; L_b 表示其中两个样本的输出为 0.5, 而另外两个样本分别为 0.1 和 0.9; L_c 表示其中一个样本输出为 0.1, 另外三个均为 0.633; L_d 表示其中一个为 0.9, 剩余三个均为 0.367. L_a, L_b, L_c 和 L_d 对应的误差值分别为 0.693, 0.509, 0.574 和 0.574. G 表示四个样本的输出均与目标值相同, 此时对应的误差值为 0.325.

首先验证 CBP 算法确实能让网络的权重产生混沌动力学, 这里以 w_1 为例, 如图 6.4(c) 所示, 随着混沌强度 z 逐渐从 12 减小, w_1 产生了混沌 (虚线框内), 而正的李雅普诺夫指数证实了这一点, 随后经历了倍周期分岔最终收敛到了稳定的不动点. 下面分别用 BP 和 CBP 算法来训练这个 MLP, 由于 BP 算法的收敛解依赖于初始条件, 因此设定了四个不同的权重初始区间, 分别为 $[-0.2, 0.2]$, $[-0.5, 0.5]$, $[-1, 1]$ 和 $[-3, 3]$, 所有的权重均从这些区间的均匀分布中随机初始化. 为了进行统计分析, 用不同的随机数种子重复了 100 次, 每次 BP 和 CBP 从相同的初始条件开始训练. 图 6.4(d) 展示了 w_1 的训练示例, 可以清楚看到, w_1 在训练的早期出现了混沌, 随着训练过程中 z 逐渐退火, 混沌逐渐消失并最终收敛, $w_2 \sim w_9$ 也和 w_1 类似. 此外, loss_{bp} 在训练过程中也观察到了先混沌后收敛的现象 (图 6.4(e)), 但与 BP 不同, CBP 在训练早期产生的混沌能够帮助模型跳出局域极小解, 因此 CBP 更容易收敛到全局最小解. 表 6.3 展示了 BP 和 CBP 算法在 100 次训练中的收敛情况, 而图 6.4(f) 直观地展示了 BP 算法和 CBP 算法在不同初始权重下找到全局最优解的概率. 可以看到, BP 算法在区间为 $[-0.2, 0.2]$ 时找到全局最小解的概率仅为 2%, 而区间为 $[-1, 1]$ 时达到最高, 为 81%. 与之相反, 除了在区间为 $[-0.2, 0.2]$ 时有较低的概率 (1%) 陷入局域极小外, 用 CBP 算法训练的 MLP 都能找到全局最优解 (或最小解), 相比于 BP 算法, 在初始权重

区间为 $[-0.2, 0.2]$, $[-0.5, 0.5]$, $[-1, 1]$ 和 $[-3, 3]$ 时, 找到全局最小解的概率分别提高了 97%, 35%, 19% 和 48%, 这一结果表明 CBP 不仅比 BP 更容易找到全局最优解, 而且性能不依赖于初值, 更加稳定. 此外, 我们也使用了两种传统的元启发算法, 遗传算法 (GA) 和粒子群优化 (particle swarm optimization, PSO) 算法, 它们找到全局最优解的概率分别为 70% 和 32%, CBP 算法也远优于它们.

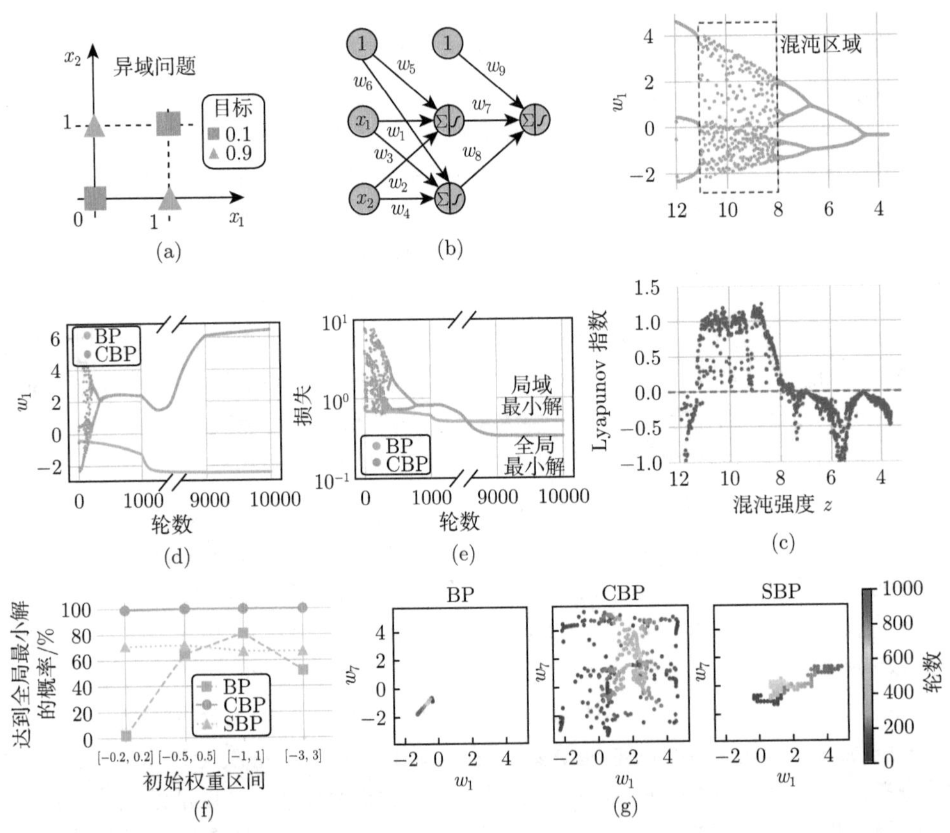

图 6.4　CBP 算法在 XOR 问题上的全局搜索能力. (a) XOR 问题的目标是正确分类图中的四个样本, 其中橙色方块为正样本 (目标为 0.1), 而蓝色三角形是负样本 (目标是 0.9). (b) 一个结构为 2 -2-1 的 MLP 模型, 它包含 9 个可学习的权重. (c) 当混沌强度 z 逐渐减小时, MLP 模型中的权重, 例如 w_1, 将呈现混沌动力学 (顶部虚线框, 可由正的李雅普诺夫指数证实 (底部)), 并在一系列分岔后最终收敛. 由于混沌动力学的存在, CBP 中权重的学习曲线与 BP 中存在较大差异, 这可能有助于模型跳出局域最小解. w_1 和损失 loss_{bp} 的学习曲线示例分别如图 (d) 和 (e) 所示. (f) 在不同的初始权重间隔 (每个重复 100 次) 下用 BP, CBP 和 SBP 进行训练后, 我们发现 CBP (99%~100%) 收敛到全局最小解的比率远高于 BP (2%~81%) 和 SBP (67%~72%). (g) 为了说明 CBP 是如何工作的, 我们比较了这三种算法在权重空间中的采样效率 (以 w_1 和 w_7 形成的二维空间为例). 这里 SBP 是 Stochastic Back Propqqation 法

表 6.3 BP, SBP, CBP 在四个不同初始权重区间上收敛到异或问题极小值的比例, 其中 L_a, L_b, L_c 和 L_d 代表四个局域极小解, G 代表全局最小解

初始权重分布区间	方法	极小解 (L: 局域极小, G: 全局最小)			
		L_a	L_b	L_c+L_d	G
[−0.2, 0.2]	BP	96	0	2	2
	SBP	0	19	10	71
	CBP	1	0	0	**99**
[−0.5, 0.5]	BP	18	12	5	65
	SBP	0	22	6	72
	CBP	0	0	0	**100**
[−1, 1]	BP	2	16	1	81
	SBP	0	25	8	67
	CBP	0	0	0	**100**
[−3, 3]	BP	0	36	12	52
	SBP	0	27	6	67
	CBP	0	0	0	**100**

为什么 CBP 算法能有如此优秀的表现呢? 为了回答这些问题, 进一步将 CBP 算法与 SBP 算法[218] 进行比较. SBP 算法在 BP 算法中引入了对权重的扰动, 比如每次迭代时随机对某个权重进行偏移, 这种扰动可以通过模拟退火进行控制, 保证当温度较高时可以逃离局域最小, 而温度较低时收敛到稳定解. 需要注意的是, SBP 算法和 SGD 算法不同, SGD 是对梯度的扰动, 而 SBP 是直接对权重的扰动, 因此 SBP 算法和 CBP 算法可以分别看作随机动力学和混沌动力学与 BP 算法的结合. 从图 6.4(f) 可以看出, 不管初始区间如何, SBP 算法总能有较大的概率 (∼70%) 找到全局最优解, 而且除了 $[-1,1]$, 其他三个区间上, SBP 算法找到最优解的概率都要高于 BP. 但是 SBP 找到全局最优解的概率依旧远低于 CBP, 为了解释这一发现, 这里比较了三种算法在权重空间内的学习路径. 为了方便展示, 这里仅用了 w_1 和 w_7 作为坐标轴 (图 6.4(g)). 可以看到, 由于标准梯度法单调下降的特性, BP 算法倾向于陷入附近的局域极小解. 而在 SBP 算法中, 由于引入了对权重的随机扰动, SBP 能够搜索更大的空间, 但受限于扰动前后的权重是相邻的, SBP 的搜索效率比较低下, 而且可能重复采样到同一个点. 而在 CBP 算法中, 由于混沌动力学具有无重复性以及初值敏感性, 权重能够迅速产生巨大的变化, 而且不会重复采样, 这样就极大地提高了采样的效率. 另一个值得说明的点是, SBP 很难在较大规模的训练中应用, 因为它对权重的扰动是串行的. 与之相反, BP 算法可以看作 CBP 算法在混沌强度为 0 时的特例. 因此 CBP 也具有并行计算的特点, 适合处理大规模的网络训练问题.

6.3.3 在 7 个基准数据集上测试 CBP 的优化性能

在上一节中, CBP 算法在处理异或分类问题上有非常好的表现, 接下来深入测试它在真实数据集上的寻找全局最优解的能力. 为了得到更加客观和系统的结果, 从 UCI 网站和 Sklearn 网站上选择了 7 个数据集, 如表 6.1 所示, 这些数据集既包含了二分类问题也包含了多分类问题, 此外还包含了类别不平衡的分类问题.

需要说明的是, 在上一节推导 CBP 算法时, MLP 使用的激活函数是 sigmoid 函数, 但由于 sigmoid 函数的两端饱和性, 在训练的过程中会出现梯度消失的问题, 为了缓解这一问题, Nair 等提出了 ReLU[219] 激活函数, 由于其生物学合理性和稀疏性以及良好的性质, 目前主流的深度学习模型大多数采用的都是 ReLU 及其变体, 如 ELU[220] 和 GeLU[221]. 为了使 CBP 算法能够与 ReLU 兼容, 我们在网络中加入了中间输出 (见前一节), 本节后面的网络模型均采用 ReLU 作为激活函数.

方便起见, 这里使用 digits 数据集作为例子来比较 CBP 和 BP 的性能. 图 6.5(a) 展示了用 64-129-10 作为模型时 BP 和 CBP 各自的 10 条独立的学习曲线. 从图中可以明显看到, CBP 在训练的初期通过混沌在权重空间进行大范围采样, 导致权重和精度大幅度振荡, 然后随着混沌退火逐渐收敛并最终找到了比 BP 损失更小精度更高的解, 这与 XOR 问题中的情况非常相似. 为了更直观地展示 CBP 和 BP 找到的解的差异, 这里给出了几个 CBP 分类成功但 BP 分类错误的例子 (图 6.5(c)). 此外, 为了说明 CBP 的优势不依赖于模型隐藏层神经元的数目, 图中还使用了其他 6 个不同大小的模型. 图 6.5(b) 展示了 7 个不同模型下 BP 和 CBP 能达到的最小损失和最大精度的分布, 可以看到, 在不同大小模型下, CBP 都能够找到比 BP 损失更低、精度更高的解, 而且随着模型的增大, CBP 的解的损失减少和精度增加的速度也比 BP 更快. 另一方面, CBP 在精度上巨大的优势并不需要额外大量的计算. 如图 6.5(d) 所示, 对于 digits 数据集, 用同一个程序在同一个处理器上训练 1000 轮, BP 和 CBP 花费的平均时间相当. 相反地, BP 达到 96% 和 98% 精度所需的时间分别为 11.28s 和 25.13s, 而 CBP 分别需要 9.27s 和 15.51s, 这说明 CBP 可以在更短的时间内达到给定的高精度.

在剩下的 6 个数据集上, 也得到了和 digits 数据集中相似的结论 (图 6.6 和表 6.4), 除了两个明显的不同点. 第一个不同点是在 wine 数据集中, CBP 和 BP 能到达的最大精度都是 1 (图 6.6(b)), 不过此时, CBP 能达到的最小损失明显低于 BP, 这表明 CBP 找到的解更接近于全局最优解, 只是该数据集可能相对比较简单, 无法体现 CBP 的优势. 另一个有趣的不同点是在 breast 数据集中, CBP 能达到的最小损失和 BP 相当 (图 6.6(c)), 然而, 此时 CBP 能到达的最大精度明显高于 BP, 这意味着 CBP 学到的模型具有更高的泛化能力.

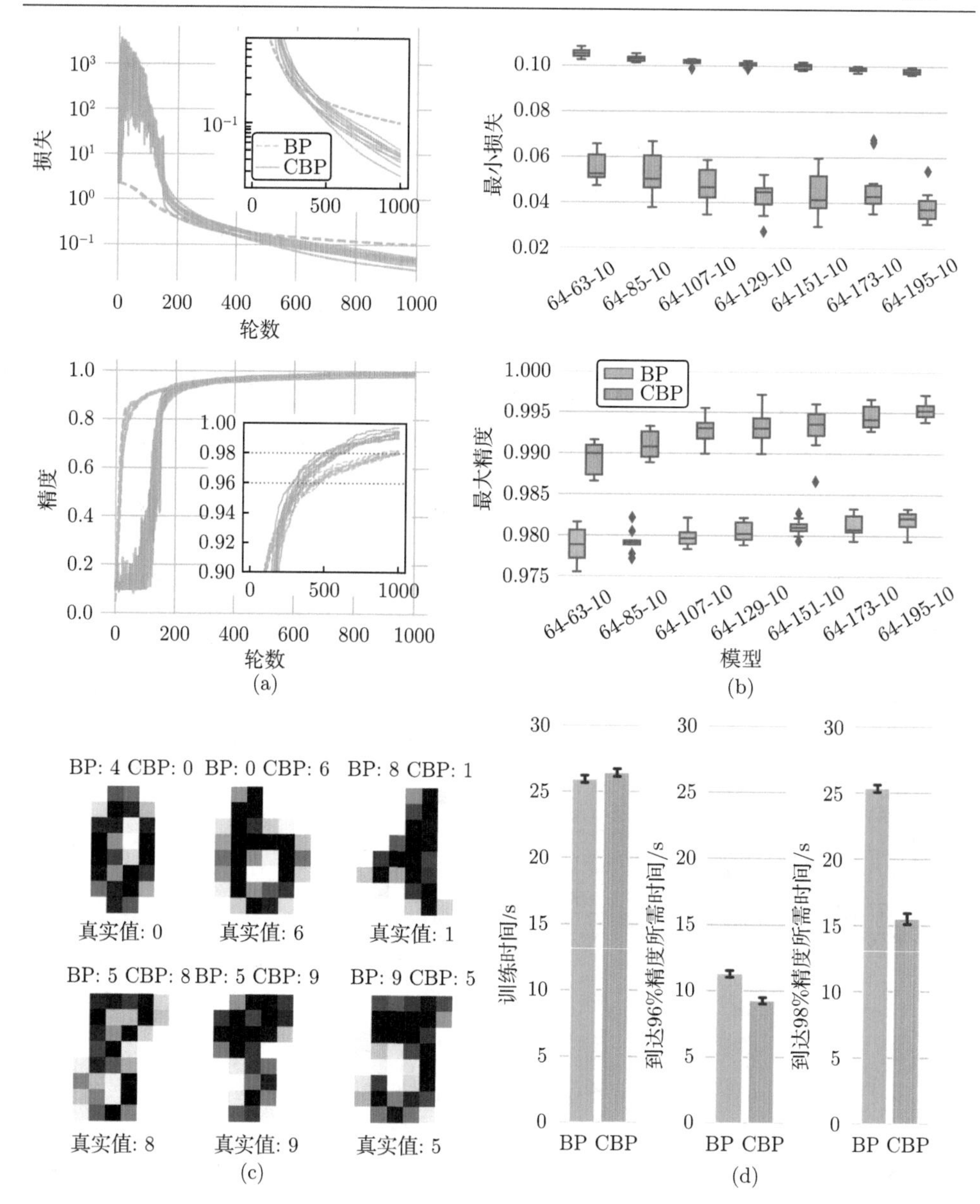

图 6.5 BP 和 CBP 在 digits 数据集上的表现. 在 10 个不同的初始条件下, 分别应用 CBP 和 BP 训练一个结构为 64-129-10 的 MLP. 训练过程中对应的损失 loss_{bp} (上图) 和精度 (下图) 曲线如图 (a) 所示, 插图放大了这些曲线收敛的细节. (b) 为了证明 CBP 的性能, 比较了 CBP 和 BP 在 7 个不同模型上的最小损失和最大准确度. 在所有模型中, CBP 的最小损失都低于 BP, 而最大精度高于 BP. 图 (c) 展示了 CBP 正确分类但 BP 错误的几个例子. (d) 为了进一步说明 CBP 在学习速度方面的优势, 对于 BP 和 CBP, 记录了使用相同 CPU 进行训练所花费的时间 (左图), 结果表明 CBP 花费的时间与 BP 相当. 而相比之下, CBP 达到 96% (中图) 和 98% (右图) 准确度的时间明显短于 BP

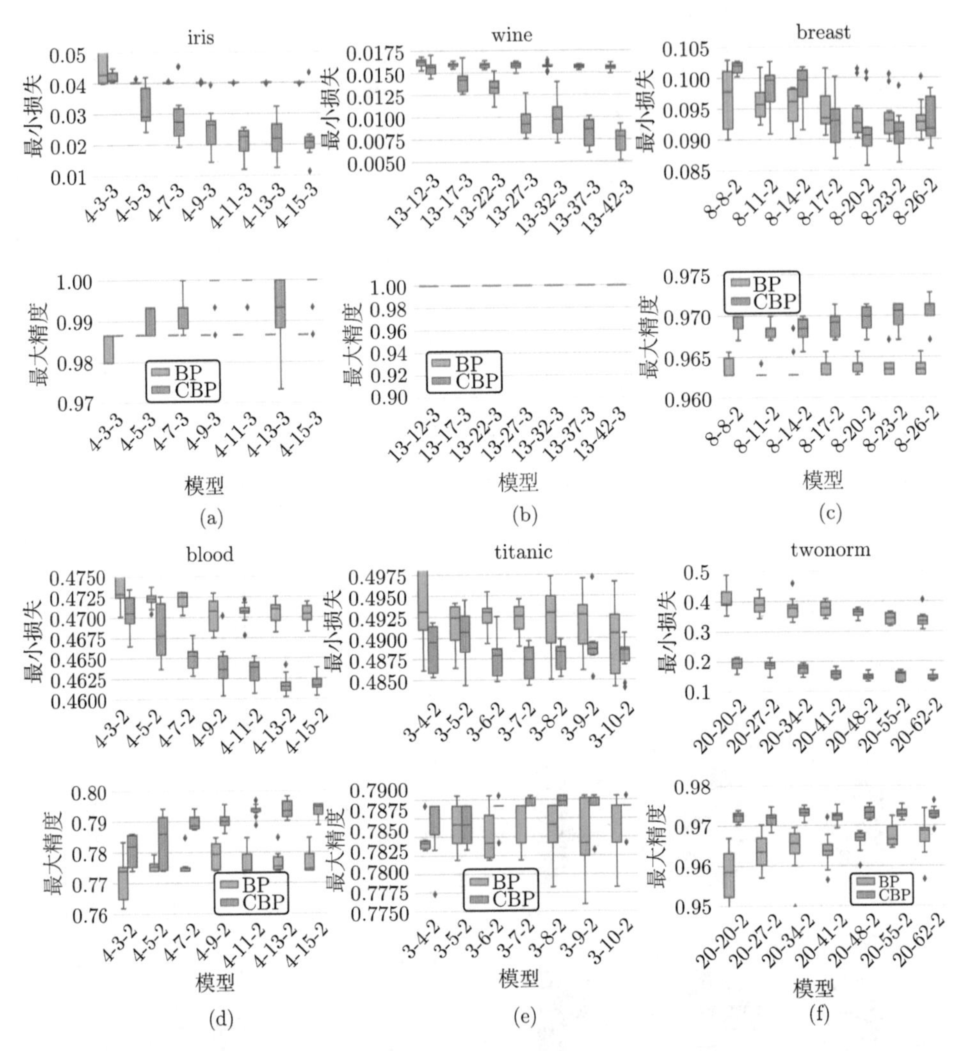

图 6.6　在剩余 6 个基准数据集上比较 BP 和 CBP 的性能

为了进一步量化 CBP 和 BP 在性能上的不同, 对 7 个数据集及对应的 7 个模型下 BP 和 CBP 能达到的最小损失和最大精度分别进行假设检验. 在 49 (7×7) 组假设检验中, CBP 的最小损失比 BP 显著 (P 值小于 0.05, 单边 t 检验) 更低的有 35 组, 其中 30 组非常显著 (P 值小于 0.001), 而 CBP 的最大精度比 BP 显著更高的有 37 组, 且这 37 组中并不包含 wine 数据集中 CBP 和 BP 最大精度都是 1 的 7 组. 从这些结果不难发现, CBP 在大部分情况下都能学到比 BP 损失更低、精度更高的模型, 而在一些特殊情况下, CBP 也可以和 BP 有相当的表现.

表 6.4 在 7 个基准数据集上, BP 和 CBP 在 10 次独立训练中的最小损失和最大精度的统计结果. 更好的结果用粗体标记

数据集	模型	方法	最小损失		最大精度	
			平均值 ± 标准差	最小值	平均值 ± 标准差	最大值
iris	4-9-3	BP	0.040±0.000	0.040	0.987±0.000	0.987
		CBP	**0.022±0.004**	**0.017**	**1.000±0.000**	**1.000**
wine	13-27-3	BP	0.016±0.000	0.015	1.000±0.000	1.000
		CBP	**0.010±0.002**	**0.008**	1.000±0.000	1.000
breast	8-17-2	BP	0.095±0.004	0.091	0.964±0.001	0.966
		CBP	**0.093±0.004**	**0.086**	**0.968±0.002**	**0.973**
blood	4-9-2	BP	0.470±0.002	0.468	0.779±0.004	0.785
		CBP	**0.463±0.002**	**0.462**	**0.793±0.003**	**0.798**
digits	64-129-10	BP	0.101±0.001	0.099	0.980±0.001	0.982
		CBP	**0.045±0.011**	**0.028**	**0.993±0.002**	**0.996**
titanic	3-7-2	BP	0.492±0.002	0.489	0.786±0.003	0.789
		CBP	**0.488±0.002**	**0.484**	**0.789±0.002**	**0.791**
twonorm	20-41-2	BP	0.376±0.025	0.343	0.964±0.004	0.972
		CBP	**0.158±0.016**	**0.139**	**0.973±0.002**	**0.975**

6.3.4 在 cifar10 数据集上测试 CBP 的泛化能力

前面对 CBP 算法寻找全局最优解模型上的能力进行了系统研究, 结果表明 CBP 在训练集上的往往能够达到比 BP 更小的损失和更高的精度. 但是, 在深度学习和机器学习社区中, 人们更关注算法在测试集上的表现, 也就是泛化能力. 为了进一步分析 CBP 的泛化能力, 这里选择了广泛使用的 cifar10 数据集, 它由 10 类真实图片组成, 包含 50000 个训练样本和 10000 个测试样本. 训练依旧使用 MLP 模型, 其结构为 3072-1024-256-64-16-10.

需要说明的是, 由于 BP 算法容易收敛到局部最小和收敛慢的缺点, 因此在实际训练中, 人们通常会将 BP 与其他随机优化算法相结合, 特别是 SGD 及其变体, 例如常见的带动量的 SGD[222] 和 Adam[223] 等. 事实上, CBP 也可以和这些优化方法结合, 例如在 XOR 问题中, CBP 和带动量的 GD 结合能够进一步提高其性能. 因此在后面, 主要在 SGD 的前提下比较 BP 和 CBP 的泛化性能.

图 6.7(a) 展示了在批大小为 400 且不使用动量的情况下 BP 和 CBP 训练损失的变化, 图 6.7(b) 则是对应训练过程中测试精度的变化, 可以看到, CBP 找到的解不仅在训练集上损失比 BP 更低, 而且在测试集上也能达到更高的分类精度, 图 6.7(e) 则直观展示了一些 CBP 分类正确但 BP 分类错误的例子. 为了考虑批大小的大小对结果的影响, 这里还使用了 100 和 1000 两个批大小. 图 6.7(c) 中比较了在不同的批大小下 BP 和 CBP 能达到的最小训练损失和最大测试精度, 可以明显看出, 不管是使用哪个批大小, CBP 能达到的最小训练损失和最大测试

精度都明显优于 BP (表 6.5). 为了进一步提高 BP 和 CBP 的性能, 下面使用 SGD+momentum (默认值为 0.9) 的方式来优化网络参数. 从图 6.7(d) 可以看出, 在使用动量后, BP 的整体泛化提升非常明显. 从表 6.5 中可以看出, 10 次独立训练的平均最大测试精度在批大小为 100, 400 和 1000 时分别提升了 3.3%, 5.7% 和 7.8%, 但最大的最大测试精度在批大小为 100 时反而下降了 0.8% (在批大小为 400 和 1000 时分别提高了 1% 和 4%). 与 BP 类似, 在批大小为 100 时, 使用动量后, 平均最大测试精度和最大的最大测试精度分别下降了 1.1% 和 0.9%. 考虑到 BP 和 CBP 在使用动量后最小训练损失均明显降低的事实, 批大小设为 100 可能对当前的模型并不合适. 而在批大小增加到 400 和 1000 后, 平均最大测试精度分别升高了 1.7% 和 4.9%, 最大的最大测试精度也分别升高了 1.6% 和 4.7%, 此时动量的使用也对 CBP 的泛化性能有较大的提升. 值得说明的是, 不管是哪个批大小, 也不管是否使用动量, CBP 的最大测试精度的平均值和最大值均要高于 BP, 毋庸置疑地表明了 CBP 的泛化能力是强于 BP 的. 除此之外, CBP 的最大测试精度的标准偏差也都明显小于 BP 的, 说明 CBP 的结果对初始条件的鲁棒性更好.

表 6.5 在 cifar10 数据集上, 在不同批大小和动量 (momentum) 下, BP 和 CBP 的最小训练损失和最大测试精度的统计结果

动量	批大小	方法	最小训练损失		最大测试精度	
			平均值 ± 标准差	最小值	平均值 ± 标准差	最大值
0	100	BP	0.553±0.236	0.309	0.511±0.051	0.559
		CBP	**0.301±0.016**	**0.273**	**0.559±0.003**	**0.563**
	400	BP	1.124±0.208	0.844	0.483±0.060	0.547
		CBP	**0.845±0.022**	**0.804**	**0.549±0.004**	**0.555**
	1000	BP	1.482±0.170	1.192	0.438±0.048	0.507
		CBP	**1.196±0.025**	**1.152**	**0.511±0.005**	**0.518**
0.9	100	BP	0.073±0.058	**0.031**	0.544±0.007	0.551
		CBP	**0.052±0.004**	0.046	**0.548±0.004**	**0.554**
	400	BP	0.094±0.125	<0.001	0.540±0.028	0.567
		CBP	**<0.001**	<0.001	**0.566±0.003**	**0.571**
	1000	BP	0.197±0.272	<0.001	0.516±0.047	0.557
		CBP	**<0.001**	<0.001	**0.560±0.004**	**0.565**

最后, 为了说明 CBP 对 BP 泛化能力的提升是显著的, 也对不同批大小下 BP 和 CBP 的最小训练损失和最大测试精度进行了假设检验. 如图 6.7(f) 所示, 除了使用动量且批大小为 100 的情形下, CBP 对 BP 泛化能力的提升不显著, 其他全部情形下泛化能力的都是显著的. 需要说明的是, 在这种特殊情况下, 使用动量都损害了 BP 和 CBP 的泛化性能, 因此实际使用中应放弃使用这种超

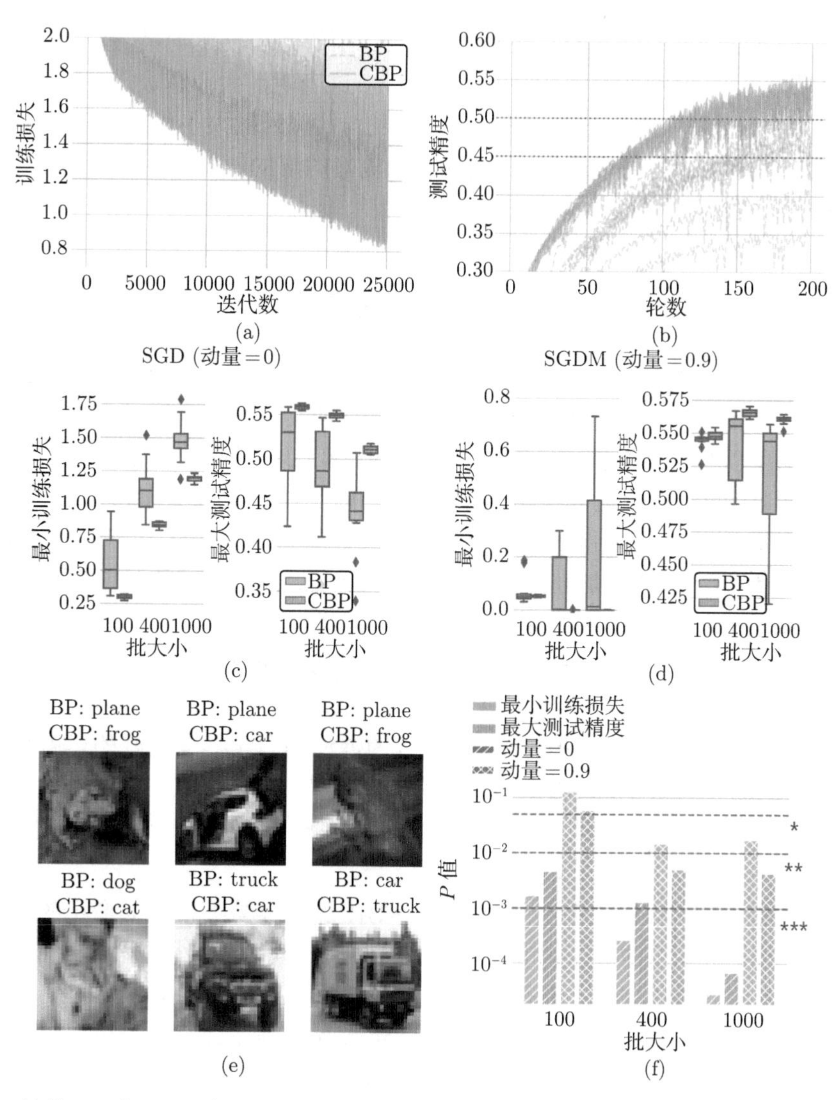

图 6.7 比较 BP 和 CBP 在 cifar10 数据集上的泛化能力. 在 10 种不同的初始条件下, 分别用 CBP 和 BP 训练一个结构为 3072-1024-256-64-16-10 的 MLP. 使用小批量 SGD (min-batch SGD) 算法优化权重. 当批大小为 400 时, 训练过程中训练损失和测试准确率的对应曲线分别如图 (a) 和 (b) 所示. (c) 为了考察 CBP 的泛化能力对批大小的依赖性, 分别比较了 BP 和 CBP 在三种不同批次大小 (100, 400 和 1000) 下的最大测试精度. 可以看到对于不同的批大小, CBP 的最大测试精度均高于 BP, 结果也更稳定. (d) 为了进一步提高 BP 和 CBP 的泛化能力, 这里也用 SGDM(动量 = 0.9) 来优化模型权重, 结论与仅用 SGD 优化的结论一致. 类似地, (e) 中显示了几个 CBP 正确分类但 BP 错误的示例. (f) 除了批大小为 100, 优化器为 SGDM 的情形, CBP (每一组右边橙色) 的泛化性能均显著高于 BP (每一组左边蓝色). 从上到下的三条虚线分别表示 P 值为 0.05, 0.01 和 0.001

参数组合. 除此之外, 另一个有意思的发现是, 不管是否使用动量, BP 和 CBP 最大测试精度的 P 值都随着批大小增大而减小, 这表明批大小越大, CBP 对 BP 泛化能力的提升就越显著. 这个结果也在意料之中, 因为批大小越小, 学习的随机性就越强, BP 算法跳出局域最小解, 找到泛化更好的解的能力就越强, 而 CBP 在没有引入随机性时也具备这种能力.

6.4 未来的发展方向

基于大脑的学习具有混沌动力学的事实, 本章介绍了误差的混沌反向传播 (CBP) 学习算法. 与 BP 算法不同, 借助于混沌动力学的初值敏感性及遍历性, CBP 算法可以在网络的权重空间中获得比随机动力学更高效的采样 (如图 6.4(g) 所示), 并且借助于模拟退火策略, 能够让 CBP 算法收敛到比 BP 算法更接近于全局最优解, 因此从优化和学习的角度看, CBP 算法可以看作混沌优化和 BP 算法的结合, 而 BP 算法只是去掉混沌后的特殊情况. 需要强调的是, 此前也有工作尝试在 BP 中引入混沌, 例如通过使用非常大的学习率[224], 但这种方式并不具备生物学意义. 与之相对, 这里引入的混沌借鉴了混沌神经网络的形式, 而混沌神经网络则是建立在描述真实神经元动力学的定性模型的基础之上, 因此可以说引入的混沌是有生物学意义的. 不仅如此, 引入的混沌动力学具有良好的可解释性, 因为在 (6.6) 式中引入的损失函数具有交叉熵的形式, 也就是说在学习的过程中, 所有神经元的输出都倾向于收敛到一个值, 这种无偏好的特点能让网络具有更强的可塑性.

一方面, CBP 算法的提出是为了解决 BP 算法容易陷入局部最小的问题, 而在多个数据集上系统的测试也表明 CBP 算法在寻找全局最优解的能力确实要显著强于 BP. 虽然这个结果已经达到这样的预期, 但更令人惊喜的是, 在 cifar10 数据集上的测试表明, CBP 算法不仅比 BP 更容易找到在训练集上全局最优解, 而且在测试集上同样能够达到更高的精度, 这表明 CBP 比 BP 具有更强的泛化能力, 这也是机器学习中评价算法最重要的指标之一. 不仅如此, 和 BP 一样, CBP 也可以进一步与 SGD 及其变体结合来提高收敛速度和泛化能力, 例如在 cifar10 数据集中, 即使都用 SGD+Momentum, CBP 的泛化能力依旧强于 BP, 这为 CBP 替代 BP 提供了可能. 另一方面, BP 之所以能被广泛使用是因为它不仅计算简单而且可以并行化, 这些特点是其他算法所不具备的. 例如典型的元启发式算法 GA 和 PSO, 它们也能用于学习网络的权重, 但这些算法在应用于规模较大的网络时计算量急剧增加, 导致实际中无法大规模使用. 而 CBP 只是在 BP 的过程中额外引入了一项损失, 计算量的增加微乎其微, 实际计算中也证实了这一点. 而且, 由于 CBP 通常能够找到损失更低的解, 所以实际在训练中达到相同精度的时间反而比 BP 更快. 此外, 与 BP 相比, CBP 还有一个重要的优势, 就是结果的稳定性更高, 而不像 BP 非常依赖初值的选择 (图 6.4(f)). 这一点也比较容易理解, 因为混沌动力学在一定区域内具有遍历性, 所以只要全局最小解对应的区域 (该区域内任意位置出发, 梯度下降都能找到全局最小解) 和混沌动力学的区域有重叠, 理论上 CBP 在足够长的时间后都能找到全局最小解.

当然, CBP 算法还处在其最早期的阶段, 本身也有一些问题急需解决, 例如, 如何确定合适的初始混沌强度, 以及如何确定退火策略目前没有理论指导, 需要手动调试. 此外, 如何将 CBP 整合到当前人工神经网络学习和训练的主流框架中还需要系统深入地研究. 一方面, 目前深度学习的主流模型大部分都包含归一化[225] 和残差连接[226] 等, 其中归一化层的参数可以学习, 如何在归一化层中引入混沌及其意义目前并不明确. 另一方面, 目前的 CBP 算法主要适用于 MLP 模型, 如何在卷积神经网络[227]、Transformer[228]、图神经网络 (graph neural network, GNN)[229]、类脑计算的脉冲神经网络 (spiking neural network, SNN)[230] 中引入混沌及其有效性也是值得研究的问题. 不过幸运的是, 当前最新的几项研究表明, 纯 MLP 模型[231,232] 也能在 ImageNet 数据集上达到最先进的性能 (state-of-the-art, SOTA), 实际上, 我们对于 SNN 建立了混沌脉冲反向传播 (chaotic spiking backpropagation, CSBP) 新方法, 在 Image Net 数据集及 DVS 的数据集上都达到了 SOTA[235]. 这也为更深入地分析 CBP 的性能提供了平台, 也是未来需要继续研究的问题. CBP 算法的有效性无疑也在暗示我们, 大脑的学习过程可能并不仅仅是一个带有随机性的线性过程, 混沌应该也发挥了重要的作用. 因此, 相信当前的这项工作将开启认识大脑学习过程的一扇新大门. 本章主要介绍了在深度神经网络 (deep neural network, DNN) 的学习方法, 对于脉冲神经网络的混沌学习或类脑学习方法也是今后重要研究方向[235].

最后值得一提的是, 当前 AI 及大模型的发展为许多重要且困难的科学问题提供了有效的解决方案, 例如 AlphaFold2/3 可以直接从蛋白质的序列预测得到实验精度的三维结构, 基本上成功地解决了蛋白质结构预测这一科学问题, 对下游多个重要领域, 如药物研发, 产生了深远的影响[214], 标志着人工智能赋能科学这一科学范式已经逐渐成熟. 而本项的另一个重要的科学意义在于, 用现有的科学研究成果 (如, 动力学刻画的数据科学) 来推动 AI 的发展, 发展科学赋能人工智能这一新的科学范式.

参考文献

[1] 丁同仁, 李承治. 常微分方程教程. 2 版. 北京: 高等教育出版社, 2004.

[2] 周蜀林. 偏微分方程. 北京: 北京大学出版社, 2005.

[3] 楼红卫, 林伟. 常微分方程. 上海: 复旦大学出版社, 2007.

[4] 马知恩, 周义仓. 常微分方程定性与稳定性方法. 北京: 科学出版社, 2001.

[5] Chen L N, Aihara K. Stability and bifurcation analysis of differential-difference-algebraic equations. IEEE Transactions on Circuits and Systems I: Fundamental Theory and Applications, 2001, 48(3): 308-326.

[6] Venkatasubramanian V, Schattler H, Zaborszky J. Local bifurcations and feasibility regions in differential-algebraic systems. IEEE Transactions on Automatic Control, 1995, 40(12): 1992-2013.

[7] Grassberger P, Procaccia I. Measuring the strangeness of strange attractors. The Theory of Chaotic Attractors. New York: Springer, 2004: 170-189.

[8] Alligood K T, Sauer T D, Yorke J A. Chaos: An Introduction to Dynamical Systems. New York: Springer, 2012.

[9] Mackey M C, Glass L. Oscillation and chaos in physiological control systems. Science, 1977, 197(4300): 287-289.

[10] Sauer T, Yorke J A, Casdagli M. Embedology. Journal of Statistical Physics, 1991, 65(3): 579-616.

[11] Takens F. Detecting strange attractors in turbulence. Dynamical Systems and Turbulence, Warwick 1980. Berlin, Heidelberg: Springer, 1981: 366-381.

[12] Wallot S, Mønster D. Calculation of average mutual information (AMI) and false-nearest neighbors (FNN) for the estimation of embedding parameters of multidimensional time series in Matlab. Frontiers in Psychology, 2018, 9: 1679.

[13] Robinson R C. An introduction to dynamical systems: Continuous and discrete. American Mathematical Soc., 2012.

[14] Devaney R L. An Introduction to Chaotic Dynamical Systems. Boca Raton: CRC Press, 2018.

[15] Banks J, Brooks J, Cairns G, et al. On devaney's definition of chaos. The American Mathematical Monthly, 1992, 99(4): 332-334.

[16] Li T Y, Yorke J A. Period three implies chaos. The American Mathematical Monthly, 1975, 82(10): 985-992.

[17] Marotto F R. Snap-back repellers imply chaos in $\mathbb{R}^n$. Journal of Mathematical Analysis and Applications, 1978, 63(1): 199-223.

[18] E W, Li T, Vanden-Eijnden E. Applied Stochastic Analysis. Providence: American Mathematical Soc., 2021.

[19] Oksendal B. Stochastic Differential Equations: An Introduction with Applications. Berlin, Heidelberg: Springer Science & Business Media, 2013.

[20] Kloeden P E, Platen E. Stochastic differential equations. Numerical Solution of Stochastic Differential Equations. Berlin, Heidelberg: Springer, 1992: 103-160.

[21] Lenton T M. Early warning of climate tipping points. Nature Climate Change, 2011, 1(4): 201-209.

[22] Wang R, Dearing J A, Langdon P G, et al. Flickering gives early warning signals of a critical transition to a eutrophic lake state. Nature, 2012, 492(7429): 419-422.

[23] Rietkerk M, Dekker S C, de Ruiter P C, et al. Self-organized patchiness and catastrophic shifts in ecosystems. Science, 2004, 305(5692): 1926-1929.

[24] Drake J M, Griffen B D. Early warning signals of extinction in deteriorating environments. Nature, 2010, 467(7314): 456-459.

[25] Kambhu J, Weidman S, Krishnan N. New Directions for Understanding Systemic Risk: A Report on a Conference Cosponsored by the Federal Reserve Bank of New York and the National Academy of Sciences. Washington: The National Academies Press, 2007.

[26] Mukherji R. Ideas, interests, and the tipping point: Economic change in India. Review of International Political Economy, 2013, 20(2): 363-389.

[27] Quax R, Kandhai D, Sloot P. Information dissipation as an early-warning signal for the Lehman Brothers collapse in financial time series. Scientific Reports, 2013, 3(1): 1-7.

[28] Scheffer M, Bascompte J, Brock W A, et al. Early-warning signals for critical transitions. Nature, 2009, 461(7260): 53-59.

[29] Bargaje R, Trachana K, Shelton M N, et al. Cell population structure prior to bifurcation predicts efficiency of directed differentiation in human induced pluripotent cells. Proceedings of the National Academy of Sciences, 2017, 114(9): 2271-2276.

[30] Sarkar S, Sinha S K, Levine H, et al. Anticipating critical transitions in epithelial-hybrid-mesenchymal cell-fate determination. Proceedings of the National Academy of Sciences, 2019, 116(52): 26343-26352.

[31] Sciuto A M, Phillips C S, Orzolek L D, et al. Genomic analysis of murine pulmonary tissue following carbonyl chloride inhalation. Chemical Research in Toxicology, 2005, 18(11): 1654-1660.

[32] Olde Rikkert M G M, Dakos V, Buchman T G, et al. Slowing down of recovery as generic risk marker for acute severity transitions in chronic diseases. Critical Care Medicine, 2016, 44(3): 601-606.

[33] Liu R, Wang J, Ukai M, et al. Hunt for the tipping point during endocrine resistance process in breast cancer by dynamic network biomarkers. Journal of Molecular Cell Biology, 2019, 11(8): 649-664.

[34] Viera A J. Predisease: When does it make sense? Epidemiologic Reviews, 2011, 33(1): 122-134.

[35] Liu R, Wang X D, Aihara K, et al. Early diagnosis of complex diseases by molecular biomarkers, network biomarkers, and dynamical network biomarkers. Medicinal Research Reviews, 2014, 34(3): 455-478.

[36] Li M Y, Zeng T, Liu R, et al. Detecting tissue-specific early warning signals for complex diseases based on dynamical network biomarkers: Study of type 2 diabetes by cross-tissue analysis. Briefings in Bioinformatics, 2014, 15(2): 229-243.

[37] Koizumi K, Oku M, Hayashi S, et al. Suppression of dynamical network biomarker signals at the predisease state (mibyou) before metabolic syndrome in mice by a traditional Japanese medicine (kampo formula) bofutsushosan. Evidence-Based Complementary and Alternative Medicine, 2020, (3): 1-9.

[38] Tanaka H, Ogishima S. Network biology approach to epithelial-mesenchymal transition in cancer metastasis: Three stage theory. Journal of Molecular Cell Biology, 2015, 7(3): 253-266.

[39] Chen E I, Yates J R. Maspin and tumor metastasis. IUBMB Life, 2006, 58(1): 25-29.

[40] Stapelberg N J C, Neumann D L, Shum D, et al. Health, pre-disease and critical transition to disease in the psycho-immune-neuroendocrine network: Are there distinct states in the progression from health to major depressive disorder? Physiology & Behavior, 2019, 198: 108-119.

[41] Chen L, Liu R, Liu Z P, et al. Detecting early-warning signals for sudden deterioration of complex diseases by dynamical network biomarkers. Scientific Reports, 2012, 2(1): 1-8.

[42] Shi J, Li T, Chen L. Towards a critical transition theory under different temporal scales and noise strengths. Physical Review E, 2016, 93(3): 032137.

[43] Shi J, Aihara K, Chen L. Dynamics-based data science in biology. National Science Review, 2021, 8(5): nwab029.

[44] Ashwin P, Wieczorek S, Vitolo R, et al. Tipping points in open systems: Bifurcation, noise-induced and rate-dependent examples in the climate system. Philosophical Transactions of the Royal Society A: Mathematical, Physical and Engineering Sciences, 2012, 370(1962): 1166-1184.

[45] Wieczorek S, Xie C, Ashwin P. Rate-induced tipping: Thresholds, edge states and connecting orbits. Nonlinearity, 2023, 36(6): 3238-3293.

[46] Liu R, Chen P, Aihara K, et al. Identifying early-warning signals of critical transitions with strong noise by dynamical network markers. Scientific Reports, 2015, 5(1): 1-13.

[47] Liu R, Aihara K, Chen L. Collective fluctuation implies imminent state transition: Comment on "dynamic and thermodynamic models of adaptation". Physics of Life Reviews, 2021, 37: 103-107.

[48] Rietkerk M, Bastiaansen R, Banerjee S, et al. Evasion of tipping in complex systems through spatial pattern formation. Science, 2021, 374(6564): eabj0359.

[49] van Nes E H, Scheffer M. Slow recovery from perturbations as a generic indicator of a nearby catastrophic shift. The American Naturalist, 2007, 169(6): 738-747.

[50] Tredicce J R, Lippi G L, Mandel P, et al. Critical slowing down at a bifurcation. American Journal of Physics, 2004, 72(6): 799-809.

[51] Dakos V, van Nes E H, D'Odorico P, et al. Robustness of variance and autocorrelation as indicators of critical slowing down. Ecology, 2012, 93(2): 264-271.

[52] Horsthemke W, Lefever R. Noise-induced transitions: Theory and applications in physics, chemistry, and biology. Berlin, Heidelberg: Springer, 1984.

[53] Gardiner C W. Handbook of stochastic methods for physics, chemistry and the natural sciences. Berlin: Springer-Verlag, 2004.

[54] Ripa J, Heino M. Linear analysis solves two puzzles in population dynamics: The route to extinction and extinction in coloured environments. Ecology Letters, 1999, 2(4): 219-222.

[55] Venegas J G, Winkler T, Musch G, et al. Self-organized patchiness in asthma as a prelude to catastrophic shifts. Nature, 2005, 434(7034): 777-782.

[56] Litt B, Esteller R, Echauz J, et al. Epileptic seizures may begin hours in advance of clinical onset: A report of five patients. Neuron, 2001, 30(1): 51-64.

[57] Maturana M I, Meisel C, Dell K, et al. Critical slowing down as a biomarker for seizure susceptibility. Nature Communications, 2020, 11(1): 1-12.

[58] van de Leemput I A, Wichers M, Cramer A O J, et al. Critical slowing down as early warning for the onset and termination of depression. Proceedings of the National Academy of Sciences, 2014, 111(1): 87-92.

[59] Tanaka G, Tsumoto K, Tsuji S, et al. Bifurcation analysis on a hybrid systems model of intermittent hormonal therapy for prostate cancer. Physica D: Nonlinear Phenomena, 2008, 237(20): 2616-2627.

[60] Hirata Y, Bruchovsky N, Aihara K. Development of a mathematical model that predicts the outcome of hormone therapy for prostate cancer. Journal of Theoretical Biology, 2010, 264(2): 517-527.

[61] Brett T, Ajelli M, Liu Q H, et al. Detecting critical slowing down in high-dimensional epidemiological systems. PLoS Computational Biology, 2020, 16(3): e1007679.

[62] Ma H, Leng S, Aihara K, et al. Randomly distributed embedding making short-term high-dimensional data predictable. Proceedings of the National Academy of Sciences, 2018, 115(43): E9994-E10002.

[63] Liu R, Aihara K, Chen L. Dynamical network biomarkers for identifying critical transitions and their driving networks of biologic processes. Quantitative Biology, 2013, 1(2): 105-114.

[64] Lesterhuis W J, Bosco A, Millward M J, et al. Dynamic versus static biomarkers in cancer immune checkpoint blockade: Unravelling complexity. Nature Reviews Drug Discovery, 2017, 16(4): 264-272.

[65] Tang S, Yuan K, Chen L. Molecular biomarkers, network biomarkers, and dynamic network biomarkers for diagnosis and prediction of rare diseases. Fundamental Research, 2022, 2(6): 894-902.

[66] Liu X, Wang Y, Ji H, et al. Personalized characterization of diseases using sample-specific networks. Nucleic Acids Research, 2016, 44(22): e164.

[67] Liu X, Chang X, Leng S, et al. Detection for disease tipping points by landscape dynamic network biomarkers. National Science Review, 2019, 6(4): 775-785.

[68] Jin G, Zhou X, Wang H, et al. The knowledge-integrated network biomarkers discovery for major adverse cardiac events. Journal of Proteome Research, 2008, 7(9): 4013-4021.

[69] Ideker T, Sharan R. Protein networks in disease. Genome Research, 2008, 18(4): 644-652.

[70] Smoot M E, Ono K, Ruscheinski J, et al. Cytoscape 2.8: New features for data integration and network visualization. Bioinformatics, 2011, 27(3): 431-432.

[71] Jubair S, Alkhateeb A, et al. A novel approach to identify subtype-specific network biomarkers of breast cancer survivability. Network Modeling Analysis in Health Informatics and Bioinformatics, 2020, 9(1): 1-12.

[72] Firoozbakht F, Rezaeian I, D'agnillo M, et al. An integrative approach for identifying network biomarkers of breast cancer subtypes using genomic, interactomic, and transcriptomic data. Journal of Computational Biology, 2017, 24(8): 756-766.

[73] Liu X, Liu Z P, Zhao X M, et al. Identifying disease genes and module biomarkers by differential interactions. Journal of the American Medical Informatics Association, 2012, 19(2): 241-248.

[74] Wang K, Li M, Bucan M. Pathway-based approaches for analysis of genomewide association studies. The American Journal of Human Genetics, 2007, 81(6): 1278-1283.

[75] Kuznetsov Y A, Kuznetsov I A, Kuznetsov Y. Elements of Applied Bifurcation Theory. New York: Springer, 1998.

[76] Guckenheimer J, Holmes P. Nonlinear Oscillations, Dynamical Systems, and Bifurcations of Vector Fields. New York: Springer Science & Business Media, 2013.

[77] Arnold V I, Afrajmovich V S, Il'yashenko Y S, et al. Dynamical Systems V: Bifurcation Theory and Catastrophe Theory. Berlin, Heidelberg: Springer Science & Business Media, 2013.

[78] Murdock J A. Normal Forms and Unfoldings for Local Dynamical Systems. New York: Springer, 2003.

[79] Liu R, Yu X, Liu X, et al. Identifying critical transitions of complex diseases based on a single sample. Bioinformatics, 2014, 30(11): 1579-1586.

[80] Aihara K, Liu R, Koizumi K, et al. Dynamical network biomarkers: Theory and applications. Gene, 2022, 808: 145997.

[81] Hendrickx J O, van Gastel J, Leysen H, et al. High-dimensionality data analysis of pharmacological systems associated with complex diseases. Pharmacological Reviews, 2020, 72(1): 191-217.

[82] Richard A, Boullu L, Herbach U, et al. Single-cell-based analysis highlights a surge in cell-to-cell molecular variability preceding irreversible commitment in a differentiation process. PLoS Biology, 2016, 14(12): e1002585.

[83] Chen L, Wang R, Li C, et al. Modeling Biomolecular Networks in Cells: Structures and Dynamics. London: Springer Science & Business Media, 2010.

[84] Chen P, Liu R, Li Y, et al. Detecting critical state before phase transition of complex biological systems by hidden Markov model. Bioinformatics, 2016, 32(14): 2143-2150.

[85] Chen P, Li Y, Liu X, et al. Detecting the tipping points in a three-state model of complex diseases by temporal differential networks. Journal of Translational Medicine, 2017, 15(1): 1-15.

[86] Matis T, Guardiola I. Achieving moment closure through cumulant neglect. Math. J., 2010, 12: 1-18.

[87] Kolassa J E, McCullagh P. Edgeworth series for lattice distributions. The Annals of Statistics, 1990, 18(2): 981-985.

[88] Barzel B, Biham O. Binomial moment equations for stochastic reaction systems. Physical Review Letters, 2011, 106(15): 150602.

[89] Din A, Liang J, Zhou T. Detecting critical transitions in the case of moderate or strong noise by binomial moments. Physical Review E, 2018, 98(1): 012114.

[90] Liu X, Chang X, Liu R, et al. Quantifying critical states of complex diseases using single-sample dynamic network biomarkers. PLoS Computational Biology, 2017, 13(7): e1005633.

[91] Liu R, Zhong J, Yu X, et al. Identifying critical state of complex diseases by single-sample-based hidden Markov model. Frontiers in Genetics, 2019, 10: 285.

[92] Liu R, Chen P, Chen L. Single-sample landscape entropy reveals the imminent phase transition during disease progression. Bioinformatics, 2020, 36(5): 1522-1532.

[93] Peng H, Zhong J, Chen P, et al. Identifying the critical states of complex diseases by the dynamic change of multivariate distribution. Briefings in Bioinformatics, 2022, 23(5): bbac177.

[94] Zhong J Y , Tang H, Huang Z Y, et al. Uncovering the pre-deterioration state during disease progression based on sample-specific causality network entropy (SCNE). Research, 2024, 7: 0368.

[95] Szklarczyk D, Franceschini A, Wyder S, et al. STRING v10: Protein-protein interaction networks, integrated over the tree of life. Nucleic Acids Research, 2015, 43(D1): D447-D452.

[96] Zhong J, Han C, Zhang X, et al. ScGET: Predicting cell fate transition during early embryonic development by single-cell graph entropy. Genomics, Proteomics & Bioinformatics, 2021, 19(3): 461-474.

[97] Dai H, Li L, Zeng T, et al. Cell-specific network constructed by single-cell rna sequencing data. Nucleic Acids Research, 2019, 47(11): e62-e62.

[98] Li L, Dai H, Fang Z, et al. c-CSN：Single-cell RNA sequencing data analysis by conditional cell-specific network. Genomics, Proteomics & Bioinformatics, 2021, 19(2): 319-329.

[99] Liu R, Zhong J, Hong R, et al. Predicting local COVID-19 outbreaks and infectious disease epidemics based on landscape network entropy. Science Bulletin, 2021, 66(22): 2265-2270.

[100] Tang S, Xue Y, Qin Z, et al. Counteracting lineage-specific transcription factor network finely tunes lung adeno-to-squamous transdifferentiation through remodeling tumor immune microenvironment. National Science Review, 2023, 10(4): nwad028.

[101] Li L, Xu Y, Yan L, et al. Dynamic network biomarker factors orchestrate cell-fate determination at tipping points during hESC differentiation. The Innovation, 2023, 4(1): 100364.

[102] Fang Z, Han X, Chen Y, et al. Oxidative stress-triggered Wnt signaling perturbation characterizes the tipping point of lung adeno-to-squamous transdifferentiation. Signal Transduction and Targeted Therapy, 2023, 8(1): 16.

[103] Gao R, Yan J, Li P, et al. Detecting the critical states during disease development based on temporal network flow entropy. Briefings in Bioinformatics, 2022, 23(5): bbac164.

[104] Zhong J, Han C, Wang Y, et al. Identifying the critical state of complex biological systems by the directed-network rank score method. Bioinformatics, 2022, 38(24): 5398-5405.

[105] Zhong Z, Li J, Zhong J, et al. MAPKAPK2, a potential dynamic network biomarker of α-synuclein prior to its aggregation in PD patients. NPJ Parkinson's Disease, 2023, 9(1): 41.

[106] Huang X, Han C, Zhong J, et al. Low expression of the dynamic network markers FOS/JUN in pre-deteriorated epithelial cells is associated with the progression of colorectal adenoma to carcinoma. Journal of Translational Medicine, 2023, 21(1): 1-16.

[107] Yan J, Li P, Li Y, et al. Disease prediction by network information gain on a single sample basis. Fundamental Research, 2023.

[108] Tong Y, Hong R, Zhang Z, et al. Earthquake alerting based on spatial geodetic data by spatiotemporal information transformation learning. Proceedings of the National Academy of Sciences, USA. PNAS, 12; 120(37): e2302275120, 2023, https://doi.org/10.1073/pnas.2302275120.

[109] Farmer J D, Sidorowich J J. Predicting chaotic time series. Physical Review Letters, 1987, 59(8): 845-848.

[110] Kantz H, Schreiber T. Nonlinear Time Series Analysis. London: Cambridge university Press, 2004.

[111] Sugihara G, May R M. Nonlinear forecasting as a way of distinguishing chaos from measurement error in time series. Nature, 1990, 344(6268): 734-741.

[112] Ma H, Aihara K, Chen L. Detecting causality from nonlinear dynamics with short-term time series. Scientific Reports, 2014, 4(1): 1-10.

[113] Chen P, Liu R, Aihara K, et al. Autoreservoir computing for multistep ahead prediction based on the spatiotemporal information transformation. Nature Communications, 2020, 11(1): 1-15.

[114] Tao P, Hao X, Cheng J, et al. Time series prediction by multi-task GPR with spatiotemporal information transformation. arXiv preprint, arXiv: 2204.12085(doi: 10.48550/arXiv.2204.12085), 2022: 1-11.

[115] Peng H, Chen P, Liu R, et al. Spatiotemporal information conversion machine for time-series forecasting. Fundamental Research, https://doi.org/10.1016/j.fmre.2022.12.009, 2022.

[116] Falcon A. Aristotle on causality. The Stanford Encyclopedia of Philosophy. Metaphysics Research Lab, Stanford University. Satford: Spring, 2019.

[117] Hume D. A Treatise of Human Nature. Oxford: Clarendon Press, 1896.

[118] Hume D. An enquiry concerning human understanding. Seven Masterpieces of Philosophy. New York: Routledge, 2016: 191-284.

[119] Mackie J L. Causes and conditions. American Philosophical Quarterly, 1965, 2(4): 245-264.

[120] Splawa-Neyman J, Dabrowska D M, Speed T P. On the application of probability theory to agricultural experiments. Essay on principles. Section 9. Statistical Science, 1990, 5(4): 465-472.

[121] Rubin D B. Bayesian inference for causal effects: The role of randomization. The Annals of Statistics, 1978, 6(1): 34-58.

[122] Sekhon J S. The Neyman-Rubin model of causal inference and estimation via matching methods. The Oxford Handbook of Political Methodology, 2008, 2: 1-32.

[123] Pearl J. Causal diagrams for empirical research. Biometrika, 1995, 82(4): 669-688.

[124] Pearl J. Causal inference in statistics: An overview. Statistics Surveys, 2009, 3: 96-146.

[125] Shi J, Chen L, Aihara K. Embedding entropy: A nonlinear measure of dynamical causality. Journal of the Royal Society Interface, 2022, 19(188): 20210766.

[126] Ying X, Leng S Y, Ma H F, et al. Continuity scaling: A rigorous framework for detecting and quantifying causality accurately. Research, 2022, 2022: 9870149.

[127] Granger C W J. Investigating causal relations by econometric models and cross-spectral methods. Econometrica, 1969, 37(3): 424-438.

[128] Akaike H. A new look at the statistical model identification. IEEE Transactions on Automatic Control, 1974, 19(6): 716-723.

[129] Schwarz G. Estimating the dimension of a model. The Annals of Statistics, 1978, 6(2): 461-464.

[130] Schreiber T. Measuring information transfer. Physical Review Letters, 2000, 85(2): 461.

[131] Barnett L, Barrett A B, Seth A K. Granger causality and transfer entropy are equivalent for Gaussian variables. Physical Review Letters, 2009, 103(23): 238701.

[132] Hlavařcková-Schindler K. Equivalence of Granger causality and transfer entropy: A generalization. Applied Mathematical Sciences, 2011, 5(73-76): 3637-3648.

[133] Shi J, Zhao J, Liu X, et al. Quantifying direct dependencies in biological networks by multiscale association analysis. IEEE/ACM Transactions on Computational Biology and Bioinformatics, 2018, 17(2): 449-458.

[134] Shi J, Zhao J, Li T, et al. Detecting direct associations in a network by information theoretic approaches. Science China Mathematics, 2019, 62(5): 823-838.

[135] Zhao J, Zhou Y, Zhang X, et al. Part mutual information for quantifying direct associations in networks. Proceedings of the National Academy of Sciences, USA, 2016, 113(18): 5130-5135.

[136] Sugihara G, May R, Ye H, et al. Detecting causality in complex ecosystems. Science, 2012, 338(6106): 496-500.

[137] Ye H, Deyle E R, Gilarranz L J, et al. Distinguishing time-delayed causal interactions using convergent cross mapping. Scientific Reports, 2015, 5: 14750.

[138] Tao P, Wang Q, Shi J, et al. Detecting dynamical causality by intersection cardinal concavity. Fundamental Research, 2023, ISSN2667-3258.

[139] Leng S, Ma H, Kurths J, et al. Partial cross mapping eliminates indirect causal influences. Nature Communications, 2020, 11(1): 1-9.

[140] Victor J D. Binless strategies for estimation of information from neural data. Physical Review E, 2002, 66(5): 051903.

[141] Kraskov A, Stögbauer H, Grassberger P. Estimating mutual information. Physical Review E, 2004, 69(6): 066138.

[142] Cummins B, Gedeon T, Spendlove K. On the efficacy of state space reconstruction methods in determining causality. SIAM Journal on Applied Dynamical Systems, 2015, 14(1): 335-381.

[143] Ma H, Leng S, Tao C, et al. Detection of time delays and directional interactions based on time series from complex dynamical systems. Physical Review E, 2017, 96(1): 012221.

[144] Narendra T, Sankaran A, Vijaykeerthy D, et al. Explaining deep learning models using causal inference. arXiv preprint, arXiv: 1811.04376, 2018.

[145] Luo Y, Peng J, Ma J. When causal inference meets deep learning. Nature Machine Intelligence, 2020, 2(8): 426-427.

[146] Angrist J D, Imbens G W, Rubin D B. Identification of causal effects using instrumental variables. Journal of the American statistical Association, 1996, 91(434): 444-455.

[147] Didelez V, Sheehan N. Mendelian randomization as an instrumental variable approach to causal inference. Statistical Methods in Medical Research, 2007, 16(4): 309-330.

[148] Baiocchi M, Cheng J, Small D S. Instrumental variable methods for causal inference. Statistics in Medicine, 2014, 33(13): 2297-2340.

[149] Waddington C H. The Strategy of the Genes: A Discussion of Some Aspects of Theoretical Biology. London: George Allen & Unwin, Ltd., 1957.

[150] Waddington C H. Principles of Development and Differentiation. New York: Macmillan, 1966.

[151] Ferrell J E, Jr. Bistability, bifurcations, and Waddington's epigenetic landscape. Current Biology, 2012, 22(11): R458-R466.

[152] Huang S. The molecular and mathematical basis of Waddington's epigenetic landscape: A framework for post-Darwinian biology? Bioessays, 2012, 34(2): 149-157.

[153] Jamniczky H A, Boughner J C, Rolian C, et al. Rediscovering Waddington in the post-genomic age: Operationalising Waddington's epigenetics reveals new ways to investigate the generation and modulation of phenotypic variation. Bioessays, 2010, 32(7): 553-558.

[154] Wang J, Xu L, Wang E. Potential landscape and flux framework of nonequilibrium networks: Robustness, dissipation, and coherence of biochemical oscillations. Proceedings of the National Academy of Sciences, 2008, 105(34): 12271-12276.

[155] Wang J, Li C, Wang E. Potential and flux landscapes quantify the stability and robustness of budding yeast cell cycle network. Proceedings of the National Academy of Sciences, 2010, 107(18): 8195-8200.

[156] Wang J, Xu L, Wang E, et al. The potential landscape of genetic circuits imposes the arrow of time in stem cell differentiation. Biophysical Journal, 2010, 99(1): 29-39.

[157] Wang J, Zhang K, Xu L, et al. Quantifying the Waddington landscape and biological paths for development and differentiation. Proceedings of the National Academy of Sciences, 2011, 108(20): 8257-8262.

[158] Freidlin M I, Wentzell A D, Wentzell A D, et al. Random Perturbations of Dynamical Systems. New York: Springer Science & Business Media, 2012.

[159] Lv C, Li X, Li F, et al. Constructing the energy landscape for genetic switching system driven by intrinsic noise. PLoS One, 2014, 9(2): e88167.

[160] Lv C, Li X, Li F, et al. Energy landscape reveals that the budding yeast cell cycle is a robust and adaptive multi-stage process. PLoS Computational Biology, 2015, 11(3): e1004156.

[161] Vanden-Eijnden E, Heymann M. The geometric minimum action method for computing minimum energy paths. The Journal of Chemical Physics, 2008, 128(6): 061103.

[162] Ge H, Qian H. Landscapes of non-gradient dynamics without detailed balance: Stable limit cycles and multiple attractors. Chaos: An Interdisciplinary Journal of Nonlinear Science, 2012, 22(2): 023140.

[163] Zhou P, Li T. Construction of the landscape for multi-stable systems: Potential landscape, quasi-potential, A-type integral and beyond. The Journal of Chemical Physics, 2016, 144(9): 094109.

[164] Shi J, Aihara K, Li T, et al. Energy landscape decomposition for cell differentiation with proliferation effect. National Science Review, 2022, 9(8): nwac116.

[165] Johnson C. Numerical solution of partial differential equations by the finite element method. Courier Corporation, 2012, 18: 184-186.

[166] Shi J, Li T, Chen L, et al. Quantifying pluripotency landscape of cell differentiation from scRNA-seq data by continuous birth-death process. PLoS Computational Biology, 2019, 15(11): e1007488.

[167] Weinreb C, Wolock S, Tusi B K, et al. Fundamental limits on dynamic inference from single-cell snapshots. Proceedings of the National Academy of Sciences, 2018, 115(10): E2467-E2476.

[168] Coifman R R, Lafon S, Lee A B, et al. Geometric diffusions as a tool for harmonic analysis and structure definition of data: Diffusion maps. Proceedings of the National Academy of Sciences, 2005, 102(21): 7426-7431.

[169] Coifman R R, Lafon S. Diffusion maps. Applied and Computational Harmonic Analysis, 2006, 21(1): 5-30.

[170] Huang S, Guo Y P, May G, et al. Bifurcation dynamics in lineage-commitment in bipotent progenitor cells. Developmental Biology, 2007, 305(2): 695-713.

[171] Zhou J X, Huang S. Understanding gene circuits at cell-fate branch points for rational cell reprogramming. Trends in Genetics, 2011, 27(2): 55-62.

[172] Ye Y, Kang X, Bailey J, et al. An enriched network motif family regulates multistep cell fate transitions with restricted reversibility. PLoS Computational Biology, 2019, 15(3): e1006855.

[173] Yang L, Wang W H, Qiu W L, et al. A single-cell transcriptomic analysis reveals precise pathways and regulatory mechanisms underlying hepatoblast differentiation. Hepatology, 2017, 66(5): 1387-1401.

[174] Tang F, Barbacioru C, Wang Y, et al. mRNA-seq whole-transcriptome analysis of a single cell. Nature Methods, 2009, 6(5): 377-382.

[175] Picelli S, BjörklundÅ K, Faridani O R, et al. Smart-seq2 for sensitive full-length transcriptome profiling in single cells. Nature Methods, 2013, 10(11): 1096-1098.

[176] Hashimshony T, Wagner F, Sher N, et al. CEL-seq: Single-cell RNA-seq by multiplexed linear amplification. Cell Reports, 2012, 2(3): 666-673.

[177] Macosko E Z, Basu A, Satija R, et al. Highly parallel genome-wide expression profiling of individual cells using nanoliter droplets. Cell, 2015, 161(5): 1202-1214.

[178] Klein A M, Mazutis L, Akartuna I, et al. Droplet barcoding for single-cell transcriptomics applied to embryonic stem cells. Cell, 2015, 161(5): 1187-1201.

[179] Saliba A E, Westermann A J, Gorski S A, et al. Single-cell RNA-seq: Advances and future challenges. Nucleic Acids Research, 2014, 42(14): 8845-8860.

[180] Wu A R, Neff N F, Kalisky T, et al. Quantitative assessment of single-cell RNA-sequencing methods. Nature Methods, 2014, 11(1): 41-46.

[181] Yan F, Powell D R, Curtis D J, et al. From reads to insight: A hitchhiker's guide to ATAC-seq data analysis. Genome Biology, 2020, 21(1): 1-16.

[182] Zhu C, Preissl S, Ren B. Single-cell multimodal omics: The power of many. Nature Methods, 2020, 17(1): 11-14.

[183] Efremova M, Teichmann S A. Computational methods for single-cell omics across modalities. Nature Methods, 2020, 17(1): 14-17.

[184] Trapnell C. Defining cell types and states with single-cell genomics. Genome Research, 2015, 25(10): 1491-1498.

[185] Shi J, Teschendorff A E, Chen W, et al. Quantifying Waddington's epigenetic landscape: A comparison of single-cell potency measures. Briefings in Bioinformatics, 2020, 21(1): 248-261.

[186] Li T, Shi J, Wu Yi, et al. On the mathematics of RNA velocity I: Theoretical analysis. CSIAM Transactions on Applied Mathematics, 2021, 2(1): 1-55.

[187] Cannoodt R, Saelens W, Saeys Y. Computational methods for trajectory inference from single-cell transcriptomics. European Journal of Immunology, 2016, 46(11): 2496-2506.

[188] Saelens W, Cannoodt R, Todorov H, et al. A comparison of single-cell trajectory inference methods. Nature Biotechnology, 2019, 37(5): 547-554.

[189] Satija R, Farrell J A, Gennert D, et al. Spatial reconstruction of single-cell gene expression data. Nature Biotechnology, 2015, 33(5): 495-502.

[190] Wolf F A, Angerer P, Theis F J. SCANPY: Large-scale single-cell gene expression data analysis. Genome Biology, 2018, 19(1): 1-5.

[191] Kiselev V Y, Kirschner K, Schaub M T, et al. SC3: Consensus clustering of single-cell RNA-seq data. Nature Methods, 2017, 14(5): 483-486.

[192] Lotfollahi M, Naghipourfar M, Luecken M D, et al. Mapping single-cell data to reference atlases by transfer learning. Nature Biotechnology, 2022, 40(1): 121-130.

[193] Strogatz S H. Nonlinear Dynamics and Chaos: With Applications to Physics, Biology, Chemistry, and Engineering. Boca Raton: CRC Press, 2018.

[194] Guevara M R, Glass L, Shrier A. Phase locking, period-doubling bifurcations, and irregular dynamics in periodically stimulated cardiac cells. Science, 1981, 214(4527): 1350-1353.

[195] Kaplan D T, Clay J R, Manning T, et al. Subthreshold dynamics in periodically stimulated squid giant axons. Physical Review Letters, 1996, 76(21): 4074.

[196] Skarda C A, Freeman W J. How brains make chaos in order to make sense of the world. Behavioral and Brain Sciences, 1987, 10(2): 161-173.

[197] Pool R. Is it healthy to be chaotic? chaos may provide a healthy flexibility to the heart, brain, and other parts of the body. conversely, many ailments may be associated with a loss of this chaoticflexibility. Science, 1989, 243(4891): 604-607.

[198] Heltberg M L, Krishna S, Jensen M H. On chaotic dynamics in transcription factors and the associated effects in differential gene regulation. Nature Communications, 2019, 10(1): 1-10.

[199] Destexhe A. Oscillations, complex spatiotemporal behavior, and information transport in networks of excitatory and inhibitory neurons. Physical Review E, 1994, 50(2): 1594.

[200] Babloyantz A, Salazar J M, Nicolis C. Evidence of chaotic dynamics of brain activity during the sleep cycle. Physics Letters A, 1985, 111(3): 152-156.

[201] Matsumoto G, Aihara K, Hanyu Y, et al. Chaos and phase locking in normal squid axons. Physics Letters A, 1987, 123(4): 162-166.

[202] Aihara K, Takabe T, Toyoda M. Chaotic neural networks. Physics Letters A, 1990, 144(6-7): 333-340.

[203] Fosque L J, Williams-García R V, Beggs J M, et al. Evidence for quasicritical brain dynamics. Physical Review Letters, 2021, 126(9): 098101.

[204] Fontenele A J, de Vasconcelos N A P, Feliciano T, et al. Criticality between cortical states. Physical Review Letters, 2019, 122(20): 208101.

[205] Shi J, Kirihara K, Tada M, et al. Criticality in the healthy brain. Frontiers in Network Physiology, 2022: 21.

[206] Goto H, Tatsumura K, Dixon A R. Combinatorial optimization by simulating adiabatic bifurcations in nonlinear Hamiltonian systems. Science Advances, 2019, 5(4): eaav2372.

[207] Goto H, Endo K, Suzuki M, et al. High-performance combinatorial optimization based on classical mechanics. Science Advances, 2021, 7(6): eabe7953.

[208] Chen L, Aihara K. Chaotic simulated annealing by a neural network model with transient chaos. Neural Networks, 1995, 8(6): 915-930.

[209] Chen L, Aihara K. Chaos and asymptotical stability in discrete-time neural networks. Physica D: Nonlinear Phenomena, 1997, 104(3-4): 286-325.

[210] Chen L, Aihara K. Global searching ability of chaotic neural networks. IEEE Transactions on Circuits and Systems I: Fundamental Theory and Applications, 1999, 46(8): 974-993.

[211] Chen L, Aihara K. Strange attractors in chaotic neural networks. IEEE Transactions on Circuits and Systems I: Fundamental Theory and Applications, 2000, 47(10): 1455-1468.

[212] Chen L, Aihara K. Chaotic dynamics of neural networks and its application to combinatorial optimization. Journal of Dynamical Systems and Differential Equations, 2001, 9(3): 139-168.

[213] Tao P, Cheng J, Chen L. Brain-inspired chaotic backpropagation for MLP. Neural Networks, 2022, 155: 1-13.

[214] Jumper J, Evans R, Pritzel A, et al. Highly accurate protein structure prediction with Alphafold. Nature, 2021, 596(7873): 583-589.

[215] Nagumo J, Sato S. On a response characteristic of a mathematical neuron model. Kybernetik, 1972, 10(3): 155-164.

[216] Hopfield J J, Tank D W. "Neural" computation of decisions in optimization problems. Biological Cybernetics, 1985, 52(3): 141-152.

[217] Lisboa P J G, Perantonis S J. Complete solution of the local minima in the XOR problem. Network: Computation in Neural Systems, 1991, 2(1): 119-124.

[218] Shekhar S, Amin M B, Khandelwal P. Generalization performance of feed-forward neural networks. Neural Networks: Amsterdam: Elsevier, 1992: 13-38.

[219] Nair V, Hinton G E. Rectified linear units improve restricted boltzmann machines. ICML'10: Proceedings of the 27th International Conference on International Conference on Machine Learning, 2010: 807-814.

[220] Clevert D A, Unterthiner T, Hochreiter S. Fast and accurate deep network learning by exponential linear units (elus). arXiv preprint, arXiv: 1511.07289, 2015.

[221] Hendrycks D, Gimpel K. Gaussian error linear units (gelus). arXiv preprint, arXiv: 1606.08415, 2016.

[222] Sutskever I, Martens J, Dahl G, et al. On the importance of initialization and momentum in deep learning. International Conference on Machine Learning, PMLR, 2013 28(3): 1139-1147.

[223] Kingma D P, Ba J. Adam: A method for stochastic optimization. arXiv preprint, arXiv: 1412.6980, 2014.

[224] Fazayeli F, Wang L, Liu W. Back-propagation with chaos. 2008 International Conference on Neural Networks and Signal Processing. IEEE, 2008: 5-8.

[225] Ioffe S, Szegedy C. Batch normalization: Accelerating deep network training by reducing internal covariate shift. ICML'15: Proceedings of the 32nd International Conference on International Conference on Machine Learning - Volume 37, 2015: 448-456.

[226] He K, Zhang X, Ren S, et al. Deep residual learning for image recognition. Proceedings of the IEEE Conference on Computer Vision and Pattern Recognition, 2016: 770-778.

[227] Krizhevsky A, Sutskever I, Hinton G E. ImageNet classification with deep convolutional neural networks. Communications of the ACM, 2017, 60(6): 84-90.

[228] Vaswani A, Shazeer N, Parmar N, et al. Attention is all you need. Advances in Neural Information Processing Systems, 2017: 30.

[229] Scarselli F, Gori M, Tsoi A C, et al. The graph neural network model. IEEE Transactions on Neural Networks, 2008, 20(1): 61-80.

[230] Roy K, Jaiswal A, Panda P. Towards spike-based machine intelligence with neuromorphic computing. Nature, 2019, 575(7784): 607-617.

[231] Touvron H, Bojanowski P, Caron M, et al. ResMLP: Feedforward networks for image classification with data-efficient training. IEEE Transactions on Pattern Analysis and Machine Intelligence, 2022.

[232] Tolstikhin I O, Houlsby N, Kolesnikov A, et al. MLP-mixer: An all-MLP architecture for vision. Advances in Neural Information Processing Systems, 2021, 34: 24261-24272.

[233] Gao R, Li P, Ni Y, et al. mNFE: Microbiome network flow entropy for detecting pre-disease states of type 1 diabetes. Gut Microbes, 2024, 16(1): 2327349.

[234] Zhang L, Du F, Jin Q, et al. Identification and characterization of $CD8^+$ $CD27^+$ $CXCR3^-$ T cell dysregulation and progression-associated biomarkers in systemic lupus erythematosus. DOI: 10.1002/advs.202300123. Advanced Science, 2023, 10(35) 2300123.

[235] Wang Z J, Tao P, Chen L N. Brain-inspired Chaotic Spiking Backpropagation. National Science Review, https://doi.org/10.1093/nsr/nwae037, 2024.

索 引

K

L

P

Q

R

S

T

W

X

Y

Z

其　他

《大数据与数据科学专著系列》已出版书目

（按出版时间顺序）

1. 数据科学——它的内涵、方法、意义与发展　2022.1　徐宗本 唐年胜 程学旗 著
2. 机器学习中的交替方向乘子法　2023.2　林宙辰 李 欢 方 聪 著
3. 动力学刻画的数据科学理论和方法　2024.10　陈洛南　刘　锐　马欢飞　史际帆　著